安徽省一流教材建设项目

研究生系列教材
信息与通信工程

智能控制系统及其应用

INTELLIGENT CONTROL SYSTEMS
AND THEIR APPLICATIONS

第2版

丛　爽　著

U0258955

中国科学技术大学出版社

内 容 简 介

本书是作者在中国科学技术大学自动化系讲授二十多年的研究生课程"智能系统"的教材，是在已经使用的教材《神经网络、模糊系统及其在运动控制中的应用》《智能控制系统及其应用》的基础上，增加补充最新的研究成果而集成的，主要内容包括人工神经网络、模糊逻辑系统、模糊神经网络、进化算法、智能优化算法和深度学习网络及其应用。在介绍神经网络理论与模糊集合理论的基础上，对人工神经网络与模糊逻辑控制系统的设计与应用，以及两者之间的相互关系，进行了较深层次的理论分析与综合，并对深度卷积神经网络的结构与算法进行了设计与分析，给出了具体应用设计与实现的详细过程，使读者能够从中了解和掌握运用模糊神经系统理论与技术和智能优化理论与技术进行实际系统设计和灵活应用的方法。

本书选材新颖，材料翔实，系统性强，通俗易懂，既有理论分析与综合，又有实际系统的设计与应用。本书既可作为高校自动化专业、机械专业、电力电气专业、计算机科学与应用专业及其他相关专业的研究生教学用书，也可供从事智能科学、系统科学、计算机科学、应用数学、自动控制等领域研究的广大科技人员阅读和参考。

图书在版编目(CIP)数据

智能控制系统及其应用/丛爽著. —2 版. —合肥:中国科学技术大学出版社,2021.8
ISBN 978-7-312-05284-2

Ⅰ. 智…　Ⅱ. 丛…　Ⅲ. 智能控制—控制系统—高等学校—教材　Ⅳ. TP273

中国版本图书馆 CIP 数据核字(2021)第 153463 号

智能控制系统及其应用
ZHINENG KONGZHI XITONG JIQI YINGYONG

出版	中国科学技术大学出版社
	安徽省合肥市金寨路 96 号,230026
	http://press.ustc.edu.cn
	http://zgkxjsdxcbs.tmall.com
印刷	安徽国文彩印有限公司
发行	中国科学技术大学出版社
经销	全国新华书店
开本	787 mm×1092 mm　1/16
印张	23
字数	574 千
版次	2013 年 8 月第 1 版　2021 年 8 月第 2 版
印次	2021 年 8 月第 2 次印刷
定价	68.00 元

第 2 版前言

智能系统及其控制理论是继经典控制理论和现代控制理论之后出现的一个先进控制理论,是在众多学科不断发展以及交叉应用的基础上发展成长起来的,并且还在不断地成长。本人具有三十多年的智能控制理论及其应用的研究经历,并自 1999 年起一直在中国科学技术大学自动化系讲授研究生的"智能系统"课程。中国科学技术大学是国内为数不多的较早开始进行"智能系统"课程讲授的高校之一。该课程最早采用的是自编教材,2001 年本人出版了《神经网络、模糊系统及其在运动控制中的应用》一书,作为"智能系统"课程的教材。2013 年本人在原教材基础上,增加了模糊神经网络和智能优化算法研究所取得的新成果,写成了一本关于人工神经网络、模糊逻辑系统、智能优化算法及其应用的教材《智能控制系统及其应用》。该教材入选中国科学技术大学精品教材,被评为"十二五"国家重点图书出版规划项目,同年即开始作为"智能系统"课程教材一直使用至今。

1999 年以来本人一直讲授本校自动化系一年级研究生的"智能系统"课程,该课程为研究生专业基础课,每年学生选课踊跃,课堂听课学生总数超过 1500 人。学校已经对本课程的教学过程进行了录像,学生可以方便地在网上进行学习,这使得更多的学生可以学习这门课程。在影像资料的支持下,该教材有了更加广泛的受众。在上每一节课的过程中,本人都会结合最新的科研成果,通过理论与实际相结合,对学生进行融会贯通的启发和教授,使得学生能够在课堂上进行理论学习的同时,了解理论的实际应用。从中国科学技术大学出版社有关此教材的订购情况了解到,湖南、山东、四川等省有多次较大数量购买本教材的记录;本人每年参加全国学术会议,都会遇到来自不同高校的师生,谈起他们学校研究生的相关课程选用了本教材。

近几年深度学习的快速发展,使得智能系统中的内容得到进一步的扩展和丰富,为了使学生能够更加完整地了解和掌握最新的科研成果,借助于安徽省一流教材建设项目的资助,现将原有内容扩展为人工神经网络、模糊逻辑系统、智能优化算法和深度学习网络及其应用,出版《智能控制系统及其应用》(第 2 版)。与原书相比,本书重点增加了深度学习网络及其应用部分。

全书共 15 章,系统地介绍了前向神经网络,包括感知器网络、自适应线性元件、反向传播网络和径向基函数网络的基本概念和理论;各种高效率的神经网络的学习算法,包括基于标准梯度下降的方法和基于数值优化方法的网络训练算法,并进行了前向网络的数值性能对比。递归神经网络部分,介绍了各种递归神经网络,重点介绍了全局反馈递归网络和自组织竞争网络。神经网络在智能控制系统中的应用部分,给出了利用人工神经网络进行直接正向模型建立、递向模型建立以及系统中控制的应用。在介绍模糊理论基础之后,专门详细给出了模糊控制器的设计方法,包括输入变量和输出变量的确定、论域的确定、模糊化和解模糊化方法、模糊控制规则和模糊逻辑推理,并给出了有关模糊控制系统应用的具体实例。

在模糊神经网络的基本理论方面的介绍包括模糊神经系统的构成、原理以及与其他函数之间的相互关系。在模糊神经系统的应用方面的介绍包括基于自适应神经模糊推理系统的非线性电机系统的建模和神经模糊建模平台的设计与应用。在智能进化算法方面的介绍包括标准遗传算法及其改进算法、遗传编程、进化策略及其性能对比。在进化算法的应用中,介绍了模糊神经网络和遗传算法相结合的控制策略,以及基于遗传算法和单纯形法在直流电机参数辨识中的应用。在智能优化算法中,介绍了基于感知范围的鱼群优化算法、人工免疫算法、粒子群优化算法,以及不同蚁群优化算法在中国旅行商问题应用中的性能对比。另外还专门将进化策略与蚁群算法相融合以及粒子群与模拟退火的混合算法应用到旅行商问题的求解中。本书还专门介绍了深度卷积神经网络的结构设计与误差反向传播算法的详细推导,并给出了深度卷积神经网络在手写数字以及多指灵巧机械手对不同物体进行正确位置的自动识别规划与抓取的应用。在所给出的代表性应用实例中,都进行了较深层次的理论分析与综合,对研究生以及相关的科技人员了解和掌握智能控制策略与方法,解决实际复杂系统的控制与优化问题具有指导意义。

本书取材新颖,内容深入浅出,便于自学与应用,既可作为高校自动化专业、机械专业、电力电气专业、计算机科学与应用专业及其他相关专业的研究生教学用书,也可供从事智能科学、系统科学、计算机科学、应用数学、自动控制等领域研究的广大科技人员阅读和参考。

本书的主体框架基于已发表的学术论文,在此,本人对论文的合作者表示感谢,他们是梁艳阳、冯春时、邓科、贾亚军、冯先勇、尚伟伟、喻群超、张驰和丁娇。

本人才疏学浅,对于疏漏不妥之处,恳请读者斧正。

丛 爽

2021 年 3 月

于中国科学技术大学

前　　言

　　智能控制系统理论及应用是继自动控制原理和现代控制工程之后兴起的先进控制理论及技术。人工神经网络和模糊逻辑系统是智能控制系统发展、研究和应用的关键理论与技术内容。在最近的十几年中，人们已经看到模糊逻辑和神经网络以各自的优势进行相互渗透，所形成的模糊神经系统在各种优化技术的配合下，其应用在数量和种类上都得到了迅速增长，范围涉及各行各业。模糊神经系统在智能控制系统的概念和设计中不断产生重要影响。

　　智能进化算法是一系列搜索技术，包括遗传算法、进化规划、进化策略、遗传编程等所组成的全局优化算法。与传统的基于微积分的方法和穷举法等优化算法相比，进化算法是一种具有高鲁棒性和广泛适用性的全局优化方法，具有自组织、自适应、自学习的特性，能够不受问题性质的限制，有效地处理传统优化算法难以解决的复杂问题。尤其在解决模糊神经系统的参数自适应调整以及智能控制系统的参数优化中起着重要的作用。群智能优化算法包括粒子群算法、蚁群算法、人工鱼群算法、人工免疫算法等同样具有全局优化的算法。旅行商问题是一个典型的组合优化问题，可以看成许多工程领域复杂优化问题的抽象形式，如系统控制、人工智能、模式识别和生产调度等，因此以旅行商问题作为检验群智能优化算法求解方法的优劣对解决复杂工程优化问题具有重要的参考价值。

　　本人曾在 2001 年出版了《神经网络、模糊系统及其在运动控制中的应用》一书，该书一直作为中国科学技术大学自动化系研究生课程"智能系统"的教材。为了能够将最新的研究成果融入研究生的课程中，本人在该书的基础上，增加了近年来模糊神经网络和智能优化算法研究所取得的新成果，写成本书——关于人工神经网络、模糊逻辑推理系统，以及智能优化算法及其应用的书籍。与原书相比，本书在前后章节的衔接上强调相互之间的联系和系统性，注重分析各种不同理论和方法之间的相关性，讲究概念和思路的清晰，强调实际应用实例，重点增加了智能优化算法及其应用部分。

　　全书共 13 章，系统地介绍了前向神经网络，包括感知器网络、自适应线性元件、反向传播网络和径向基函数网络的基本概念和理论；各种高效率的神经网络的学习算法，包括基于标准梯度下降的方法和基于数值优化方法的网络训练算法，并进行了前向网络的数值性能对比。递归神经网络部分，介绍了各种递归神经网络，重点介绍了全局反馈递归网络和自组织竞争网络。神经网络在智能控制系统中的应用部分，给出了利用人工神经网络进行直接正向模型建立、逆向模型建立以及系统中控制的应用。在介绍模糊理论基础之后，专门详细给出了模糊控制器的设计方法，包括输入变量和输出变量的确定、论域的确定、模糊化和解模糊化方法、模糊控制规则和模糊逻辑推理，并给出了有关模糊控制系统应用的具体实例。在模糊神经网络的基本理论方面的介绍包括模糊神经系统的构成、原理以及与其他函数之间的相互关系。在模糊神经系统的应用方面的介绍包括基于自适应神经模糊推理系统的非线性电机系统的建模和神经模糊建模平台的设计与应用。在智能进化算法方面的介绍包括标准遗传算法及其改进算法、遗传编程、进化策略及其性能对比。在进化算法的应用中,介绍了模糊神经网络和遗传算法相结合的控制策略,以及基于遗传算法和单纯形法在直流电机参数辨识中的应用。本书还专门介绍了基于感知范围的鱼群优化算法、人工免疫算法、粒子群优化算法,以及不同蚁群优化算法在中国旅行商问题应用中的性能对比。另外还专门将进化策略与蚁群算法相融合以及粒子群与模拟退火的混合算法应用到旅行商问题的求解中。在所给出的许多代表性应用实例中,都进行了较深层次的理论分析与综合,对研究生以及相关的科技人员了解和掌握智能控制策略与方法,解决实际复杂系统的控制与优化问题具有指导意义。

本书取材新颖,内容深入浅出,便于自学与应用,既可作为高校自动化专业、机械专业、电力电气专业、计算机科学与应用专业及其他相关专业的研究生教学用书,也可供从事智能科学、系统科学、计算机科学、应用数学、自动控制等领域研究的广大科技人员阅读和参考。

本书的主体框架基于已发表的学术论文,在此,本人对论文的合作者表示感谢,他们是梁艳阳、冯春时、邓科、贾亚军和冯先勇。

本人才疏学浅,对于疏漏不妥之处,恳请读者斧正。

丛 爽

2013 年 3 月

于中国科学技术大学

目　录

第1章 概　　述

自从美国科学家维纳(Wiener)于20世纪40年代创立"控制论"以来,控制科学已经经历了经典控制理论和现代控制理论两个阶段。随着控制科学的不断发展,人们对控制系统性能的要求也不断提高。在处理复杂系统控制问题时,面对控制系统的复杂性、不确定性、突变性所带来的问题,国内外控制科学界一直都在探索新的控制理论,逐步形成了智能控制理论。为了适应不同技术领域和社会发展对控制科学提出的新要求,越来越多的学者意识到在传统控制中加入逻辑、推理和启发式知识的重要性,把传统控制理论与模糊逻辑、神经网络、遗传算法等人工智能技术相结合,充分利用人的控制知识对复杂系统进行智能化控制,逐渐形成了智能控制理论较完整的体系。

在讨论智能控制理论之前,有必要对经典控制理论和现代控制理论的内容、特点及其与智能控制理论之间的关系作一了解。

1.1　自动控制系统及其理论的发展历程

现代社会中的各个领域都在广泛地采用自动控制理论与技术,在卫星的运行、导弹的制导和飞机的驾驶中,自动控制系统一直都起着极其重要的作用。"自动控制"是指采用某种控制装置使机器设备或生产过程自动地按照事先给定或设计出的规律运行,使一个或数个物理量,如电压、电流、速度、温度、流量等,能够在一定的精度范围内按照给定的规律变化。如果将工作的机器设备称为"被控对象",将表征其工作状态的物理量称为"被控量",将给定的规律称为"命令信号(或参考输入)",则"控制"的任务又可概述为:采用适当的外加控制策略使被控对象的被控量等于参考输入。这个任务如果由人来完成,则称为"人工控制";如果靠自动装置承担,即在没有人的直接参与下,利用控制装置自动操纵被控对象,使被控量保持恒定或按一定规律变化,则称为"自动控制"。由自动控制装置与被控对象组成的系统称为"自动控制系统"。自动控制的基本原理是通过在整个控制系统中引入"负反馈"形成"反馈控制系统"来完成系统控制任务的。通常,将系统检测出来的输出信号送回到系统的输入端,并与参考输入信号比较的过程称为"反馈"。若反馈信号与输入信号相减,则为负反馈;若相加,则为正反馈。在反馈控制系统中,如果给定的输入量保持常量或者随时间缓慢变化,而系统的基本任务是在有扰动的情况下,使实际的输出变量保持期望的数值,这类系统称为"自动调节系统"。如果系统的期望输入是随时间变化的函数,控制的目标是使系统的输出变量跟踪期望的输入信号,这类系统称为"自动跟踪系统"。事实上,除了反馈控制外,对不同的被控过程的自动控制方式可以是不同的。这种实现自动控制的方式就是控制系统的类型。在实际应用中,存在着大量不同的控制方法与系统类型,并且可以通过不同的角度来得到各种不同的分类方法。比如反馈控制系统又称为"闭环控制系统",这是因为系统的输出信号对控制作用有直接的影响。系统输出量对其控制作用没有影响的系统称为"开环控制系统"。开环控制系统既不需要测量部件(或子系统)对输出量进行测量,也不需要将它反馈到系统的输入端与输入量进行比较。因此对应于每一个给定的输入量,系统产生一个输出量与之对应,系统的精度只取决于系统前向通道中控制器的作用。在实际系统中,如果各个部件(或子系统)的输入/输出特性都是线性的,或可以线性化的,这样的系统又称为"线性控制系统"。线性系统的性能可以用线性微分方程描述,并可以使用叠加原理。当系统中含有非线性特性的部件(或子系统)时,所组成的系统则称为"非线性控制系统"。非线性系统不能采用叠加原理。经典的分析非线性系统的工程方法有相平面法和描述函数法。

经典(又称为古典)控制理论(1935～1950年)的建立过程中有以下著名的历史事件:1940年,美国的奈奎斯特(Nyquist)提出对系统性能进行分析的频率响应法;美国泰勒(Taylor)仪器公司的金戈(Ziegler)和尼柯尔斯(Nichols)于1942年提出比例-微分-积分(PID)参数的最佳调整法;美国麻省理工学院(MIT)的维纳通过研究随机过程的预测,于1942年提出维纳滤波理论,并于1948年出版《控制论》一书,这标志着控制论学科的诞生;1938年在贝尔(Bell)实验室,在波德(Bode)领导的火炮控制系统研究小组工作的香农(Shannon)提出继电器逻辑自动化理论,随后他于1948年出版专著《通信的数字理论》,奠定了信息论的基础;1948年,美国的艾旺斯(Evansy)提出根轨迹法。这一时期多本有关控制的经典名著相继问世,其中包括:1942年史密斯(Smith)的《自动控制工程》,1945年波德的《网络分析及反馈放大器》,麦考(MacColl)的《伺服机构的基本理论》,以及1954年钱学森的《工程控制论》。

经典控制理论研究的主要对象为线性、定常、时不变系统,主要研究单输入/单输出系统的控制问题,它是基于被控系统的数学模型来进行系统分析、综合及控制器设计的。所以,系统模型的建立或已知是控制器设计的最基本的要求或前提。对于一般的线性系统,都是根据机理建模,系统的动力学方程为微分方程,通过将系统方程的输出与输入变量之比的拉普拉斯变换所获得的传递函数作为系统的数学模型,将系统的微分方程转换为多项式代数方程,然后对系统的传递函数进行分析与综合。分析系统的基本方法主要是频率法,其最大的特点是不需要求解系统的微分方程就可以判断出被控系统的特性,如系统的稳定性和收敛性等,从而形成了一套系统控制理论及其分析方法。这些由当时世界上的聪明人所想出的聪明的、简单易行的系统分析方法,在当时计算机不普及的情况下发挥了巨大的作用。由经典控制理论中的超前-滞后补偿控制方法所发展出来的PID控制器设计方法至今在控制系统的理论设计与实际的应用中仍然发挥着极其重要的作用。

自20世纪50年代进入现代控制理论的发展阶段后,先后提出和发展出重要的理论与技术,其中有影响的事件包括:苏联的庞特里亚金(Pontryagin)于1956年发表《最优过程数学理论》,提出了极大值原理;美国的贝尔曼(Bellman)于 1957 年发表著名的《动力学规划》,建立了最优控制的基础;世界第一颗人造地球卫星 Sputnik 由苏联于 1957 年发射成功;美国的久瑞(Jury)于 1958 年发表《采样数字控制系统》,建立了数字控制及数字信号处理的基础;国际自动控制联合会(IFAC)于 1957 年成立,中国为其发起国之一,第一届学术会议于 1960 年在莫斯科召开;美籍匈牙利人卡尔曼(Kalman)于 1960 年发表了《控制系统理论》等论文,引入状态空间法分析系统,提出可控性、可观性、最佳调节器和卡尔曼滤波等概念,奠定了现代控制理论的基础;苏联"东方"1 号飞船于 1961 年载着加加林(Gagarin)进入人造地球卫星轨道,从此开始了人类宇航时代;美国的查德(Zadeh)于 1963 年发表了《线性系统:状态空间法》,并于 1965 年提出了模糊集合和模糊控制的概念;苏联于 1966 年发射了"月球"9 号探测器,首次在月面软着陆成功;3 年后,美国"阿波罗"11 号把宇航员阿姆斯特朗(Armstrong)送上月球;瑞典的阿斯特鲁姆(Aström)于 1967 年提出了最小二乘辨识,解决了线性定常系统参数估计问题和定阶方法,6 年后,他又提出了自动调节器,建立自适应控制的基础,阿斯特鲁姆于 1993 年获得 IEEE 的最高荣誉奖;英国的罗森布劳克(Rosenbrock)于 1970 年发表《状态空间和多变量理论》;加拿大的沃海姆(Wonham)于 1974 年发表《线性多变量控制:几何法》;美国的麦卡特(Merchant)于 1969 年提出计算机集成制造的概念;日本 Fanuc 公司于 1976 年研制出由加工中心和工业机器人组成的柔性制造单元;美国的布劳凯特(Brockett)于 1976 年提出用微分几何研究非线性控制系统;加拿大的詹姆斯(Zames)于 1981 年提出 H_{∞} 鲁棒控制设计方法;美国"哥伦比亚"号航天飞机于 1981 年首次发射成功;意大利的伊斯道瑞(Isidori)于 1985 年出版了《非线性控制系统》一书;美国的布瑞森(Bryson)和何毓琦于 1969 年发表《实用最优控制》;1983 年,何毓琦、曹希仁等提出离散事件系统理论。

现代控制理论是在经典控制理论基础上,于 20 世纪 60 年代以后发展起来的。其建立基础是状态空间法,研究对象包括单变量系统和多变量系统,以及定常系统和时变系统;基本的分析和综合方法是时域方法,各类系统数学模型的建立和分析涉及现代数学的多个分支。它通过将经典控制理论中的高阶常微分方程转化为一阶微分方程组,使其扩展适用于描述多变量控制系统,并通过状态空间法来描述系统,开发出揭示系统内部结构特性的理论,如可控性、可达性、可观性等,从而奠定了现代控制理论的基础,并提出了状态观测器和卡尔曼滤波器,它在随机控制系统的分析与控制中得到广泛应用;由庞特里亚金等人提出的最大值原理,深入地研究了最优控制问题;由贝尔曼提出的动态规划广泛用于各类最优控制问题。

经典控制理论与现代控制理论已经形成了一整套系统控制理论体系,发展出来许多由独立的系统控制原理所形成的控制理论与方法,其中包括:PID 控制、最优控制、自适应控制、辨识与估计理论、鲁棒控制、预测控制、μ 综合等,这些都成为了系统控制理论丰富的、独立的理论分支。

在系统控制理论中,一般根据物理或化学定理,采用机理建模,通过线性微分方程来描述系统输入/输出之间的关系。但微分方程的求解运算相当复杂,大量高阶、复杂的微分积分运算常常是无法求得函数解析解的。所以经典控制理论引入了数学方法中的拉普拉斯变换,将"微分"与"积分"运算转换为"乘法"与"除法"运算,把微分方程变成容易计算和分析的代数方程,并且提出了大量的系统分析理论,在不需要对系统方程求解的情况下,只需要对系统参数进行简单的分析和计算,就可以获得表征系统内部特性的判断与结论,从而大大地简化了系统分析的复杂性。这些正是经典控制理论对系统控制理论的最大贡献所在。在数学模型及其特性分析上,经典控制理论采用的是传递函数:初始状态为零时,系统用微分方程的输出与输入的拉普拉斯变换之比来描述,传递函数虽然反映的只是系统的一个整体的外部特性,但通过人们创立和开发的一些系统分析方法,可以了解系统的内部结构与整体特性,并同时可以通过对表征系统外部整体特性参数的调整,来达到对系统特性进行一定程度改进以及控制性能提高的目的。比如通过计算传递函数分母构成的特征方程根的正负性,就可以根据劳斯判据来确定出系统的稳定性;根据根轨迹法就可在一定程度上调节系统的稳定性,等等。对于现代工程系统中日趋复杂和精度要求趋高的情况来说,不仅需要了解系统的输入/输出关系,而且还需要了解系统内部特征,因为具有相同传递函数的系统也可能有不同的内部结构。现代控制理论采用的是将微分方程的输入与输出转变为系统的状态空间来描述系统,其优点表现在除了能够对多输入/多输出系统进行分析与控制外,还可以借助于计算机,采用向量矩阵等数学工具来处理问题,减轻对设计者经验的依赖。

自动控制理论发展早期的经典控制理论,主要用于工程技术中的各类控制问题,尤其是生产过程、航空航天技术、通信技术、武器控制等方面。现代控制理论发展之后,自动控制理论的概念方法广泛用于交通管理、生态环境、生物和生命现象研究、经济科学和社会系统等各个领域。可以说自动控制的应用领域遍及众多的科技和生活方面,但这并不意味着后来的理论就替代了前面的理论。现代控制理论是经典控制理论的拓展和补充,二者在其相应领域起着不可替代的作用。在实际应用中,经典控制理论和现代控制理论都有其合适的应用场合。经典控制理论的研究对象虽然主要局限于单输入、单输出、线性、定常、时不变的系统数学模型(这是十分理想的一个系统模型,与现实系统有一定的差别),不过对于现实中相当多的实际问题,尤其是一些简单被控系统,在一定的情况下,如在某个工作点附近,还是可以采用这种理想模型来近似的。在其基础上所进行的分析和应用,在一定的条件下是有效和具有一定参考价值的。现代控制理论由于改变描述系统数学模型的方法,采用状态空间法而不是传递函数,从而使其研究对象的范围扩展了许多,不但包括了经典控制理论所能研究的线性问题,还包括了很多经典控制理论解决不了的线性和非线性问题;不但能研究定常系统,还能研究非定常系统;不但能解决单输入、单输出问题,还能解决多输入、多输出问题。

在控制方法上,虽然经典控制理论只有一个PID控制方法,但由于其参数的物理意义明确,参数调整方便、简单,理论成熟,应用起来方便可靠。如果需要解决的问题相对简单,经典控制理论能满足系统精度要求,那么采取经典控制理论求解就比较直接,可以节省很多经济成本。所以,当需要解决单输入/单输出线性系统的控制问题时,采用经典控制理论还是比较方便和实际的,尤其是兵器、航空、航天等大系统,更是倾向于应用相对成熟的经典控制理论。但是对于多输入/多输出系统的控制问题,经典控制理论则明显力不从心,此时就需要采用现代控制理论,如鲁棒控制、最优控制等控制理论来解决问题。总之,在实际应用中应当根据被控系统本身所具有的特点、环境情况、控制性能要求以及需要解决问题的复杂程度来决定采用何种控制理论。

以上所提的经典控制理论和现代控制理论都是建立在被控系统的数学模型之上的,换句话说,这些理论可以对系统进行控制器设计的前提是:必须知道或者建立被控系统的数学模型,然后根据所获得的系统模型以及所选择的控制理论来进行控制器的设计。经典控制理论应用的前提是被控系统的数学模型必须已知。对于模型未知或系统参数随时间变化的系统,可以采用现代控制理论。根据实际问题的需要,现代控制理论设计控制器的过程为:① 通过实际系统获取的实验数据来估计被控对象的参数,建立系统的数学模型;② 设计控制系统的控制器;③ 将设计出的控制器应用于控制系统中;④ 利用计算机控制不断循环①~③步骤。无论如何,经典控制理论和现代控制理论都需要建立系统的机理模型或实验模型,然后根据系统的模型进行控制器设计,它们都属于基于模型的控制理论,因此,控制系统的性能好坏很大程度上取决于系统模型精确性的高低。

我们将基于模型进行控制器设计的经典控制理论和现代控制理论称为传统控制理论。由于传统控制理论的分析与综合方法都是在被控对象的数学模型基础上进行的,而数学模型的精确程度对控制系统性能的影响很大,往往由于某种原因,对象参数发生变化使数学模型不能准确地反映对象特性,从而可能无法达到人们期望的控制指标。实际中所存在的许多复杂系统,具有高维性及系统信息的模糊性、不确定性、偶然性和不完全性等,给基于数学模型的控制理论带来了解决问题的困难,提出了新的挑战。传统控制理论面临如下问题:

1. 被控系统建模的精确性

传统控制理论的思想是建立在精确数学模型基础上的,然而对实际应用中的非线性、时变性、不确定性和不完全性的系统,一般无法获得精确的数学模型。对含有对象复杂性和不确定性的控制过程很难用传统数学建模方法来解决建模问题。

2. 控制条件及其理论适用性范围的限制

在研究一个实际的控制对象时,为了得到理论上性能良好的控制器,传统控制理论需要经常提出一些比较苛刻的假设,然而这些假设在应用中往往与实际情况不相吻合。根据现有的理论和技术描述复杂的控制过程会出现片面性、单一性,建立的模型有可能与实际过程相差甚远。传统的控制对象往往局限于单一的、有确定物理规律的理想系统。对于复合型的复杂系统,传统的控制方法就显得力不从心了。

3. 高要求控制性能的限制

通常控制系统需要具有所期望的控制精度、稳定性及动态性能。为了提高系统性能,传统控制系统可能变得相当复杂,从而使得系统的可靠性与其他系统性能成为不可调和的矛盾。复杂系统往往要求控制系统能够处理数值的、符号的、定性的、定量的、确定的和模糊的各类信息,即要求控制系统具有多层次的信息处理结构。传统的控制方法是很难做到这一点的。

针对所面临的控制理论在实际应用中所遇到的上述问题,是否可以改变一下思路,不完全以控制对象为研究主体,而以控制器为研究对象,是否可以用人工智能的逻辑推理、启发式知识、专家系统解决难以建立数学模型的问题? 随着研究问题在系统、环境、目标、精度等方面的复杂程度的增加,逐渐出现了非线性控制、启发式搜索优化、学习控制、专家控制、模糊控制、神经网络控制、混合控制等先进控制策略,这些先进控制策略逐渐形成了一整套智能控制理论与系统。

1.2　智能控制系统及其理论

在许多系统中,复杂性不只是表现在高维性上,更多的则是表现在系统信息的模糊性、不确定性、偶然性和不完全性上。用人工智能的人工神经网络、模糊逻辑推理、启发式知识、专家系统等理论去解决难以建立精确数学模型的控制问题一直是人们追求的目标。智能控制系统及其理论产生的一个重要原因是对复杂系统控制的迫切需要。被控对象的复杂性表现为非线性、时变性、不确定性、高维性、分布性、多层次性等。复杂系统难以精确建模,致使基于精确模型的传统控制理论遇到极大困难,而有经验的操作者却能驾驭复杂的被控过程,获得接近最优的控制效果。事实上,人类的许多科学成就都来自对自然界中相应事物的观察和深入研究,例如人类由鸟类的飞行得到启发,从而发明了飞机。同样,对信息的加工处理和智能控制系统的设计,自然界也给我们提供了一个非常完美的范例——人脑。因而智能信息处理系统的研究与发展需要借助于对人类自身大脑认知功能深入全面的研究。人对外部世界的认知过程,本质上是一个多传感信息的融合过程,人脑通过对多通道信息的相互监督完成学习,从而获得对外部事物的认识;通过对多传感信息的融合,实现对目标的识别与理解,并可以根据已有知识对各传感器实行控制。这种前馈和反馈过程的完美结合,使人脑具有极高的智能水平,即使在噪声环境下或传感信息不可靠时,人脑也能有效地完成其智能活动。科学家们一直在研究和总结人类思维的普遍规律,并用计算机模拟它的功能实现。人们期望通过多种途径模拟人在控制过程中所表现出的思维、判断和决策行为,从而诞生了具有人的智慧能力的控制系统以及控制理论。例如,模拟人的逻辑思维及推理功能的模糊控制;模拟人的大脑神经网络的结构和功能的人工神经网络控制;模拟控制领域专家控制功能的专家控制;模拟人类通过学习获得知识的学习控制;模拟人类社会乃至人体不同层次组织功能的分级递阶控制等。

智能控制思想最早是由美国普渡大学的傅京生(King-Sun Fu)教授于 20 世纪 60 年代中期提出的,他在 1965 年率先提出把人工智能的启发式推理规则用于学习系统;1967 年,Leondes 和 Mendel 首次正式使用了智能控制(Intelligent Control)一词,并把记忆、目标分解等技术用于学习控制系统,这些反映了智能控制思想的早期萌芽。1971 年,傅京生发表论文提出了智能控制就是人工智能与自动控制交叉的二元论思想,列举了三种智能控制系统:人作为控制器、人机结合作为控制器、自主机器人。沿着这一思想出发,一方面现代控制理论利用微分几何、微分代数、数学分析等现代数学工具得到新的发展,如以滑模控制为主的变结构控制、H_∞ 控制和以 μ 综合为代表的鲁棒控制;另一方面避开数学模型直接用机器模拟人的逻辑推理、启发式知识建立和发展了智能控制理论。1974 年,英国的玛达尼(Mamdani)教授首次成功地将模糊逻辑用于蒸汽机控制,开创了模糊控制的新方向;1977 年,Saridis 全面地论述了从反馈控制到最优控制、随机控制及至自适应控制、自组织控制、学习控制,最终向智能控制发展的过程,提出了智能控制是人工智能、运筹学、自动控制相交叉的三元论思想及分级递阶的智能控制系统框架。1984 年,阿斯特鲁姆发表了一篇直接将人工智能的专家系统技术引入控制系统的论文,明确地提出了建立专家控制的新概念;与此同时,霍普菲尔德(Hopfield)提出的霍普菲尔德神经网络、鲁姆哈特(Rumelhart)提出的多层前向网络的误差反向传播的 BP 算法为 20 世纪 70 年代以来一直处于低潮的人工神经网络的研究注入了新的活力。1985 年 8 月,IEEE 在美国纽约召开了第一届智能控制学术讨论会;1987 年 1 月,在美国费城由 IEEE 控制系统学会与计算机学会联合召开了第一届智能控制国际会议,标志着"智能控制"作为一门新学科正式诞生。进入 90 年代,关于智能控制的研究论文、著作、会议、期刊大量涌现,应用对象也更加广泛,从工业过程控制、机器人控制、航空航天器控制到故障诊断、管理决策等均有涉及,并取得了较好的效果。

智能控制不同于经典控制理论和现代控制理论的传统处理方法,它研究的主要目标不仅仅是被控对象,同时也包含控制器本身。控制器不再是单一的数学模型,而是数学解析和知识系统相结合的广义模型,是多种知识混合的控制系统。纵观智能控制产生和发展的历史背景,其研究中心始终是解决传统的经典控制理论和现代控制理论难以解决的不确定性问题。控制学科所面临的控制对象的复杂性、环境的复杂性、控制目标的复杂性日益突出,智能控制的研究提供了解决这类问题的有效手段。

智能控制理论经历了半个多世纪的发展,在理论和工程应用方面都取得了许多可喜成绩。但也应该指出,智能控制系统本身属于基于知识的非线性控制范畴,在理论方面还远比不上线性控制系统理论那样完善。智能控制系统理论尽管还不完善,但对复杂系统的控制却收到了意想不到的良好效果。关键在于如何正确认识智能控制理论的精髓。智能控制系统是对复杂系统进行控制,除被控对象外,智能控制系统本身也是一个复杂系统,通常表现为由多层次、多种类型的智能控制器和被控子系统构成的许多既相互独立又相互联系、相互协调并通过自组织、自适应及自学习满足整个系统的多层目标及总目标的要求。

1.2.1　智能控制理论

智能控制是一门新兴的学科,它的发展得益于许多学科,其中包括人工智能、认知科学、现代自适应控制、最优控制、神经元网络、模糊逻辑、学习理论、生物控制和激励学习等。以上每一学科均从不同侧面部分地反映了智能控制的理论和方法。人是现今为止发现的最完善的智能系统,从不同角度模拟人的智能产生了不同的智能控制理论。智能控制理论的研究方向主要有以下几种:

1. 专家控制

瑞典学者阿斯特鲁姆 1983 年首先将专家系统(Expert Control)技术引入控制系统中;1986 年提出了由"专家控制"组成的一种类型的智能控制。专家控制是指将专家系统理论与控制理论相结合,在未知环境下,仿效专家的经验,根据某个应用领域的一个或多个人类专家提供的知识和经验进行推理和判断,模拟人类专家的决策过程以解决那些需要人类专家才能完成的系统控制问题。专家控制是基于知识的智能控制,由关于控制领域的知识库和体现该知识决策的推理机构构成主体框架,通过对控制领域知识(先验经验、动态信息、目标等)的获取与组织,按某种策略及时地选用恰当的规则进行推理输出,以实现对控制对象的控制。专家控制系统不同于离线的专家系统,它不仅是独立的决策者,而且是具有获得反馈信息并能实时在线控制功能的系统。专家系统的研究始于 20 世纪 60 年代中期,主要由四部分组成:知识库(包括事实、判断、规则、经验知识和数学模型)、推理机、解释机以及知识获取系统。一般来说,专家系统是一个智能计算机程序系统,其内部具有大量专家水平的某个领域知识与经验,能够利用人类专家的知识和解决问题的方法来解决该领域的问题,也就是说,专家系统是一个具有大量专业知识与经验的程序系统,它应用人工智能技术,根据某个领域一个或多个人类专家提供的知识和经验进行推理和判断,模拟人类专家的决策过程,以解决那些需要专家决定的复杂问题。专家系统的主要功能取决于大量知识,设计专家系统的关键是知识的表达和知识的运用,专家系统与传统的计算机程序最本质的区别在于:专家系统所要解决的问题一般没有算法解,并且往往要在不完全、不精确或不确定的信息基础上做出结论。

专家系统是最早出现的智能系统,它主要是通过把多个由传统控制策略解决的问题,根据专家的经验进行有机组合、协调与判断,然后再通过计算机处理来实现智能控制。

2. 模糊控制

模糊控制主要是模仿人的控制思维方式与经验,而不依赖控制对象的模型,因此模糊控制器实现了人的某些智能,是智能控制的一个重要分支。模糊控制主要研究那些在现实生活中广泛存在的、定性的、模糊的、非精确的信息系统的控制问题。模糊控制是基于模糊推理、模仿人的思维方式、对难以建立精确数学模型的对象实施的一种控制,成为处理推理系统和控制系统中不精确和不确定性的一种有效方法,构成了智能控制的重要组成部分。

人们常说:水太热,天气很冷。"太热""很冷"都是对事物的一种模糊判断,自然语言的模糊性是人类思维的特点,也是人类解决复杂问题、表达复杂思想所不可缺少的。为了能够把这种自然语言、人类经验通过机器表达出来,1965 年查德(Zadeh)教授提出模糊集合、模糊语言变量以及模糊推理并应用于控制领域,创立了模糊逻辑控制理论。传统的控制问题一般是基于系统的数学模型来设计控制器的,而大多数工业被控对象是具有时变性、非线性等特性的复杂系统,对这样的系统进行控制,不能仅仅建立在平衡点附近的局部线性模型,还需要加入一些与工业状况有关的人的控制经验。这种经验通常是定性的,模糊推理控制正是这种控制经验的表示方法,这种方法的优点是不需要被控过程的数学模型,因而可省去传统控制方法的建模过程,但过多地依赖控制经验。

模糊逻辑控制是一种具有不依赖于系统模型的模糊控制器的控制系统。它无须知道系统输入与输出之间的数学依赖关系,只要给定系统一个输入,依赖模糊控制理论中的模糊规则与模糊变量的隶属度函数的操作和运算来获得控制系统的输出值,因此它是解决不确定性系统控制的一种有效途径。进一步的研究已经表明:模糊系统不但可以应用于系统控制,它本身也是一个非线性的信息处理系统,还可以用于建模、信号处理等领域。

3. 神经网络控制

人工神经网络(Artificial Neural Networks,ANN)模拟人脑神经元的活动,由大量简单的神经元组成,利用神经元之间的联结与权值的分布来表示特定的信息,构成信息处理系统,因此具有分布存储信息的特点。由于每个神经元都可接收到信息,并作独立的运算与处理,然后输出到相连的神经元的输入端,这表现了一种并行处理能力,即 ANN 对一个特定的输入信息,通过前向计算产生输出信息,它的各个输出节点的逻辑概念或信息值是同时被计算出来的。从仿生学观点来看,由于人工神经网络具有许多优异的性能,它具有非线性映射能力、并行计算能力、自学习能力、强鲁棒性等优点,已广泛地应用于控制领域,进行非线性函数逼近、系统建模与控制、噪声消除、数据压缩、模式识别、优化计算等。它的自适应性和自组织性使它具有很强的学习能力;它的并行处理机制使它求解问题时间很短,满足实时性要求;它的分布式存储使它的鲁棒性和容错性相当好,所以将它与控制理论结合,建立神经元到神经元之间的联结关系模型,模拟人脑智能的神经网络控制成为智能控制发展的一条重要途径。

在人工神经网络的应用中,人们将其与现有的一些系统控制理论进行融合,在神经网络自适应控制、人工神经网络阈函数的数字设计、新的混合神经网络模型等方面都有一些重要进展,如应用于机器人操作过程神经网络控制、核反应堆的载重操作过程的神经网络控制。

人工神经网络在控制系统中所起的作用大致可分为 4 类:第一类是基于模型的各种控制结构中充当对象的模型;第二类是充当控制器;第三类是在控制系统中起优化计算的作用;第四类是与其他智能控制如专家控制、模糊控制相结合,为其提供非参数化对象模型、推理模型等。神经网络控制系统用于控制非线性对象时,神经网络的自学习、自适应性使其与线性系统的自适应控制系统有许多相同之处,有一些结论可以平移。但是由于从线性系统到非线性系统有着本质的差异,要解决非线性系统的自适应控制问题,如稳定性问题、结构问题、鲁棒性问题等都要比线性系统难得多,因此,在神经网络的控制中存在的潜在研究问题也相当多。神经网络控制无疑是一个挑战性很强的领域。

4. 模糊神经网络

虽然人工神经网络控制系统在解决高度非线性和严重不确定性复杂系统的控制方面显示出巨大的潜力,但它将系统控制问题看成"黑箱"的映射问题,网络参数缺乏明确的物理意义,不易把控制经验的定性知识融入控制过程中。在对比了模糊系统和人工神经网络各自的优缺点后,人们发现模糊系统和人工神经网络各自的优点正好可以弥补对方的缺点,这使得人们很自然地将神经网络与模糊推理系统相结合,导致涌现出大量新的模糊神经网络。例如,小波神经网络、模糊神经网络、B 样条神经网络、混沌神经网络等,为智能控制领域开辟了新的研究方向。

5. 学习控制系统

学习控制系统是模拟人类自身各种优良控制的调节机制的一种尝试。学习控制系统是一个能在其运行过程中逐步获得被控过程及环境的非预知信息,积累控制经验,并在一定评价标准下进行估值、分类、决策和不断改善系统品质的自动控制系统。学习控制系统根据工作对象的不同可分为两大类:一类是对具有可重复性的被控对象利用控制系统的先验经验,寻求一个理想的控制输入,而这个寻求的过程就是对被控对象反复训练的过程,这种学习控制又被称为迭代学习控制;另一类是自学习控制系统,它不要求被控过程必须是重复性的,它能通过在线实时学习,自动获取知识,并将所学的知识不断地用于改善具有未知特征过程的控制性能。尽管学习控制系统已研制多年,但与实际要求还相距较远。它的主要缺点是在线学习能力差、学习速度较慢、跟不上实时要求。学习控制系统通常是通过对系统性能的评价和优化来调整系统的结构和参数的,因此一个好的优化理论和算法是智能控制系统设计的精髓。

6. 深度学习与深度神经网络

深度学习的概念最早由加拿大多伦多大学的辛顿(Hinton)于 2006 年提出,它是指基于样本数据,通过一定的权值训练的学习方法,得到包含多个层级的深度网络结构模型的机器学习过程。深度学习技术通过模仿人脑的逐层抽象机制来解释数据,设计算法对事物进行多层级分布式表示,组合低层特征,自主发现有效特征,进行特征继承,而形成抽象的高层级的表示。深度学习的出现,进一步推动了人工神经网络应用的发展,并产生了深度神经网络。深度神经网络通过不同层的神经网络,逐层对不同特征的提取,将底层特征进行组合,形成多层(深层)网络的模式识别,进而形成抽象的高层属性类别,在更高水平上表达抽象概念,建成模拟人脑进行分析学习的神经网络。辛顿教授及其学生 2006 年在《科学》上的一篇论文,提出了两个主要观点:① 多层人工神经网络模型有很强的特征学习能力,深度学习模型学习得到的特征数据对原数据有更本质的代表性,这将便于进行分类和可视化;② 对于深度神经网络很难训练达到最优的问题,可以采用逐层训练方法解决。他们提出了一种训练深层神经网络的基本原则:先用非监督学习对网络逐层进行贪婪的预训练,再用监督学习对整个网络进行微调。这种预训练的方式,为深度神经网络提供了较理想的初始参数,提高了深层结构的计算能力,而且对于深层的神经网络也进行了优化,让科研人员看到了深层网络结构发展的希望。卷积神经网络是一类涉及卷积计算,同时兼容深度结构的前馈网络,是深度学习的一种广泛应用的结构。卷积神经网络基于生物视觉机制,结合仿生学原理克服了以往人工智能领域的一些难以解决的问题,网络所具有的局部连接、权值共享和池化操作等特性能有效地减少网络训练参数的个数,在降低网络训练的计算复杂度的同时,具备较强的鲁棒性和抗干扰能力,便于性能的优化。目前正是深度学习网络的理论与应用的快速发展时期。

1.2.2 智能控制系统的基本功能特点

智能控制是自动控制发展的新的阶段,主要用来解决那些用传统方法难以解决的复杂的、非线性的和不确定的系统控制问题。智能控制系统具有以下几个特点:

(1) 学习和联想记忆能力。对一个过程或未知环境所提供的信息,系统具有进行识别、记忆、学习,并利用积累的经验进一步提高系统性能的能力。有较强的学习能力,能对未知环境提供的信息进行识别、记忆、学习、融合、分析、推理,并利用积累的知识和经验不断优化、改进和提高自身的控制能力。

(2) 较强的自适应能力。具有适应被控对象动力学特性变化、环境特性变化和运行条件变化的能力;对外界环境变化及不确定性的出现,系统具有修正或重构自身结构和参数的能力。具有自学习、自适应、自组织能力,能从系统的功能和整体优化的角度来分析和综合系统,以实现预期的控制目标。

(3) 较强的容错能力。系统对各类故障具有自诊断、屏蔽和自恢复能力;对具有非线性、快时变、复杂多变量和环境扰动等复杂系统能进行有效的全局控制,并具有较强的容错能力。

(4) 较强的鲁棒性。系统性能对环境干扰和不确定性因素不敏感。

(5) 较强的组织协调能力。对于复杂任务和分散的传感信息具有自组织和协调功能,使系统具有主动性和灵活性。

（6）实时性好。系统具有较强的在线实时响应能力。

（7）人机协作性能好。系统具有友好的人机界面，以保证人机通信、人机互助和人机协同工作。

（8）变结构和非线性，其核心是组织级。

（9）采用并行分布处理方法，使得快速进行大量运算成为可能。

1.2.3　智能控制技术的应用

几十年来，人工智能的研究成果为实际工程控制界提供了新的思路与方法。应用人工智能的方法，建立知识库和推理机，将定量与定性相结合，使系统具有在线学习和修正的功能，面对实际的过程与环境有一定的组织、决策和规划的能力，能模拟人的某些智能和经验来引导求解过程，这就是智能控制与技术的能力和核心所在。尽管智能控制技术发展的历史不长，但它在生产过程中的应用已不少：在工业过程控制中的应用包括石油化工、冶金、化工等方面。如 1994 年 Gensym 公司和 Neura-Lware 公司联合将神经网络和优化软件与专家系统结合，用于 Taxaco 炼制和销售公司的 Star 炼油厂的非线性工艺过程，一年内就收回了投资。在分散控制系统（DCS）和可编程控制器（PLC）中，每当引进智能技术就增加功能，提高档次。不少的仪表制造商看好这一巨大的市场潜力，争先恐后地研制带有智能控制技术的 DCS。如德国 Simens 公司为其分散控制系统的现场控制器 AS230/AS235（H）开发了模糊化、模糊判决和规则确定的软件模块。在故障诊断及其他方面的应用，如美国 Combustion Engineering Simcon 公司的 IPOM 故障诊断系统，它由三部分组成：模式识别、智能显示、专家系统与 DCS 数据高速公路的接口，主要检测和诊断生产过程中的故障，其使用充分利用了人类专家在生产中的经验，而在计算速度上却远远超过了人类专家的能力范围，使得复杂设备的实时故障诊断成为可能。

1.3　智能控制与传统控制的比较分析

1.3.1　传统控制的特点与不足

以反馈控制理论为基础的自动控制理论，使传统控制得到了巨大的发展，主要形成了四方面的特点：

（1）具有完整的理论体系，形成了以反馈控制理论为核心，以精确的数学模型为基础，以微分和积分为主要数学工具，以线性定常系统为主要研究对象的完善的理论和应用方法。

（2）形成了以时域法、根轨迹法、线性系统为基础的分析方法。

（3）具有严格的性能指标体系，稳态性能和动态性能都有具体而严格的指标。

（4）在单机自动化、不太复杂的过程控制及系统工程领域中得到了广泛而成功的应用。

但传统控制也具有明显的局限性,其局限性主要表现在:

(1) 传统控制理论是建立在以微分和积分为数学工具的精确模型上的,而这种模型通常是经过简化后获得的,对于高度非线性和复杂的系统,数学模型将丢失大量的重要信息而失去使用价值。

(2) 传统控制理论虽然有自适应控制和鲁棒控制来处理对象的不确定性和复杂性,但在实际应用中,在被控对象存在严重的非线性、数学模型的不确定性及系统工作点变化剧烈的情况下,自适应控制和鲁棒控制存在难以弥补的严重缺陷,应用的有效性受到很大的限制。

(3) 传统的控制系统输入的信息比较单一,而现代的复杂系统不仅输入信号复杂多样、容量大,而且要求对各种输入信息进行融合、推理和分析,以便适应环境和条件变化。

(4) 传统控制系统的自学习、自适应、自组织功能和容错能力较弱,不能有效地进行不确定的、高度非线性的、复杂的系统控制任务。

1.3.2　智能控制与传统控制的关系

智能控制与传统控制是密不可分的,而不是相互排斥的。一般情况下,传统控制往往包含在智能控制之中。传统控制在某种程度上可以认为是智能控制发展中的低级阶段。根据目前研究情况的分析,智能控制和传统控制具有紧密的结合与交叉综合,主要表现在:

(1) 智能控制常常利用传统控制来解决低层的控制问题。例如在分级递阶智能控制系统中,组织级采用智能控制,而执行级采用传统控制。

(2) 将传统控制和智能控制进行有机结合可形成更为有效的智能控制方法。

(3) 对数学模型基本成熟的系统,应采用在传统数学模型控制的基础上增加一定智能控制的手段,而不应采用纯粹的智能控制。

控制理论与技术主要向着两个方向发展:一是理论方法本身研究的深入;二是将不同的控制方法进行有机的结合来获得单一方法所难以达到的效果,即智能控制技术的集成。智能控制技术的集成包括两方面:一方面是将几种智能控制方法或机理融合在一起,构成高级混合智能控制系统,如模糊神经控制系统、基于遗传算法的模糊控制系统、模糊专家系统等;另一方面是将智能控制技术与传统控制理论结合,形成智能复合型控制器,如模糊PID控制、神经网络PID控制、模糊滑模控制、神经网络最优控制等。

与传统控制理论相比,智能控制具有其自身的特点:

(1) 智能控制的研究对象能够适用于具有严重不确定性的情况,即模型未知或其参数、结构随时间在一定的范围内变化的情况。这些问题对基于模型的传统自动控制来说很难解决。

(2) 传统的自动控制系统对控制任务的要求要么使输出量为定值(调节系统),要么使输出量跟随期望的运动轨迹(跟随系统),因此具有控制任务单一性的特点。智能控制系统的控制任务可比较复杂,例如在智能机器人系统中,它要求系统对一个复杂的任务具有自动规划和决策的能力,有自动躲避障碍物运动到某一预期目标位置的能力等。对于这些具有复杂的任务要求的系统,采用智能控制更能胜任。

(3) 传统的控制理论对线性问题有较成熟的理论,而对高度非线性的被控对象虽然有一些非线性方法可以利用,但不尽如人意。智能控制从控制器入手,避免了传统控制理论难以解决的很多问题,为解决这类复杂的非线性问题找到了一个出路,成为解决这类问题行之有效的途径。

（4）与传统自动控制系统相比,智能控制系统具有足够强的关于人的控制策略、被控对象及环境的有关知识以及运用这些知识的能力。

（5）与传统自动控制系统相比,智能控制系统能以知识表示的非数学广义模型和以数学表示的混合控制过程,采用开闭环控制和定性及定量控制结合的多模态控制方式。

（6）与传统自动控制系统相比,智能控制系统具有变结构特点,具有总体自寻优、自适应、自组织、自学习和自协调能力。

（7）与传统自动控制系统相比,智能控制系统有补偿及自修复能力和判断决策能力。

1.4　智能优化算法

启发式智能优化方法以其自身所具有的特性不断地引起众多学者的关注和兴趣,并且在智能系统的控制与优化中起到越来越重要的作用,如智能进化算法在解决神经模糊系统的参数自适应调整以及智能控制系统的参数优化中起着重要的作用。

自然界中的生物对其生存环境具有自适应性,各物种都在一种竞争的环境中生存,优胜劣汰,促使物种不断进化。人们从不同角度出发研究和模拟生物系统及其行为特性,产生了诸多的新兴学科,其中对生物进化机制的模拟就产生了进化算法（Evolutionary Algorithm）理论。进化算法是一系列搜索技术,包括遗传算法（Genetic Algorithm,GA）、进化规划（Evolutionary Programming,EP）、进化策略（Evolutionary Strategy,ES）、遗传编程（Genetic Programming,GP）等。尽管进化算法有很多变化,但它们都是基于自然进化过程的基本计算模型的。与传统的基于微积分的方法、穷举法等优化算法相比,进化计算是一种成熟的具有高鲁棒性和广泛适用性的全局优化方法,具有自组织、自适应、自学习的特性,能够不受问题性质的限制,有效地处理传统优化算法难以解决的复杂问题。

遗传算法是建立在自然选择和自然遗传学机理基础上的迭代自适应概率性搜索算法,是一种基于生物进化模拟的启发式智能算法,也是所有进化算法中最基本的全局优化算法。该算法最早是美国的霍兰德（Holland）教授于 1975 年发表的论文《自然和人工系统的适配》中提出的一种模仿生物进化过程的最优化方法。遗传算法的基本策略是:将待优化函数的自变量编码成类似基因的离散数值码,然后依照所选择的适配值函数,通过遗传中的复制、交叉及变异对个体进行筛选,使适配值高的个体被保留下来,组成新的群体,新群体既继承了上一代的信息,又优于上一代,这样周而复始,群体中个体适应度不断提高,直到满足一定的条件。遗传算法具有以下优点:

（1）从许多初始点开始进行并行操作,克服了传统优化方法容易陷入局部极点的缺点,是一种全局优化算法;

（2）对变量的编码进行操作，替代梯度算法，在模糊推理隶属度函数形状的选取上具有更大的灵活性；

（3）对所要求解的问题不要求其连续性和可微性，只需知道目标函数的信息；

（4）由于具有隐含并行性，所以可通过大规模并行计算来提高计算速度；

（5）可在没有任何先验知识和专家知识的情况下取得次优或最优解。

在智能控制中，遗传算法已经被广泛应用于各类优化问题：复杂的非线性系统的辨识、多变量系统控制规则的优化、智能控制参数的优化等常规控制方法难以奏效的问题。遗传算法具有可扩展性，可以同专家系统、模糊控制和神经网络结合，为智能控制的研究注入新的活力，如可用遗传算法对模糊控制的控制规则和隶属度函数进行优化，对神经网络的权值进行优化，也可用来优化网络结构。遗传算法的应用研究比理论研究更为丰富，已渗透到许多学科，如工程结构优化、计算数学、制造系统、航空航天、交通、计算机科学、通信、电子学、电力、材料科学等。遗传算法的应用按其方式可分为三部分，即基于遗传的优化计算、基于遗传的优化编程和基于遗传的机器学习。

遗传编程的思想是美国斯坦福（Stanford）大学的科扎（Koza）在 20 世纪 90 年代初提出的一种全局优化算法。人们一般将遗传编程看成遗传算法的一个分支，它在求解程序的自适应进化模拟中发展了结构上的复杂性。由于遗传编程的设计采用一种更自然的表达方式，因而应用领域非常广，在解决人工智能、机器学习等领域的问题方面效果尤其明显。尽管目前遗传编程不足以产生完善的程序，但其巨大的应用潜力已经受到许多学者的关注。

进化策略是在欧洲独立于遗传算法和进化规划而发展起来的。1963 年德国的雷兴贝格（Rechenberg）和施韦费尔（Schwefel），在利用流体工程研究所的风洞做实验时，雷兴贝格提出了基于自然突变和自然选择的生物进化思想的进化策略思想，并在 1990 年欧洲召开的第一届"基于自然思想的并行问题求解"的国际会议上得到人们的注意。

进化规划是由美国的福格尔（Fogel）于 20 世纪 60 年代提出来的一种优化算法。他提出采用有限字符集上的符号序列来表示模拟的环境，采用有限状态机人表示智能系统。这种方法与遗传算法有许多共同之处，但不像遗传算法那样注重父代与子代的遗传细节，而是把侧重点放在父代与子代表现行为的联系上。最初学术界对进化规划持怀疑态度，直到 90 年代其才逐渐得到重视并开始用于解决实际问题。

群智能优化算法的研究已经成为优化研究领域的一个热点，其中研究和应用最广泛的算法是蚁群算法和粒子群算法，另外还有人工鱼群算法和人工免疫算法。蚁群算法是群体智能的典型实现，是一种基于种群寻优的启发式搜索算法。蚁群算法中，候选解可以理解为蚂蚁爬行的路径，蚂蚁在所走过的路径上留下信息素为其他同伴提供选择路径的依据，经过迭代寻找较优路径。蚁群算法的基本思想是：当一只蚂蚁在给定点进行路径选择时，被先行蚂蚁选择次数越多的路径被选中的概率越大，该算法的主要特点如下：

（1）蚂蚁群体行为表现出正反馈过程，通过反馈机制的调整，可对系统中的较优解起到一个自增强的作用，使问题的解向着全局最优的方向演变，有效地获得全局相对较优解。

（2）蚁群算法是一种本质并行的算法。个体之间不断进行信息交流和传递，有利于发现较好解，并在很大程度上减少了陷于局部最优的可能。

（3）蚂蚁之间没有直接联系，而是通过路径上的信息素来进行信息的传递，是间接通信。

蚁群算法不仅能够智能搜索、全局优化,而且具有鲁棒性、正反馈、分布式计算、易与其他算法结合等特点。多里戈(Dorigo)等人将蚁群算法先后应用于旅行商问题、资源二次分配问题等经典优化问题,得到了较好的效果。在动态环境下,蚁群算法也表现出高度的灵活性和鲁棒性,如在集成电路布线设计、电信路由控制、交通建模及规划、电力系统优化及故障分析等方面都被认为是目前较好的算法之一。

1.5 本 书 内 容

第 1 章在给出自动控制系统及其理论的发展历程之后,对智能控制系统及其理论进行了概述,其中包括智能控制理论、智能控制系统的基本功能和特点,以及智能控制技术的应用,同时对智能控制与传统控制进行了比较分析,剖析了传统控制的特点与不足以及智能控制与传统控制的关系。在智能优化算法中,专门对进化算法中的遗传算法、进化规划、进化策略和遗传编程进行了简介;提到的人工鱼群算法、人工免疫算法、粒子群算法和蚁群算法等都是在本书中有重点应用的智能优化算法。

第 2 章对人工神经网络中典型前向网络的结构、功能予以介绍,其中包括感知器、自适应线性元件、反向传播网络和径向基函数网络,其中前向多层反向传播网络是前向网络的典型代表,也是人工神经网络的典型代表,是人们学习和掌握人工神经网络设计与应用的重点网络,希望初学者加以重视。

第 3 章通过对几种具有代表性的改进算法性能上的对比,从实用的角度提醒人们注意这样一个事实,那就是:除了基于标准梯度下降法可以进行算法改进外,基于数值优化方法的改进算法可能得到意想不到的惊人的收敛速度。因此,我们将改进算法分为两大类:第一类为基于标准梯度下降的改进方法,它们是标准梯度下降法的发展,其中选用有附加动量的 BP 算法、可变学习速率的 BP 算法和弹性 BP 算法;第二类为基于标准数值优化的改进方法,其中选用共轭梯度法、拟牛顿法和 Levenberg-Marquardt 法。然后用两个实例详细进行性能的对比分析,最后给出小结。

第 4 章从递归神经网络的各种不同结构的描述和分析入手,针对几种典型递归神经网络的特性、算法及其应用进行重点介绍,同时对其稳定点与稳定域之间的关系进行分析,包括全局反馈递归网络中的霍普菲尔德离散和连续网络的理论及其应用、自组织竞争网络以及科荷伦自组织映射网络的介绍及其应用。

第 5 章是神经网络在智能控制系统中的应用。从 BP 网络入手,介绍 BP 网络在控制系统中的非线性建模、控制器设计以及多种常用的系统控制方案及其改进算法性能比较的应用。另外专门介绍了具有 PID 特性的神经网络非线性自适应控制在三级倒立摆镇定控制中的应用。

第 6 章是关于模糊理论基础的介绍。重点介绍了模糊逻辑控制系统中涉及的集合、模糊向量、隶属函数、模糊逻辑、模糊规则与模糊推理等基本概念与术语,为模糊逻辑控制器的设计打下基础。

第7章是关于模糊控制器设计方法的介绍。在精确控制与模糊控制事例的基础上,给出了模糊逻辑控制过程、输入变量和输出变量的确定、论域的确定、确定模糊化和解模糊化方法、模糊控制规则以及模糊逻辑推理。还专门对量化因子及比例因子的选择进行了讨论。

第8章为模糊控制系统的应用。本章中给出3个应用,分别是:速度模糊控制器的设计、三种控制器的设计与性能比较以及变参数双模糊控制器。

第9章是介绍将人工神经网络的参数自动调整与自适应的优点与在结构上具有明确物理意义的模糊系统相结合的模糊神经网络。本章一共介绍了4种模糊神经网络,在推导出模糊系统的输入/输出关系式的基础上,给出了采用神经网络直接实现的模糊系统;还介绍了Sugeno模糊推理法及其与玛达尼推理法的性能对比;B样条模糊神经网络也是本章的一个重点;本章从模糊神经网络的角度再次介绍了径向基函数网络的模糊神经网络特性。

第10章为模糊神经系统的应用。首先基于Matlab环境下的模糊逻辑控制工具箱,介绍了基于自适应非线性模糊推理系统在非线性电机系统建模中的应用,给出了自适应非线性模糊推理系统的结构、混合学习算法、实际系统的非线性建模,以及辨识模型的验证;然后从一般的系统建模的角度出发,给出了有关利用神经模糊建模平台的设计与应用,其中包括:建模方法的选择、模型输入变量个数的辨识、模糊规则个数的辨识,以及实际建模中需要考虑的几个问题,具体指导人们在非线性建模应用中如何解决所遇到的以及需要考虑和解决的问题。

第11章是进化算法。在标准遗传算法中,介绍了遗传算法的基本特点、基本操作、设计步骤,以及遗传算法的实质。然后在对进化算法基本原理介绍的基础上,对其中各种算法的性能进行了分析和对比,其算法包括:遗传算法、遗传编程和进化策略。对比的性能包括:编码策略、选择方法和遗传算子。

第12章是两个有关进化算法的应用。一个是模糊神经网络和遗传算法相结合的控制策略,另一个是基于遗传算法和单纯形法的直流电机参数辨识。每一种方法都给出了性能对比以显示出所提方法的优越性。

第13章是智能优化算法及其应用。本章重点介绍了5种智能优化算法及其应用,它们分别是:基于感知范围的鱼群优化算法、人工免疫算法、不同蚁群优化算法在CTSP中的性能对比、基于进化策略与蚁群算法的融合算法求解旅行商问题,以及利用粒子群与模拟退火的混合算法求解旅行商问题。

第14章是关于深度学习网络及其算法。本章在介绍了深度学习网络及其算法的发展历程以及深度学习的特点的基础上,重点以典型的深度卷积神经网络为例,来阐述深度学习网络的结构、权值训练以及设计过程。在卷积神经网络的结构设计以及特点分析之后,对构成卷积神经网络的卷积层、池化层、全连接层和输出层,以及各种激活函数的功能与算法进行逐一介绍,并详细推导了卷积层和池化层误差反向传播算法,同时分析和讨论了卷积神经网络的深度学习算法,以及训练后的验证过程与数据处理策略。

第15章是有关深度卷积神经网络的应用。本章包括4个应用:第一个应用是对Matlab环境下的CNN的设计。通过Matlab环境下所使用的具体语言,详细地给出并逐步解释设计网络的体系结构、构建由数字产生训练用数据组、训练新的卷积神经网络，以及训练后网络图像分类和性能验证。第二个应用是 Matlab 环境下 LeNet 网络的手写数字识别。此应用是借助于在 Matlab 环境下实现 LeNet 网络设计的 MatConvNet 工具箱，采用 MNIST 数据集，设计完成并验证典型的 LeNet 深度学习网络。第三个应用是基于一个多指灵巧机械手，对不同物体进行正确位置的自动识别与抓取。分别给出了所设计的三级深度卷积网络的结构设计与分析、数据集选择与网络训练、最佳抓取框的算法、物体位置与姿态的确定，以及实际实验及其结果分析。最后一个应用是基于深度神经网络实现多指灵巧机械手对不同物体的自动识别与抓取，开发出基于深度学习的虚拟仿真教学实验平台，给出在该平台上进行和实现整个深度学习网络的结构设计、数据集选择与网络训练、深度神经网络的性能验证，以及执行抓取虚拟仿真实验全过程的介绍。

第 2 章　前向神经网络

人工神经网络是由大量简单的处理单元组成的非线性、自适应、自组织系统，它是在现代神经科学研究成果的基础上，试图通过模拟人类神经系统对信息进行加工、记忆和处理的方式，设计出的一种具有人脑风格的信息处理系统。人脑是迄今为止我们所知道的最完善最复杂的智能系统，它具有感知识别、学习、联想、记忆、推理等智能，人类智能的产生和发展经过了漫长的进化过程，而人类对智能处理的新方法的认识主要来自神经科学、解剖学、心理学以及与数学等的结合。虽然人类对自身脑神经系统的认识还非常有限，但已设计出像人工神经网络这样具有相当实用价值和较高智能水平的信息处理系统。按其信息流向来分类，人工神经网络可以分为前向网络和递归神经网络；按网络连接方式来分类，人工神经网络又可以分为全连接神经网络与局部连接神经网络。本章将对前向网络的结构、功能以及性能予以介绍，其中包括感知器、自适应线性元件、反向传播网络和径向基网络。

人工神经网络是由计算机软件或电子线路硬件构成的。它由最简单的人工神经元并联或者再加上串联组成。人们通常用图形来表示网络系统的输入到输出的转化关系。单个神经元可以表示为如图 2.1 所示的模型结构，其中，神经元输入矢量用矩阵形式可以表示为权矩阵 $W = \begin{bmatrix} w_1 & w_2 & \cdots & w_r \end{bmatrix}$，$b$ 称为阈值，或偏差，f 代表某种激活函数关系式，$P = \begin{bmatrix} p_1 & p_2 & \cdots & p_r \end{bmatrix}^{\mathrm{T}}$。

单个神经元输出 A 与输入 P 之间的对应关系可表示为

$$A = f\left(\sum_{j=1}^{r} w_j p_j + b\right) = f(W \times P + b) \tag{2.1}$$

可以说单个神经元就是一个多输入/单输出的系统。两个或更多的单神经元相并联可构成单层神经(元)网络，如图 2.2 所示。

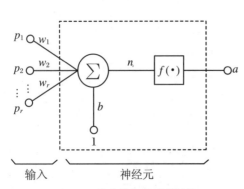

图 2.1　单个神经元模型结构

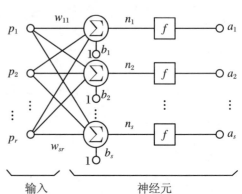

图 2.2　单层神经(元)网络模型结构图

两个及以上单层神经网络相级联则构成多层神经网络,如图 2.3 所示。

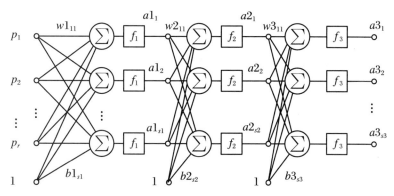

(a) 三层的神经网络结构图

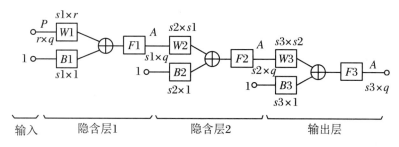

(b) 图(a)所示神经网络结构图的简化图

图 2.3　多层神经网络

由于在网络输入/输出关系式中对所使用的变量采用了矩阵形式来表达,所以对于单层多输出神经网络,其表达形式与单个神经元时完全相同。如图 2.2 所示的神经元个数为 s 的单层神经网络的输入/输出关系式可写为

$$A_{s \times 1} = F(W_{s \times r} \times P_{r \times 1} + B_{s \times 1}) \tag{2.2}$$

一个多层神经网络的输入/输出关系,可以以单层神经网络的关系进行递推,将前一层的输出作为后一层的输入,采用与单层神经网络同样的书写方式即可方便地写出。如图 2.3 所示的一个具有三层神经网络的输入/输出关系可写为

$$\begin{cases} A1 = F1(W1 \times P + B1) \\ A2 = F2(W2 \times A1 + B2) \\ A3 = F3(W3 \times A2 + B3) \\ \quad = F3\{W3 \times F2[W2 \times F1(W1 \times P + B1) + B2] + B3\} \end{cases} \tag{2.3}$$

对于这种标准全连接的多层神经网络,更一般的简便作图方法是:仅画出输入节点和一组隐含层节点,外加输出节点及其连线来示意即可,如图 2.4 所示。图中只标出输入、输出和权矢量,完全省去激活函数的符号。完整的网络结构则是通过具体的文字描述来实现的,如网络具有 1 个隐含层,隐含层中具有 5 个神经元并采用 S 型激活函数,输出层

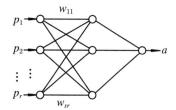

图 2.4　神经网络结构示意图

采用线性函数,或者更简明地可采用"网络采用 2-5-1 结构"来描述,其中,2 表示输入节点数;5 表示隐含层节点数;1 为输出节点数。如果不对激活函数作进一步说明,则意味着隐含层采用 S 型函数,而输出层采用线性函数。

特别值得强调的是,在设计多层网络时,隐含层的激活网络应采用非线性的,否则多层网络的计算能力并不比单层网络更强。因为在采用线性激活函数的情况下,由于线性激活函数的输出就等于网络的加权输入和,即 $A = W \times P + B$,如果将偏差作为一组权值归为 W 中统一处理,两层网络的输出 $A2$ 则可以写为

$$
\begin{aligned}
A2 &= F2(W2 \times A1) \\
&= W2 \times F1(W1 \times P) \\
&= W2 \times W1 \times P \\
&= W \times P
\end{aligned}
\tag{2.4}
$$

其中,$F1 = F2 = F$ 为线性激活函数。式(2.4)表明两层线性网络的输出计算等效于具有权矢量为 $W = W2 \times W1$ 的单层线性网络的输出。

由此可见,人工神经网络工作时,所表现出的就是一种计算。利用人工神经网络求解问题时所利用的也正是网络输入到网络输出的变换关系式。与其他求输入/输出关系式方法不同的是,神经网络的输入/输出关系式是根据网络结构写出的,并且网络权值的设计往往是通过训练而不是根据某种性能指标计算出来的。所以,应用神经网络解决实际问题的关键在于设计网络,而网络的设计主要包括两方面的内容:一个是网络结构;另一个是网络权值的确定。第一个方面涉及对不同网络结构所具有的功能及其本质的认识,第二个方面涉及对不同网络权值训练所用的学习规则的掌握。所以无论是作为学习、应用,还是作为更深层次的理论研究,这两步都是最重要的。正因为如此,人们对人工神经网络进行分类时,也有两种方法:一种是根据网络结构分为前向网络和反馈网络两大类;另一种是按训练权值方法分为监督式(或有教师)网络和无监督式(或无教师)网络两种。

在神经网络的输入与输出之间所存在的关系函数,类似于控制系统中的转移函数,称为激活函数,由它决定网络的线性和非线性,它是网络特性及功能的关键所在。在控制系统中,一般对控制器的设计是根据某个特性指标来设计控制器的结构或参数的,与此不同,在神经网络信息处理系统中,设计者根据期望网络完成的目标(或任务)以及某种调整网络权值所采用的学习规则来确定网络的结构与权值。由于网络的权值一般不是计算出来的而是训练出来的,所以利用神经网络解决问题时,对于采用监督式学习的网络,网络的设计经过两个阶段:首先是网络权值的训练(即学习并修正)阶段,然后才是网络的运行工作阶段。而对于采用非监督式学习的网络,则将网络权值的训练与工作合二为一,即在网络工作的同时,调整网络的权值,所以神经网络具有自学习、自适应的特性。

一般而言,由人工神经网络组成的信息处理系统具有以下几点特性。

1. 非线性

神经网络给非线性控制领域问题的解决带来了希望,这主要是由神经网络理论上能够任意逼近非线性连续有理函数的能力所决定的。神经网络还能够比其他逼近方法得到更加易得的模型。

2. 并行分布处理

神经网络具有一个使其自身进行并行实施的高度并行结构,如此的实现结构使其能够

达到比常规方法所获得结果具有更高的容错性。另一方面,虽然一个神经网络中的基本处理单元是非常简单的结构,但将其进行并行实现的连接,则会产生极好的整体处理效果。

3. 硬件实现

神经网络不仅能够进行并行处理,还可以通过引入大规模集成电路将其进行硬件实现,这将带来附加的速度,并且可以增加应用网络的规模。

4. 学习与自适应

神经网络是通过采用被研究系统的数据记录进行训练而获得的。对于一个训练好的网络,对其输入训练中未知的数据时,具有很好的泛化能力。

5. 数据融合

神经网络能够同时操作定量和定性的数据,这一特性使神经网络可以处理处在传统的系统工程(定量数据)与人工智能领域的处理技术(符号数据)之间的问题。

6. 多变量系统

神经网络本身就是一个多输入/多输出系统,所以对于解决复杂的多变量系统的建模、控制等问题开辟了一条新的途径。

2.1 感知器网络

我们已经知道,人工神经网络是在人类对其大脑神经网络认识、理解的基础上人工构造的能够实现某种功能的神经网络。它是理论化的人脑神经网络的数学模型,是基于模仿大脑神经网络结构和功能而建立的一种信息处理系统。人工神经网络吸取了生物神经网络的许多优点,具有高度的并行性、非线性的全局作用,以及良好的容错性与联想记忆功能,并且具有很强的自适应、自学习能力。随着人工神经网络技术的不断发展,其应用领域也在不断拓展,主要应用于模式信息处理、函数逼近和模式识别,以及联想记忆、最优化问题计算、自适应控制等方面。在前向网络中,最典型的网络是反向传播网络,不过,它也是在最早的人工神经网络——感知器的基础上发展起来的,并且在线性分类问题中,感知器仍然发挥着重要的作用。

2.1.1 感知器的网络结构及其功能

最早用数学模型对神经系统中的神经元进行理论建模的是美国心理学家麦卡洛克(McCulloch)和数学家皮茨(Pitts)。他们于 1943 年在分析和研究了人脑细胞神经元后用电路构成了简单的神经网络数学模型(简称 MP 模型)。感知器(Perceptron)是由美国计算机科学家罗森布拉特(Rosenblatt)于 1957 年提出的。感知器是在 MP 模型的基础上,加上学习功能,使其权值可以连续调节的产物。它是一个具有一层神经元、采用阈值激活函数的前向网络。

感知器的网络结构是由单层 s 个感知神经元,通过一组权值 $\{w_{ij}\}$($i = 1, 2, \cdots, s; j = 1,$

$2, \cdots, r$)与 r 个输入相连组成。对于具有输入矢量 $P_{r \times q}$ 和目标矢量 $T_{s \times q}$ 的感知器网络的简化结构如图 2.5 所示。阈值激活函数如图 2.6 所示。

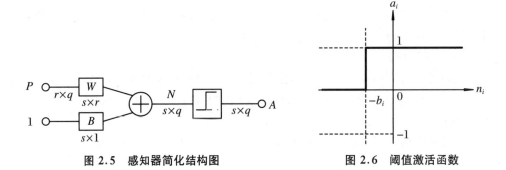

图 2.5 感知器简化结构图 　　　　　　　　图 2.6 阈值激活函数

感知器输入/输出函数关系式为

$$A = \begin{cases} 1, & \sum W \times P + b \geqslant 0 \\ 0, & \sum W \times P + b < 0 \end{cases} \tag{2.5}$$

由式(2.5)可知,通过对网络权值的训练,可以使感知器对一组输入矢量的响应达到元素为 0 或 1 的目标输出,从而达到对输入矢量分类的目的。

感知器的这一功能可以通过在输入矢量空间里的作图来加以解释。以输入矢量 $r = 2$ 为例,对于选定的权值 w_1, w_2 和 b,可以在以输入矢量 p_1 和 p_2 分别作为横、纵坐标的输入平面内画出 $W \times P + b = 0$,即 $w_1 p_1 + w_2 p_2 + b = 0$ 的轨迹,它是一条直线,此直线上的以及线以上部分的所有 p_1, p_2 值均使 $w_1 p_1 + w_2 p_2 + b \geqslant 0$,这些点若通过由 w_1, w_2 和 b 构成的感知器则使其输出为 1;该直线以下部分的点则使感知器的输出为 0,如图 2.7 所示。所以当采用感知器对不同的输入矢量进行期望输出为 0 或 1 的分类时,其问题则转化为:对于已知输入矢量所处输入平面的不同点的位置,设计感知器的权值 W 和 b,将由 $W \times P + b = 0$ 的直线放置在适当的位置上使输入矢量按期望输出值进行上下分类。

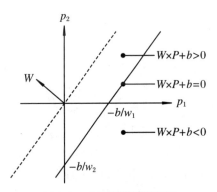

图 2.7 感知器的图形解释

推而广之,阈值函数通过将输入矢量的 r 维空间分成若干区域而使感知器具有将输入矢量分类的能力。对于不同的输入神经元 r 和输出神经元 s 组成的感知器,当采用输入矢量空间的作图法来解释网络功能时,其分类的一般情况可以总结如下。

(1) 当网络输入为单个节点,输出也为单个神经元,即 $r = 1$, $s = 1$ 时,感知器是以点作为输入矢量轴线上的分割点。

(2) 当网络输入为两个节点,即 $r = 2$ 时,感知器是以线对输入矢量平面进行分类的。其中,当 $s = 1$ 时,分类线为一条;当 $s = 2$ 时,分类线为两条,以此类推。输出神经元个数 s 决定分类的直线数,可分成的种类数为 2^s,其中,$s \leqslant r$。

（3）当网络输入为 3 个节点，即 $r=3$ 时，感知器是以平面来分割输入矢量空间的，而且用来进行空间分割的平面个数等于输出神经元个数 s。

2.1.2　感知器权值的学习规则与训练

学习规则是用来计算新的权值矩阵 W 及新的偏差 B 的算法。感知器利用其学习规则来调整网络的权值，以便使网络对输入矢量的响应达到数值为 0 或 1 的目标输出。

对于输入矢量为 P、输出矢量为 A、目标矢量为 T 的感知器网络，感知器的学习规则是根据以下输出矢量可能出现的三种情况来进行参数调整的。

（1）如果第 i 个神经元的输出是正确的，即有 $a_i=t_i$，那么与第 i 个神经元连接的权值 w_{ij} 和偏差 b_i 保持不变。

（2）如果第 i 个神经元的输出是 0，但期望输出为 1，即有 $a_i=0$，而 $t_i=1$，此时权值修正算法为：新的权值 w_{ij} 为旧的权值 w_{ij} 加上输入矢量 p_j；类似地，新的偏差 b_i 为旧偏差 b_i 加上它的输入 1。

（3）如果第 i 个神经元的输出为 1，但期望输出为 0，即有 $a_i=1$，而 $t_i=0$，此时权值修正算法为：新的权值 w_{ij} 等于旧的权值 w_{ij} 减去输入矢量 p_j；类似地，新的偏差 b_i 为旧偏差 b_i 减去 1。

由上面分析可以看出感知器学习规则的实质为：权值的变化量等于正负输入矢量。具体算法总结如下。

对于所有的 i 和 j，$i=1,2,\cdots,s$；$j=1,2,\cdots,r$，感知器修正权值公式为

$$\begin{cases} \Delta w_{ij} = (t_i - a_i) \times p_j \\ \Delta b_i = (t_i - a_i) \times 1 \end{cases} \tag{2.6}$$

用矢量矩阵来表示为

$$\begin{cases} W = W + E \times P^{\mathrm{T}} \\ B = B + E \end{cases} \tag{2.7}$$

此处，E 为误差矢量，有 $E=T-A$。

感知器的学习规则属于梯度下降法。已经证明：如果解存在，则感知器的网络权值训练算法在有限次的循环迭代后可以收敛到正确的目标矢量。要使前向神经网络模型实现某种功能，必须对它进行训练，让它逐步学会要做的事情，并把所学到的知识记忆在网络的权值中。人工神经网络权值的确定不是通过计算，而是通过网络的自身训练来完成的。这也是人工神经网络在解决问题的方式上与其他方法的最大不同点。借助于计算机的帮助，几百次甚至上千次的网络权值的训练与调整过程能够在很短的时间内完成。感知器的训练过程如下。

在输入矢量 P 的作用下，计算网络的实际输出 A，并与相应的目标矢量 T 进行比较，检查 A 是否等于 T，然后用比较后的误差 E，根据学习规则进行权值和偏差的调整；重新计算网络在新权值作用下的输入，重复权值调整过程，直到网络的输出 A 等于目标矢量 T 或训练次数达到事先设置的最大值时训练结束。

若网络训练成功，那么训练后的网络在网络权值的作用下，对于被训练的每一组输入矢量都能够产生一组对应的期望输出；若在设置的最大训练次数内，网络未能够完成在给定的

输入矢量 P 的作用下,使 $A=T$,则可以通过改用新的初始权值与偏差,并采用更多训练次数进行训练,或分析一下所要解决的问题是否属于那种由于感知器本身的限制而无法解决的一类。

感知器设计训练的步骤可总结如下。

(1) 对于所要解决的问题,确定输入矢量 P,目标矢量 T,并由此确定各矢量的维数以及确定网络结构大小的神经元数目: r,s,和 q。

(2) 参数初始化:① 赋给权矢量 W 在 $(-1,1)$ 的随机非零初始值;② 给出最大训练循环次数。

(3) 网络表达式:根据输入矢量 P 以及最新权矢量 W,计算网络输出矢量 A。

(4) 检查:检查输出矢量 A 与目标矢量 T 是否相同,如果相同,或已达最大循环次数,训练结束,否则转入(5)。

(5) 学习:根据式(2.7)感知器的学习规则调整权矢量,并返回(3)。

下面给出例题来进一步了解感知器解决问题的方式,掌握设计训练感知器的过程。

【例 2.1】 考虑一个简单的分类问题。

设计一个感知器,将二维的四组输入矢量分成两类。

输入矢量按 Matlab 工具箱的书写方式表示为(下同)

$$P = \begin{bmatrix} -0.5 & -0.5 & 0.3 & 0 \\ -0.5 & 0.5 & -0.5 & 1 \end{bmatrix};$$

目标矢量为

$$T = \begin{bmatrix} 1.0 & 1.0 & 0 & 0 \end{bmatrix}$$

【解】 当采用感知器神经网络来对此题进行求解时,意味着采用具有阈值激活函数的神经网络,按照问题的要求设计网络的模型结构,通过训练网络权值 $W = \begin{bmatrix} w_{11} & w_{12} \end{bmatrix}$ 和 b,并根据学习算法和训练过程进行编程,然后运行程序,让网络自行训练其权矢量,直至达到不等式组的要求。鉴于输入和输出目标矢量已由问题本身确定,所以所需实现其分类功能的感知器网络结构的输入节点 r,以及输出节点数 s 已被问题所确定而不能任意设置。

根据题意,网络结构图如图 2.8 所示。

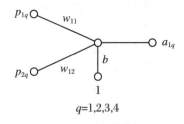

$q=1,2,3,4$

图 2.8 网络结构图

由此可见,对于单层网络,网络的输入神经元数 r 和输出神经元数 s 分别由输入矢量 P 和目标矢量 T 唯一确定。网络的权矩阵的维数为: $W_{s\times r},B_{s\times 1}$,权值总数为 $s\times r$,偏差个数为 s。在确定了网络结构,设置了最大循环次数并赋予权值初始值后,设计者便可方便地利用适当软件,根据题意以及对感知器的学习、训练过程来编写程序,并通过计算机对权值的反复训练与调整,最终求得网络的结构参数。

上面的结果似乎表明只要增加输出神经元数 s,就能够解决任意数目的分类问题。事实上,对于输出为 0 或 1 的感知器,其功能可以典型化为对各种逻辑运算的实现。当网络具有 r 个二进制输入分量时,最大不重复的输入矢量有 2^r 组,其输出矢量所能代表的逻辑功能总数为 2^{2^r}。不幸的是,感知器不能够对任意的输入/输出对应的关系(即任意逻辑运算)进行实现,它只能够实现那些在图 2.7 中用直线、平面等进行线性分类的问题,即感知器不能够对线性不可分的输入矢量进行分类。所谓线性可分,是指输入及输出点集是几何可分的。对于两个输入的情形而言,输入及输出点集可用直线来分割;对于 3 个输入而言,可用平面来分割;以此类推,对于 r 个输入情形,线性可分是指可用 $r-1$ 维超平面来分割此 r 维空间中的点集。

最具有代表性的线性不可分的问题就是"异或"问题。逻辑运算中的"异或"功能,就是当输入两个二进制数同时为 0 或同时为 1 时,其输出为 0,只有当两个输入中有一个为 1,而另一个为 0 时,结果为 1。若希望用感知器来实现此功能的操作,其输入应为两个二进制数所有可能情况的组合(共 4 种),然后根据"异或"逻辑功能,对应出各输入 P 下的目标输出 T:$P=\begin{bmatrix} 0 & 0 & 1 & 1 \\ 0 & 1 & 0 & 1 \end{bmatrix}$,$T=\begin{bmatrix} 0 & 1 & 1 & 0 \end{bmatrix}$。所要求解的是:设计一个单层感知器对输入矢量按期望的输出矢量进行分类。根据图解,"异或"问题则是要求用一条直线将平面上的四个点分成两类。输入矢量平面上四点的位置如图 2.9 所示,其中,"×"表示希望将其输入分为 1 类;"○"表示对应的目标输出为 0。很显然,对于这样的四点位置,想用一条直线把相同类的期望输入区分开来是不可能的。实际上,从逻辑运算入手,可写出感知器对所有的四组二元素输入所对应的全部 16 种输出的情况,它们分别代表"与""或""非""与非""或非""异或""异或非"等逻辑运算功能。在 16 种逻辑操作功能中,只有"异或($T=\begin{bmatrix} 0 & 1 & 1 & 0 \end{bmatrix}$)"和"异或非($T=\begin{bmatrix} 1 & 0 & 0 & 1 \end{bmatrix}$)"是线性不可分的,其他 14 种逻辑功能均为线性可分,它们都可以用单层感知器来实现。

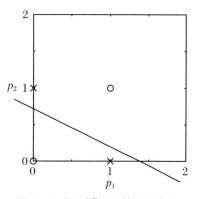

图 2.9 "异或"问题的图形表示

在实际的逻辑运算中,随着运算变量数目的增加(即输入矢量数目的增加),线性可分的情况所占比例是相当少的。表 2.1 给出了不同的输入 r 时,线性可分的逻辑运算个数与逻辑运算总数的情况,从中可以看出,采用感知器只能解决很少部分的分类问题,它的应用存在着相当的局限性。

表 2.1 不同输入 r 时线性可分的功能数

r	逻辑运算总数 2^{2^r}	线性可分功能数
1	4	4
2	16	14
3	256	104
4	65536	1882
5	4.3×10^9	94572
6	1.8×10^{19}	5028134

感知器的线性可分性限制是一个严重的问题。20 世纪 60 年代末,人们曾致力于该问题的研究,并找到了解决问题的办法,即变单层网络结构为多层网络结构。这实际上是把感知

器的概念拓展了。对于这样的"异或"问题,我们可以用两层网络结构,并在隐含层中采用两个神经元,即用两条判决直线 s_1 和 s_2 来解决。如图 2.10 所示。使 s_1 线下部分为 1,线上部分为 0,而 s_2 线上部为 1,下部为 0,而在输出层中使图中阴影部分为 0 或 1,即可使"异或"功能得以实现,而且其实现的可能有许多种。研究表明,两层的阈值网络可以实现任意的二值逻辑函数,且输入值不仅限于二进制数,也可以是连续数值。需要指出的是,训练阈值型激活函数组成的两层感知器,所采用的修正权值的学习规则,仍然是单层感知器的学习规则,只是对两个单层网络分别各训练一次而已,隐含层的目标矢量可以从 14 个线性可分的矢量中选择那些将坐标平面上的 4 个点分别进行 1 个点和 3 个点的分类,并且两条线的单点分类分别取处于对角线上点的目标矢量,例如可选择 $T1 = \begin{bmatrix} 0 & 1 & 0 & 0 \end{bmatrix}$,$T2 = \begin{bmatrix} 0 & 0 & 1 & 0 \end{bmatrix}$,它们的分类组成图 2.10(b) 所示的分类结果。这样可以避免由隐含层的目标矢量又形成"异或"问题,即隐含层的目标矢量的选取并不是任意的。实际上,通过分析,可以得知,s_1 和 s_2 各自不同的选择方案可组成的隐含层的目标矢量只有 16 种。

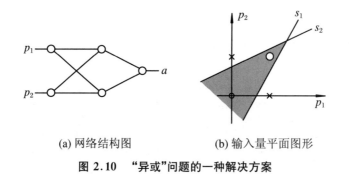

(a) 网络结构图　　　　　(b) 输入量平面图形

图 2.10　"异或"问题的一种解决方案

另外解决"异或"问题的方法是采用具有连续可微激活函数作为隐含层函数的反向传播网络,与感知器不同,那里对权值训练所采用的学习规则是误差的反向传播算法。

2.2　自适应线性元件

自适应线性元件(Adaptive Linear Element,简称 Adaline)也是早期神经网络模型之一,它是由美国的威德罗(Widrow)和霍夫(Hoff)于 1959 年首先提出的。它与感知器的主要不同之处在于其神经元采用的是线性激活函数,这允许输出可以是任意值,而不仅仅只是像感知器中那样只能取 0 或 1。另外,它采用的是 W-H 学习法则,也称最小均方差(LMS)规则对权值进行训练,从而能够得到比感知器更快的收敛速度和更高的精度。

自适应线性元件的主要用途是线性逼近一个函数而进行模式联想。另外,它还适用于信号处理滤波、预测、模型识别和控制。

2.2.1 自适应线性神经元模型和结构

　　一个具有 r 个输入的自适应线性神经元模型如图 2.11 所示。这个神经元有一个线性激活函数，被称为 Adaline，如图 2.11(a) 所示。和感知器一样，偏差可以用来作为网络的另一个可调参数，提供额外可调的自由变量以获得期望的网络特性。线性神经元可以训练网络学习一个与之对应的输入/输出的函数关系，或线性逼近任意一个非线性函数，但它不能产生任何非线性的计算特性。

　　当自适应线性网络由 s 个神经元相并联形成一层网络，此自适应线性神经网络又称为 Madaline，如图 2.11(b) 所示。

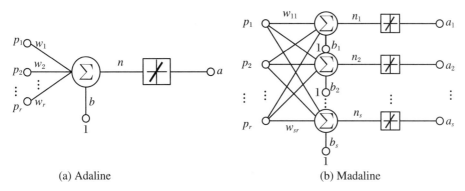

(a) Adaline　　　　　　　　　　　(b) Madaline

图 2.11　自适应线性神经网络的结构

　　W-H 规则仅能够训练单层网络，但这并不是什么严重问题。如前面所述，单层线性网络与多层线性网络具有同样的能力，即对于每一个多层线性网络，都有一个等效的单层线性网络与之对应。线性激活函数使网络的输出等于加权输入和加上偏差，如图 2.12 所示。此函数的输入/输出关系为

$$A = f(W \times P + b) = W \times P + b \tag{2.8}$$

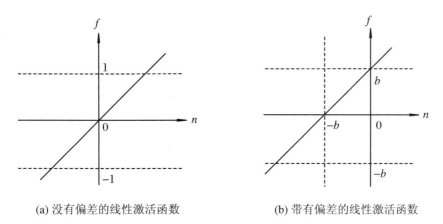

(a) 没有偏差的线性激活函数　　　　　(b) 带有偏差的线性激活函数

图 2.12　线性激活函数

2.2.2　W-H 学习规则及其网络的训练

W-H 学习规则是由威德罗和霍夫提出的用来修正权矢量的学习规则,所以用他们两人姓氏的第一个字母来命名。W-H 可以用来训练一层网络的权值和偏差使之线性地逼近一个函数而进行模式联想。

定义一个线性网络的输出误差函数为

$$E(W,B) = \frac{1}{2}\left[T - A\right]^2 = \frac{1}{2}\left[T - WP - B\right]^2 \tag{2.9}$$

由式(2.9)可以看出:线性网络具有抛物线形误差函数所形成的误差表面,所以只有一个误差最小值。通过 W-H 学习规则来计算权值和偏差的变化,并使网络误差的平方和最小化,总能够训练一个网络的误差趋于这个最小值。很显然,$E(W,B)$ 只取决于网络的权值及目标矢量。我们的目的是通过调节权矢量,使 $E(W,B)$ 达到最小值。所以在给定 $E(W,B)$ 后,利用 W-H 学习规则修正权矢量和偏差矢量,使 $E(W,B)$ 从误差空间的某一点开始,沿着 $E(W,B)$ 的斜面向下滑行。根据梯度下降法,权矢量的修正值正比于当前位置上 $E(W,B)$ 的梯度,对于第 i 个输出节点有

$$\Delta w_{ij} = -\eta\frac{\partial E}{\partial w_{ij}} = \eta\left[t_i - a_i\right]p_j \tag{2.10}$$

或表示为

$$\Delta w_{ij} = \eta\delta_i p_j \tag{2.11}$$

$$\Delta b_i = \eta\delta_i \tag{2.12}$$

这里 δ_i 定义为第 i 个输出节点的误差:

$$\delta_i = t_i - a_i \tag{2.13}$$

式(2.11)和式(2.12)称为 W-H 学习规则,又称为 δ 规则,或最小均方差算法(LMS)。W-H 学习规则指出:自适应线性元件的网络权值变化量正比于网络的输出误差及网络的输入矢量。算法具有计算简单、收敛速度快和精度高的优点。式(2.11)和式(2.12)中的 η 为学习速率,在一般的实际运用中,η 通常取一个接近于 1 的数。

自适应线性元件的网络训练过程可以归纳为以下三个步骤。

(1) 表达:计算训练的输出矢量 $A = W \times P + B$,及其与期望输出之间的误差 $E = T - A$;

(2) 检查:将网络输出误差的平方和与期望误差相比较,如果其值小于期望误差,或训练已达到事先设定的最大训练次数,则停止训练,否则继续;

(3) 学习:采用 W-H 规则计算新的权值和偏差,并返回(1)。

每进行一次上述三个步骤,被认为是完成一个训练循环次数。

如果网络训练获得成功,那么当一个不在训练中的输入矢量输入到网络时,网络趋于产生一个与其相联想的输出矢量。这个特性被称为泛化,这在函数逼近以及输入矢量分类的应用中是相当有用的。如果经过训练,网络仍不能达到期望目标,可以有两种选择:或检查一下所要解决的问题是否适用于线性网络,或对网络进行进一步的训练。

虽然只适用于线性网络,W-H 规则仍然是重要的,因为它展现了梯度下降法是如何来训练一个网络的,此概念后来发展成反向传播法,使之可以训练多层非线性网络。

2.3　反向传播网络

2.3.1　反向传播网络模型与结构

反向传播网络(Back-Propagation Network,简称 BP 网络)是对非线性可微分函数进行权值训练的多层前向网络。在人工神经网络的实际应用中,80%～90%的人工神经网络模型是采用 BP 网络或它的变化形式,它主要用于以下几个方面。

(1) 函数逼近:用输入矢量和相应的输出矢量训练一个网络逼近一个函数;

(2) 模式识别:用一个特定的输出矢量将它与输入矢量联系起来;

(3) 分类:把输入矢量以所定义的合适方式进行分类;

(4) 数据压缩:减少输出矢量维数以便于传输或存储。

可以说,BP 网络是人工神经网络中前向网络的核心内容,体现了人工神经网络最精华的部分。在人们掌握反向传播网络的设计之前,感知器和自适应线性元件都只能适用于对单层网络模型的训练,只是在 BP 网络出现后才得到了进一步拓展。

一个具有 r 个输入和一个隐含层的神经网络模型结构如图 2.13 所示。

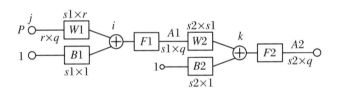

$$i=1,2,\cdots,s1;\quad k=1,2,\cdots,s2;\quad j=1,2,\cdots,r$$

图 2.13　具有一个隐含层的神经网络模型结构图

感知器和自适应线性元件的主要差别在激活函数上:前者是二值型的,后者是线性的。反向传播网络具有一层或多层隐含层,除了在多层网络结构上与前面已介绍过的模型有不同外,其主要差别还表现在激活函数上。反向传播网络的激活函数必须是处处可微的,所以它就不能采用二值型的阈值函数{0,1}或符号函数{-1,1},反向传播网络经常使用的是 S 型激活函数。此种激活函数常用对数或双曲正切等一类 S 形状的曲线来表示,如对数 S 型激活函数关系为

$$f=\frac{1}{1+\exp(-n)} \tag{2.14}$$

而双曲正切 S 型曲线的输入/输出函数关系为

$$f=\frac{1-\exp(-2n)}{1+\exp(-2n)} \tag{2.15}$$

图 2.14 所示的是对数 S 型激活函数的图形。可以看到 $f(\cdot)$ 是一个连续可微的函数,

它的一阶导数存在。对于多层网络,这种激活函数所划分的区域不再是线性划分,而是由一个非线性的超平面组成的区域。它是比较柔和、光滑的任意界面,因而它的分类比线性划分精确、合理,这种网络的容错性较好。另外一个重要的特点是由于激活函数是连续可微的,它可以严格利用梯度法进行推算,它的权值修正的解析式十分明确,其算法被称为:误差反向传播法,也简称 BP 算法,这种网络也称为 BP 网络。

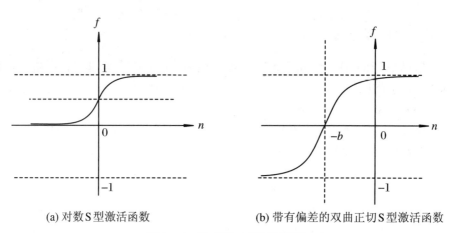

(a) 对数 S 型激活函数　　　　(b) 带有偏差的双曲正切 S 型激活函数

图 2.14　BP 网络 S 型激活函数

因为 S 型函数具有非线性放大系数功能,它可以把输入从负无穷大到正无穷大的信号,变换成 -1 和 1 之间输出,对较大的输入信号,放大系数较小,而对较小的输入信号,放大系数则较大,所以采用 S 型激活函数可以处理和逼近非线性的输入/输出关系。不过,如果在输出层采用 S 型函数,输出则被限制到一个很小的范围了,若采用线性激活函数,则可使网络输出任何值。所以只有当希望对网络的输出进行限制,如限制在 0 和 1 之间时,那么在输出层应当包含 S 型激活函数,在一般情况下,均是在隐含层采用 S 型激活函数,而在输出层采用线性激活函数。

2.3.2　BP 算法

BP 网络的产生归功于 BP 算法的获得。BP 算法属于 δ 算法,是一种监督式的学习算法。其主要思想为:对于 q 个输入学习样本为 $P^1, P^2, \cdots, P^q$,已知与其对应的输出样本为 $T^1, T^2, \cdots, T^q$。学习的目的是用网络的实际输出 $A^1, A^2, \cdots, A^q$ 与目标矢量 $T^1, T^2, \cdots, T^q$ 之间的误差来修改其权值,使 $A^n (n = 1, 2, \cdots, q)$ 与期望的 T^n 尽可能地接近,即使网络输出层的误差平方和达到最小。它是通过连续不断地在相对于误差函数斜率下降的方向上计算网络权值和偏差的变化而逐渐逼近目标的。每一次权值和偏差的变化都与网络误差的影响成正比,并以反向传播的方式传递到每一层。

BP 算法由两部分组成:信息的正向传递与误差的反向传播。在正向传递过程中,输入信息从输入经隐含层逐层计算传向输出层,每一层神经元的输出作用于下一层神经元的输入。如果在输出层没有得到期望的输出,则计算输出层的误差变化值,然后转向反向传播,通过网络将误差信号沿原来的连接通路反传回来修改各层神经元的权值直至达到期望目标。

为了明确起见,现以图 2.15 所示两层网络为例进行 BP 算法推导。

设输入为 P,输入神经元有 r 个,隐含层内有 $s1$ 个神经元,激活函数为 $F1$,输出层内有 $s2$ 个神经元,对应的激活函数为 $F2$,输出为 A,目标矢量为 T。

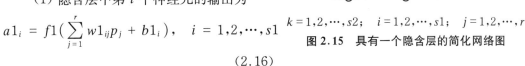

1. 信息的正向传递

(1) 隐含层中第 i 个神经元的输出为

$$a1_i = f1\left(\sum_{j=1}^{r} w1_{ij} p_j + b1_i\right), \quad i = 1,2,\cdots,s1$$

$$k = 1,2,\cdots,s2; \quad i = 1,2,\cdots,s1; \quad j = 1,2,\cdots,r$$

$$(2.16)$$

图 2.15　具有一个隐含层的简化网络图

(2) 输出层第 k 个神经元的输出为

$$a2_k = f2\left(\sum_{i=1}^{s1} w2_{ki} a1_i + b2_k\right), \quad k = 1,2,\cdots,s2 \tag{2.17}$$

(3) 定义误差函数为

$$E(W,B) = \frac{1}{2}\sum_{k=1}^{s2}(t_k - a2_k)^2 \tag{2.18}$$

2. 利用梯度下降法求权值变化及误差的反向传播

(1) 输出层的权值变化

对从第 i 个输入到第 k 个输出的权值,有

$$\Delta w2_{ki} = -\eta\frac{\partial E}{\partial w2_{ki}} = -\eta\frac{\partial E}{\partial a2_k}\cdot\frac{\partial a2_k}{\partial w2_{ki}}$$

$$= \eta(t_k - a2_k)\cdot f2'\cdot a1_i = \eta\cdot\delta_{ki}\cdot a1_i \tag{2.19}$$

其中

$$\delta_{ki} = (t_k - a2_k)\cdot f2' = e_k\cdot f2' \tag{2.20}$$

$$e_k = t_k - a2_k \tag{2.21}$$

同理可得

$$\Delta b2_{ki} = -\eta\frac{\partial E}{\partial b2_{ki}} = -\eta\frac{\partial E}{\partial a2_k}\cdot\frac{\partial a2_k}{\partial b2_{ki}}$$

$$= \eta(t_k - a2_k)\cdot f2' = \eta\cdot\delta_{ki} \tag{2.22}$$

(2) 隐含层权值变化

对从第 j 个输入到第 i 个输出的权值,有

$$\Delta w1_{ij} = -\eta\frac{\partial E}{\partial w1_{ij}} = -\eta\frac{\partial E}{\partial a2_k}\cdot\frac{\partial a2_k}{\partial a1_i}\cdot\frac{\partial a1_i}{\partial w1_{ij}}$$

$$= \eta\sum_{k=1}^{s2}(t_k - a2_k)\cdot f2'\cdot w2_{ki}\cdot f1'\cdot p_j = \eta\cdot\delta_{ij}\cdot p_j \tag{2.23}$$

其中

$$\delta_{ij} = e_i\cdot f1' \tag{2.24}$$

$$e_i = \sum_{k=1}^{s2}\delta_{ki}w2_{ki} \tag{2.25}$$

同理可得

$$\Delta b1_i = \eta \delta_{ij} \tag{2.26}$$

3. 误差反向传播的流程图与图形解释

误差反向传播过程实际上是通过计算输出层的误差 e_k，然后将其与输出层激活函数的一阶导数 $f2'$ 相乘来求得 δ_{ki}。由于隐含层中没有直接给出目标矢量，所以利用输出层的 δ_{ki} 进行误差反向传播来求出隐含层权值的变化量 $\Delta w2_{ki}$。

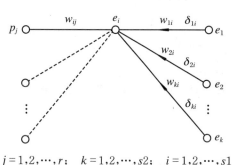

然后计算 $e_i = \sum_{k=1}^{s2} \delta_{ki} \cdot w2_{ki}$，并同样通过将 e_i 与该层激活函数的一阶导数 $f1'$ 相乘，而求得 δ_{ij}，以此求出前层权值的变化量 $\Delta w1_{ij}$。如果前面还有隐含层，沿用上述同样方法以此类推，一直将输出误差 e_k 一层一层地反推算到第一层为止。图 2.16 给出了形象的解释。

$j=1,2,\cdots,r;\quad k=1,2,\cdots,s2;\quad i=1,2,\cdots,s1$

图 2.16　误差反向传播法的图形解释

2.3.3　BP 网络的设计

在进行 BP 网络的设计时，一般应从网络的层数、每层中的神经元个数和激活函数、初始值以及学习速率等几个方面来进行考虑。下面讨论一下各自选取的原则。

1. 网络的层数

理论上已经证明：具有偏差和至少一个 S 型隐含层加上一个线性输出层的网络，能够逼近任何有理函数。这实际上已经给了我们一个基本的设计 BP 网络的原则。增加层数主要可以更进一步降低误差，提高精度，但同时也使网络复杂化，从而增加了网络权值的训练时间。而误差精度的提高实际上也可以通过增加隐含层中的神经元数目来获得，其训练效果也比增加层数更容易观察和调整。所以一般情况下，应优先考虑增加隐含层中的神经元数。

另外还有一个问题：能不能仅用具有非线性激活函数的单层网络来解决问题呢？结论是：没有必要或效果不好。因为能用单层非线性网络完美解决的问题，用自适应线性网络一定也能解决，而且自适应线性网络的运算速度更快。而对于只能用非线性函数解决的问题，单层精度又不够高，也只有增加层数才能达到期望的结果。这主要还是一层网络的神经元数被所要解决的问题本身限制造成的。对于一般可用一层解决的问题，应当首先考虑用感知器，或自适应线性网络来解决，而不采用非线性网络，因为单层不能发挥出非线性激活函数的特长。

输入神经元数可以根据需要求解的问题和数据所表示的方式来确定。如果输入的是电压波形，那么可根据电压波形的采样点数来决定输入神经元的个数，也可以用一个神经元，使输入样本为采样的时间序列。如果输入为图像，那么输入可以用图像的像素，也可以为经过处理后的图像特征来确定其神经元个数。总之问题确定后，输入与输出层的神经元数就随之确定了。在设计中应当注意尽可能地减少网络模型的规模，以便减少网络的训练时间。下面我们通过同样简单的单层非线性网络所形成的网络误差曲面，并通过与线性情况的对比，来进一步了解非线性网络的特性、功能以及优缺点。

2. 隐含层的神经元数

网络训练精度的提高,可以通过采用一个隐含层而增加其神经元数的方法来获得。这在结构实现上,要比增加更多的隐含层简单得多。那么究竟选取多少个隐含层节点才合适?这在理论上并没有一个明确的规定。在具体设计时,比较实际的做法是通过对不同神经元数进行训练对比,然后适当地加上一点余量。

3. 初始权值的选取

由于系统是非线性的,初始值对于学习是否达到局部最小、是否能够收敛以及训练时间的长短的关系很大。如果初始权值太大,使得加权后的输入和 n 落在了 S 型激活函数的饱和区,从而导致其导数 $f'(s)$ 非常小,而在计算权值修正公式中,因为 $\delta \propto f'(n)$,当 $f'(n) \rightarrow 0$ 时,则有 $\delta \rightarrow 0$。这使得 $\Delta w_{ij} \rightarrow 0$,从而使得调节过程几乎停顿下来。所以,一般总是希望经过初始加权后的每个神经元的输出值都接近于零,这样可以保证每个神经元的权值都能够在它们的 S 型激活函数变化最大之处进行调节。所以,一般取初始权值在 $(-1,1)$ 之间的随机数。另外,为了防止上述现象的发生,威得罗等人在分析了两层网络是如何对一个函数进行训练后,提出一种选定初始权值的策略:选择权值的量级为 $\sqrt[s]{s1}$,其中 $s1$ 为第一层神经元数目。利用他们的方法可以在较少的训练次数下得到满意的训练结果,其方法仅需要使用在第一隐含层的初始值的选取上,后面层的初始值仍然采用随机取数。

4. 学习速率

学习速率决定每一次循环训练中所产生的权值变化量。大的学习速率可能导致系统的不稳定;但小的学习速率会导致较长的训练时间,可能收敛很慢,不过能保证网络的误差值不跳出误差表面的低谷而最终趋于最小误差值。所以在一般情况下,倾向于选取较小的学习速率以保证系统的稳定性。学习速率的选取范围为 $0.01 \sim 0.8$。

和初始权值的选取过程一样,在一个神经网络的设计过程中,网络要经过几个不同的学习速率的训练,通过观察每一次训练后的误差平方和 $\sum e^2$ 的下降速率来判断所选定的学习速率是否合适。如果 $\sum e^2$ 下降很快,则说明学习速率合适;若 $\sum e^2$ 出现振荡现象,则说明学习速率过大。对于每一个具体网络都存在一个合适的学习速率。但对于较复杂网络,在误差曲面的不同位置可能需要不同的学习速率。为了减少寻找学习速率的训练次数以及训练时间,比较合适的方法是采用变化的自适应学习速率,使网络的训练在不同的阶段自动设置不同学习速率的大小。这一方法将在后面讨论。

5. 期望误差的选取

在设计网络的训练过程中,期望误差值也应当通过对比训练后确定一个合适的值,这个所谓的"合适",是由相对于所需要的隐含层的节点数来确定的,因为较小的期望误差值是要靠增加隐含层的节点,以及训练时间来获得的。一般情况下,作为对比,可以同时对两个不同期望误差值的网络进行训练,最后通过综合因素的考虑来确定采用其中一个网络。

2.3.4　BP 网络的限制与不足

反向传播法虽然得到了广泛的应用,但也存在自身的限制与不足,其主要表现在它训练过程的不确定上。

1. 需要较长的训练时间

对于一些复杂的问题,BP 算法可能要进行几小时甚至更长时间的训练。这主要是由于学习速率太小造成的。可采用变化的学习速率或自适应的学习速率来加以改进。

2. 完全不能训练

这主要表现在网络出现的麻痹现象上。在网络的训练过程中,当其权值调得过大,可能使得所有的或大部分神经元的加权总和偏大,这使得激活函数的输入工作在 S 型转移函数的饱和区,从而导致其导数 $f'(s)$ 非常小,从而使得对网络权值的调节过程几乎停顿下来。通常为了避免这种现象的发生,一是选取较小的初始权值;二是采用较小的学习速率,但这又增加了训练时间。

3. 局部极小值

BP 算法可以使网络权值收敛到一个解,但它并不能保证所求解为误差超平面的全局最小解,很可能是一个局部极小解。这是因为 BP 算法采用的是梯度下降法,训练是从某一起始点沿误差函数的斜面逐渐达到误差的最小值。对于复杂的网络,其误差函数为多维空间的曲面,就像一个碗,其碗底是最小值点。但是这个碗的表面是凹凸不平的,因而在对其训练过程中,可能陷入某一小谷区,而这一小谷区产生的是一个局部极小值。由此点向各方向变化均使误差增加,以至于使训练无法逃出这一局部极小值。

解决 BP 网络的训练问题还需要从训练算法上下功夫。在第 3 章中,将介绍几种有效的训练 BP 网络的快速算法。

2.4 径向基函数网络

20 世纪 80 年代以来,人们对人工神经网络的研究在理论上取得了重大进展,并把它应用在智能系统中的非线性建模以及控制器设计、模式分类与模式识别、联想记忆、优化计算等方面。若从总体结构来分,人工神经网络可以分为前馈网络和反馈网络,BP 网络和 Hopfield 网络分别是它们的典型代表;从网络连接方式来看,人工神经网络又可分为全连接神经网络与局部连接神经网络。在控制领域中被广泛应用的 BP 网络就是全连接的一个典型例子,此种网络的优点是可以对函数进行全局逼近,但由于对于每一组输入/输出数据,网络的每一个连接权值均需进行调整,从而导致网络的学习速度较慢。局部连接网络则对于每组输入/输出数据只需要调整少数甚至一个权值,网络的训练速度和工作响应必然较全局网络要快,这一点对于实时控制来说至关重要。因此,在具有实时快速控制要求的系统中,局部连接网络以其具有较快训练速度的优点得到了广泛的应用。

本节将介绍常用的全连接的前向神经网络——径向基函数(Radial Basis Function,RBF)网络。

2.4.1 径向基函数网络结构

径向基函数网络是在借鉴生物局部调节和交叠接受区域知识的基础上提出的一种采用

局部接受域来执行函数映射的人工神经网络。RBF 网络结构是由一个隐含层(径向基层)和一个线性输出层组成的前向网络,径向基层的结构图如图 2.17 所示。隐含层采用径向基函数作为网络的激活函数,径向基函数是一个高斯型函数,它是将该层权值矢量 W 与输入矢量 P 之间的矢量距离与偏差 b 相乘后作为网络激活函数的输入。

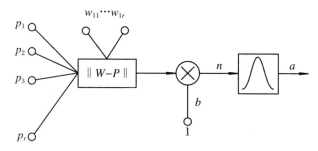

图 2.17　具有 r 个输入节点的径向基函数网络结构图

由图 2.17 可知,径向基层输入的数学表达式为 $n = \sqrt{\sum (w_i - p_i)^2} \times b$,径向基层输出的数学表达式为

$$a = \mathrm{e}^{-n^2} = \mathrm{e}^{-\left(\sqrt{\sum(w_i - p_i)^2} \times b\right)^2} = \mathrm{e}^{-(\|W-P\| \cdot b)^2} \tag{2.27}$$

由式(2.27)可以看出,随着 W 和 P 之间距离的减少,径向基函数输出值增加,且在其输入为 0 时,即 W 和 P 之间的距离为 0 时,输出为最大值 1。由此,可以将一个径向基神经元作为一个当其输入矢量 P 与其权值矢量 W 相同时,输出为 1 的探测器。

径向基层中的偏差 b 可以用来调节其函数的灵敏度,不过在实际应用中,更直接使用的是另一个被称为伸展常数 C 的参数。用它来确定每一个径向基层神经元对其输入矢量,也就是 P 与 W 之间距离响应的面积宽度。C 值(或 b 值)在实际应用中有多种确定方式。径向基函数网络中的径向基层是利用聚类方法来作为径向基函数的中心计算函数的输出的。在人们常用的 Matlab 神经网络工具箱中,b 和 C 之间的关系式设置为 $b = 0.8326/C$,将 b 值代入式(2.27)有

$$a = \mathrm{e}^{-\left(\frac{\|W-P\| \cdot 0.8326}{C}\right)^2} = \mathrm{e}^{-0.8326^2\left(\frac{\|W-P\|}{C}\right)^2} \tag{2.28}$$

此参数选法使得当 $\|W-P\| = C$ 时,有 $a = \mathrm{e}^{-0.8326^2} = 0.5$。

由此可见,当取 $b = 0.8326/C$ 时,对任意给定的一个 C 值,可使激活层在加权输入的 $\pm C$ 处 RBF 的输出为 0.5;而通过调整 C 值,可使当 $\|W-P\| \leqslant C$ 时,RBF 的输出大于或等于 0.5,从而直观地达到了调整 RBF 曲线宽度的目的。C 与 $\|W-P\|$ 以及 RBF 输出之间的关系如图 2.18 所示,其中图 2.18(b)表示中心为 W、宽度为 C 的 RBF 曲线图。RBF 网络结构图如

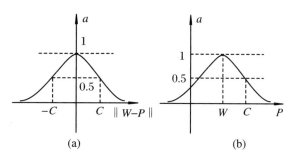

图 2.18　径向基函数输入/输出与面积宽度关系图

图 2.19 所示。它由一个径向基层和一个线性输出层组成。

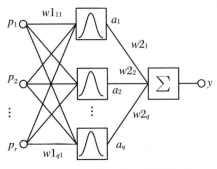

图 2.19 径向基函数网络结构图

2.4.2 网络训练与设计

RBF 网络的训练与设计分为两步:第一步是采用非监督式的学习训练 RBF 层的权值;第二步是采用监督式学习训练线性输出层的权值,网络设计仍需要用于训练的输入矢量矩阵 P 以及目标矢量矩阵 T,另外还需要给出 RBF 层的伸展常数 C。训练的目的是求得两层网络的权值 $W1$ 和 $W2$ 以及偏差 $b1$ 和 $b2$。

RBF 层的权值训练是通过不断地使 $w1_{ij} \rightarrow p_i^q$ 的训练方式,使该层在每个 $w1_{ij} \rightarrow p_i^q$ 处 RBF 的输出为 1,从而当网络工作时,将任一输入送到这样一个网络时,RBF 层中的每个神经元都将按照输入矢量接近每个神经元的权值矢量的程度来输出其值:$W1 = P^T$。结果是,与权值相离很远的输入矢量,使 RBF 层的输出接近 0,这些很小的输出对后面的线性层的影响可以忽略。另一方面,任意非常接近输入矢量的权值,RBF 层将输出接近 1 的值。此值将与第二层的权值加权求和后作为网络的输出,而整个输出层是 RBF 层输出的加权求和。

通常 RBF 网络隐含层的节点数设定为与输入 P 中的样本组数 q 相同的数目,且每个 RBF 层中的权值 $W1$ 被赋予一个不同输入矢量的转置,以使得每个 RBF 神经元都作为不同 p_i^q 的探测器。对于有 q 组输入矢量,则 RBF 层中的神经元数为 q。在确定了 $W1$ 和 $b1$ 后,RBF 层的输出 a_i 则可求出。此时,可以根据第二层的输入 a_i 以及网络输出的目标 T,通过使网络输出 y 与目标输出 T 的误差平方和最小来求线性输出层的权值 $W2$ 和偏差 $b2$,不过 $b2 \equiv 0$。这是因为,我们所求解的是一个具有 Q 个限制(输入/输出目标对)的解,而每个神经元有 $Q+1$ 个变量(来自 Q 个神经元的权值以及一个偏差 $b2$),一个具有 Q 个限制和多于 Q 个变量的线性方程组将有无穷多个非零解。

上述设计过程的缺点是:所设计出的 RBF 网络产生的隐含层网络所具有的神经元数目与输入矢量组数相同。当需要许多组矢量来定义一个网络时,用此方法设计的网络可能是不可接受的。对此采用的改进思想则是:在满足目标误差的前提下尽量减少 RBF 层中的神经元数。其做法则是:从一个节点开始训练,通过检查误差目标使网络自动增加节点。每次循环用使网络产生最大误差所对应的输入矢量产生一个新的 RBF 层节点,然后检查新网络的误差,重复此过程直到达到目标误差或达到最大神经元数为止。此时在训练中,RBF 层的 b_1 中的每个偏差都被置为 $0.8326/C$,由此来确定输入空间中每个 RBF 响应的面积宽度。例如,C 取 4,那么每个 RBF 神经元对任何输入矢量与其对应的权值矢量之间的距离小于 4 的响应为 0.5 以上。一般而言,在 RBF 网络设计中,随着 C 取值的增大,RBF 的响应范围可以扩大,且各神经元函数之间的平滑度也较好,C 值取得较小,则函数形状较窄,使得与权值矢量距离较近的输入才有可能接近 1 的输出,而对其他输入的响应不敏感。所以当希望用较少的神经元数去逼近较多输入数组(即较大输入范围)时,应当取较大的 C 值(比如 $C = 1 \sim 4$),以保证每个神经元可同时对几个输入组都有较好的响应。

从结构上看,RBF 网络似乎就是一个具有径向基函数的 BP 网络,它们有着同样的两层网络——隐含层具有径向基函数,一种高斯型指数函数;输出层具有线性激活函数。但是,RBF 网络不是 BP 网络,其原因是:① 它不是采用 BP 算法来训练网络权值的;② 其训练的算法不是梯度下降法。虽然是两层网络,径向基网络的权值训练是一层一层进行的。在对隐含层中径向基函数权值进行训练时,网络训练的目的是使 $w1_{qj} = p^q_j$。由于径向基函数在将其输入放置在原点时输出为 1,而对其他不同输入值的响应均小于 1。所以设计将每一组输入值 p^q 作为一个径向基函数的原点,而权值 $w1_{ij}$ 代表中心的位置。则通过令 $w1_{qj} = p^q_j$ 使每一个径向基函数只对一组 p^q 响应,从而迅速辨识出 p^q 的大小。然后进行输出层的权值设计。由于输出层是线性函数,网络输出是径向基网络输出的线性组合,从而很容易达到从非线性输入空间向输出空间映射的目的。

从功能上看,和 BP 网络一样,RBF 网络可以用来进行函数逼近。并且,训练 RBF 网络要比训练 BP 网络所花费的时间少得多。这是该网络最突出的优点。不过,如前所述,RBF 网络也有自身的缺点。一般而言,即使采用改进的方法来设计,RBF 网络中隐含层节点数比采用 S 型转移函数的前向网络所用的数目要多许多。这是因为 S 型神经元有一个较大范围的输入空间,而 RBF 网络只对输入空间中的一个较小的范围产生响应。结果是,输入空间越大(即输入的数组以及输入的变化范围越大),所需要的 RBF 神经元数越多。

2.4.3　广义径向基函数网络

广义径向基函数(General Radial Basis Function,GRBF)网络具有一个径向基层和一个特殊的线性层,如图 2.20 所示。

和普通 RBF 网络一样,在径向基层,神经元的每一个激活函数加权输入都是输入矢量和各自权值的距离,即 $\| W1 - P \|$,每个神经元的输入是加权输入与其偏差的点积。

与普通 RBF 网络不同的是,GRBF 网络的 RBF 层输出后,不是立刻进行线性网络的计算,而是将 RBF 层的输出 a_i 加权求平均值后作为线性函数的输入。RBF 层的输出 a_i 为通过高斯型径向基函数的输出:

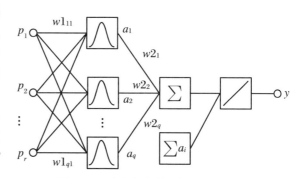

图 2.20　广义径向基函数网络结构图

$$a_i = \exp\left(- \frac{\| W1_i - P \|^2 \cdot 0.8326^2}{C_i^2} \right) \tag{2.29}$$

整个网络的输出 y 为

$$y = \frac{\sum a_i \cdot W2_i}{\sum a_i} \tag{2.30}$$

第3章　网络训练优化算法及其性能对比

对于前向神经网络权值的训练,可以等价地将其转化为以下求极值的问题:在一个 r 维输入空间 $X = \begin{bmatrix} x_1 & x_2 & \cdots & x_r \end{bmatrix}^T$,对于所定义的目标函数 $f(X)$ 求其极小值,之所以采用目标函数而不使用误差函数是因为有时性能指标中包含有误差之外的项,并且可能较复杂。由于 $f(X)$ 的复杂性,通常求助于迭代算法以有效地搜索输入空间。在迭代下降法中,下一点的 $X^{(k+1)}$ 由当前点 $X^{(k)}$ 沿方向矢量 $S(X^{(k)})$ 前进一步而确定,即可由式(3.1)统一表示:

$$X^{(k+1)} = X^{(k)} + \eta^{(k)} S(X^{(k)}) \tag{3.1}$$

其中,$\eta^{(k)}$ 是正的步长,控制沿该方向增加的数量,在神经网络的研究中,称其为学习速率;k 表示当前的迭代次数。

迭代下降法一般分两步计算第 k 步的 $\eta^{(k)} S(X^{(k)})$:首先确定方向 $\eta^{(k)}$,随后计算步长 $S(X^{(k)})$。而第 $k+1$ 步的计算应满足以下不等式:

$$f(X^{(k+1)}) = f(X^{(k)}) + \eta^{(k)} S(X^{(k)}) < f(X^{(k)}) \tag{3.2}$$

在一般对梯度算法的不同改进方法中,基本差异在于以第 k 步确定第 $k+1$ 步的方向上。一旦确定了方向,所有算法都是朝着由 $X^{(k)}$ 和方向 $S(X^{(k)})$ 所确定直线上的极小点移动。如果直线下降方向 $S(X^{(k)})$ 是在目标函数的梯度基础上确定的,那么这种下降法就称为梯度下降法。

虽然反向传播法得到了广泛的应用,但由于采用的是梯度下降法,所以它存在着自身的限制与不足,主要表现为训练时间过长并易于陷入局部极小值。实际上,传统的基于标准梯度下降法的 BP 算法在求解实际问题时常因收敛速度太慢而影响求解质量。因此,20 世纪 80 年代中期以来,许多研究人员对其做了深入的研究,人们在标准 BP 算法的基础上,进行了许多有益的改进,主要目标是为了加快训练速度,避免陷入局部极小值和改善其他能力。另外还提出了不少基于非线性优化的训练算法,可使网络训练的收敛速度比标准梯度下降法快数十倍乃至数百倍。

本章试图通过对几种具有代表性的改进算法性能上的对比,从实用的角度提醒人们注意这样一个事实,那就是:除了基于标准梯度下降法可以进行算法改进外,基于数值优化方法的改进算法可能得到惊人的收敛速度。因此,我们将改进算法分为两大类:第一类为基于标准梯度下降的改进方法,它们是标准梯度下降法的发展,其中,选用有附加动量的 BP 算法、可变学习速率的 BP 算法和弹性 BP 算法。第二类为基于标准数值优化的改进方法,其中,选用共轭梯度法、拟牛顿法和 Levenberg-Marquardt 法。

下面,首先给出各种算法的计算公式与工作原理,并从理论上分析各自的优缺点,然后用两个实例详细进行性能的对比分析。

3.1 基于标准梯度下降的方法

标准的 BP 算法是基于梯度下降法,通过计算目标函数对网络权值及其偏差的梯度对其进行修正,改进的算法都是在标准的梯度下降法的基础上发展而来的,它们均只用到目标函数对权值和偏差的一阶导数(梯度)信息。

标准梯度下降法权值和偏置值修正的迭代过程可以表示为

$$X^{(k+1)} = X^{(k)} - \eta \nabla f(X^{(k)}) \tag{3.3}$$

其中,$X^{(k)}$ 为由网络的所有权值和偏置值组成的向量;η 为学习速率;$f(X^{(k)})$ 为目标函数,$\nabla f(X^{(k)})$ 表示目标函数的梯度。

标准 BP 算法虽然为训练网络提供了简单有效的方法,但由于在训练过程中学习速率 η 为一个较小的常数,因而使它存在着收敛速度慢以及局部极小问题。为了解决这些问题,人们提出了许多改进算法,其中比较有代表性的有以下 3 种。

3.1.1 附加动量法

附加动量法使网络在修正其权值时,不仅考虑误差在梯度上的作用,而且考虑在误差曲面上变化趋势的影响,其作用如同一个低通滤波器,它允许网络忽略网络上的微小变化特性。在没有附加动量的作用下,网络可能陷入浅的局部极小值,利用附加动量的作用则有可能滑过这些极小值。

该方法是在反向传播法的基础上,在每一个权值的变化上加上一项正比于前次权值变化量的值,并根据反向传播法来产生新的权值变化。附加动量的 BP 算法的权值修正迭代过程可以表示为

$$\Delta X^{(k+1)} = mc \times \Delta X^{(k)} - (1 - mc) \times \eta \nabla f(X^{(k)}) \tag{3.4}$$

其中,k 为训练次数,mc 为动量因子,一般取 0.95 左右。

附加动量法的实质是将最后一次权值变化的影响,通过一个动量因子来传递。当动量因子取值为零时,权值的变化仅根据梯度下降法产生;当动量因子取值为 1 时,新的权值变化则是设置为最后一次权值的变化,而梯度法产生的变化部分则被忽略掉了。以此方式,当增加了动量项后,促使权值的调节向着误差曲面底部的平均方向变化,当网络权值进入误差曲面底部的平坦区时,梯度将变得很小,于是,$\Delta X^{(k+1)} \approx \Delta X^{(k)}$,从而防止了 $\Delta X^{(k+1)} = 0$ 的出现,有助于使网络从误差曲面的局部极小值中跳出。

根据附加动量法的设计原则,当修正的权值在误差中导致太大的增长结果时,新的权值应被取消而不被采用,并使动量作用停止下来,以使网络不进入较大误差曲面;当新的误差变化率对其旧值超过一个事先设定的最大误差变化率时,也得取消所计算的权值变化。其最大误差变化率可以是任何大于或等于 1 的值,典型的值取 1.04。所以在进行附加动量法的训练程序设计时,必须加进条件判断以正确使用其权值修正公式。

训练程序中对采用动量法的判断条件为

$$mc = \begin{cases} 0, & SSE^{(k)} > SSE^{(k-1)} \times 1.04 \\ 0.95, & SSE^{(k)} < SSE^{(k-1)} \\ mc, & 其他 \end{cases} \tag{3.5}$$

其中,SSE 为网络的输出误差平方和。

在附加动量的作用下,当网络的训练误差落入局部极小值后,能够产生一个继续向前的正向斜率运动,并跳出较浅的峰值,落入全局最小值。然后,仍然在附加动量的作用下,达到一定的高度后(即产生了一个 $SSE^{(k)} > SSE^{(k-1)} \times 1.04$)自动返回,并像弹珠滚动一样来回摆动,直至停留在最小值点上。

通过实际应用我们发现,训练参数的选择对采用动量法的网络训练效果的影响是相当大的。如学习速率太大,将导致其误差值来回振荡;学习速率太小,则导致很小的动量能量,从而使其只能跳出很浅的"坑",对于较大的"坑"或"谷"将无能为力。而从另一方面来看,其误差相对于权值的曲线(面)的形状与凹凸性是由问题的本身决定的,所以每个问题都是不相同的。这必然对学习速率的选择带来困难。一般情况下只能采用不同的学习速率进行对比(典型值取 0.05)。另外,对于这种网络的训练必须给予足够的训练次数,以使其训练结果为最后稳定到最小值时的结果,而不是得到一个正好摆动到较大误差值时的网络权值。

此训练方法也存在缺点。它对训练的初始值有要求,必须使其值在误差曲线上的位置所处误差下降方向与误差最小值的运动方向一致。如果初始误差点的斜率下降方向与通向最小值的方向相反,则附加动量法失效。训练结果将同样落入局部极小值而不能自拔。初始值选得太靠近局部极小值时也不行,所以建议多用几个初始值先粗略训练几次以找到合适的初始位置。另外,学习速率太小时,网络也没有足够的能量跳过低"谷"。

3.1.2 自适应学习速率

对于一个特定的问题,要选择适当的学习速率不是一件容易的事情。通常是凭经验或实验获取的,但即使这样,对训练初期功效较好的学习速率,不见得对后来的训练合适。为了解决这一问题,人们自然会想到使网络在训练过程中自动调整学习速率。通常调节学习速率的准则是:检查权值的修正值是否真正降低了误差函数,如果确实如此,则说明所选取的学习速率值小了,可以对其增加一个量;若不是这样而产生了过调,那么就应该减小学习速率的值。与采用附加动量法时的判断条件相仿,当新误差超过旧误差一定的倍数时,学习速率将减少,否则其学习速率保持不变;当新误差小于旧误差时,学习速率将增加。此方法可以保证网络总是以最大的可接受的学习速率进行训练。当一个较大的学习速率仍能够使网络稳定学习,使其误差继续下降,则增加学习速率,以更大的学习速率进行学习。一旦学习速率调得过大,而不能保证误差继续减少,则减少学习速率直到使其学习过程稳定为止。下式给出了一种自适应学习速率的调整公式:

$$\eta^{(k+1)} = \begin{cases} 1.05\eta^{(k)}, & SSE^{(k)} < SSE^{(k-1)} \\ 0.7\eta^{(k)}, & SSE^{(k)} > 1.04 \cdot SSE^{(k-1)} \\ \eta^{(k)}, & 其他 \end{cases} \tag{3.6}$$

同样,SEE 为网络输出误差平方和。初始学习速率 $\eta^{(0)}$ 的选取范围可以有很大的随意性。实践证明采用自适应学习速率的网络训练次数只是固定学习速率网络训练次数的几十分之一,所以具有自适应学习速率的网络训练是极有效的训练方法。在 BP 网络的实际设计和训练中,总是要加进上述两种改进方法中的一种,或两种同时应用,人们几乎不再采用单纯的 BP 算法。虽然这些改进算法具有较多的参数变化,但在许多常用的应用软件包中,都已有现成的改进算法可以直接调用,从而对于神经网络的设计者来说,可以把更多的精力用到掌握和了解更多、更好的改进算法上,以选择适当的算法来训练网络。

3.1.3　弹性 BP 算法

　　BP 网络通常采用具有 sigmoid 非线性激活函数的隐含层。sigmoid 函数常被称为“压扁”函数,它将一个无限的输入范围压缩到一个有限的输出范围。其特点是当输入很大时,斜率接近 0,这将导致算法中的梯度幅值很小,可能使得对网络权值的修正过程几乎停顿下来。

　　弹性 BP 算法只取偏导数的符号,而不考虑偏导数的幅值。偏导数的符号决定权值更新的方向,而权值变化的大小由一个独立的“更新值”确定。若在两次连续的迭代中,目标函数对某个权值的偏导数的符号不变,则增大相应的“更新值”(如在前一次“更新值”的基础上乘 1.3);若变号,则减小相应的“更新值”(如在前一次“更新值”的基础上乘 0.5)。其权值修正的迭代过程可表示如下:

$$X^{(k+1)} = X^{(k)} - \Delta X^{(k)} \times \text{sign}(\nabla f X^{(k)}) \tag{3.7}$$

其中,$\Delta X^{(k)}$ 为前一次的“更新值”,其初始值要根据实际应用预先设定。

　　在弹性 BP 算法中,当训练发生振荡时,权值的变化量将减小;当在几次迭代过程中权值均朝一个方向变化时,权值的变化量将增大。因此,一般来说,弹性 BP 算法的收敛速度要比前述几种方法快得多,而且算法并不复杂,也不需要消耗更多的内存。

　　以上三种改进算法的存储量要求相差不大,各算法的收敛速度依次加快。其中,弹性 BP 算法的收敛速度远快于前两者。大量实际应用已证明弹性 BP 算法非常有效。

　　因此,在实际应用的网络训练中,当采用附加动量法乃至可变学习速率的 BP 算法达不到训练要求时,可以采用弹性 BP 算法或下面介绍的基于数值优化的方法。

3.2　基于数值优化方法的网络训练算法

　　上一节所介绍的几种基于一阶梯度的方法用于简单问题时往往可以很快地收敛到期望值,然而,当用于较复杂的实际问题时,除了弹性 BP 算法以外,其余算法在收敛速度上都存在着一定的问题。

　　BP 网络的训练实质上是一个非线性目标函数的优化问题,人们对非线性优化问题的研究已有数百年的历史,而且,不少传统数值优化方法收敛也较快。因而,人们自然想到采用基于数值优化方法的算法对 BP 网络的权值进行训练。与梯度下降法不同,基于数值优化的算法不仅利用了目标函数的一阶导数信息,往往还利用目标函数的二阶导数信息。这类算法,包括拟牛顿法、共轭梯度法和 Levenberg-Marquardt 法,它们可以统一描述为

$$\begin{cases} f(X^{(k+1)}) = \min_{\eta} f(X^{(k)} + \eta^{(k)} S(X^{(k)})) \\ X^{(k+1)} = X^{(k)} + \eta^{(k)} S(X^{(k)}) \end{cases} \tag{3.8}$$

其中,$X^{(k)}$ 为网络所有的权值和偏置值组成的向量;$S(X^{(k)})$ 为由 X 的各分量组成向量空间中的搜索方向;$\eta^{(k)}$ 为在 $S(X^{(k)})$ 的方向上,使 $f(X^{(k+1)})$ 达到极小的步长。这样,网络权值的寻优分为两步:首先,确定当前迭代的最佳搜索方向 $S(X^{(k)})$;然后,在此方向上寻求最优迭代步长。关于最优搜索步长 $\eta^{(k)}$ 的选取,是一个一维搜索(线搜索)问题。对这一问题有许多方法可供选择,如黄金分割法、二分法、多项式插值法、回溯法等。以下所讨论的三种方法的区别正在于对最佳搜索方向 $S(X^{(k)})$ 的选择上有所不同。

3.2.1 拟牛顿法

牛顿法是一种常见的快速优化方法,它利用了一阶和二阶导数的信息,其基本形式如下。

第一次迭代的搜索方向确定为负梯度方向,即搜索方向 $S(X^{(0)}) = -\nabla f(X^{(0)})$,以后各次迭代的搜索方向由下式确定:

$$S(X^{(k)}) = -(H^{(k)})^{-1} \nabla f(X^{(k)}) \tag{3.9}$$

即

$$X^{(k+1)} = X^{(k)} - \eta^{(k)} S(X^{(k)}) = X^{(k)} - \eta^{(k)} (H^{(k)})^{-1} \nabla f(X^{(k)}) \tag{3.10}$$

其中,$H^{(k)}$ 为海森(Hessian)矩阵(二阶导数矩阵)。牛顿法的收敛速度比一阶梯度法快,不过由于神经网络中参数数目庞大,导致计算海森矩阵的复杂性增加。

因此,人们在牛顿法的基础上,提出了一类无须计算二阶导数矩阵及其求逆运算的方法。这类方法一般是利用梯度信息或一个近似矩阵去逼近 $H^{(k)}$。不同的构造 $H^{(k)}$ 的方法,就产生了不同的拟牛顿法。显然,拟牛顿法是为了克服梯度下降法收敛慢以及牛顿法计算复杂而提出的一种算法。下面,介绍两种比较典型的拟牛顿法:BFGS 拟牛顿法和正割拟牛顿法。

1. BFGS 拟牛顿法

除了第一次迭代外,对应式(3.9)、式(3.10),BFGS 拟牛顿法在每一次迭代中采用下式来逼近海森矩阵:

$$H^{(k)} = H^{(k-1)} + \frac{\nabla f(X^{(k-1)}) \times \nabla f(X^{(k-1)})^{\mathrm{T}}}{\nabla f(X^{(k-1)})^{\mathrm{T}} \times S(X^{(k-1)})} + \frac{\mathrm{dg}X \times \mathrm{dg}X^{\mathrm{T}}}{\mathrm{dg}X^{\mathrm{T}} \times \eta^{(k-1)} S(X^{(k-1)})} \tag{3.11}$$

其中,$\mathrm{dg}X = \nabla f(X^{(k)}) - \nabla f(X^{(k-1)})$。

BFGS 拟牛顿法在每次迭代中都要存储近似的海森矩阵,海森矩阵是一个 $n \times n$ 的矩阵,n 是网络中所有的权值和偏置的总数。因此,当网络参数很多时,要求极大的存储量,计算也较为复杂。

2. 正割拟牛顿法

正割拟牛顿法不需要存储完整的海森矩阵,除了第一次迭代外,以后各次迭代的搜索方向由下式确定:

$$S(X^{(k)}) = -\nabla f(X^{(k)}) + A_c \times \eta^{(k-1)} S(X^{(k-1)}) + B_c \times \mathrm{dg}X \qquad (3.12)$$

其中

$$\mathrm{dg}X = \nabla f(X^{(k)}) - \nabla f(X^{(k-1)})$$

$$B_c = \frac{S(X^{(k-1)}) \times \nabla f(X^{(k)})}{S(X^{(k-1)})^{\mathrm{T}} \times \mathrm{dg}X}$$

$$A_c = -\left(1 + \frac{\mathrm{dg}X^{\mathrm{T}} \times \mathrm{dg}X}{S(X^{(k-1)})^{\mathrm{T}} \times \mathrm{dg}X}\right) \times B_c + \frac{\mathrm{dg}X^{\mathrm{T}} \times \nabla f(X^{(k)})}{S(X^{(k-1)})^{\mathrm{T}} \times \mathrm{dg}X}$$

相对于 BFGS 拟牛顿法,正割拟牛顿法减小了存储量与计算量。实际上,正割拟牛顿法是通常的需要近似计算海森矩阵的拟牛顿法与后面要介绍的共轭梯度法的一种折中,它的形式与共轭梯度法相似。

3.2.2　共轭梯度法

鉴于梯度下降法收敛速度慢,而拟牛顿法计算较复杂,共轭梯度法力图避免两者的缺点。共轭梯度法的第一步是沿负梯度方向进行搜索,然后沿当前搜索方向的共轭方向进行搜索,可以迅速达到最优值。其过程描述如下。

第一次迭代的搜索方向确定为负梯度方向,即搜索方向 $S(X^{(0)}) = -\nabla f(X^{(0)})$,以后各次迭代的搜索方向由下式确定:

$$\begin{cases} S(X^{(k)}) = -\nabla f(X^{(k)}) + \beta^{(k)} S(X^{(k-1)}) \\ X^{(k+1)} = X^{(k)} + \eta^{(k)} S(X^{(k)}) \end{cases} \qquad (3.13)$$

根据 $\beta^{(k)}$ 所取形式的不同,可构成不同的共轭梯度法。常用的两种形式是

$$\beta^{(k)} = \frac{g_k^{\mathrm{T}} g_k}{g_{k-1}^{\mathrm{T}} g_{k-1}} \quad \text{或} \quad \beta^{(k)} = \frac{\Delta g_{k-1}^{\mathrm{T}} g_k}{g_{k-1}^{\mathrm{T}} g_{k-1}} \qquad (3.14)$$

其中,$g_k = \nabla f(X^{(k)})$。

通常,搜索方向 $S(X^{(k)})$ 在迭代过程中以一定的周期复位到负梯度方向,周期一般为 n (网络中所有的权值和偏差的总数目)。

共轭梯度法比绝大多数常规的梯度下降法收敛得都要快,而且只需增加很少的存储量及计算量,因而,对于权值很多的网络采用共轭梯度法不失为一个较好的选择。

3.2.3　Levenberg-Marquardt 法

Levenberg-Marquardt 法实际上是梯度下降法和牛顿法的结合。我们知道,梯度下降法在开始几步下降较快,但随着接近最优值时,由于梯度趋于零,使得目标函数下降缓慢;而牛顿法可以在最优值附近产生一个理想的搜索方向。Levenberg-Marquardt 法的搜索方向定为

$$S(X^{(k)}) = -(H^{(k)} + \lambda^{(k)} I)^{-1} \nabla f(X^{(k)}) \qquad (3.15)$$

令 $\eta^{(k)} = 1$,则 $X^{(k+1)} = X^{(k)} + S(X^{(k)})$。

起始时,λ 取一个很大的数(如 10^4),此时相当于步长很小的梯度下降法;随着最优点的接近,λ 减小到零,则 $S(X^{(k)})$ 从负梯度方向转向牛顿法的方向。通常,当 $f(X^{(k+1)}) < f(X^{(k)})$ 时,减小 λ(如 $\lambda^{(k+1)} = 0.5\lambda^{(k)}$);否则,增大 λ(如 $\lambda^{(k+1)} = 2\lambda^{(k)}$)。

从式(3.15)中可以注意到该方法仍然需要求出海森矩阵。不过,由于在训练 BP 网络时目标函数常常具有平方和的形式(这也是该算法最初要解决的问题),则海森矩阵可通过雅可比(Jacobian)矩阵进行近似计算 $H = J^{\mathrm{T}}J$,雅可比矩阵包含网络误差对权值及偏置值的一阶导数,而通过标准的反向传播技术计算雅可比矩阵要比计算海森矩阵容易得多。

Levenberg-Marquardt 法需要的存储量很大,因为雅可比矩阵使用一个 $Q \times n$ 矩阵,Q 是训练样本的个数,n 是网络中所有的权值和偏差的总数目。为此,也产生了其他一些用以降低内存的 Levenberg-Marquardt 法。

Levenberg-Marquardt 法的长处是在网络权值数目较少时收敛非常迅速。

综上所述,显然,Levenberg-Marquardt 法和拟牛顿法因为要近似计算海森矩阵,需要较大的存储量,不过,通常这两类方法的收敛速度较快。其中,Levenberg-Marquardt 法结合了梯度下降法和牛顿法的优点,性能更加优良一些。共轭梯度法所需存储量较小,但收敛速度相对前两种方法慢。所以,考虑到网络参数的数目(即网络中所有的权值和偏差的总数目),在选择算法对网络进行训练时,可以遵照以下原则:

(1) 在网络参数很少时,可以使用牛顿法或 Levenberg-Marquardt 法。

(2) 在网络参数适中时,可以使用拟牛顿法。

(3) 在网络参数很多,需要考虑到存储容量问题时,不妨选择共轭梯度法。

其实,对于不同的问题,很难比较算法的优劣。而对于特定问题,一种通常较好的方法有时却可能不易获得良好的训练效果,甚至可能出现难于收敛到预定目标的情况。因此,在解决实际问题时,应当尝试采用多种不同类型的训练算法,以期获得满意的结果。在大多数情况下,可以使用 Levenberg-Marquardt 法和拟牛顿法。此外,弹性 BP 算法也是一种简单有效的方法。

需要指出的是,本节述及的所有算法均存在局部极小问题,就经验而言,对大多数问题,Levenberg-Marquardt 法可以获得相对较好的结果,然而这一结论没有任何理论依据,所以对网络应当使用不同的初始值进行多次的训练。此外,还可以采用其他全局优化算法,如用模拟退火法、遗传算法等来解决局部极小问题。

3.3 前向网络的数值性能对比

本节将对上述的所有算法的实际应用效果进行数值实验对比分析。虽然有些算法的实现较为复杂,不过在计算机软件的辅助下已经不成问题,尤其在控制界常用的 Matlab 的神经网络工具箱中,已有实现上述训练算法的函数,设计者只需进行适当的调用即可对网络进行训练。

3.3.1 非线性函数的逼近

构造非线性函数对象:

$$y(k) = y(k-1)/[1+y^2(k-1)]+u^3(k-1) \qquad (3.16)$$

训练用输入信号取为

$$u(k) = 0.2\sin(2\pi k/25) + 0.3\sin(\pi k/15) + 0.3\sin(\pi k/75) \qquad (3.17)$$

将信号(3.17)作为非线性对象(3.16)的输入信号,取 k 从 0 到 200 的输入/输出作为训练样本,网络训练样本的输入/输出关系如图 3.1 所示。

在 Matlab 6.1 中,如果要一个网络完成某种功能,设计者可以通过调用函数 newff 实现网络的创建,然后再调用函数 train 对所创建网络 newff 进行训练。

函数 newff 带有四个参数:对于一个输入节点数为 R 的网络,第一个参数是一个 $R \times 2$ 的矩阵,其中,第 i 行的两个元素依次为所有输入样本中对应于第 i 个输入的最小与最大范围;第二个参数是

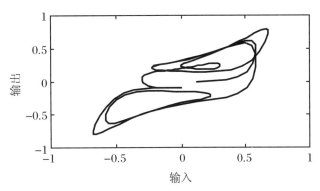

图 3.1　输入/输出关系曲线图

一个给出各层神经元个数的数组;第三个参数是各层采用的激活函数的名称;第四个输入参数是所选用的网络训练算法的名称。newff 的返回值是一个经过初始化后的网络对象。本例中,用于对非线性函数的逼近的网络可创建如下:

$$p = [u;y_d]$$
$$net = newff(minmax(p),[5,1],\{'tansig','purelin'\},'traingd') \qquad (3.18)$$

在神经网络工具箱中,前述各种训练算法已经编制成.m 文件,设计者只要在 newff 的第四个参数中选用希望采用的算法名称,就可调用 train 函数进行网络的训练。train 函数有三个参数:第一个参数是由 newff 创建的网络;第二个参数是输入矩阵;第三个参数是期望输出矩阵。

$$net = train(net,p,y) \qquad (3.19)$$

在式(3.18)和式(3.19)中, u 为所有 200 个样本输入组成的行向量; y_d 为 200 个样本输出 y 经一阶延时组成的行向量。即网络的输入向量有两个, u 与 y_d,它们组成输入矩阵 p;网络的期望输出为 y(200 个样本输出组成的行向量)。Minmax(p)意为取得输入向量的最小到最大的范围;网络的第一层(即隐含层)包含有 5 个节点,第二层(即输出层)包含有 1 个节点。隐含层采用 tan-sigmoid 函数;输出层采用线性函数 purelin。所选训练算法 traingd 为标准的梯度下降法。

作为对比,我们始终采用式(3.18)中的网络结构,只改变最后的算法参数,采用式(3.19)对网络进行训练,以此来观察各种训练算法的收敛速度。

值得注意的是,开始训练之前,必须对网络的权值与偏差进行初始化。好在函数 newff 可以自动调用缺省,这只是一种初始化方法。

我们把标准梯度下降法、附加动量的 BP 算法、学习速率可变的 BP 算法放在一起进行比较。训练中,以固定最大迭次数 20000 为标准。网络的初始化采用 Nguyen 与 Widrow

提出的名为 initnw 的初始化函数,它可以使每一层神经元的激活区域大致均匀分布在输入空间上。考虑到每次对网络的权值与偏置值的初始化结果不完全相同,因此对每种算法应进行多次训练,表3.1给出了三种算法收敛速度的比较。表中的数据均为五次训练的平均值。

表 3.1　三种算法收敛速度的比较

函数	算法描述	时间(秒)	均方误差
traingda	可变学习速率的 BP 算法	448.30	0.000265963
traingdm	附加动量的 BP 算法,动量因子 $mc = 0.9$	457.75	0.00219000
traingd	标准梯度下降法(标准 BP 算法)	446.38	0.00383469

由表3.1可见,三种方法所用时间都在400秒以上,不过,在误差的变化上,学习速率可变的 BP 算法的收敛速度明显比前两种快,它达到了 0.0001 的数量级。

鉴于弹性 BP 算法及基于数值优化算法的收敛速度很快,可用固定目标函数均方误差 $SSE = 0.00001$ 来进行性能的对比实验,使各算法一直迭代到满足目标要求才停止。五次成功训练的平均值记录如表3.2所示。表中给出了四种不同的共轭梯度法和两种不同的拟牛顿法的训练结果。对照以上两表可以看出,表3.2列出的八种算法比表3.1中的三种算法,无论是在运算时间上,还是在收敛精度上,都有着绝对的优势,两者不在一个数量级上。由此可见,在标准梯度下降法基础上进行改进的算法,所取得的进步是很有限的。要想有数量级上的突破,必须转变思路。基于数值优化的方法就是一个极好的尝试。我们应当在今后的研究与应用中,采用这些现成的软件编制好的训练网络的算法,以提高网络设计的精度,灵活地应用于实际问题中。

表 3.2　快速训练算法的收敛速度对比

函数	算法描述	时间(秒)	迭代次数
traincgf	Fletcher-Powell 共轭梯度法,其中 $\beta^{(k)} = \dfrac{g_k^{\mathrm{T}} g_k}{g_{k-1}^{\mathrm{T}} g_{k-1}}$	14.34	238
traincgp	Polak-Ribiere 共轭梯度法,其中 $\beta^{(k)} = \dfrac{\Delta g_{k-1}^{\mathrm{T}} g_k}{g_{k-1}^{\mathrm{T}} g_{k-1}}$	12.32	216
traincgb	Powell-Beale 共轭梯度法,当前梯度与前一梯度正交性很小时,将搜索方向复位到负梯度方向	10.11	167
trainscg	Scaled 共轭梯度法,一种无须进行线搜索的方法	11.76	263
trainbfg	BFGS 拟牛顿法	4.34	71
trainoss	One-Step-Secant,正割拟牛顿法	22.50	437
trainlm	Levenberg-Marquardt 法	0.77	7
trainrp	弹性 BP 算法	50.20	2239

3.3.2　逼近非线性直流电机的输入/输出特性

本小节将再对一个实际存在的具有非线性摩擦力影响的直流电机的输入/输出特性进

行神经网络建模,并采用不同的训练算法进行对比。用来采集输入/输出信号的实际控制系统包括一台 Pentium 200 微机,一块内置于计算机的 12 位 A/D、D/A 转换板,PWM 功率放大电路,直流力矩电动机及用于速度反馈的直流测速发电机。模拟电压输入范围与输出控制电压(伏)范围均为[− 5,5],模数转换后的数字量范围均为[− 2048,2048],为了方便起见,输入和输出单位均采用数字量。被控系统的模型包括除计算机外的所有部件的集合。

给电机系统输入幅值为 300,周期为 10 秒的正弦信号,在 5 毫秒的采样周期下,获得电机的真实输出(即转速信号)。实际电机的输入/输出如图 3.2 所示,从中可见系统中存在着严重的非线性特性。实验表明,采用标准梯度下降法、附加动量的 BP 算法、学习速率可变的 BP 算法来训练网络模型,无法达到性能指标。我们曾采用可变学习速率的 BP 算法。

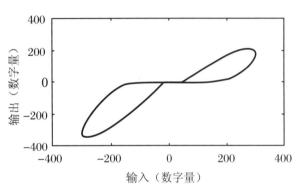

图 3.2　实际电机输入/输出关系图

训练了三个小时,训练的误差仍然离目标相差很远。

假设电机模型为一阶系统,即输入/输出关系式可以表示为

$$y(k) = f(y(k - 1), u(k - 1)) \tag{3.20}$$

那么我们仍然可用上例中的网络结构 newff 来训练网络模型,训练集样本数为 2000。

经过多次实验,除 trainscg 共轭梯度法外,其余三种共轭梯度法均在离目标较远的点陷入局部极小值,使得线搜索步长趋近于零而终止训练。trainscg 法虽然没有陷入局部极小值,但收敛速度很慢。曾经进行了 100000 次迭代,耗时近三个小时,均方误差 SSE 才达到 22.8295(考虑到输出信号的幅值,这个结果勉强可以接受)。拟牛顿法中的 trainoss 法收敛速度也很慢,根本无法实用。

最后,只有表 3.3 中的三种方法,在固定目标函数均方误差 SSE = 2 的条件下,可以使迭代一直进行到满足目标要求为止。

表 3.3　三种算法的比较

函数	算法描述	时间(秒)	迭代次数
trainrp	弹性 BP 算法	314.12	3483
trainbfg	BFGS 拟牛顿法	29.50	133
trainlm	Levenberg-Marquardt 法	10.27	45

由此可见,在实际应用中,要针对具体的问题尝试多种算法来训练网络,以达到最佳效果。另外,从两个例子中可以看出,BFGS 拟牛顿法和 Levenberg-Marquardt 法均有上乘表现,其中,后者的收敛速度最快,在相同的误差目标下所花费的时间之短,是其他大多数算法所无法比拟的。

第4章 递归神经网络

人工神经网络以其自身的自组织、自适应和自学习的特点,被广泛应用于各个领域。在控制领域非线性系统建模与控制的应用中发挥着越来越大的作用。不过,一般采用的前向网络所建立的输入/输出之间的关系式往往是静态的,而实际应用中的被控对象通常都是时变的。因此,采用静态神经网络建模就不能准确地描述系统的动态性能。描述系统动态性能的神经网络应当具有可以反映系统动态特性和存储信息的能力。能够完成这些功能的网络要求网络中存在信息的延时,并具有延时信息的反馈。有别于前向网络,这类网络被人们称为递归神经网络或反馈神经网络。递归网络存储信息的特性正是来源于网络信号的反馈,信号递归使得网络在某时刻 k 的输出状态不仅与 k 时刻的输入状态有关,而且还与 k 时刻以前的信号有关,从而表现出网络系统的动态特性。

由于网络中存在着递归信号,网络的状态是随时间的变化而变化的,其运动轨迹必然存在着稳定性的问题,这就是递归网络与前向网络在网络性能分析上最大的区别之一。在使用递归网络时,必须对其稳定性进行专门的分析与讨论,合理选择网络的参数变化范围,才能确保递归网络正常工作。本章从递归神经网络的各种不同结构的描述和分析入手,然后针对典型全局反馈的霍普菲尔德神经网络的特性、算法以及应用进行重点介绍,同时对其稳定点与稳定域之间的关系进行分析;本章还介绍了自组织竞争网络以及科荷伦自组织映射网络及其应用。

4.1 各种递归神经网络

在介绍不同递归神经网络的结构之前,作为与前向网络的对比和过渡,首先介绍一下由前向网络构成的非递归的单步延时动态神经网络结构。

非递归动态神经网络为一种前向网络,因为当网络为多层线性网络时,可以等效为单层线性网络,所以,最简单的非递归动态神经网络就是在单层自适应线性网络的基础上,在网络的输入端,除了输入矢量外,再加上一组单步延时线(TDL),它的作用是将输入信号经过一步(或多步)的时间延迟后,作为网络的输入信号,从而使网络具有了线性动态特性。具有 n 个输入节点和 r 个输出节点的单步延时线性动态网络的结构如图 4.1 所示。

单位延时线的作用,使得网络输入状态变为

$$\begin{cases} x_1(k) = x(k) \\ x_2(k) = x(k-1) \\ \vdots \\ x_n(k) = x(k-n+1) \end{cases}, \quad k = 1,2,\cdots,q$$

整个网络的输入矢量 X 为

$$X = \begin{bmatrix} x(1) & x(2) & \cdots & x(q) \\ x(0) & x(1) & \cdots & x(q-1) \\ \vdots & \vdots & & \vdots \\ x(-n) & x(1-n) & \cdots & x(q-1-n) \end{bmatrix}$$

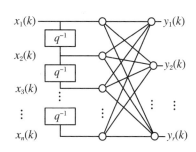

图 4.1　单步延时线性动态网络

网络的输入/输出关系为

$$Y(k) = W \times X + B$$

即

$$y_i(k) = \sum_{j=1}^{n} w_{ij} x(k-j-1) + b_i, \quad i = 1,2,\cdots,r$$

单步延时线性动态网络可以作为线性滤波器,训练线性滤波器参数的网络结构图如图4.2 所示。

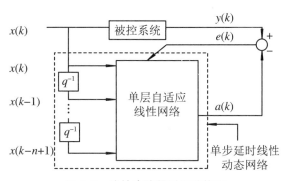

图 4.2　线性滤波器训练结构图

网络训练的目的是为了使误差 $e(k) = y(k) - a(k)$ 趋于 0,即使网络的输入/输出满足关系式:

$$y(k) \approx c_1 x(k) + c_2 x(k-1) + \cdots + c_{n-1} x(k-n+1)$$

单步延时线性动态网络除了可以作为线性滤波器的使用之外,还可以用于线性建模、预测和去噪。

4.1.1　全局反馈型递归神经网络

为了适应多种不同动态性能的要求,人们已经发展出几十种类型的递归神经网络结构。各种网络由于结构上的不同,必然导致输入/输出关系式的相异,因而表现出不同的动态变化性能。由于递归网络变化众多,给学习和掌握此类网络带来一定的难度。本节的目的在于试图对递归网络进行归类和分析,在重点指出各自结构不同之处的基础上,点明各自的实际功能和用途,为掌握和应用递归网络打好基础。

1. ARX 网络和 NARX 网络

对于一般多层前向网络,将网络输出反馈到网络输入端,并加上单步延时因子 q^{-1},即可得到所谓的自反馈单步延时动态网络,如图 4.3 所示。相对于 ARX 自回归外变数(AutoRegressive with exogeneous variable,ARX)模型,该类网络也被称为 ARX 网络。当

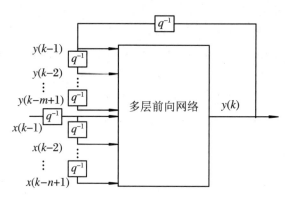

图 4.3 ARX 和 NARX 的网络结构

多层前向网络的激活函数都是线性函数时,网络的输入/输出表达式为

$$y(k) = a_1 y(k-1) + a_2 y(k-2) + \cdots + a_{m-1} y(k-m+1)$$
$$+ b_1 x(k-1) + \cdots + b_{n-1} x(k-n+1)$$

而当使用 S 型非线性函数时,网络的输入/输出关系式变为

$$y(k) = f\begin{pmatrix} y(k-1), y(k-2), \cdots, y(k-m+1) \\ x(k-1), x(k-2), \cdots, x(k-n+1) \end{pmatrix}$$

此时的网络被称为 NARX 网络。很显然,ARX 网络可以用于线性系统的建模;而 NARX 网络可以用于非线性系统的建模。

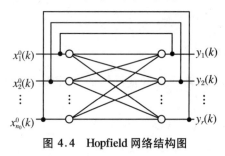

图 4.4 Hopfield 网络结构图

2. Hopfield 网络

Hopfield 网络是人们最熟悉的全反馈网络,在一般的意义下,可以说它在人们的心目中就是递归神经网络的典型代表。实际上,Hopfield 网络应当是最简单的全反馈网络,其网络结构如图 4.4 所示,它只有一层网络,其激活函数为阈值函数,将 k 时刻的网络输出反馈到对应的网络输入端,并直接作为下一个时刻网络的输入,组成动态系统,因此网络具有相同的输入和输出节点。Hopfield 网络已经被广泛地应用于联想记忆和优化计算中。

3. 约旦网络

取 NARX 网络的特殊形式,令其为只含一个隐含层网络,该网络被称为约旦(Jordan)网络。这里,我们引入关联层的概念。需要注意的是,这个关联层是想象中的神经元层。它的结构图如图 4.5 所示。约旦网络适用于对一阶系统的动态建模。

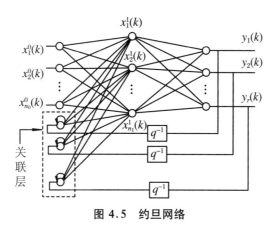

图 4.5　约旦网络

4.1.2　前向递归神经网络

1. 局部连接递归神经网络

此类网络的特点是：神经元的反馈仅作用在自身，不会作用到其他神经元上，常见局部递归网络的结构如图 4.6 所示。

图 4.6 中只有一个隐含层，实际上根据需要隐含层可以有多层。不论何种局部连接递归网络，从外部看，都符合这一结构形式，只是在反馈位置的细节上的不同，使具体结构及输入/输出关系式各有不同。一般而言，一个神经元是由输入、激活、突触及输出等部分组成的。所以在某一具体的局部连接递归网络中，常见的有四类反馈形式：激活反馈、突触反馈、输出反馈及其混合形式。对于图 4.6 所示只有一个隐含层的局

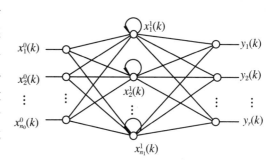

图 4.6　局部连接递归神经网络

部连接递归神经网络，当反馈权值为单位延时因子 q^{-1} 时的网络，构成最简单的局部连接输出反馈型递归网络——对角型递归网络。图 4.7 分别给出了前三种不同反馈形式神经元的图形，图中只画出网络其中一层的详细内容，其中的反馈为权值矩阵，$H_i^{l-1}(q^{-1})$ 表示第 $l-1$ 层中第 i 个神经元的反馈矩阵，其形式为 q^{-1} 的多项式；$G^{l-1}(q^{-1})$ 的形式为含有 q^{-1} 多项式和零极点的线性函数。

从图 4.7(a) 中可以看出，激活反馈是由激活函数的输入端反馈到加权输入和的节点处，它的输入/输出关系式为

$$x_i^l(k) = f(s_i^l(k))$$

$$s_i^l(k) = \sum_{j=1}^{n^{l-1}} w_{ij}^{l-1}(k) x_j^{l-1}(k) + \theta_i^{l-1} + H_i^{l-1}(q^{-1}) s_i^l(k)$$

$$H_i^{l-1}(q^{-1}) = \sum_{n_i=0}^{n_{Z_i}^{l-1}} b_{n_i}^{l-1} q^{-n_i}$$

此外,激活反馈网络又被称为 Frasconi-Bengio-Gori-Mori 网络。

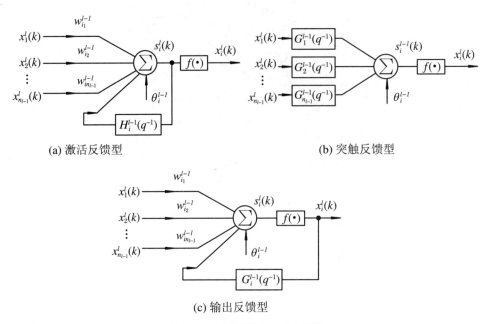

(a) 激活反馈型　　　　　　　　　　　　　　　(b) 突触反馈型

(c) 输出反馈型

图 4.7　典型局部连接递归网络

突触反馈的特点是,神经元的输入来自前层各个神经元的输出,但用一类突触来代替原来前向网络的恒定权值。这样得到的输入/输出关系式为

$$x_i^l(k) = f(s_i^l(k))$$

$$s_i^l(k) = \sum_{j=1}^{n^{l-1}} G_{ij}^{l-1}(q^{-1})x_j^{l-1}(k) + \theta_i^{l-1}$$

其中,突触的表达式为

$$G_{ij}^{l-1}(q^{-1}) = \frac{\sum_{n_{ij}=0}^{n_{Z_{ij}}^{l-1}} b_{n_{ij}}^{l-1} q^{-n_{ij}}}{\sum_{m_{ij}=0}^{m_{P_{ij}}^{l-1}} a_{m_{ij}}^{l-1} q^{-m_{ij}}}$$

这是一个含有零极点的线性传递函数。由上式得到,它有 $n_{Z_{ij}}^{l-1}$ 个零点,$m_{P_{ij}}^{l-1}$ 个极点(零极点的个数都不为零)。当取 $m_{P_{ij}}^{l-1} = 0$ 且 $n_{Z_{ij}}^{l-1} = 0$ 时,这就变成多层感知器(Multilayer Perceptron,MLP)。当它只含有零点时,就变为时延神经网络(Time Delay Neural Networks,TDNN)。图 4.7(b)所示的突触反馈又被称为 BACK-TSOI 网络。它是一种无限脉冲响应神经网络(Infinite Impulse Response Neural Networks,IIRNN)。比较 IIR-NN 和 FIR-NN,可以发现两者的不同点在于神经元突触的传递函数不同。前者的传递函数具有极点和零点,而后者的只具有零点。这就使前者结构上有反馈存在,形成递归的形式。

局部连接递归神经网络中的输出反馈,是从神经元的输出端将反馈引到自身非线性激活函数的输入端。此时,网络的输入/输出表达式为

$$x_i^l(k) = f(s_i^l(k))$$

$$s_i^l(k) = \sum_{j=1}^{n^{l-1}} w_{ij}^{l-1}(k)x_j^{l-1}(k) + \theta_i^{l-1} + G_i^{l-1}(q^{-1})x_i^l(k)$$

特别地,当 $a_i^{l-1} = 0(i = 0,1,\cdots,m)$ 时,有

$$G_i^{l-1}(q^{-1}) = H_i^{l-1}(q^{-1}) = \sum_{n_i=0}^{n_{Z_i}^{l-1}} b_{n_i}^{l-1}q^{-n_i}$$

又有 $G_i^{l-1}(q^{-1}) = q^{-1}$,$G_i^{l-1}(q^{-1})$ 就变为单位延时线。

如图 4.7(c)所示的反馈网络又被称为 Frasconi-Gori-Soda 网络。当取 $G_i^{l-1}(q^{-1}) = \sum_{n_i=0}^{n_{Z_i}^{l-1}} b_{n_i}^{l-1}\left(\dfrac{q^{-n_i}}{1 - \mu q^{-n_i}}\right)$ 时,递归网络有更广义意义上的时延因子 $\dfrac{q^{-n}}{1 - \mu q^{-n}}$,这种网络又被称为 De Vries-Principe 网络。

最简单的输出反馈型局部递归神经网络是只有一个隐含层的对角递归网络。此类网络结构中的单个递归神经元的连接形式如图 4.8(a)所示。图 4.8(b)为网络的结构图。

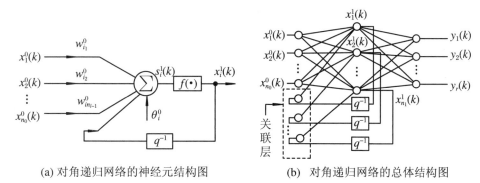

(a) 对角递归网络的神经元结构图　　　　(b) 对角递归网络的总体结构图

图 4.8　对角递归网络

整个网络的输入/输出关系式为

$$x_i^1(k) = f(s_i^1(k))$$

$$s_i^1(k) = \sum_{j=1}^{n^0} w_{ij}^0 x_j^0(k) + \theta_i^0 + x_i^1(k-1)$$

$$y_i(k) = \sum_{j=1}^{n^1} w_{ij}^1 x_j^1(k) + \theta_i^1$$

为了分析问题的方便,常常把递归信号层称为关联层,在这里,关联层的输出为

$$c_i(k) = x_i^1(k-1)$$

同样是输出反馈型网络,其反馈不是落到激活函数之前,而是落到激活函数之后,便又得到一种新的递归网络,叫作自回归神经网络(Auto Regressive Neural Networks)。结构如图 4.9 所示。该网络的输入/输出表达式是

$$x_i^l(k) = f(s_i^l(k)) + H_i^{l-1}(q^{-1})x_i^l(k)$$

$$s_i^l(k) = \sum_{j=1}^{n^{l-1}} w_{ij}^{l-1}(k)x_j^{l-1}(k) + \theta_i^{l-1}$$

该表达式又可变为

$$x_i^l(k) = G_i^{l-1}(q^{-1})f(s_i^l(k))$$

$$s_i^l(k) = \sum_{j=1}^{n^{l-1}} w_{ij}^{l-1}(k)x_j^{l-1}(k) + \theta_i^{l-1}$$

其中

$$G_i^{l-1}(q^{-1}) = \cfrac{1}{1 - \sum_{n_i=0}^{n_{Z_i}^{l-1}} b_{n_i}^{l-1}q^{-n_i}}$$

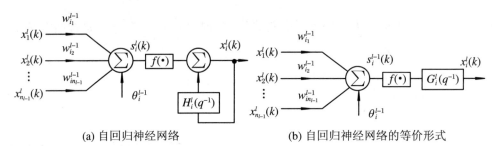

(a) 自回归神经网络   (b) 自回归神经网络的等价形式

图 4.9　另一种输出反馈型网络

由图 4.9(a)可以看出,这也是一种无限脉冲响应神经网络。图 4.9(b)所示的网络又被称为 Mozer-Leighton-Conrath 网络。由这三种不同的局部连接递归神经网络,还可以相互组合,派生出多种其他类型的网络。图 4.10 为混合形式的局部递归神经网络,其表达式为

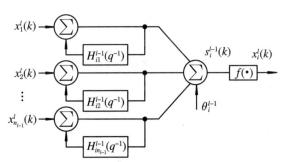

图 4.10　混合形式的局部递归神经网络

$$x_i^l(k) = f(s_i^l(k))$$

$$s_i^l(k) = \sum_{j=1}^{n^{l-1}} s_{ij}^l(k) + \theta_i^{l-1}$$

$$s_{ij}^l(k) = w_{ij}^{l-1}x_j^{l-1}(k) + H_{ij}^{l-1}(q^{-1})s_{ij}^l(k)$$

其中

$$H_{ij}^{l-1}(q^{-1}) = \sum_{n_{ij}=0}^{n_{Z_{ij}}^{l-1}} b_{n_{ij}}^{l-1}q^{-n_{ij}}$$

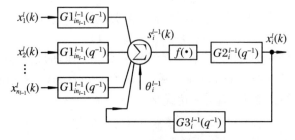

图 4.11　广义局部递归神经网络

更一般的情况是三种网络的结合,如图 4.11 所示,其输入/输出表达式是

$$x_i^l(k) = G2_i^{l-1}(q^{-1})f(s_i^l(k))$$

$$s_i^l(k) = \sum_{j=1}^{n^{l-1}} G1_{ij}^{l-1}(q^{-1})x_j^{l-1}(k) + \theta_i^{l-1} + G3_i^{l-1}(q^{-1})x_j^l(k)$$

$$G1_{ij}^{l-1}(q^{-1}) = \frac{\displaystyle\sum_{n1_{ij}=0}^{n1_{Z_{ij}}^{l-1}} b1_{n1_{ij}}^{l-1} q^{-n1_{ij}}}{\displaystyle\sum_{m1_{ij}=0}^{m1_{P_{ij}}^{l-1}} a1_{m1_{ij}}^{l-1} q^{-m1_{ij}}}$$

$$G2_i^{l-1}(q^{-1}) = \frac{\displaystyle\sum_{n2_i=0}^{n2_{Z_i}^{l-1}} b2_{n2_i}^{l-1} q^{-n2_i}}{\displaystyle\sum_{m2_i=0}^{m2_{P_i}^{l-1}} a2_{m2_i}^{l-1} q^{-m2_i}}$$

$$G3_i^{l-1}(q^{-1}) = \frac{\displaystyle\sum_{n3_i=0}^{n3_{Z_i}^{l-1}} b3_{n3_i}^{l-1} q^{-n3_i}}{\displaystyle\sum_{m3_i=0}^{m3_{P_i}^{l-1}} a3_{m3_i}^{l-1} q^{-m3_i}}$$

当 $G2_i^{l-1}(q^{-1})=1$ 且 $G3_i^{l-1}(q^{-1})=0$ 时,它是局部突触递归网络;当 $G1_{ij}^{l-1}(q^{-1})=w_{ij}^{l-1}$ 时,它是输出反馈递归网络;当 $G2_i^{l-1}(q^{-1})=1$ 且 $G3_i^{l-1}(q^{-1})=0$,对于 $G1_{ij}^{l-1}(q^{-1})$ 有关系:

$$G1_{ij}^{l-1}(q^{-1}) = 0 \quad (i \neq j)$$

$$G_{ij}^{l-1}(q^{-1}) = \frac{1}{1 - \displaystyle\sum_{n_{ij}=0}^{n_{Z_{ij}}^{l-1}} b_{n_{ij}}^{l-1} q^{-n_{ij}}} \quad (i = j)$$

则它是激活反馈型局部递归网络。

以上各种网络,除去广义局部递归神经网络外,其他网络都属于局部激活反馈网络、局部突触反馈网络或局部输出反馈网络中的一种;或者,进一步说,只是后两种网络中的一种。在前面我们已经分析了,局部激活反馈网络只是一类特殊的局部突触反馈网络。至于如何区别局部突触反馈网络与局部输出反馈网络,主要看反馈传递函数的位置。如果反馈开始的位置位于激活函数之前,就属于局部突触反馈网络,反之,则属于局部输出反馈网络。

由于局部连接递归神经网络的反馈形式的多样性,网络所表现出的输入/输出关系式有很大的不同,因而可以表达各种不同的需求以及完成不同的功能。

2. 全连接型前向递归神经网络

与局部递归网络不同,全连接递归神经网络本层神经元除了自身有反馈之外,对本层其

他神经元或者其他层的神经元也有反馈作用。

（1）Elman 网络

1990 年，Elman 为解决语音处理问题，提出了一类递归网络，称为 Elman 网络。在对角递归神经网络的基础上，隐含层上的神经元对自身和同层的其他神经元都有相互的反馈作用是 Elman 网络的特点。所以，在输入/输出关系式上，Elman 网络比普通对角递归网络多了一组关联权矩阵，其表示为

$$y_i(k) = \sum_{j=1}^{n^1} w_{ij}^1 f\left(\sum_{j=1}^{n^0} w_{ij}^0 x_j^0(k) + \theta_i^0 + \sum_{j=1}^{n^1} w_{ij}^2 c_j(k)\right) + \theta_i^1$$

其中

$$c_j(k) = x_j^1(k-1)$$

另外，对 Elman 网络还可以进行改进。一种改进是在关联层加上自身反馈，即

$$c_j(k) = x_j^1(k-1) - \alpha c_j(k-1)$$

另一种改进是关联层中的神经元不仅反馈到隐含层，而且同时反馈到输出节点上。此时，网络的输出为

$$y_i(k) = \sum_{j=1}^{n^1} w_{ij}^1 f\left(\sum_{j=1}^{n^0} w_{ij}^0 x_j^0(k) + \theta_i^0 + \sum_{j=1}^{n^1} w_{ij}^2 c_j(k)\right) + \theta_i^1 + \sum_{j=1}^{n^1} w_{ij}^3 c_j(k)$$

Elman 网络的另一种结构形式是在隐含层上的各个神经元对各自所对应的输入层神经元存在全连接反馈作用。与 Jordan 网络的不同点在于，Elman 网络是在隐含层进行全连接反馈，而 Jordan 网络是在输出层进行全连接反馈。

（2）记忆递归神经网络

在记忆递归神经网络中，不仅有普通神经元（Normal Neuron，NN），还有特殊的记忆神经元（Memory Neuron，MN），而且它还可以同时存储网络中两种神经元过去时刻的所有信息。网络结构图如图 4.12 所示。

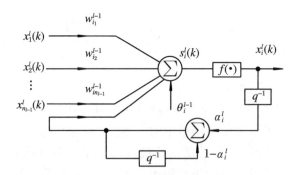

图 4.12　记忆递归神经网络

对于一般的网络神经元，有输入/输出关系式：

$$x_i^l(k) = f(s_i^l(k))$$

$$s_i^l(k) = \sum_{j=1}^{n^{l-1}} w_{ij}^{l-1}(k) x_j^{l-1}(k) + \theta_i^{l-1} + k_i^{l-1} z_i^{l-1}(k)$$

对于记忆神经元，则有表达式：

$$z_i^{l-1}(k) = (1 - \alpha_i^{l-1})z_i^{l-1}(k-1) + \alpha_i^{l-1}x_i^l(k-1)$$

该网络又称为 Poddar-Unnikrishnan 网络。它实际上是图 4.7(c)所示的局部连接输出反馈型网络的一个特例,其中

$$z_i^{l-1}(k) = G_i^{l-1}(q^{-1})x_i^l(k)$$

$$G_i^{l-1}(q^{-1}) = \frac{\alpha_i^{l-1}q^{-1}}{1 - (1 - \alpha_i^{l-1})q^{-1}}$$

将其扩展,就可以得到广义上的记忆递归神经网络。结构如图 4.13 所示。

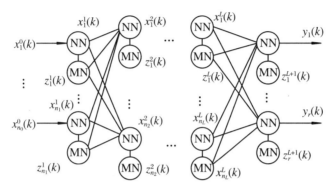

图 4.13　广义记忆递归神经网络

网络隐含层的输入/输出关系式为

$$x_i^l(k) = f1(s_i^l(k))$$

$$\text{NN：}s_i^l(k) = \sum_{j=1}^{n^{l-1}} w_{ij}^{l-1}(k)x_j^{l-1}(k) + \theta_i^{l-1} + \sum_{j=1}^{n^{l-1}} k_{ij}^{l-1}z_j^{l-1}(k)$$

$$\text{MN：}z_i^{l-1}(k) = (1 - \alpha_i^{l-1})z_i^{l-1}(k-1) + \alpha_i^{l-1}x_i^l(k-1)$$

它的输出层关系式有

$$y_i(k) = f2(s_i^{L+1}(k))$$

$$\text{NN：}s_i^{L+1}(k) = \sum_{j=1}^{n^L} w_{ij}^L(k)x_j^L(k) + \theta_i^L + \sum_{j=1}^{n^L} k_{ij}^L z_j^L(k) + \beta_i^{L+1}z_j^{L+1}(k)$$

$$\text{MN：}z_i^L(k) = (1 - \alpha_i^L)z_i^L(k-1) + \alpha_i^L y_i(k-1)$$

从其结构可以看出,记忆递归神经网络实际上就是在多层前向网络中引入记忆神经元。与 Elman 网络相比,记忆递归神经网络中神经元的递归位于记忆神经元和普通神经元中,而 Elman 网络则仅位于网络的普通神经元中。

(3) 交叉连接型神经网络

与一般网络不同,交叉连接型神经网络在其相邻的网络隐含层的神经元之间,存在着正向和反向的输入,它们是交叉连接的,其网络结构如图 4.14 所示。其输入/输出表达式,对于 $l \in [1, L-1]$ 有

$$x_i^l(k) = f(s_i^l(k))$$

$$s_i^l(k) = \sum_{j=1}^{n^{l-1}} w_{ij}^{l-1}(k)x_j^{l-1}(k) + \sum_{j=1,j\neq i}^{n^l} w_{ij}^l(k)x_j^l(k) + \sum_{j=1}^{n^{l+1}} w_{ij}^{l+1}(k)x_j^{l+1}(k) + \theta_i^{l-1}$$

对于 $l = L$ 时有

$$x_i^L(k) = f(s_i^L(k))$$

$$s_i^L(k) = \sum_{j=1}^{n^{L-1}} w_{ij}^{L-1}(k)x_j^{L-1}(k) + \sum_{j=1,j\neq i}^{n^L} w_{ij}^L(k)x_j^L(k) + \theta_i^{L-1}$$

对于 $l = L+1$，即输出层为

$$y_i(k) = f(s_i^{L+1}(k))$$

$$s_i^{L+1}(k) = \sum_{j=1}^{r} w_{ij}^{L+1}(k)x_j^L(k) + \theta_i^L$$

这里值得注意的是，各个隐含层的神经元对自身没有反馈。与前面的网络相比，交叉连接型神经网络中隐含层的神经元，可以同时存储当前层、前一层及后一层共三个层的信息，而前面的只能存储两个层的信息。相对来说，交叉连接型神经网络存储信息的能力是最强的。

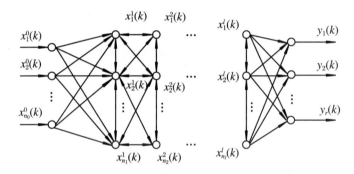

图 4.14　交叉连接型神经网络

由此可以看出，全连接型递归神经网络与局部连接型递归网络不同，其神经元接收到一个或多个神经元的反馈。此类网络可以分为两种：一种是在局部连接型递归网络每一个隐含层单个神经元有自反馈的基础上，同层内的神经元又有两两的相互反馈；另一种是在两层或多层间有反馈。

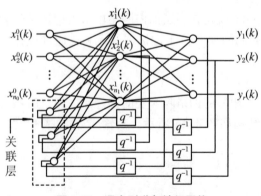

图 4.15　混合型递归神经网络

4.1.3　混合型网络

将全局反馈递归网络和全局前向递归网络结合，我们可以得到一种混合型的网络。这里，只举一类简单的混合型网络，它是由 Jordan 网络和标准 Elman 网络混合而成的。其结构如图 4.15 所示，目前，对此类递归网络的研究还不多。

4.1.4 小结

本节对各类递归神经网络进行了综述。下面我们对几类网络作一下比较,看一下各种网络的优缺点。为讨论的方便起见,我们选取三种典型网络:BP 网络、对角递归网络和Elman 网络,它们的结构如图 4.16 所示。

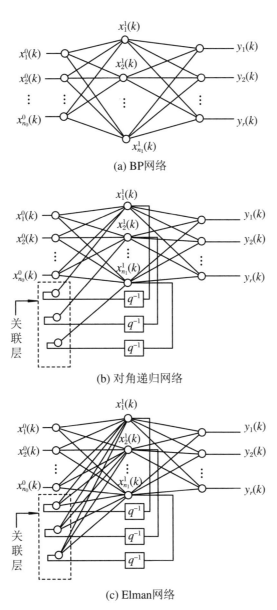

(a) BP网络

(b) 对角递归网络

(c) Elman网络

图 4.16 三种典型网络

BP 网络的输入/输出表达式为

$$y(k) = f1(x(k))$$

而对角递归网络的输入/输出表达式为

$$y(k) = f2(y(k-1), y(k-2), \cdots, y(k-m+1), x(k-1), x(k-2), \cdots, x(k-n+1))$$

Elman 网络输入/输出表达式为

$$y(k) = f3(y(k-1), y(k-2), \cdots, y(k-m+1), x(k-1), x(k-2), \cdots, x(k-n+1))$$

显然,BP 网络是静态网络,而对角递归网络和 Elman 网络都是动态网络。它们所需的权值参数对于 BP 网络:

$$W1 = (n_0 + r)n_1$$

对于对角递归网络:

$$W2 = (n_0 + r + 1)n_1$$

对于 Elman 网络:

$$W3 = (n_0 + r + n_1)n_1$$

可以看出 BP 网络的参数最少,对角递归网络次之,Elman 网络最多。所以,从结构上来说,Elman 网络是最复杂的。

通过这三种简单网络的比较,我们再来系统地分析一下局部连接型递归神经网络和全连接型递归神经网络的区别。

它们之间最本质的区别就在网络结构的复杂程度上。正因为如此,一方面,全连接型递归神经网络内的参数过多,使得此类网络有以下缺点:① 网络不够稳定,网络的输出在有限的输入下可能趋向于发散。② 收敛时间过长,它可能要很长时间进行学习,输出才能达到稳定值。在处理非线性系统的在线辨识和控制问题时,此类网络就不能很好地完成任务了。③ 在学习过程中,会随机出现很多毛刺,影响系统的学习。对于这些问题,局部连接型递归神经网络就要好很多。

另一方面,全连接型递归神经网络内的参数众多,使得它可以存储更多的历史数据,还可以用来辨识和控制更为复杂的非线性动态系统。

在本节中,针对非线性动态系统,先提出了几种非递归动态网络,而后引出递归动态网络,对此类网络作了系统而又详尽的描述。将递归动态网络分为三大类:全局反馈递归网络、前向递归网络和混合型网络。每一类网络又分几种网络。每种网络都给出了结构图和表达式,还对多种网络

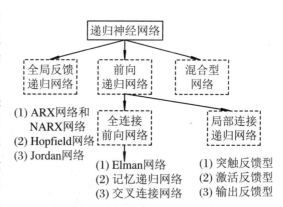

图 4.17 递归神经网络归纳图

进行了比较,分析各种网络的异同点,有助于进一步把握各种网络的特性。总结本节所给出的递归神经网络,可以归纳为图 4.17 所示的类型。

4.2　全局反馈递归网络

反馈网络(Recurrent Network),又称全局反馈递归网络,其目的是为了设计一个网络,储存一组平衡点,使得对网络输入一组初始值时,网络通过自行运行而最终收敛到所储存的某个平衡点上。

1982 年,美国加州工学院物理学家霍普菲尔德(Hopfield)发表了一篇对人工神经网络研究颇有影响的论文。他提出了一种具有相互连接的反馈型人工神经网络模型,并将"能量函数"的概念引入对称霍普菲尔德网络的研究中,给出了网络的稳定性判据,并用来求解约束优化问题,如 TSP 的求解、实现 A/D 转换等。他利用多元霍普菲尔德网络的多吸引子与吸引域,实现了信息的联想记忆(Associative Memory)功能。另外霍普菲尔德网络与电子模拟线路之间存在着明显的对应关系,使得该网络易于理解且便于实现。而它所执行的运算在本质上不同于布尔代数运算,对新一代电子神经计算机具有很大的吸引力。

反馈网络能够表现出非线性动力学系统的动态特性。它所具有的主要特性有以下两点:第一,网络系统具有若干个稳定的平衡状态,当网络从某一初始状态开始运动时,网络系统总可以收敛到某一个稳定的平衡状态;第二,系统稳定的平衡状态可以通过设计网络的权值而被存储到网络中。

如果将反馈网络稳定的平衡状态作为一种记忆,那么网络由任意一个初始状态向稳态转化的过程,实质上是一种寻找记忆的过程。网络所具有的稳定平衡点是实现联想记忆的基础。所以对反馈网络的设计和应用必须建立在对其系统所具有的动力学特性理解的基础上,这其中包括网络的稳定性、稳定的平衡状态,以及判定其稳定的能量函数等基本概念。在前面的章节里,主要介绍了前向网络,通过许多具有简单处理能力的神经元的相互组合作用使整个网络具有复杂的非线性逼近能力。在那里,着重分析的是网络的学习规则和训练过程,并研究如何提高网络的整体非线性处理能力。在本章中,所讨论的反馈网络,主要是通过网络神经元状态的变迁而最终稳定于平衡状态,得到联想存储或优化计算的结果。在这里,着重关心的是网络的稳定性问题,研究的重点是怎样得到和利用稳定的反馈网络。

霍普菲尔德网络是单层对称全反馈网络,根据其激活函数的选取不同,可分为离散型的霍普菲尔德网络(Discrete Hopfield Neural Network,DHNN)和连续型的霍普菲尔德网络(Continuous Hopfield Neural Network,CHNN)。DHNN 的激活函数为二值型的,其输入、输出为{0,1}的反馈网络,主要用于联想记忆,CHNN 的激活函数的输入与输出之间的关系为连续可微的单调上升函数,主要用于优化计算。

霍普菲尔德网络已经成功地应用于多种场合,现在仍常有新的应用的报道。具体的应用方向主要集中在以下方面:图像处理、语声处理、信号处理、数据查询、容错计算、模式分类、模式识别等。

反馈网络的结构如图 4.18 所示。

该网络为单层全反馈网络,其中的每个神经元的输出都是与其他神经元的输入相连的。所以其输入数目与输出层神经元的数目是相等的,即 $r=s$。

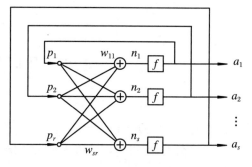

在反馈网络中,如果其激活函数 $f(\cdot)$ 是一个二值型的硬函数,即 $a_i=\mathrm{sgn}(n_i)$,$i=1$,$2,\cdots,r$,则称此网络为离散型反馈网络,如果 $a_i=f(n_i)$ 中的 $f(\cdot)$ 为一个连续单调上升的有界函数,这类网络被称为连续型反馈网络。

图 4.18　反馈网络结构图

4.2.1　海布学习规则

在 DHNN 的网络训练过程中,运用的是海布(Hebb)学习规则:当神经元输入与输出节点的状态相同(即同时兴奋或抑制)时,从第 j 个到第 i 个神经元之间的连接强度则增强,否则连接强度减弱。海布法则是一种无指导的死记式学习算法。

离散型霍普菲尔德网络的学习目的,是对具有 q 个不同的输入样本组
$$P_{r\times q}=\begin{bmatrix} P^1 & P^2 & \cdots & P^q \end{bmatrix}$$
希望通过调节计算有限的权值矩阵 W,使得当每一组输入样本 P^k,$k=1,2,\cdots,q$,作为系统的初始值,经过网络的工作运行后,系统能够收敛到各自输入样本矢量本身。当 $k=1$ 时,对于第 i 个神经元,由海布学习规则可得网络权值对输入矢量的学习关系式为
$$w_{ij}=\alpha p_j^1 a_i^1 \tag{4.1}$$
其中,$\alpha>0$,$i=1,2,\cdots,r$;$j=1,2,\cdots,r$。在实际学习规则的运用中,一般取 $\alpha=1$ 或 $\alpha=\dfrac{1}{r}$。

式(4.1)表明了海布调节规则:神经元输入 P 与输出 A 的状态相同(即同时为正或为负)时,从第 j 个到第 i 个神经元之间的连接强度 w_{ij} 则增强(为正),否则 w_{ij} 则减弱(为负)。

那么由式(4.1)求出的权值 w_{ij} 是否能够保证 $a_i=p_i=t_i$?我们来验证一下,对于第 i 个输出节点,有

$$a_i^1=\mathrm{sgn}\left(\sum_{j=1}^r w_{ij}p_j^1\right)=\mathrm{sgn}(a_i^1)=a_i^1$$

因为 p_i 和 a_i 值均取二值 $\{-1,1\}$,所以当其为正值时,输出为 1;其值为负值时,输出为 0。同符号值相乘时,输出必为 1。而且由 $\mathrm{sgn}(a_i^1)$ 可以看出,不一定需要 $\mathrm{sgn}(a_i^1)$ 的值,只要符号函数 $\mathrm{sgn}(\cdot)$ 中的变量符号与 a_i^1 的符号相同,即能保证 $\mathrm{sgn}(\cdot)=a_i^1$。这个符号相同的范围就是一个稳定域。

当 $k=1$ 时,海布规则能够保证 $a_i=t_i$ 成立。现在的问题是:对于同一权矢量 W,网络不仅要能够使一组输入状态收敛到其稳态值,而且要能够同时记忆多个稳态值,即同一个网络权矢量必须能够记忆多组输入样本,使其同时收敛到不同对应的稳态值。所以,根据海布规则的权值设计方法,当 k 由 1 增加到 2,直至 q 时,则是在原有已设计出的权值的基础上,增加一个新量 $p_j^k a_i^k$,$k=2,\cdots,q$,所以对网络所有输入样本记忆权值的设计公式为
$$w_{ij}=\alpha\sum_{k=1}^q t_j^k t_i^k \tag{4.2}$$

矢量 T 为记忆样本。

式(4.2)称为推广的学习调节规则。当系数 $\alpha = 1$ 时,称式(4.2)为 T 的外积和公式。

DHNN 的设计目的是使任意输入矢量经过网络循环最终收敛到网络所记忆的某个样本上。因为霍普菲尔德网络有 $w_{ij} = w_{ji}$,所以完整的霍普菲尔德网络权值设计公式应当为

$$w_{ij} = \alpha \sum_{\substack{k=1 \\ i \neq j}}^{q} t_j^k t_i^k \tag{4.3}$$

用向量形式表示为

$$W = \alpha \sum_{k=1}^{q} \left[T^k (T^k)^{\mathrm{T}} - I \right] \tag{4.4}$$

当 $\alpha = 1$ 时有

$$W = \sum_{k=1}^{q} T^k (T^k)^{\mathrm{T}} - qI \tag{4.5}$$

其中,I 为单位对角矩阵。

由式(4.4)和式(4.5)所形成的网络权值矩阵为零对角阵。

采用海布学习规则来设计记忆权值,是因为其设计简单,并可以满足 $w_{ij} = w_{ji}$ 的对称条件,从而可以保证网络在异步工作时收敛。在同步工作时,网络或收敛或出现极限环为 2。在设计网络权值时,与前向网络不同的是令初始权值 $w_{ij} = 0$,每当一个样本出现时,都在原权值上加上一个修正量,即 $w_{ij} = w_{ij} + t_j^k t_i^k$,对于第 k 个样本,当第 i 个神经元输出与第 j 个神经元输入同时兴奋或同时抑制时,$t_j^k t_i^k \geqslant 0$,当 $t_j^k t_i^k$ 中一个兴奋一个抑制时,$t_j^k t_i^k < 0$。这就和海布提出的生物神经细胞之间的作用规律相同。

4.2.2　正交化的权值设计

这一方法的基本思想和出发点是为了满足下面四个要求:

(1) 保证系统在异步工作时的稳定性,即它的权值是对称的,满足 $w_{ij} = w_{ji}$,$i, j = 1, 2, \cdots, s$。

(2) 保证所有要求记忆的稳定平衡点都能收敛到自己。

(3) 使伪稳定点的数目尽可能少。

(4) 使稳定点的吸引力尽可能大。

正交化权值计算公式推导如下:

(1) 已知有 q 个需要存储的稳定平衡点 $T^1, T^2, \cdots, T^q$,$T \in \mathbf{R}^s$,计算 $s \times (q-1)$ 阶矩阵 $Y \in \mathbf{R}^{s \times (q-1)}$:

$$Y = \begin{bmatrix} T^1 - T^q & T^2 - T^q & \cdots & T^{q-1} - T^q \end{bmatrix}^{\mathrm{T}}$$

(2) 对 Y 进行奇异矢量及酉矩阵分解,如存在两个正交矩阵 U 和 V 以及一个对角值为 Y 的奇异值的对角矩阵 A,满足

$$Y = UAV$$
$$Y = \begin{bmatrix} T^1 & T^2 & \cdots & T^{q-1} \end{bmatrix}^{\mathrm{T}}$$
$$U = \begin{bmatrix} U^1 & U^2 & \cdots & U^s \end{bmatrix}^{\mathrm{T}}$$
$$V = \begin{bmatrix} V^1 & V^2 & \cdots & V^{q-1} \end{bmatrix}^{\mathrm{T}}$$

$$A = \begin{bmatrix} \lambda_1 & \cdots & 0 \\ \vdots & \lambda_k & \vdots \\ 0 & \cdots & 0 \end{bmatrix}$$

k 维空间为 s 维空间的子空间,它由 k 个独立基组成:

$$k = \text{rank}(A)$$

设 $\{U^1 U^2 \cdots U^k\}$ 为 Y 的正交基,而 $\{U^{k+1} U^{k+2} \cdots U^s\}$ 为 s 维空间中的补充正交基。下面利用 U 矩阵来设计权值。

(3) 定义:

$$W^+ = \sum_{i=1}^{k} U^i (U^i)^\mathrm{T}, \quad W^- = \sum_{i=k+1}^{s} U^i (U^i)^\mathrm{T} \tag{4.6}$$

总的连接权值为

$$W_\tau = W^+ - \tau W^- \tag{4.7}$$

其中,τ 为大于 -1 的参数。

(4) 网络的阈值定义:

$$B_\tau = T^q - W_\tau T^q \tag{4.8}$$

由此可见,网络的权矩阵是由两部分的权矩阵 W^+ 和 W^- 相加而成的,每一部分权都是类似于外积型法得到的,只是用的不是原始要求记忆的样本,而是分解后正交矩阵的分量。这两部分权矩阵均满足对称条件,即有下式成立:

$$w_{ij}^+ = w_{ji}^+, \quad w_{ij}^- = w_{ji}^- \tag{4.9}$$

因而 W_τ 中分量也满足对称条件。这就保证了系统在异步时能够收敛并且不会出现极限环。

下面我们来推导记忆样本能够收敛到自己的有效性。

(1) 对于输入样本中的任意目标矢量 T^i,$i = 1, 2, \cdots, q$,因为 $(T^i - T^q)$ 是 Y 中的一个矢量,它属于 A 的秩所定义的 k 个基空间中的矢量,所以必存在一些系数 $\alpha 1, \alpha 2, \cdots, \alpha k$ 使

$$T^i - T^q = \alpha 1 U^1 + \alpha 2 U^2 + \cdots + \alpha k U^k$$

即

$$T^i = \alpha 1 U^1 + \alpha 2 U^2 + \cdots + \alpha k U^k + T^q$$

对于 U 中任意一个 U^i 有

$$\begin{aligned} W_\tau U^i &= W^+ U^i - \tau W^- U^i \\ &= \sum_{i=1}^{k} U^i (U^i)^\mathrm{T} U^i - \tau \sum_{i=k+1}^{s} U^i (U^i)^\mathrm{T} U^i \\ &= U^i \end{aligned}$$

由正交性质可知,上式中,只有 $i = l$ 那一项与 U^l 相乘后结果为 1,其余项均有 $(U^i)^\mathrm{T} U^l = 0$。

对于样本输入 T^i 其网络输出为

$$\begin{aligned} A^i &= \text{sgn}(W_\tau T^i + B_\tau) \\ &= \text{sgn}(W^+ T^i - \tau W^- T^i + T^m - W^+ T^q + \tau W^- T^q) \\ &= \text{sgn}[W^+ (T^i - T^m) - \tau W^- (T^i - T^q) + T^q] \\ &= \text{sgn}[(T^i - T^q) + T^q] \\ &= T^i \end{aligned}$$

（2）当选择第 q 个样本 T^q 作为输入时，有

$$
\begin{aligned}
A^q &= \mathrm{sgn}(W_\tau T^q + B_\tau) \\
&= \mathrm{sgn}(W_\tau T^q + T^q - W_\tau T^q) \\
&= \mathrm{sgn}(T^q) \\
&= T^q
\end{aligned}
$$

（3）如果输入一个不是记忆样本的 P，则网络输出为

$$
A = \mathrm{sgn}(W_\tau P + B_\tau) = \mathrm{sgn}\big[(W^+ - \tau W^-)(P - T^q) + T^q\big]
$$

因为 P 不是已学习过的记忆样本，$P - T^q$ 不是 Y 中的矢量，则必然有 $W_\tau(P - T^q) \neq P - T^q$，并且在设计过程中可以通过调节 $W_\tau = W^+ - \tau W^-$ 中的参数 τ 的大小，来控制 $P - T^q$ 与 T^q 的符号，以保证输入矢量 P 与记忆样本之间存在足够的大小余额，从而使 $\mathrm{sgn}(W_\tau P + B_\tau) \neq P$，且 P 不能收敛到自身。

利用参数 τ 的调节可以改变伪稳定点的数目。在串行工作的情况下，伪稳定点数目的减少就意味着每个期望稳定点的稳定域的扩大。对于任意一个不在记忆中的样本 P，总可以设计一个 τ 把 P 排除在外。

表 4.1 给出的是一个 $\tau = 10$，学习记忆 5 个稳定样本的系统，采用上面的方法进行权的设计，以及在不同的 τ 时的稳定点数目。同时给出了正交化设计方法与外积型网络权值设计法的比较。

表 4.1　不同的 τ 时的稳定点数目

	$\tau = 1$	$\tau = 10$	外积型设计
稳定点数	8	5	4
错误稳定点数	0	0	5

虽然正交化设计方法的数学设计较为复杂，但与外积型法相比较，所设计出的平衡稳定点能够保证收敛到自己并且有较大的稳定域。更主要的是在 Matlab 工具箱中已将此设计方法写进了函数 newhop. m 中：

net = newhop(T)；

W = net. lw{1,1}, b = net. b{1}

用目标矢量给出一组目标平衡点，由函数 newhop. m 可以设计出对应反馈网络，保证网络对给定的目标矢量的输入能收敛到稳定的平衡点。但网络可能也包括其他伪平衡点，这些不希望点的数目通过选择 τ 值（缺省值为 10）已经做了尽可能的限制。

一旦设计好网络，可以用一个或多个输入矢量对其进行测试。这些输入将趋近目标平衡点，最终找到它们的目标矢量。下面给出用正交化方法设计权值的例子。

【例 4.1】　考虑一个具有两个神经元的霍普菲尔德网络，每个神经元具有两个权值和一个偏差（如图 4.19 所示）。

网络所要存储的目标平衡点为一个列矢量 T：

$$
\begin{aligned}
T = [1 & \quad -1; \\
-1 & \quad 1];
\end{aligned}
$$

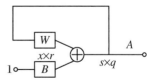

图 4.19　正交化方法设计的霍普菲尔德网络结构图

T 将被用在设计函数 newhop. m 中以求出网络：

net = newhop(T)；

newhop. m 函数返回网络的权值与偏差为

$$W = net. lw\{1,1\}, b = net. b\{1\}$$

$$W = [0.6925 \quad -0.4694;$$
$$\quad\quad -0.4694 \quad 0.6925]$$

$$b = [0; 0]$$

可以看出其权值是对称的。

下面用目标矢量作为网络输入来测试其是否已被存储到网络中了。取输入为

Ptest = [1 -1; -1 1]；   % 输入矢量

用来进行测试的函数为 sim. m；

[Y, Pf, Af] = sim(net, {2,3}, [], Ptest)；   % 计算其网络循环结束后的输出

A1 = Y{1}, A2 = Y{2}, A3 = Y{3}   % 给出三次循环的结果

函数右端中的第二个参数{2,3}中的第一个数字表示输入组数 $Q = 2$ 的网络，第二个数字为循环的次数。经过 3 次运行，如同所希望的那样，网络的结果为目标矢量 Ptest。实际上对于简单的问题，如本例题所示，网络在第一次循环后即达到目标。

现在我们想知道所设计的网络对任意输入矢量的收敛结果。我们首先给出六组输入矢量：

$$P = [0.5621 \quad 0.3577 \quad 0.8694 \quad 0.0388 \quad -0.9309 \quad 0.0594;$$
$$\quad -0.9059 \quad 0.3586 \quad -0.2330 \quad 0.6619 \quad 0.8931 \quad 0.3423];$$

在经过 25 次循环运行后，得到输出为

$$A = [1.0000 \quad -0.0191 \quad 1.0000 \quad -1.0000 \quad -1.0000 \quad -1.0000;$$
$$\quad -1.0000 \quad 0.0191 \quad -1.0000 \quad 1.0000 \quad 1.0000 \quad 1.0000];$$

如同所看到的第 2 组的输入矢量没有能够收敛到目标平衡点上。然而，如果让其运行 60 次，则能够收敛到第 2 个目标矢量上。

另外，当取其他随机初始值时，在 25 次循环后均能够收敛到所设计的平衡点上。一般情况下，此网络对任意初始随机值，在运行 60 次左右均能够收敛到网络所储存的某个平衡点上。

4.2.3　离散型反馈网络的稳定点与稳定域

反馈网络因结构上输入/输出节点相连而合二为一决定其网络系统的输出状态具有动态变化特性。当对网络输入任意初始状态，通过反馈回路的不断自动循环，网络的输出状态最终总可以变化运动到某种状态：稳定、循环、发散或混沌。设计者的任务是通过设计反馈网络权值，使其处于有用的稳定状态，即通过网络的自动循环，而最终达到某一个稳定的平衡状态，不再发生变化。如果将期望的稳定平衡点作为一种记忆让网络记住，那么网络由任意一个初始状态向稳态的转化过程，实质上是一种寻找记忆的过程。状态的初始值则是给定的有关该记忆的部分信息，状态的移动过程则是从部分信息去寻找全局信息的过程。如果把系统的稳定点变成一个能量函数的极小值点，则可以把这个能量函数的极小值点作为一个优化目标函数的极小值点，把状态变化的过程看成优化某一个目标函数的过程。以上就是反馈网络的两个最基本功能：联想记忆和优化计算。反馈网络的另一个特点是它的解

并不需要真正去计算,只需要适当选择反馈网络结构,按某一种方法设计其权值,然后使其自行工作运行,即可使初始输入在状态的不断变化过程中,自动收敛到所属的稳定状态。

在反馈网络的研究中,研究最多的还是网络权值的设计方法。因为要想利用从初始状态到稳定点的运行过程来实现对信息的联想存取,对反馈网络权值的设计必须达到下列目标:第一,网络系统能够达到稳定的收敛,即研究系统的稳定条件;第二,网络的稳定点使网络能够收敛到所设计的稳定平衡点上;第三,希望所记忆的稳定点有尽可能大的吸引域,而非希望的稳定点的吸引域尽可能的小。

根据输入/输出节点的兴奋或抑制状态一致性原理进行权值设计的海布学习规则的优点是设计简单,但由于它所采用的方法是将所要记忆的样本全部累加到权值上,使权值随着所需记忆的样本数量的增加,而不断产生移动变化,具有记忆样本之间的交叉干扰,产生遗忘和疲劳现象,对于样本的记忆产生不可靠的结果。正交化权值设计方法能够较好解决此问题。它能够保证所要求记忆的稳定平衡点都能收敛到自己,并使伪稳定点(即未要求网络记忆,但是网络的稳定平衡点)尽可能的少。虽然此方法的设计稍微复杂了点,不过在有关软件工具,如 Matlab 环境下的神经网络工具箱的帮助下,可以很方便地设计出网络来。所以只需设计者从理论上、概念上掌握要领,可把精力投入到具体应用上。

本小节的重点在于对稳定点与稳定域进行分析,主要是想回答下列问题:

(1) 当反馈网络的结构确定以后,网络的稳定平衡点的数目是否确定?

(2) 哪些输入是稳定的平衡点?

(3) 随着所要求记忆的稳定平衡点数目的增加,其吸引域如何变化? 其缩小的规律如何?

(4) 不稳定的平衡点有哪些?

本小节是通过实际设计网络记忆平衡点,然后使其运行工作,并采用简单明了的作图方式,直观地观察在不同网络结构情况下的平衡点收敛趋势及收敛域的范围,从而揭示反馈网络在不同网络结构下的轨迹变化规律,以及进行联想记忆,容错和优化计算的实质,使人们对反馈网络的工作原理与应用有更深入的认识。下面首先从简单的两个输入神经元节点的网络结构入手,详细探讨每一种记忆的可能性,并总结出共性。然后对复杂的三个输入神经元节点的网络情况进行研究,并对四个输入神经元节点的网络情况进行推论归纳。最后对在不同结构情况下网络平衡点的收敛趋势及收敛域的范围给予小结。

1. 两个输入神经元的情况

反馈网络权值的设计采用正交化设计方法。与一般定义的离散霍普菲尔德网络不同,用正交化方法进行权值设计得到的反馈网络的权值 $w_{ii} \neq 0$,且偏差 $B \neq 0$。不过满足网络的单层对称性,即有 $w_{ij} = w_{ji}$。为了能够清晰地看到网络输出变化的轨迹,在实验的网络运行工作的过程中,给网络采用了如图 4.20 所示的一个输出范围为 $[-1,1]$ 的饱和函数。这使得网络在运行的过程中,也就是网络状态达到其稳态 -1 或 1 的过程中,可以输出一个从初

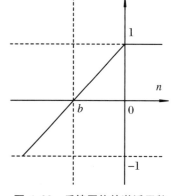

图 4.20 反馈网络的激活函数

态逐渐变化到稳态的轨迹,使我们可以很清楚地看到网络运行过程中的暂态变化的过渡过程,在一定程度上为我们认识网络的特性提供了方便。

由离散型反馈网络激活函数可以知道,对于具有两个输入神经元的反馈网络,系统的可能平衡点应当为

$$(1)\begin{bmatrix}1\\1\end{bmatrix};\quad(2)\begin{bmatrix}1\\-1\end{bmatrix};\quad(3)\begin{bmatrix}-1\\1\end{bmatrix};\quad(4)\begin{bmatrix}-1\\-1\end{bmatrix}$$

根据分析可知,不论采用何种方法,当网络只记忆一个平衡点时,定能保证网络对该稳定点的输入准确地收敛到自己,并且对网络所有其他任意的输入点均能收敛到该平衡点。而当要网络记忆较多平衡点时,就有可能出错。正交化的权值设计方法能够保证使需要记忆的稳定平衡点都能收敛到自己。首先来观察一下记忆四个平衡点中的两个平衡点时的稳定域情况。

【例 4.2】 设计网络记忆的稳定平衡点为

$$T = \begin{bmatrix} 1 & -1; \\ -1 & 1 \end{bmatrix}$$

利用 Matlab 环境下的神经网络工具箱来进行网络的设计十分简单,只要根据期望网络记忆的平衡点 T 的值,通过调用采用正交法权值的设计函数[W,B] = solvehop(T)即可完成。网络设计完成后可得权值为

$$W = \begin{bmatrix} 0.6925 & -0.4694 \\ -0.4694 & 0.6925 \end{bmatrix};$$

偏差为

$$B = 1.0e - 016 * \begin{bmatrix} 0.6900 \\ 0.6900 \end{bmatrix};$$

从网络的权值上可以看出,所设计的网络权值是对称的,即有 $w_{ij} = w_{ji}$,并且 $w_{ii} \neq 0$,偏差 $B \neq 0$。

为了观察网络工作效果,向设计好的网络输入任意测试数据

$$P = \begin{bmatrix} 0.5000 & 0.9003 & 0.7826 & -0.0871 & -0.8000 & -0.6012 & 0.1200 & -0.2145 \\ 0.5000 & -0.5377 & 0.7242 & -0.9630 & -0.8000 & 0.2317 & 0.7068 & -0.0890 \end{bmatrix};$$

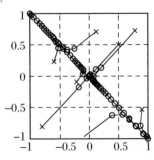

图 4.21 平衡点为[1;-1]和[-1;1]时的稳定域

对于两个输入节点的反馈网络的输出变化情况,可以用分别表示两个节点分量的平面坐标来画出网络输出的运动变化轨迹,如图 4.21 所示,图中的横坐标为第一个神经元节点的输出,纵坐标为第二个神经元节点的输出,图中"+"表示被网络记忆的稳定平衡点,"×"为网络初始输入数据点,"o"表示网络在连续不断循环工作下的输出轨迹。对于所设计的反馈网络,[1;-1]和[-1;1]点为稳定平衡点,由图 4.21 中可以看出该网络将整个坐标平面以两个平衡点连线的垂直平分线为分界线平分为两部分,并以平衡点之间连线作为收敛路径走向,所以每一个平衡点的稳定域是相当大的,各占半个平面。那么平衡点连线间的垂直平分线,包括另外两个未被记

忆的平衡点[−1；−1]和[1；1]的运动趋势是什么呢？从图 4.21 中曲线走向可以看到，它们收敛到了原点[0；0]。原点[0；0]是个什么类型的点呢？只要我们将网络的运行循环次数加大，便可发现，经过 478 次循环后，[−1；−1]和[1；1]两点连线上的任何点，在收敛到原点[0；0]之后，也转向收敛到[1；−1]或[−1；1]点了。所以，原点[0；0]是一个不稳定的平衡点。这主要是由计算机的计算精度造成的一定的计算误差，即使这个偏差非常小，但一旦偏离了[−1；−1]和[1；1]两点的连线，则落到了平衡稳定点的区域内而转向收敛到稳定的平衡点。

【例 4.3】 设计网络记忆平衡点为

$$T = [1 \quad -1;$$
$$1 \quad -1]$$

以同样的方式设计网络权值，可得权值

$$W = [0.6925 \quad 0.4694$$
$$0.4694 \quad 0.6925];$$

偏差为

$$B = 1.0e - 016 * [0.6900$$
$$-0.6900]$$

向网络输入任意测试矢量：

$$P = [-0.8000 \quad 0.5000 \quad -0.1098 \quad -0.0680 \quad 0.6924 \quad -0.5947 \quad 0.6762 \quad 0.3626$$
$$0.8000 \quad -0.5000 \quad 0.8636 \quad -0.1627 \quad 0.0503 \quad 0.3443 \quad -0.9607 \quad -0.2410];$$

所设计的网络对给定的测试矢量 P 的输出轨迹图如图 4.22 所示。从中可以看出，与[1；−1]或[−1；1]为平衡点的第一种情况类似，以[1；1]和[−1；−1]为平衡点的反馈网络的稳定域也将整个平面划分为两个区域，并以两点的垂直平分线为界，同样存在该垂直平分线上的所有点都收敛于不稳定的平衡点[0；0]的情况。

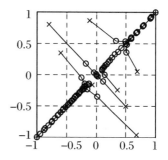

图 4.22 平衡点为[1；1]和[−1；−1]时的稳定域

【例 4.4】 改变记忆对角线上的点的做法，将表示网络输出的平面内某一个边线上的两个含有 1 的点作为平衡点让网络记忆，即设计网络记忆平衡点：

$$T1 = [-1 \quad 1;$$
$$-1 \quad -1]$$

再次设计网络权值，可得权值

$$W = [1.1618 \quad 0$$
$$0 \quad 0.2231]$$

偏差为

$$B = [0$$
$$-0.8546]$$

同样对所设计的网络输入一组测试数据

$$P = \begin{bmatrix} 0 & 0 & -0.3176 & 0.4542 & 0.6770 & -0.2592 & 0.0931 & 0.3891 \\ 0.8000 & -0.5000 & 0.0682 & -0.3814 & 0.1361 & 0.4055 & -0.1102 & 0.2426 \end{bmatrix};$$

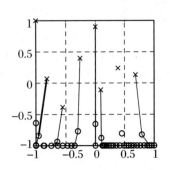

图 4.23　平衡点为[-1;-1]和
[1;-1]时的稳定域

可得如图 4.23 所示网络运行轨迹图。与前两种收敛域有所不同,此时的收敛域分为左、右两个平面,它们以[-1;-1]和[1;-1]两点连线的垂直平分线为分界线。垂直平分线上的所有点都收敛到[0;-1]点。同样,这个点也为不稳定的平衡点。同理可知,当选择:

$$T2 = \begin{bmatrix} -1 & 1 \\ 1 & 1 \end{bmatrix}; \quad T3 = \begin{bmatrix} -1 & -1 \\ 1 & -1 \end{bmatrix};$$

$$T4 = \begin{bmatrix} 1 & 1 \\ 1 & -1 \end{bmatrix}$$

分别作为网络的收敛平衡点让其记忆时,其收敛域分别以平衡点连线的垂直平分线为界线的两部分,并且垂直平分线与两点连线的交点为不稳定的平衡点。

【例 4.5】 取四个平衡点中的三个点作为平衡点记忆:

$$T = \begin{bmatrix} -1 & -1 & 1; \\ -1 & 1 & -1 \end{bmatrix}$$

以同样的方法可以设计出网络权值为

$$W = \begin{bmatrix} 0.6925 & -0.4694 \\ -0.4694 & 0.6925 \end{bmatrix}$$

偏差为

$$B = 1.0e-016 * \begin{bmatrix} 0.6900 \\ 0.6900 \end{bmatrix}$$

向网络输入任意测试数据

$$P = \begin{bmatrix} -0.6122 & 0.1384 & -0.5312 & 0.8632 & 0.3111 & 0.2546 & -0.2056 & 0.3104 \\ 0.8096 & 0.2636 & 0.0976 & -0.3296 & -0.2162 & 0.3982 & -0.1727 & 0.6752 \end{bmatrix};$$

可得如图 4.24(a)所示的网络运行轨迹图。这里首先值得一提的是,此时所获得的网络权值与网络记忆两个平衡点(例 4.2)时的权值完全相同。但将两图(图 4.21 与图 4.24(a))对比可见,网络的输出轨迹是大不相同的。这说明,网络对不同平衡点的权值设计过程是具有动态记忆的。由于增加了所要记忆的平衡点数目,所记忆的稳定点的稳定域减小了,由两个稳定点时的半个平面减少到三个稳定点时的四分之一平面。以[0;0]作为坐标轴的原点,记忆三个稳定点时的稳定域正好是每个稳定点所处的象限。四个稳定点中没有被记忆的点[1;1]所在的第一象限中的网络输入将全部收敛到[1;1]上,该点为伪稳定点。从图 4.24(a)中可以清楚地看出,在输入的测试点 P 中处于第一象限的三个点[0.1384;0.2636],[0.2546;0.3982],[0.3104;0.6752],都收敛到未被设计为网络记忆的平衡点[1;1]上了。该结论可以推广到其他三种情况,即对于只记忆四个点中三个稳定点的网络,未被记忆的点在网络工作时也有一个收敛域,并可能作为伪稳定点出现。作为四个收敛域的分界线——坐标轴上的点将分别收敛到 [-1;0],[1;0],[0;-1],[0;1]或[0;0]上,它们是不稳定的平衡点。

图 4.24(b)给出平衡点为[-1；1],[1；-1]和[-1；-1]时,网络经过 241 次的运行工作,将不稳定的平衡点收敛到各自平衡点上的轨迹图。

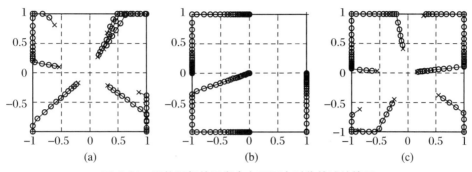

图 4.24　网络记忆的平衡点多于两个时收敛域的情况

【例 4.6】　设计网络将四个点全部作为平衡点记忆:

$$T = \begin{bmatrix} -1 & -1 & 1 & 1 \\ -1 & 1 & -1 & 1 \end{bmatrix}$$

由此得网络权值为

$$W = \begin{bmatrix} 1.1618 & -0.0000 \\ -0.0000 & 1.1618 \end{bmatrix}$$

偏差为

$$B = 1.0e - 016 * \begin{bmatrix} 0.5390 \\ 0.1797 \end{bmatrix}$$

向网络输入任意测试数据:

$$P = \begin{bmatrix} -0.8587 & -0.5457 & -0.0836 & 0.1650 & -0.8514 & -0.2408 & 0.5418 & 0.2764 \\ -0.9761 & 0.0325 & 0.4064 & 0.0184 & -0.6135 & -0.4471 & -0.3721 & 0.9731 \end{bmatrix};$$

可得如图 4.24(c)所示的运行轨迹图。

根据前面情况的结果已经很容易推导出此时的收敛域为各平衡点所在的象限,并且与例 4.5 相同,即点[-1；0],[0；1],[0；0],[1；0]和[0；-1]均为不稳定的平衡点。不过实验表明,它们在网络运行循环次数较多的情况下,均会收敛到某一个平衡点上,这主要是计算机的计算误差(即使这个误差只有 10^{-14} 数量级)使网络输出值偏离了不稳定点的收敛域,落到了稳定点的收敛域中造成的,这一结果的出现正好符合不稳定平衡点的特性。

2. 网络输入神经元为 3 个时的情况分析

当网络输入神经元为 3 个时,其输入/输出变量也由 2 个变成了 3 个,从而使得网络的平衡点增至 $2^3 = 8$ 个,描述网络输出运行轨迹的图形也由平面变成了立体空间。根据上一小节对 2 个输入节点情况的分析,可以比较容易地推导出以下结论。

(1) 当网络只记忆 2 个平衡点时,其收敛域应为由 2 点连线的垂直平分面所截成的 2 点所在的空间,垂直平分面上的点均收敛到对应的含有 0 的坐标点上,这些坐标点均是不稳定的平衡点。

(2) 当网络记忆 3 个平衡点时,其收敛域为由 3 个点所组成的三角形平面上,从每条边上垂直平分面截下的平面所组成的 3 个子空间。同样,3 个垂直平分面上的点均收敛到某个含 0 的坐标点上,这些坐标点均为不稳定的平衡点。

（3）当网络记忆 4 个以及多于 4 个平衡点时,其收敛域为空间上的 8 个象限,且有未被记忆的平衡点,在网络运行工作时,可能会以伪稳定点的形式出现。正交化设计方法的另一个优点则是使网络工作时,尽量少地出现伪稳定点。

【例 4.7】 下面做出当网络记忆全部 8 个平衡点时的图形,此时被记忆的平衡点为

$$T = \begin{bmatrix} -1 & -1 & -1 & -1 & 1 & 1 & 1 & 1 \\ -1 & 1 & -1 & 1 & -1 & 1 & -1 & 1 \\ -1 & -1 & 1 & 1 & -1 & -1 & 1 & 1 \end{bmatrix}$$

设计出的网络权值为

$$W = \begin{bmatrix} 1.1618 & -0.0000 & 0.0000 \\ -0.0000 & 1.1618 & -0.0000 \\ 0.0000 & -0.0000 & 1.1618 \end{bmatrix}$$

偏差为

$$B = 1.0e - 016 * \begin{bmatrix} 0.0000 \\ -0.3593 \\ 0.3593 \end{bmatrix}$$

向网络输入任意一组测试数据:

$$P = \begin{bmatrix} -0.3908 & 0.3644 & -0.6983 & 0.7200 & -0.0069 & 0.2898 & -0.3161 & 0.0682 \\ -0.6207 & -0.3945 & 0.3958 & 0.7073 & 0.7995 & 0.6359 & -0.4205 & 0.4542 \\ -0.6131 & 0.0833 & -0.2433 & 0.1871 & 0.6433 & 0.3205 & -0.3176 & -0.3814 \end{bmatrix};$$

网络在初始输入值下运行到各自平衡点的轨迹图如图 4.25(a)所示。从中可以明显地看到各个点都在自己所处的象限内收敛到所在象限的稳定平衡点上。不过,网络还存在不稳定的平衡点,例如向设计好的网络输入以下点:

$$\begin{bmatrix} 0.8 & 0.8 & -0.8 & -0.8 & 0.3 & 0.6 & -0.7 & -0.3 & 0 & 0 & 0 & 0 \\ 0.8 & -0.8 & 0.8 & -0.5 & 0 & 0 & 0 & 0 & 0.2 & 0.7 & -0.7 & -0.4 \\ 0 & 0 & 0 & 0 & 0.7 & -0.2 & 0.6 & -0.5 & 0.4 & -0.4 & 0.8 & -0.3 \end{bmatrix}$$

所得的输出运行轨迹如图 4.25(b)所示,可见这些点分别收敛到了以下各点:

$$\begin{bmatrix} 1 & 1 & -1 & -1 & 1 & 1 & -1 & -1 & 0 & 0 & 0 & 0 \\ 1 & -1 & 1 & -1 & 0 & 0 & 0 & 0 & 1 & 1 & -1 & -1 \\ 0 & 0 & 0 & 0 & 1 & -1 & 1 & -1 & 1 & -1 & 1 & -1 \end{bmatrix};$$

这些点均为不稳定的平衡点,因为当增大网络的循环次数后,所有上述 12 个点均分别收敛到 8 个稳定的平衡点上。如在同样的输入下,使网络达到循环 254 次时,则输出变为

$$\begin{bmatrix} 1 & 1 & -1 & -1 & 1 & 1 & -1 & -1 & -1 & -1 & 1 & 1 \\ 1 & -1 & 1 & -1 & 1 & -1 & 1 & -1 & 1 & 1 & -1 & -1 \\ 1 & 1 & 1 & 1 & 1 & -1 & 1 & -1 & 1 & -1 & 1 & -1 \end{bmatrix}$$

实际上只要包含 0 的坐标点都是不稳定的平衡点,所以 4 个神经元节点的网络除了上述 12 个不稳定的平衡点外,还有另外 7 个不稳定的平衡点,它们分别是[0;0;0],[0;0;1],

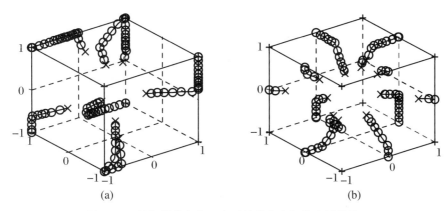

图 4.25 神经元节点为 3 个时的稳定点与稳定域的情况

$[0;0;-1],[0;1;0],[0;-1;0],[1;0;0],[-1;0;0]$。

就不稳定的平衡点小结如下:对于具有二神经元节点的网络,最多可能的不稳定的平衡点有 5 个,也就是平分线上的点;对于具有三神经元节点的网络,有 19 个可能的不稳定平衡点;由此可推出对于具有四神经元节点输入时,最多可能的不稳定的平衡点有

$$C_4^1 \times 2^3 + C_4^2 \times 2^2 + C_4^3 \times 2^1 + C_4^4 \times 2^0 = 65(\text{个})$$

即坐标中所有含有 0 的点。

通过以上的分析,我们已经可以借助于想象来推出 4 个神经元节点以上的网络输出运行轨迹的情况:每个平衡点都具有自己的一个稳定域,且其大小取决于网络记忆平衡点数目的多少。当网络记忆全部可能的平衡点时,稳定域为最小。不过当少于最多的平衡点时,网络运行时可能会出现收敛到伪稳定点的情况。这点在实际应用时应当特别注意,尽量避免这种情况的出现,它可能会出现在进行模式辨识时模式缺损太多的情况下。另外一个结论是:在设计网络作为模式辨识时应当尽量多些利用可能有的稳定的平衡点,以减少不稳定的平衡点的数量。这与人们直觉上认为应使网络尽量少记忆平衡点以扩大稳定域的结论是不同的。因为各个稳定点的稳定域的大小是能够得到保证的。但伪稳定点的出现可能使得网络得出错误的决定或未定义的结果。

通过以上实验可以得出结论:对于具有 r 个输入神经元、输出函数为 ± 1 反馈网络,当采用正交权值设计法,所设计的网络最多具有 3^r 个平衡点,其中,2^r 个是稳定的平衡点,另外 $3^r - 2^r$ 个是不稳定的平衡点。每个稳定点的稳定域(吸引域)为以该点为中心、棱长为 2 的多面体(边形),各平衡域的边界部分为不稳定平衡点的吸引域,不稳定的平衡点在两两稳定平衡点连线的中点上。

4.3 连续型霍普菲尔德网络

霍普菲尔德网络可以推广到输入和输出都取连续数值的情形。这时网络的基本结构不

变,状态输出方程形式上也相同。若定义网络中第 i 个神经元的输入总和为 n_i,输出状态为 a_i,则网络的状态转移方程可写为

$$a_i = f\left(\sum_{j=1}^{r} w_{ij}p_j + b_i\right) \tag{4.10}$$

其中,神经元的激活函数 f 为 S 型指数函数,见图 4.26(a):

$$f1 = \frac{1}{1 + e^{-\lambda \cdot n_i}} \tag{4.11}$$

或 S 型正切函数,见图 4.26(b):

$$f2 = \tanh(\lambda \cdot n_i) \tag{4.12}$$

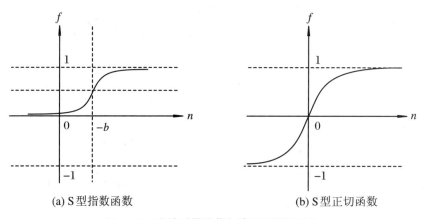

(a) S 型指数函数　　　　　　　　　(b) S 型正切函数

图 4.26　连续型霍普菲尔德网络激活函数

两个函数共同的特点:当 $n_i \to \infty$ 及 $n_i \to -\infty$ 时,函数值饱和于两极,从而限制了神经网络中输出状态 a_i 的增长范围。显然,若使用函数 $f1(\cdot)$,则 $a_i \in [0,1]$,若使用 $f2(\cdot)$,则 $a_i \in [-1,1]$。函数 $f1(\cdot)$ 和 $f2(\cdot)$ 中的参数 λ 用以控制 S 型函数在 0 点附近的变化数。

在连续网络的整个运行过程中,所有神经元状态的改变具有三种形式:异步更新、同步更新和连续更新。与离散的网络相比,连续更新是一种新的方式,表示网络所有神经元都随连续时间 t 并行更新,就像用电子元件实现的霍普菲尔德网络神经元状态随电路参量改变一样。下面将要讲到其网络模型及运行过程,可以很清楚地理解这一点。另外,离散型霍普菲尔德网络中状态改变着网络输出,使其在"1"与"－1"之间翻转,而这里,网络状态在一定范围内的连续变化。

4.3.1　对应于电子电路的网络结构

电子电路与 CHNN 之间存在着直接的对应关系。第 i 个输出神经元的模型如图 4.27 所示,其中,运算放大器模拟神经元的激活函数,所以电压 u_i 为激活函数的输入,也称为网络的状态,各并联的电阻 R_{ij} 值决定各神经元之间的连接强度;电容 C 和电阻 r 模拟生物神经元的输出时间常数,电流 I_i 模拟阈值,以上 $i,j = 1,2,\cdots,r$。整个网络由 r 个同样的模型并联组成,每个模型都具有相同的输入矢量 $V = [v_1 \quad v_2 \quad \cdots \quad v_r]$,状态矢量和 u_i, u_i 由每个模型的输出 v_i 组合而成。电路状态与输出之间的关系如图 4.28 所示。图 4.28 也是放

大器的特性图。

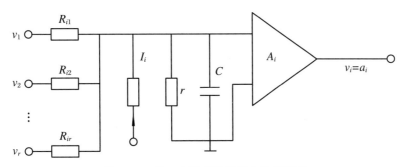

图 4.27　第 i 个输出神经元电路门模型

对于如图 4.27 所示的电路图,根据克西霍夫电流定律,有下列方程成立:

$$C\frac{\mathrm{d}u_i}{\mathrm{d}t} + \frac{u_i}{r} = \sum_{j=1}^{r}\frac{1}{R_{ij}}(v_j - u_i) + I_i$$

对上式进行移项及合并,可得

$$C\frac{\mathrm{d}u_i}{\mathrm{d}t} = -\left(\frac{1}{r} + \sum_{j=1}^{r}\frac{1}{R_{ij}}\right)u_i + \sum_{j=1}^{r}\frac{1}{R_{ij}}v_j + I_i$$

若令

$$\frac{1}{R_i} = \frac{1}{r} + \sum_{j=1}^{r}\frac{1}{R_{ij}}, \quad w_{ij} = \frac{1}{R_{ij}}$$

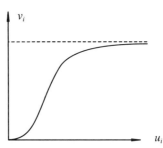

图 4.28　网络输出 v_i 与状态 u_i 的关系图

则可得

$$C\frac{\mathrm{d}u_i}{\mathrm{d}t} = -\frac{1}{R_i}u_i + \sum_{j=1}^{r}w_{ij}v_j + I_i$$

由此可得电路输入的累加值为

$$n_i = \sum_{j=1}^{r}w_{ij}v_j + I_i \tag{4.13}$$

此式与人工神经网络模型的加权值一致。

电路状态值与加权输入值之间的关系可用一阶微分方程式表示:

$$C\frac{\mathrm{d}u_i}{\mathrm{d}t} = -\frac{1}{R_i}u_i + n_i \tag{4.14}$$

而电路输出与状态之间的关系为一个单调上升的有界函数:

$$v_i = f(u_i) \tag{4.15}$$

式(4.14)反映了网络状态连续更新的意义,这是与离散形式的不同之处,式(4.13)~式(4.15)结合在一起描述了 CHNN 的动态过程随着时间的流逝,网络趋于稳定状态,可以在输出端得到稳定的输出矢量。对于由 m 个相互连接的电路模型组成的网络,每个模型均满足式(4.13)~式(4.15),可将其写成矩阵形式,为了简便起见,令 $C=1$。

$$\begin{bmatrix} \dot{u}_1(t) \\ \dot{u}_2(t) \\ \vdots \\ \dot{u}_m(t) \end{bmatrix} = - \begin{bmatrix} u_1(t)/R \\ u_2(t)/R \\ \vdots \\ u_m(t)/R \end{bmatrix} + \begin{bmatrix} w_{11} & w_{12} & \cdots & w_{1m} \\ w_{21} & w_{22} & \cdots & w_{2m} \\ \vdots & \vdots & \vdots & \vdots \\ w_{m1} & w_{m2} & \cdots & w_{mm} \end{bmatrix} \begin{bmatrix} v_1(t) \\ v_2(t) \\ \vdots \\ v_m(t) \end{bmatrix} + \begin{bmatrix} I_1 \\ I_2 \\ \vdots \\ I_m \end{bmatrix}$$

或

$$\dot{U} = -U + WV + I \qquad (4.16)$$

这是一个 r 维的线性微分方程。当 $\dot{u}_i(t) = 0, i = 1, 2, \cdots, r$，上式变为

$$U = WV + I$$

若把 $I = \begin{bmatrix} I_1 & I_2 & \cdots & I_r \end{bmatrix}^T$ 看作阈值，那么上式就与人工神经网络的加权输入和 N 形式相似。如果此时代表激活函数 $F(U)$ 的运算放大器的放大倍数足够大到可视为二值型的硬函数，连续型反馈网络即变为离散型的反馈网络，所以也可以说，DHNN 是 CHNN 的一个特例。

4.3.2　霍普菲尔德能量函数及其稳定性分析

霍普菲尔德在 20 世纪 80 年代初提出了一个对单层反馈动态网络的稳定性判别的函数，这个函数有明确的物理意义，是建立在能量基础上的，同李雅普诺夫函数一样，霍普菲尔德认为在系统的运动过程中，其内部贮存的能量随着时间的增加而逐渐减少，当运动到平衡状态时，系统的能量耗尽或变得最小，那么系统自然将在此平衡状态处渐近稳定，即有 $\lim_{t \to \infty} U(t) = U_e$。因此，若能找到一个可以完全描述上述过程的所谓能量函数，那么系统的稳定性问题就可解决。为此对霍普菲尔德反馈网络定义了一种能量函数 E，称为霍普菲尔德能量函数，这个 E 可正可负。但负向有界，所以说，它是李雅普诺夫函数的一种推广，是广义的李雅普诺夫函数。对于连续反馈网络的电路实现其状态方程组为

$$\begin{cases} C \dfrac{du_i}{dt} = -\dfrac{u_i}{R_i} + \displaystyle\sum_{j=1}^{r} w_{ij} v_j + I_i \\ v_i = f_i(u_i) \end{cases} \qquad (4.17)$$

当系统达到稳定输出时，霍普菲尔德能量函数定义为

$$E = -\frac{1}{2} \sum_{i=1}^{r} \sum_{j=1}^{r} w_{ij} v_i v_j - \sum_{i=1}^{r} v_i I_i + \sum_{i=1}^{r} \frac{1}{R_i} \int_0^{v_i} F^{-1}(\eta) d\eta \qquad (4.18)$$

其中，$\dfrac{1}{R_i} = \dfrac{1}{r} + \displaystyle\sum_{j=1}^{r} w_{ij}$，$w_{ij}$ 为第 j 个输入与第 i 个输入之间的连接导纳，$w_{ij} = \dfrac{1}{R_{ij}}$；$r$ 与 C 分别为第 i 个运算放大器的电阻和输入电容；I_i 为外加电流，u_i 和 v_i 分别为第 i 个运算放大器的输入与输出。它们之间的关系为一个单调上升的函数关系，如图 4.29(a) 所示，其中 β 表示运算放大器的放大倍数，图中给出了不同 β 下输入与输出之间的关系。

在能量函数 (4.18) 中，函数 $F^{-1}(v_i)$ 为 u_i 的逆函数。u_i 与 v_i 的函数关系图如图 4.29(b) 所示；能量函数中的积分项表示了输入状态与输出之间关系的能量项，其积分结果如图 4.29(c) 所示。

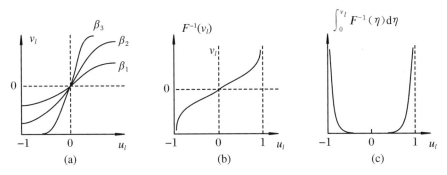

图 4.29　能量函数中各函数之间的函数关系式

对于理想放大器,式(4.18)所定义的能量函数可以被简化为

$$E = -\frac{1}{2}\sum_{i=1}^{r}\sum_{j=1}^{r} w_{ij}v_iv_j - \sum_{i=1}^{r} v_iI_i$$

这也就成了离散网络的霍普菲尔德能量函数。

对于所定义的霍普菲尔德能量函数式(4.18)有以下结论:对于式(4.17)定义的 CHNN 模型系统,若函数 $v_i = f(u_i)$ 单调递增且连续可微,则能量函数式(4.18)是单调递减且有界的。

下面首先分析一下能量函数单调递减。

已知:(a) $w_{ij} = w_{ji}$。

(b) $f(u_i)$ 为单调递增连续函数。

$$\begin{aligned}
\frac{\mathrm{d}E}{\mathrm{d}t} &= \sum_{i=1}^{m} \frac{\mathrm{d}E}{\mathrm{d}v_i} \cdot \frac{\mathrm{d}v_i}{\mathrm{d}t} \\
&= \sum_i \frac{\mathrm{d}v_i}{\mathrm{d}t}\left[-\sum_j w_{ij}v_j - I_i + \frac{1}{R_i} \cdot f^{-1}(v_1) \right] \\
&= -\sum_i \frac{\mathrm{d}v_i}{\mathrm{d}t}\left(\sum_j w_{ij}v_j - I_i - \frac{u_i}{R_i} \right) \\
&= -\sum_i C \cdot \frac{\mathrm{d}v_i}{\mathrm{d}t} \cdot \frac{\mathrm{d}u_i}{\mathrm{d}t} \\
&= -\sum_i C \cdot \frac{\mathrm{d}v_i}{u_i} \cdot \left(\frac{\mathrm{d}u_i}{\mathrm{d}t} \right)^2 \\
&= -\sum_i C \cdot \dot{f}(u_i) \cdot \left(\frac{\mathrm{d}u_i}{\mathrm{d}t} \right)^2
\end{aligned}$$

由已知条件(b)可得 $\dot{f}(u_i) \geqslant 0$,又因为 $C > 0$,所以有 $\dfrac{\mathrm{d}E}{\mathrm{d}t} \leqslant 0$。

当 $\dfrac{\mathrm{d}E}{\mathrm{d}t} = 0$ 时,有 $\dfrac{\mathrm{d}u_i}{\mathrm{d}t} = 0, i = 1, 2, \cdots, r$,这表明,能量 E 的极小点与 $\dfrac{\mathrm{d}u_i}{\mathrm{d}t} = 0$ 的平衡点是一致的。

下面讨论 E 的有界性。这里最主要的是 E 不能下降到负无穷大,E 在负方向要有界。只有这样,当 E 随着时间的增加必定会达到一个极限值,而此极限值正是系统的稳定点。

（1）因为对于状态和输出,有$|v_i| \leqslant 1$,w_{ij}是由电子元器件的有界数组成的。所以E中第一项是有界的。

（2）因为外加电流I_i也是有限值,所以E中第二项是有界的。

（3）对于E中第三项,式中$F^{-1}(\cdot)$反映了神经网络的状态与输出之间的关系,也是运算放大器的输入与输出之间的函数关系。若用β代表运算放大器的增益,那么u_i与v_i的关系可用$v_i = f(u_i, \beta)$来代替$v_i = f(u_i)$,并由此可得$u_i = \dfrac{1}{\beta} F^{-1}(v_i)$。

由此可得第三项为$\dfrac{1}{\beta} \sum\limits_{i=1}^{r} \dfrac{1}{r} \int_0^{v_i} F^{-1}(\eta) \mathrm{d}\eta$,从图4.29(c)中可以看出,上式的积分对一个$i$来说在$v_i = 0$时为零,而在其他情况下为正,当$\beta \to \infty$时,$v_i(u_i)$趋向一个符号函数,此时,积分项的作用很小而可以忽略不计,能量函数就由第一、二两项的和决定,成为离散时的情况;E有界。如果β比较小,第三项为正,它的贡献主要在靠近$v_i \approx \pm 1$的边缘,其值总是小于$2|v_i| |u_i|$,所以也是有界的。

当我们对反馈网络应用霍普菲尔德能量函数后,从任意一个初始状态开始,因在每次迭代后都能满足$\Delta E \leqslant 0$,所以网络的能量将会越来越小,最后趋于稳定点$\Delta E = 0$。霍普菲尔德能量函数的物理意义是:在那些渐近稳定点的吸引域内,离吸引点越远的状态,所具有的能量越大,由于能量函数的单调下降特性,保证状态的运动方向能从远离吸引点处,不断地趋于吸引点,直到达到稳定点。

几点说明:

（1）能量函数是反馈网络中一个很重要的概念。根据能量函数,可以很方便地判定系统的稳定性。网络的能量值与其状态存在着一定的联系,即能量的改变对应着状态的变迁,网络的稳定状态对应于能量函数的极小点。正是这种对应关系为网络进行优化计算奠定了基础。

（2）能量函数与李雅普诺夫函数的区别在于:李氏函数被限定在大于零的范围内,而能量函数无此要求,但要求负向有界;李氏函数要求在零点值为零,即$v(0) = 0$,而能量函数无此要求,所以,当能量函数E满足$E(v) < 0$,$E(0) = 0$和$\dfrac{\mathrm{d}E}{\mathrm{d}t} \leqslant 0$时,霍普菲尔德能量函数就是李雅普诺夫函数了。

（3）霍普菲尔德选择的能量函数,它只是保证系统稳定和渐近稳定的充分条件,而不是必要条件,其能量函数也不是唯一的。为了能够使$\dfrac{\mathrm{d}E}{\mathrm{d}t} \leqslant 0$,霍普菲尔德对设计权$w_{ij}$有一个特性的要求,即$w_{ij} = w_{ji}$和$\dfrac{\mathrm{d}v_i}{\mathrm{d}u_i} > 0$的要求,权的对称要求与实际神经网络的实验情况并不符合实际神经细胞之间的连接。不少文章阐述:即使不满足连接权矩阵对称的条件,仍然可以达到系统稳定。

4.3.3 能量函数与优化计算

所谓优化问题,是求解满足一定约束条件下的目标函数的极小值问题。有关优化的传统算法很多,如梯度法、单纯形法等,由于在某些情况下,约束条件过于复杂,加上变量维数较多等诸多原因,使得采用传统算法进行的优化工作耗时过多,有的甚至达不到预期的优化结果。

霍普菲尔德能量函数是一个反映多维神经元状态的标量函数,而且可以用简单的电路形成人工神经网络,它们的互连形成了并联计算的机制。当各参数设计合理时,由电路组成的系统的状态,可以随时间的变化,最终收敛到渐近稳定点上,并在这些稳定点上使能量函数达到极小值。以此为基础,可以人为地设计出与人工神经网络相对应的电路中的参数,把优化问题中的目标函数、约束条件与霍普菲尔德能量函数联系起来。这样,当电路运行后达到的平衡点,就是能量函数的极小值点,其系统状态满足了约束条件下的目标函数的极小值,以此方式,利用人工神经网络来解决优化问题。由于人工神经网络是并行计算的,其计算量不随维数的增加而发生指数性质的"爆炸",因而特别适用于解决有此问题的优化问题。

1. 能量函数设计的一般方法

设优化目标函数为 $f(u,v)$, $u \in \mathbf{R}^r$,为人工神经网络的状态,也是目标函数中的变量。优化的约束条件为:$g(u,v) = 0$。优化问题归结为:在满足约束的条件下,使目标函数最小。由于可以设计出等价最小的能量函数 E:

$$E = f(u,v) + \sum |g_i(u,v)|$$

这里 $\sum |g_i(u,v)|$ 也称为惩罚函数,因为在约束条件 $g(u,v) = 0$ 不能满足时,$\sum |g_i(u,v)|$ 的值总是大于零,造成 E 不是最小。

对于目标函数 $f(u,v)$,一般总是取一个期望值与实际值之间差的平方或绝对值的标量函数,这样能够保证 $f(u,v)$ 总是大于零。根据霍普菲尔德能量函数的要求,若 E 在负的方向上有界,即 $|E| < E_{max}$,同时 $\dfrac{\mathrm{d}E}{\mathrm{d}t} \leqslant 0$,则系统最后总能达到 E 的最小且 $\dfrac{\mathrm{d}E}{\mathrm{d}t} = 0$ 的点,此点同时又是系统稳定点,即 $\dfrac{\mathrm{d}u_i}{\mathrm{d}t} = 0$ 的点。由于求解优化问题的 E 往往是状态 u 的函数,所以,为了求解方便,常常将 $\dfrac{\mathrm{d}E}{\mathrm{d}t} \leqslant 0$ 的条件转化为对状态求导的条件,如下:

$$\frac{\partial E(u_i, v_i)}{\partial u_i} = -\frac{\mathrm{d}u_i}{\mathrm{d}t} \tag{4.19}$$

这是因为,当

$$\frac{\mathrm{d}u_i}{\mathrm{d}t} = -\frac{\partial E}{\partial u_i}, \quad \frac{\mathrm{d}E}{\mathrm{d}t} = \sum_i \frac{\mathrm{d}E}{\mathrm{d}u_i} \cdot \frac{\mathrm{d}u_i}{\mathrm{d}t} = -\sum_i \left(\frac{\mathrm{d}u_i}{\mathrm{d}t}\right)^2 \leqslant 0$$

可以说条件(4.19)是 $\dfrac{\mathrm{d}E}{\mathrm{d}t} \leqslant 0$ 的另一种表达形式。

同理可得另一个等价的条件为

$$\frac{\partial E(u_i, v_i)}{\partial v_i} = -\frac{\mathrm{d}v_i}{\mathrm{d}t}$$

所以在用霍普菲尔德能量函数求解优化问题时,首先应把问题转化为目标函数和约束条件,然后构造出能量函数,并利用条件式求出能量函数中的参数,由此得到人工神经网络的连接权值。

2. 具体设计步骤

(1) 根据要求的目标函数,写出能量函数的第一项 $f(u,v)$。

(2) 根据约束条件 $g(u,v)=0$,写出惩罚函数,使其在满足约束条件时为最小,作为能量函数的第二项。

(3) 加上一项 $\sum_i \frac{1}{R} \int_0^{v_1} F^{-1}(\eta)\mathrm{d}\eta$,此项是人为加上的,因为在神经元状态方程中,存在一项 $-\frac{u_i}{R}$,它是在人工神经网络的电路实现中产生的。为了使设计出的优化结果能够在电路中得以实现而加上此项。它是一个正值函数。在运行放大增益足够大时,此项可以忽略。

(4) 根据能量函数 E 求出状态方程,并使下式成立:

$$\frac{\partial E}{\partial u_i} = -\frac{\mathrm{d}u_i}{\mathrm{d}t}$$

(5) 根据条件与参数之间的关系,求出 w_{ij} 和 $b_i(i=1,2,\cdots,r)$。

(6) 求出对应的电路参数,并进行模拟电路的实现。

4.4 自组织竞争网络

在实际的神经网络中,比如人的视网膜中,存在着一种"侧抑制"现象,即一个神经细胞兴奋后,通过它的分支会对周围其他神经细胞产生抑制。这种侧抑制使神经细胞之间出现竞争,开始阶段各个神经细胞都处于程度不同的兴奋状态,由于侧抑制的作用,各细胞之间相互竞争的最终结果是:兴奋作用最强的神经细胞所产生的抑制作用战胜了它周围所有其他细胞的抑制作用而"赢"了,其周围的其他神经细胞则全"输"了。

自组织竞争人工神经网络正是基于上述生物结构和现象形成的。它能够对输入模式进行自组织训练和判断,并将其最终分为不同的类型。与 BP 网络相比,一方面,这种自组织自适应的学习能力进一步拓宽了人工神经网络在模式识别、分类方面的应用,另一方面,竞争学习网络的核心——竞争层,又是许多种其他神经网络模型的重要组成部分,例如科荷伦(Kohonen)网络(又称特性图)、反传网络以及自适应共振理论网络等中均包含竞争层。

4.4.1 网络结构

竞争网络由单层链接神经元网络加上竞争层组成,其输入节点与输出节点之间为全互连接。因为网络在学习中的竞争特性也表现在输出层上,所以在竞争网络中把输出层又称为竞争层,而与输入节点相连的权值与输入合称为输入层。实际上,在竞争网络中,输入层

和竞争层的加权输入和共用同一个激活函数,如
图 4.30 所示。

竞争网络的激活函数为二值型$\{0,1\}$函数。

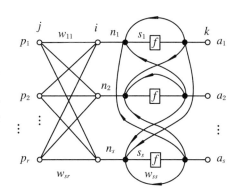

图 4.30　竞争网络结构图

从网络的结构图 4.30 中可以看出,自组织竞
争网络的权值有两类:一类是输入节点 j 到 i 的权
值 $w_{ij}(i=1,2,\cdots,s;j=1,2,\cdots,r)$,这些权值是
通过训练可以被调整的;另一类是竞争层中互相
抑制的权值 $w_{ik}(k=1,2,\cdots,s)$。这类权值是固
定不变的,且满足一定的分布关系,如距离近的抑
制强,距离远的抑制弱。另外,它们是一种对称权
值,即有 $w_{ik}=w_{ki}$,同时相同神经元之间的权值起
加强的作用,即满足 $w_{11}=w_{22}=\cdots=w_{kk}>0$,而不同神经元之间的权值相互抑制,对于 $k\neq$
i 有 $w_{ij}<0$。

下面来具体分析竞争网络的输出情况。

设网络的输入矢量为

$$P=\begin{bmatrix}p_1 & p_2 & \cdots & p_r\end{bmatrix}^{\mathrm{T}}$$

对应网络的输出矢量为

$$A=\begin{bmatrix}a_1 & a_2 & \cdots & a_s\end{bmatrix}^{\mathrm{T}}$$

由于竞争网络中含有两种权值,所以其激活函数的加权输入和也分为两部分:来自输入
节点的加权输入和 N 与来自竞争层内互相抑制的加权输入和 G。具体地说,对于第 i 个神
经元有:

(1) 来自输入节点的加权输入和为

$$n_i=\sum_{j=1}^{r}w_{ij}\cdot p_j$$

(2) 来自竞争层内互相抑制的加权输入和为

$$g_i=\sum_{k\in D}w_{ik}\cdot a_k$$

这里 D 表示竞争层中含有神经元节点的某个区域,如果 D 表示的是整个竞争层,竞争
后只能有一个神经元兴奋而获胜;如果竞争层被分成若干个区域,则竞争后每个区域可产生
一个获胜者。

由于 g_i 与网络的输出值 a_k 有关,而输出值又是由网络竞争后的结果所决定的,所以 g_i
的值也是由竞争结果确定的。为了方便起见,下面以 D 为整个网络输出节点的情况来分析
竞争层内互相抑制的加权输入和 g_i 的可能结果。

(1) 如果在竞争后,第 i 个节点"赢"了,则有

$$a_k=1,\quad k=i$$

而其他所有节点的输出均为零,即

$$a_k=0,\quad k=1,2,\cdots,s;\ k\neq i$$

此时

$$g_i = \sum_{k=1}^{s} w_{ik} \cdot a_k = w_{ii} > 0$$

(2) 如果在竞争后,第 i 个节点"输"了,而"赢"的节点为 l,则有

$$a_k = 1, \quad k = l$$
$$a_k = 0, \quad k = 1, 2, \cdots, s; \ k \neq l$$

此时

$$g_i = \sum_{k=1}^{s} w_{ik} \cdot a_k = w_{il} < 0$$

所以对整个网络的加权输入总和有下式成立:

$$s_l = n_l + w_{ll} \quad (对于"赢"的节点 l)$$
$$s_i = n_i - |w_{il}| \quad (对于所有"输"的节点 i = 1, 2, \cdots, s; i \neq l)$$

由此可以看出,经过竞争后只有获胜的那个节点的加权输入总和为最大。竞争网络的输出为

$$a_k = \begin{cases} 1, & s_k = \max(s_i, i = 1, 2, \cdots, s) \\ 0, & 其他 \end{cases}$$

因为在权值的修正过程中只修正输入层中的权值 w_{ij},竞争层内的权值 w_{ik} 是固定不变的,它们对改善竞争的结果只起到了加强或削弱作用,即对获胜节点增加一个正值,使其更易获胜,对输出的节点增加一个负值,使其更不易获胜,而对改变节点竞争结果起决定性作用的还是输入层的加权和 n_i,所以在判断竞争网络节点胜负的结果时,可直接采用 n_i,即

$$n_赢 = \max\left(\sum_{j=1}^{r} w_{ij} p_j\right)$$

取偏差 B 为零是判定竞争网络获胜节点时的典型情况,偶尔也采用下式进行竞争结果的判定:

$$n_赢 = \max\left(\sum_{j=1}^{r} w_{ij} p_j + b\right), \quad -1 < b < 0$$

典型的 b 值取 -0.95。加上 b 值意味着取 $b = -|w_{il}|$ 这一最坏的情况。

通过上面分析,可以将竞争网络的工作原理总结如下:竞争网络的激活函数使加权输入和为最大的节点赢得输出为 1,而其他神经元的输出皆为 0。

4.4.2 竞争学习规则

竞争网络在经过竞争而求得获胜节点后,则对与获胜节点相连的权值进行调整,调整权值的目的是使权值与其输入矢量之间的差别越来越小,从而使训练后的竞争网络的权值能够代表对应输入矢量的特征,把相似的输入矢量分成了同一类,并由输出来指示所代表的类别。

竞争网络修正权值的公式为

$$\Delta w_{ij} = lr \cdot (p_j - w_{ij})$$

其中,lr 为学习速率,且 $0 < lr < 1$,一般的取值范围为 $0.01 \sim 0.3$;p_j 为经过归一化处理后的输入。

为了训练的需要,必须将每一输入矢量都进行单位归一化处理,即对每一个输入矢量 P^q ($q=1,2$),用 $1/\sqrt{\sum_{j=1}^{r}(p_j^q)^2}$ 去乘以每一个输入元素,因此所得的用来进行网络训练的新输入矢量具有单位 1 的模值,如图 4.31 所示。

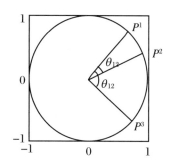

图 4.31　单位归一化后的输入矢量

当第一个矢量 P^1 输入给网络后,经过训练最终达到 $W=(P^1)^T$。此后,给网络输入一个输入矢量 P^2,此时网络的加权输入和为新矢量 P^2 与已学习过矢量 P^1 的点积,即

$$N = W \cdot P^2$$
$$= (P^1)^T \cdot P^2 = \| P^1 \| \cdot \| P^2 \| \cos\theta_{12} = \cos\theta_{12} \qquad (4.20)$$

因为输入矢量的模已被单位化为 1,所以网络的加权输入和等于输入矢量 P^1 和 P^2 之间夹角的余弦。

根据不同的情况,网络的加权输入和可分为如下几种情况:

(1) P^2 等于 P^1,即有 $\theta_{12}=0$,此时,网络加权输入和为 1。

(2) P^2 不等于 P^1,随着 P^2 向着 P^1 离开方向的移动,网络加权输入和将逐渐减少,直到 P^2 与 P^1 垂直,即 $\theta_{12}=90°$ 时,网络加权输入和为 0。

(3) 当 $P^2 = -P^1$,即 $\theta_{12}=180°$ 时,网络加权输入和达到最小值 -1。

由此可见,对于一个已训练过的网络,当输入端再次出现该学习过的输入矢量时,网络产生 1 的加权输入和;而与学习过的矢量不相同的输入出现时,所产生的加权输入和总是小于 1。如果将网络的加权输入和送入到一个具有略大于 -1 偏差的二值型激活函数时,对于一个已学习过或接近于已学习过的矢量输入时,同样能够使网络的输出为 1,而其他情况下的输出均为 0。所以在求网络加权输入和公式中的权值 W 与输入矢量 P 的点积,反映了输入矢量与网络权矢量之间的相似度,当相似度接近 1 时,表明输入矢量 P 与权矢量相似,并通过进一步学习,能够使权矢量对其输入矢量具有更大的相似度,当多个相似输入矢量输入网络,最终的训练结果是使网络的权矢量趋向于相似输入矢量的平均值。

网络中的相似度由偏差 b 来控制,由设计者在训练前选定,典型的相似度值为 $b=-0.95$,这意味着输入矢量与权矢量之间的夹角小于 $18°48'$。若选 $b=-0.9$,则其夹角扩大为 $25°48'$。

4.4.3　竞争网络的训练过程

弄懂网络的训练过程是为了更好地设计出网络。

因为只有与获胜节点相连的权值才能得到修正,通过其学习法则使修正后的权值更加接近其获胜输入矢量。结果是,获胜的节点对将来再次出现的相似矢量(能被偏差 b 所包容,或在偏差范围以内的),更加容易赢得该节点的胜利。而对于一个不同的矢量出现时,就更加不易取胜,但可能使其他某个节点获胜,归为另一类矢量群中。随着输入矢量的重复出现而不断地调整与胜者相连的权矢量,以使其更加接近于某一类输入矢量。最终,如果有足够的神经元节点,每一组输入矢量都能使某一节点的输出为 1 而聚为该类。通过重复训练,自组织竞争网络将所有输入矢量进行了分类。

所以竞争网络的学习和训练过程,实际上是对输入矢量的划分聚类过程,使得获胜节点与输入矢量之间的权矢量代表获胜输入矢量。

这样,当达到最大循环的值后,网络已重复多次训练了 P 中的所有矢量,训练结束后,对于用于训练的模式 P,在网络输出矢量中,其值为 1 的代表一种类型,而每类的典型模式值由该输出节点与输入节点相连的权矢量表示。

竞争网络的输入层节点 r 是由已知输入矢量决定的,但竞争层的神经元数 s 是由设计者确定的,它们代表输入矢量可能被划分的种类数,其值若被选得过小,则会出现有些输入矢量无法被分类的不良结果,但若被选得太大,竞争后可能有许多节点都被空闲,而且在网络竞争过程中还占用了大量的设计量和时间,在一定程度上造成了浪费,所以一般情况下,可以根据输入矢量的维数及其估计,再适当地增加些数目来确定。

另外还要事先确定的参数有:学习速率和最大循环次数。竞争网络的训练在达到最大循环次数后停止,这个数一般可取输入矢量数组的 15~20 倍,即使每组输入矢量能够在网络重复出现 15~20 次。

竞争网络的权值要进行随机归一化的初始化处理,这个过程在 Matlab 中用函数 randnr.m 实现:

$$W = \text{randnr}(S,R);$$

然后网络则可以进入竞争以及权值的调整阶段。

网络的训练全过程完全由计算机去做,工具箱中建立竞争网络的函数是 newc.m,竞争网络的训练函数同样为

$$\text{net} = \text{newc}(\text{minmax}(P),S);$$

$$\text{net} = \text{train}(\text{net},P);$$

竞争网络比较适合用于具有大批相似数组的分类问题。下面给出例题来说明竞争网络的功效。

【例 4.8】 对下列模式 P 进行分类辨识。

$$P = [0.7071 \ 0.6402 \quad 0.000 - 0.1961 \quad 0.1961 - 0.9285 - 0.8762 - 0.8192;$$
$$0.7071 \ 0.7682 - 1.000 - 0.9806 - 0.9806 \quad 0.3714 \quad 0.4819 \ 0.5735];$$

【解】 输入模式 P 已经为归一化处理后的数据。对于网络结构,我们取 $S=4$;根据

$$W0 = \text{randnr}(S,R);$$

随机取一组初始矩阵为

$$W0 = [-0.3347 - 0.9413;$$
$$-0.5466 - 0.8374;$$
$$-0.8690 - 0.4948;$$
$$0.4611 - 0.8874];$$

另取

$$\text{lp.lr} = 0.05;$$
$$\text{max\_epoch} = 320;$$

这里取了输入数据的 20 倍。最大循环数一般应根据输入数据的多少来决定。

1. 训练竞争

为了能够更清楚地理解训练竞争过程，我们仍可以通过图解法来解释。和感知器的分类方式类似，二值型分类的实质是通过将输入矢量空间进行分割而达到分类目的。在此，我们用横、纵坐标分别表示 p_1 和 p_2 矢量。与感知器不同的是，竞争网络所用的矢量模为 1，所以矢量的变化，在坐标上形成的轨迹为以原点为中心的单位圆。网络竞争的目的，是使权值 W 经过竞争后逐渐移动到能够代表输入矢量类别的点上（也处于单位圆上）。

在训练过程中，当第一次出现输入矢量比如 P^1 时，有 $W_{lj} = P^1, l \in s, j = 1, 2, \cdots, r$。但当 P^2 出现时，若也具有与 W_{lj} 相似的特性，则通过对 W_{lj} 的修正，使 W_{lj} 倾向 P^2，当再次输入 P^1 时，W_{lj} 又被修正得移向 P^1。这样，经过多次训练后，W_{lj} 所得的结果为几个相同类型输入模式的平均值，而当一个不同类型的模式输入，将使竞争网络中的其他节点获胜而得到一个新的权矩阵。如此重复，可以将所有的不同类型的模式都聚集到相同的权矩阵下，每个权矩阵代表一种类型，而输出矢量中的 1 的列位置则指出与此节点相连的权矢量所代表的输入矢量组的位置。图 4.32 为竞争前的权矢量位置图，图 4.33 给出最后的训练结果，图中权矢量位置是用"o"来表示的。

本例题经过 320 次循环后得到最后结果为

$$W = \begin{bmatrix} -0.0460 & -0.9863; \\ -0.5466 & -0.8374; \\ -0.8748 & 0.4747; \\ 0.6684 & 0.7180 \end{bmatrix};$$

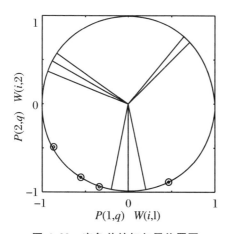

图 4.32　竞争前的权矢量位置图

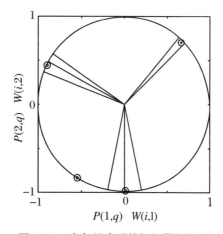

图 4.33　竞争结束后的权矢量位置图

在输入模式 P 作用下的网络输出为

$A = [\ 0\ 0\ 1\ 1\ 1\ 0\ 0\ 0;\quad$ —1 类（第 3、4、5 列输入矢量组属于同一类）

$\qquad 0\ 0\ 0\ 0\ 0\ 0\ 0\ 0;\quad$ —空缺

$\qquad 0\ 0\ 0\ 0\ 0\ 1\ 1\ 1;\quad$ —3 类（第 6、7、8 列输入矢量组属于同一类）

$\qquad 1\ 1\ 0\ 0\ 0\ 0\ 0\ 0];\quad$ —4 类（第 1、2 列输入矢量组属于同一类）

将 W 值与前面 $W0$ 值相比较可以看出,第二行的值与初始 $W0$ 值完全相同,即在整个竞争训练中,W_{2j} 从未获得过胜利,所以其权矩阵一次也没有得到过修正,这从 A 的输出值上看得很清楚:当 P^1、P^2 输入时,输出节点 4 获胜,即它们属于 W_{4j} 类;W_{4j} 可代表它们的值,P^3、P^4 和 P^5 属第 1 类,W_{1j} 是它们三个的代表,P^6、P^7、P^8 同属第 3 类,W_{3j} 反映了它们的特点。

2. 竞争学习网络的局限性

竞争网络适用于当具有典型聚类特性的大量数据的辨识,但当遇到大量的具有概率分布的输入矢量时,竞争网络就无能为力了,这时可以采用科荷伦自组织映射网络来解决。

4.5　科荷伦自组织映射网络

神经细胞模型中还存在着一种细胞聚类的功能柱。它是由多个细胞聚合而成的,在受到外界刺激后,它们会自动形成。一个功能柱中的细胞完成同一种功能。

生物细胞中的这些现象在科荷伦网络模型中有所反映。当外界输入不同的样本到科荷伦自组织映射网络中,一开始时输入样本引起输出兴奋的位置各不相同,但通过网络自组织后会形成一些输出群,它们分别代表了输入样本的分布,反映了输入样本的图形分布特征,所以科荷伦网络常常被称为特性图。

科荷伦网络使输入样本通过竞争学习后,功能相同的输入靠得比较近,不同的分得比较开,以此将一些无规则的输入自动排开,在连接权的调整过程中,使权的分布与输入样本的概率密度分布相似。所以科荷伦网络可以作为一种样本特征检测器,在样本排序、样本分类以及样本检测方面有广泛的应用。

一般可以这样说,科荷伦网络的权矢量收敛到所代表的输入矢量的平均值,它反映了输入数据的统计特性。再扩大一点,如果说一般的竞争学习网络能够训练识别出输入矢量的点特征,那么科荷伦网络能够表现出输入矢量在线上或平面上的分布特征。

当随机样本输入到科荷伦网络时,如果样本足够多,那么在权值分布上可近似于输入随机样本的概率密度分布,在输出神经元上也反映了这种分布,即概率大的样本集中在输出空间的某一个区域,如果输入的样本有几种分布类型,则它们各自会根据其概率分布集中到输出空间的各个不同的区域。每一个区域代表同一类的样本,这个区域可逐步缩小,使区域的划分越来越明显。在这种情况下,不论输入样本是多少维的,都可投影到低维的数据空间的某个区域上。这种形式也称为数据压缩。同时,如果样本在高维空间中比较相近,则在低维空间中的投影也比较相近,这样就可以从中取出样本空间中较多的信息。遗憾的是,网络在从高维映射到低维时会出现畸变,且压缩比越大,畸变越大;另外网络要求的输入节点数很大,因而科荷伦网络比其他人工神经网络(如 BP 网络)的规模要大。

4.5.1　科荷伦网络拓扑结构

科荷伦网络结构也是两层:输入层和竞争层。与基本竞争网络的不同之处是其竞争层可以由一维或二维网络矩阵方式组成,且权值修正的策略也不同。

(1) 一维网络结构与基本竞争学习网络相同。

(2) 二维网络结构,如图 4.34 所示,网络上层有 s 个输出节点,按二维形式排成一个节点矩阵,输入节点处于下方,有 r 个矢量,即 r 个节点,所有输入节点到所有输出节点之间都有权值连接,而且在二维平面上的输出节点相互间也可能是局部连接的。

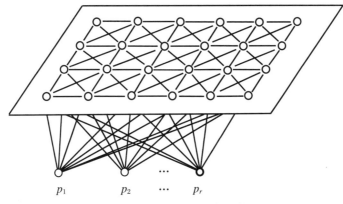

$$p_1 \quad p_2 \quad \cdots \quad p_r$$

图 4.34　二维科荷伦网络结构图

科荷伦网络的激活函数为二值型函数。一般情况下 b 值固定,其学习方法与普通的竞争学习算法相同。在竞争层中,每个神经元都有自己的邻域,图 4.35 为一个在二维层中的主神经元。主神经元具有在其周围增加直径的邻域。一个直径为 1 的邻域包括主神经及它的直接周围神经元所组成的区域;直径为 2 的邻域包括直径 1 的神经元以及它们的邻域。图中主神经元的位置是通过从左上端第一列开始顺序从左到右,从上到下找到的。如图中的 10×10 神经元层,其主神经元位于 65。

特性图的激活函数也是二值型函数,同竞

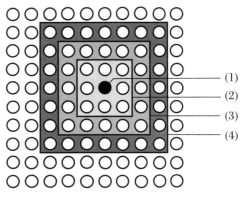

(1) 主神经元;(2) 邻层;(3) 邻层 2;(4) 邻层 3

图 4.35　二维神经元层示意图

争网络一样可以取偏置 b 为零或固定常数。竞争层的竞争结果,不仅使加权输入和为最大值者获胜而输出为 1,同时也使获胜节点周围的邻域也同时输出为 1。另外,在权值调整的方式上,特性图网络不仅调整与获胜节点相连的权值,而且对获胜节点邻域节点的权值也进行调整,即使其周围 D_k 的区域内神经元在不同程度上也得到兴奋,在 D_k 以外的神经元都被抑制,这个 D_k 区域可以是以获胜节点为中心的正方形,也可以为六角形,如图 4.36 所示。对于一维输出,D_k 则为以 k 为中心的下上邻点。

4.5.2　网络的训练过程

科荷伦网络在训练开始时和普通的竞争网络一样,其输入节点竞争的胜利者代表某类模式。然后定义获胜节点的邻域节点,即以获胜节点为中心的某一半径内的所有节点,并对

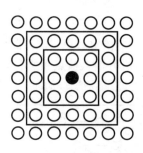

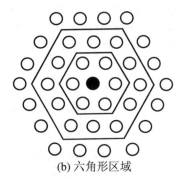

(a) 正方形区域　　　　　　　　　(b) 六角形区域

图 4.36　二维网络邻域形状

与其相似的权矩阵进行调整。随着训练的继续进行,获胜节点 k 的半径将逐渐变小,直到最后只包含获胜节点 k 本身。也就是说,在训练的初始阶段,不但对获胜的节点作权值的调整,而且对其周围较大范围内的几何邻接节点也作相应的调整,而随着训练过程的进行,与获胜输出节点相连的权矩阵就越来越接近其所代表的模式类,此时,需要对获胜节点进行较细致的权矩阵调整。同时,只对其几何邻接较接近的节点进行相应的调整。这样,在训练结束后,几何上相近的输出节点所连接的权矢量既相互有联系(即类似性),又相互有区别,保证了对于某一类输入模式、获胜节点能做出最大的响应,而相邻节点做出较少响应。几何上相邻的节点代表特征上相似的模式类别。

4.5.3　科荷伦网络的应用

当大量具有典型特性的模式需要进行分类时,除了可以用感知器进行分类外,还可以采用自组织竞争网络,利用竞争网络进行模式分类的另一个特点是,它不但可以将每个模式分成各自所属的类型,而且还可以同时获得每一种类型的典型模式(一般为该类型模式的平均值)。从网络结构上讲,竞争网络是一种单层神经网络,与普通单层网络不同的是,除了输入节点与输出节点之间为全面连接外,竞争网络在输出层每个输出节点之间还具有相互的连接,并且网络在学习中的竞争特性也表现在输出层上,所以在竞争网络中,人们把输出层又称为竞争层,而输入节点及与其相连的权值合称为输入层。实际上,在竞争层中,输入层与竞争层的加权输入和共用同一个激活函数,其激活函数的类型为阶跃型{0,1}函数。网络的每次输入只有唯一的一个输出节点在经过竞争获胜后能够输出为1,而所有其他输出均为0。

科荷伦网络可以作为一种样本特性检测器,在样本排序、样本分类以及样本检测方面有广泛的应用。在无监督式学习规则下,网络通过重复几十次的样本输入并不断修正网络权值,最终使网络的权值收敛到所代表的输入模式的平均值,它反映了输入数据(模式)的统计特性以及统计密度的大小。

【例 4.9】　有 100 个输入矢量均匀地分布在单位圆从 0 度到 90 度的圆周上,试设计训练一个特性图将其取而代之。

【解】　图 4.37 给出原始随机权值的特性图,其中,每个神经元的权矢量被表示为单位圆中的一个点,每个点通过一条线与其邻域点相连,小的随机初始权矢量导致在圆中心附近无序的图形。当训练开始后,权矢量开始一起朝着输入矢量的位置移动,并随着邻域范围的减少,权矢量之间也逐渐变得有序起来。随着训练的继续,神经元层的权矢量变得越来越有序,且逐渐覆盖了整个输入矢量的位置。图 4.38 为训练 50 次的结果图。在训练 400 次后,神经元层已基本调整好了自身的权矢量,能够使每一个神经元响应输入的矢量所在的一个小区域,并通过邻域完成了用 20 个神经元联系了 100 个元素的特性图功能。图 4.39 为在 Matlab 6.1 环境下做出的 400 次训练结束后的结果图。

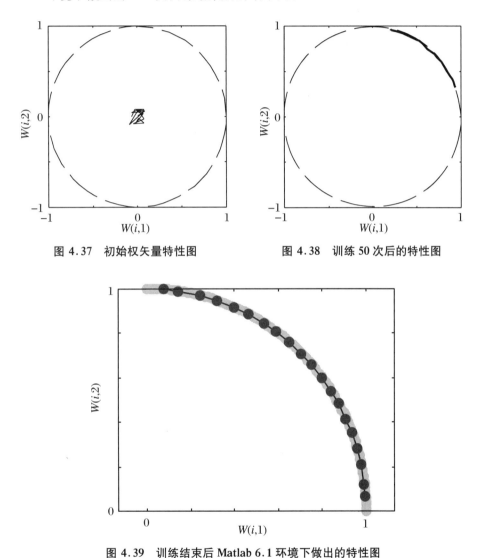

图 4.37　初始权矢量特性图　　　　图 4.38　训练 50 次后的特性图

图 4.39　训练结束后 Matlab 6.1 环境下做出的特性图

　　【例 4.10】　有 2000 个二元随机输入样本产生一个平方面积为 0.5×0.5 的覆盖区域,试用科荷伦网络取而代之。

　　【解】　图 4.40～图 4.42 为用 5×5 的输出节点面积表示 2000 个随机输入样本,以及网络训练 25 次后的特性图。注意,最后的图形并不特别光滑。当然可以替换其他更大的训练次数来更进一步训练网络。有时特性图在其训练中也会出现麻烦,比如产生来回摆动而使其扩展延伸停止,这时可以通过增加训练次数来加以避免。学习速率太小也可能是其原因之一,不过太大的学习速率可能导致不稳定。实际上,几乎所有可能出现的问题,均能够通过采用更多的训练次数来加以解决。

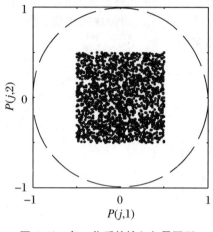

图 4.40　归一化后的输入矢量图形

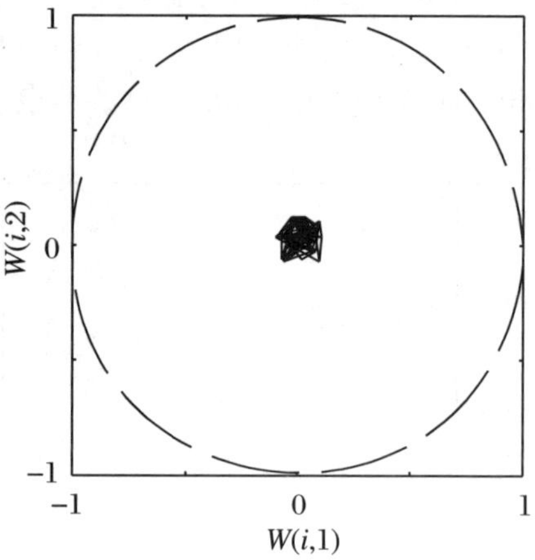

图 4.41　初始权矢量图

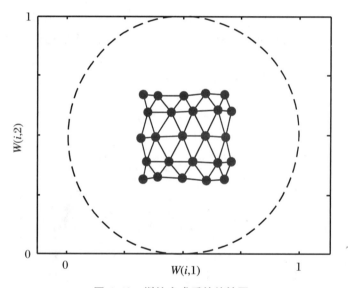

图 4.42　训练完成后的特性图

第 5 章 神经网络在智能控制
系统中的应用

人工神经网络已在各个领域得到广泛的应用,尤其在智能系统中的非线性建模以及控制器的设计、模式分类与模式识别、联想记忆和优化计算等方面更是得到人们的极大关注。从控制理论的观点来看,神经网络对非线性函数的逼近能力是最有意义的,因为非线性系统的变化多端是采用常规方法无法建模和控制的基本原因,而神经网络描述非线性图形的能力,也就是对非线性系统的建模能力,正适合解决非线性系统建模与控制器综合中的这些问题。具有这一特性的前向反向传播网络在实际应用中的比例要占所有人工神经网络应用的80%以上。所以下面从 BP 网络入手,介绍 BP 网络在控制系统中非线性建模、控制器设计以及多种常用的系统控制方案。

虽然人工神经网络的种类已有上百种,但应用最多的还是 BP 网络。不过 BP 网络所具有的基本功能只有一个,那就是非线性连续有理函数的逼近功能。对控制系统中的非线性过程的建模以及对系统控制器的设计也是利用 BP 网络这一基本的功能。

5.1 直接正向模型建立

假定控制系统离散型非线性差分方程为

$$y_p(k+1) = f(y_p(k), \cdots, y_p(k-n+1), u(k), \cdots, u(k-m+1))$$

即由非线性函数 f 所确定的系统,在 $k+1$ 时刻的输出取决于过去 n 个时刻的输出值,以及过去 m 个时刻的输入值。

这里我们关心的是系统响应的动态部分,模型对系统干扰的表达式是隐含在其中的。那么对系统建模一个直接的方法是通过选择与系统相同的输入/输出数据作为训练用样本,对神经网络进行训练,其目的是使网络的输入/输出能够与系统的输入/输出完全一致。若取网络的输出变量为 y_m,那么训练网络时的网络结构图应如图 5.1 所示。

根据图 5.1 所示的网络建模训练图可以写出网络输入与输出之间的关系式为

$$y_m(k+1) = \hat{f}(y_p(k), \cdots, y_p(k-n+1), u(k), \cdots, u(k-m+1))$$

此处, $\hat{f}$ 代表网络的非线性输入/输出映射关系(即为函数 f 的逼近)。注意训练中的网络输入包括真实系统过去时刻的输出值(作为样本输入的一部分),不过此时网络没有反馈。

假定网络在经过适当的训练过程后,得到了满意的函数拟合(即获得 $y_m \approx y_p$),那么网络的训练则完成,并在网络以后的工作中,可以将网络自身的输出反馈回来作为网络输入的一部分,以这种方法使网络能够独立的使用,如图 5.2 所示。

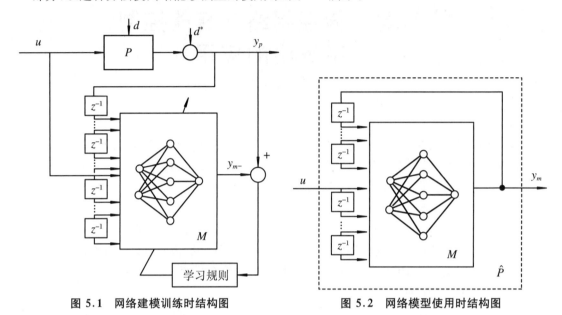

图 5.1　网络建模训练时结构图　　　　图 5.2　网络模型使用时结构图

由图 5.2 可以得到网络模型的输入/输出关系式为

$$y_m(k+1) = \hat{f}(y_m(k), \cdots, y_m(k-n+1), u(k), \cdots, u(k-m+1))$$

由于系统建模的需要,网络在结构上将其输出经过延时,作为网络输入的一部分,所以,控制系统中用于建模的网络可以被称为"带有反馈变量的前向网络",它与霍普菲尔德型的反馈网络仍然是两种截然不同的网络。

5.2　逆模型建立

采用非线性系统的逆模型与系统本身相串联而消除其非线性影响的思想,促使人们对逆模型的建立感兴趣。人们最容易想到的利用神经网络建立逆模型的方法则是将(被控)系统的输入和输出数据分别作为网络的输出和输入来训练网络获得,即所谓的直接逆模型建立,其网络的训练结构图如图 5.3 所示。

从图中可以看出,与直接建模一样,网络的输入利用了系统输入/输出的综合信息,网络训练采用系统输入信号与网络输出信号的误差来修正网络权值。从这个训练网络的结构上还可以看出,训练网络的目的是迫使网络作为系统的逆模型。但是,这种方法存在着缺陷,首先,网络权值的修正过程不是采用期望的样本进行学习训练的。训练逆模型所用的输入信号起码应当遍及控制器可能输入的所有范围。但实际训练时所采用的样本不可能被事先定义。另外,控制系统的实际目标是希望通过控制器的行为产生期望的系统输出,而训练逆模型时所产生的系统输出也并不是期望的系统输出。所以,在直接逆建模中所采用的训练样本并不与所需要的训练样本相对应,因而必然有可能存在未被训练到的控制域。其次,如果该非线性系统的映射关系不是一一对应的,那么,可能产生一个不正确的逆模型。实际应用中常被人采用的建立逆模型的方法是能够克服上述缺点的第二种方法,可以被称为间接逆模型训练法。在此训练方法中,网络逆模型被置于(被控)系统的前端,并且将网络的输出作为系统的输入,如图 5.4 所示。

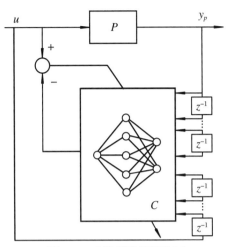

图 5.3　直接逆模型训练图

在实际训练中,也可用一个已训练过的系统模型 $\hat{P}$(如前述的建模网络)替代实际被控系统进行逆模型的训练(如图 5.4 中虚线所示)。采用间接法的特点是:训练过程是直接指向目标的,因为它是基于期望的系统输出与实际输出之间的误差来调整训练控制器权值的,换句话说,在训练过程中,网络所接受的样本输入对应于它最终工作时接受的实际输入值。另外,在系统的逆关系不是一一对应的情况下,用此法也能对期望的特性找到一个对应的逆。

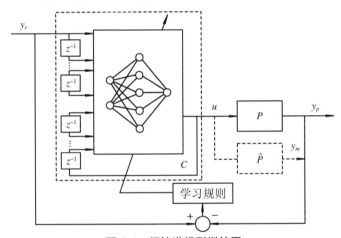

图 5.4　间接逆模型训练图

5.3　系统中的控制

5.3.1　监督式控制

在许多难以用常规控制技术设计自动控制器,而采用手动对特殊任务进行反馈控制的地方,或需要用自动控制器来模仿人的行为的地方,都可以用一个神经网络来实现,网络的

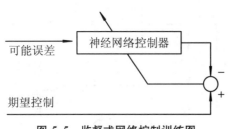

图 5.5　监督式网络控制训练图

训练过程类似于上述正向模型的训练(图 5.5)，但是，此时的网络结构可以根据需要不再有延时的反馈输出量，只要对应于比如人所感觉的信息，而用于训练网络的目标输出则对应于人对系统的控制量。另外，对于只要能够写出足够范围内一定的对感应到的系统输出误差给出相应控制值的地方，都可以采用这种监督式训练的网络进行非线性自动控制。

5.3.2　直接逆控制

直接逆控制器采用的就是一个逆系统模型，将逆模型网络作为控制器使用，简单地与被控系统相级联，以使复合系统的输出与期望的响应(即网络输入)相一致。很明显，这种控制策略的控制精度极大地依赖于作为控制器逆模型的精度以及自适应能力。一般情况下可能会产生鲁棒问题。低鲁棒性的主要原因是系统为开环控制，没有形成闭环回路，解决这一问题可以通过以下两种方案。

第一种方案是在系统进行控制的同时，并行地对控制器的参数进行在线修正，整个控制系统结构图如图 5.6 所示，其中 C_2 表示控制中使用的逆模型控制器，C_1 表示在线调整的与 C_2 结构完全相同的逆模型控制器，并定期将产生修正的新权值送入 C_2 中。

第二种方案是对整个系统加入负反馈回路(图 5.7)。由于逆模型 C_2 的使用，前向回路中的非线性得以抵消，所以很容易采用某种简单的常规控制器 C_1 的设计方法，设计一个负反馈回路来满足期望的系统性的要求。

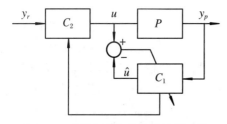

图 5.6　在线调整权值的逆控制系统

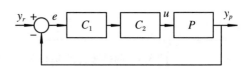

图 5.7　带有负反馈回路的控制系统

5.4　BP 网络结构、参数及训练方法的设计与选择

前向 BP 网络具有优良的非线性逼近性能，其应用已受到越来越多领域的关注。应用神经网络的关键在于网络的结构与参数的设计，而网络结构与参数的设计，首先取决于对人工神经网络理论的理解和掌握，然后取决于设计网络的实际经验。因为在网络设计过程中，涉及较多参数的确定。例如，网络的层数；每层的神经元节点数；初始值的选取；学习速率的确

定;最重要的还有训练算法的选定或改进。这些对于初次进行网络设计的人来说,往往无从下手。本节的目的在于根据已有的 BP 网络设计以及改进方案,对一个人工神经网络进行具体的设计,通过其详细的设计步骤与过程,对网络隐含层神经元数、初始权值、学习速率等参数在 BP 网络设计过程中的关系与影响,以及不同的改进算法在网络训练中所起的作用给予进一步揭示,使人们从中得到更多的启迪,以便使更多的人能够设计出效率更高、精度更好的神经网络。

一般情况下,一个 BP 网络的设计应当考虑以下几个方面:

(1) 网络结构,包括网络层数、每层的节点数以及激活函数的类型。

(2) 训练前初始参数的选取,包括:① 初始权值;②(初始)学习速率;③(自适应时)递增(减)因子的选取;④ 最大训练次数。

(3) 权值的训练方法。

(4) 各种参数的先后调节(选取)次序。

(5) 训练程序的编写。

(6) 网络的最后选定(训练过程中不同参数情况下的性能对比研究)。

以上所有的方面,必须经过上机训练,经过多次的调整与对比实验才能设计出一个满意的 BP 网络。所以,只通过书本看懂 BP 网络的设计原理、训练权值的计算公式和设计过程的人不能说自己已掌握了 BP 网络的设计,必须真正自己动手,在考虑并认真实施上述的各步骤,设计出一个达到满意精度的网络后,方可说已经有了些设计 BP 网络的经验。

下面就上述设计步骤中的各种考虑,给出一般在网络设计过程中的具体考虑。

5.4.1　BP 网络的设计

人工神经网络是由人工神经元的并联/串联组合而成的。一个人工神经元是由多输入节点和单输出节点之间通过某种激活函数的相互连接所构成的单层网络。BP 网络是采用误差反向传播算法对网络权值进行训练的多层前向网络。BP 网络设计的最大特点就是网络的权值是通过使网络输出与样本输出之间的误差平方和达到期望值并不断调整网络的权值训练出来的。为此,训练网络的算法是达到训练目标的关键。BP 算法是每个初学者都必须掌握的训练算法。但掌握了 BP 算法是否就能设计出满意的网络? 回答往往是否定的。因为 BP 网络的设计过程是一个参数不断调整的过程,这意味着是一个不断对比结果的过程。所以此过程是比较复杂和带有经验性的。学过 BP 网络理论设计的人都知道,在 BP 网络的设计中,以上所提及的都是必须考虑的方面。但是如何考虑? 先后顺序是什么? 对于不同的设计者,由于理解和掌握的知识不同,经验不同,对同一问题所设计出的网络,不同的人在网络结构与效果上都可能会有很大的不同。

1. 网络结构

进行网络设计的首要任务就是网络结构的确定,这包括:输入/输出节点、层数、每层的激活函数的确定以及隐含层节点数。

(1) 输入/输出节点

输入/输出节点是与样本直接相关的。BP 网络已被应用于各个领域,无论让它完成什么任务,都必须将实际问题转化为网络能够接受的形式——数据样本。如果样本格式已确定,则网络的输入/输出节点数由样本固定。实际上,在大多实际应用中,是需要设计者根据实际情况来确定样本的,此时,输入/输出节点数的确定也是需要认真考虑的,尤其是在建模中,如何设计出一个能够表现出被控过程动态特性的模型是需要相关的专业知识的。一般情况下,输入/输出节点的设计是需要有关于网络实现任务的专业方面的知识。网络实现效果不好的绝大多数情况下是设计者未对所要实现任务的输入/输出变量(节点)数量以及各个变量之间的相互关式准确掌握所致。而这一点是网络设计之外的功夫与知识。

(2) 层数

BP 网络所具有的最大也是唯一的特点是非线性函数的逼近,而且只含有一个隐含层的 BP 网络即可完成此任务。由于 BP 网络的功能实际上是通过网络输入到网络输出的计算来完成的,所以多于一个隐含层的 BP 网络虽然具有更快的训练速度,但在实际应用中需要较多的计算时间。另一方面,众所周知,训练速度也可以通过增加隐含层节点数以及采用更好的训练算法来达到。所以,从实用的角度出发,除有特殊的要求,对于一般的应用情况,采用具有一个隐含层的 BP 网络就能够达到目的。

(3) 每层激活函数

众所周知,BP 网络的非线性逼近能力是通过 S 型的激活函数体现出来的。所以,隐含层中一般采用 S 型的激活函数。输出层的激活函数可以采用线性或 S 型。当希望网络的输出范围是 $(-\infty, +\infty)$ 时,应当采用线性激活函数。当采用 S 型的激活函数作为输出层的激活函数时,其非线性逼近速度快于线性激活函数,但此时的网络输出被限制在 $(0,1)$ 或 $(-1,1)$。

2. 各个初始参数的取值

在网络初始参数的确定上,最主要的应当是隐含层节点数 $S1$ 的确定,但这又是一个几乎让所有初学者困惑的事情。实际上,隐含层节点数应当根据具体问题,通过实验确定。

作为网络设计的例子,在此选择一个简单的控制器设计问题:设计实现模糊控制规则为 $U = \mathrm{int}\,\dfrac{1}{2}(e+ec)$ 的模糊神经网络控制器,此处我们定义取整函数 $\mathrm{int}(x)$ 为不大于 x 的最大整数。

(1) 输入/输出数据对的确定

① 网络由两个输入变量 e(误差)和 ec(误差的变化)构成输入向量

$$P = [e; ec]$$

② 期望目标

$$T = \mathrm{int}\,\frac{1}{2}(e+ec)$$

由输入变量 e 和 ec 以及期望的输出目标 T,可以得到采用神经网络实现其控制规则的输入和输出向量为

P = [-2-1 0 1 2-2-1 0 1 2-2-1012-2-1012-2-1012;
    -2-2-2-2-2-1-1-1-1-1 0 0000 1 1111 2 2222];
T = [-2-2-1-1 0-2-1-1 0 0-1-1001-1 0011 0 0112];

（2）网络的结构

根据以上分析,我们采用 2-S1-1 的网络结构:在隐含层采用 S 型激活函数,输出层采用线性激活函数,隐含层中神经元的个数 S1 待定。

（3）隐含层节点数 S1 的确定

在网络初步确定结构后,为了能够通过对网络的训练来确定 S1 值,还必须在训练前确定各个初始参数取值。

一般而言,学习速率 lr 对训练结果的影响在于当 lr 过大时,可能导致系统不稳定,过小时会导致较长的训练时间,一般 lr 取值为 0.01~0.8。为了避免误差落入的是误差曲面的局部最小值,并显示各种不同算法的优劣性,我们确定最大训练次数为 10000 次,并固定目标函数(均方误差)为 0.001 来进行实验,实验中使用的 Matlab 版本为 5.2,实验环境是 PC-PⅢ500。

取最大训练循环次数 max_epoch = 10000;目标误差 err_goal = 0.001。此时,所有参数均不确定,故只有采取尝试的办法,通过不断实验来逼近,为了保证一定的收敛速度,将 lr 取得稍大,通过训练记录数据见表 5.1。

表 5.1　取 $lr = 0.020$ 时的网络训练记录

S1	误差平方和	训练次数	时间(秒)	误差过程记录
6	0.6550	10000	272.4300	有收敛趋势
7	0.0412	10000	263.6400	有收敛趋势
8	0.0826	10000	264.1300	7800 次后出现毛刺现象,但不影响收敛趋势
9	0.2633	10000	266.2200	2000 次后开始振荡,4000 次后开始发散

由表 5.1 可以看出训练效果不好。推测是 lr 取值过大所致,因而使得系统稳定性不好,故减小 lr 的取值,新获得的训练结果见表 5.2。

表 5.2　取 $lr = 0.015$ 时的网络训练记录

S1	误差平方和	训练次数	时间(秒)	误差记录过程
4	0.7696	10000	276.0600	平滑曲线,有向下收敛趋势
5	1.0821	10000	268.1500	500~800 间有毛刺
6	0.5800	10000	267.3200	开始明显下降,但 5500 次后有小毛刺
7	0.0968	10000	263.9700	下降趋势明显,曲线平滑
8	0.0010	9182	261.5000	快速下降,曲线平滑
9	0.0010	7131	189.3900	平滑快速下降
10	0.0235	10000	274.1900	明显较快平滑下降曲线
11	0.1169	10000	267.6500	1800 次后出现毛刺,有下降趋势
12	0.0010	4663	125.3400	很快地平滑下降
15	0.0010	1761	48.2200	下降很快,但初始误差非常大,且开始有峰

由表 5.2 可以看出：$S1$ 的增加能加速误差的下降，但是随着 $S1$ 的增加，每一次循环过程中进行的计算量也随之增加，所以所需要的时间不一定随之减少。由于在训练中，不同 $S1$ 情况下的初始权值 $[W10, B10]$，$[W20, B20]$ 均是随机的，故对 $S1$ 的性能比较有一定的影响，但我们仍可以看出整体趋势：当 $S1 = 7, 8, 9, 10, 11, 12$ 和 15 时，都是能够解决问题的且误差减少速度是越来越快的，不过从网络实现的角度上来看，$S1$ 取值越大，网络实现中的计算就越费时。根据 $S1$ 选择在能够解决问题的前提下适当加一点余量以加快误差下降速度的原则，同时根据表 5.1 和表 5.2 所示的具体情况，选取 $S1 = 9$。

3. 初始权值的选取

一般取初始权值在 $(-1, 1)$ 上的随机数。另外，威得罗等人在分析了两层网络是如何对一个函数进行训练后，提出一种选定初始权值的策略：选择权值的量级为 $\sqrt[R]{s1}$，其中 $s1$ 为第一层神经元数目。利用他们的方法可以在较少的训练次数下得到满意的训练结果。在 Matlab 工具箱中可采用函数 nwlog.m 或 nwtan.m 来初始化隐含层权值 $W1$ 和 $B1$。其方法仅需要使用在第一隐含层的初始值的选取上，后面层的初始值仍然采用随机取数。在本节所给的例题中，确定初始权值如下：

$$[W10, B10] = \text{nwtan}(S1, R); \quad [W20, B20] = \text{rands}(S2, S1);$$

我们在每次确定的 $S1$ 下进行 5 次训练，从中选择训练结果最好的一次的 $[W10, B10]$ 和 $[W20, B20]$，作为网络的固定权值来进行后面的对比实验。

在 $S1 = 9, lr = 0.015$ 下的 5 次随机实验中最好的一次结果为

$$\text{误差平方和(SSE)} = 0.00099989$$
$$\text{训练次数(epochs)} = 7131$$
$$\text{时间(time)} = 189.3900(秒)$$

此时对应的初始权值为

$$W10 = [2.2312 \ -2.2035; \quad 1.1189 \ -0.6776; \quad 1.5390 \ -1.7795;$$
$$1.3675 \ \ 1.3787; \quad 1.6230 \ \ 1.4963; -0.9914 \ -1.9675;$$
$$1.7568 \ \ 2.3563; \ -1.3277 \ \ 1.1191; \quad 2.9429 \ \ 2.7832];$$

$$B10 = [-1.9254; -0.2765; 2.0183; 2.6543; -0.7643; 1.0097; -1.7705;$$
$$-1.6106; 2.5937];$$

$$W20 = [-1.3604 \ 1.8750 \ -0.7371 \ -1.2319 \ 1.7746 \ 0.7099 \ -0.8243$$
$$-0.8762 \ 1.3169];$$

$$B20 = [-0.1761];$$

实验中发现初始权值对训练结果的影响至关重要，即使是很微小的对初始权值的改变，也会带来误差记录的剧烈变化，表现为出现毛刺，不平稳或下降趋势改变，甚至出现发散现象。

4. 学习速率的影响

为了进行对比，在 $[W10, B10]$，$[W20, B20]$，$S1$，max_epoch 和 err_goal 给定下，改变学习速率 lr 值，分别对网络进行重新训练，获得记录如表 5.3 所示。

表 5.3　不同学习速率时的网络训练结果

lr	误差平方和	训练次数	时间(秒)	误差记录过程
0.005	0.0026	10000	269.6300	平稳下降曲线
0.010	0.0011	10000	287.7500	平稳下降曲线
0.012	0.00099986	8945	277.3700	平滑快速下降曲线
0.015	0.00099989	7131	189.3900	平滑快速下降曲线
0.0151	0.0009982	7083	188.9400	平滑快速下降曲线
0.0152	0.00099988	7035	201.4100	平滑快速下降曲线
0.0153	0.00099999	7913	244.6400	开始下降很快,6600 次后出现大尖刺
0.016	0.0086	10000	323.1300	4500 次开始有振荡感毛刺,但仍为下降
0.0275	0.1345	10000	268.5300	很多毛刺,趋向平直
0.0280	—	—	—	发散

由表 5.3 可以看出:较大的学习速率在训练的初始阶段能加速误差减少,但随着训练的不断深入,由于学习速率过大,使网络每一次的修正值过大,而导致在权值的修正过程中超出误差的最小值而永不收敛;另外较大的学习速率也容易引起振荡而使其难以达到期望目标。对照表 5.3 所示的各方面因素,可取 $lr = 0.0151$。

5.4.2　采用自适应学习速率与固定学习速率的比较

为了对不同改进算法的效果也进行对比,特采用自适应学习速率的算法,重新对网络进行训练,此时取初始学习速率值 lr = 0.020;递增乘因子 lr_inc = 1.05;递减乘因子 lr_dec = 0.70;误差速率 err_ratio = 1.04。得到

SSE = 0.00099753;

epochs = 6728;

time = 178.1800(s)。

与表 5.3 中固定学习速率中最好的情况相比:

lr = 0.0151;

SSE = 0.00099982;

epochs = 7083;

time = 188.9400(s),

显然自适应算法收敛更快,精度也高得多。

当采用自适应学习速率进行网络训练时,误差曲线呈锯齿状下降,学习速率曲线也呈锯齿状。这是因为它遵循以下的调整规则:当新误差超过旧误差一定倍数时,学习速率将减少,否则其学习速率保持不变;当新误差小于旧误差时,学习速率将增加,这样网络总是以最大的可接受的学习速率进行训练。其训练效果比在整个训练过程中固定一个学习速率要好得多。

5.4.3 改进算法的性能比较

保持各参数不变,采用第 2 章中基于非线性优化的训练算法对上述网络进行训练,并与基于标准梯度下降的改进方法,如附加动量 BP 算法、学习速率可变的 BP 算法和弹性 BP 算法进行性能对比。基于标准数值优化的改进方法有共轭梯度算法、拟牛顿法与 Levenberg-Marquardt 法。作为本节例题中对各种改进算法的性能比较,其训练结果如表 5.4 所示。

表 5.4 不同改进算法的训练结果记录

函数	算法描述	SSE	Epochs	Time(秒)
traingda	变学习速率的 BP 算法	0.00099753	6728	178.1800
traingdm	附加动量的 BP 算法	0.00611616	10000	197.2300
traingd	标准梯度下降法(标准 BP 算法)	0.0009982	7083	188.94
traincgf	Fletcher-Powell 共轭梯度法	0.000931746	107	4.5600
traincgp	Polak-Ribiere 共轭梯度法	0.000993415	161	5.9300
traincgb	Powell-Beale 共轭梯度法	0.000964970	129	4.8900
trainscg	Scaled 共轭梯度法,无须进行线性搜索	0.000989956	151	4.5500
trainbfg	BFGS 拟牛顿法	0.000919438	48	2.5200
trainoss	One-Step-Secant 一步割线拟牛顿法	0.000992918	229	6.7000
trainlm	Levenberg-Marquardt 法	0.000931362	28	1.6400
trainrp	弹性 BP 算法	0.000992987	517	7.6900

从附加动量的 BP 算法、变学习速率的 BP 算法、弹性 BP 算法这三种算法的收敛速度及训练次数上看(表 5.4),后面的算法比前一种算法均高出一个数量级(依次为 10000,6728 和 517),其中弹性 BP 算法速度快,计算量也不大,非常有效;BFGS 拟牛顿法效果较好,一步割线拟牛顿法与共轭梯度法差不多;在所有的算法中,Levenberg-Marquardt 法的效果最好,它的运算次数及花费时间都是最少的。

人工神经网络训练程序编写的好坏也是网络设计成败的关键步骤,因为它是将设计者的网络设计结构与算法实现相结合确定网络参数的过程。不论哪种算法,基本上都要用到函数的一阶甚至二阶导数,同时涉及矩阵运算,这些都使得程序编写复杂,运算量巨大。所以在可能的情况下,应当尽量利用通用可靠的标准程序,如国际控制界常用的 Matlab 环境下神经网络工具箱。本节中给出的所有训练算法与训练过程,都是在此神经网络工具箱的帮助下完成的。

由 Levenberg-Marquardt 法训练最后获得的网络权值$[W1,B1]$,$[W2,B2]$的设计结果为

$$W1 = [3.0995 - 3.1661;1.2010 - 1.1431;1.1149 - 1.5871;4.1389\ 4.1389;$$
$$0.0625\ 0.3600;0.4979\ 0.1562;2.4634\ 2.4634; - 1.6657\ 1.3309;$$
$$2.7434\ 3.6439];$$

$$B1 = [-1.1019; -0.4163; 2.0054; 0.8540; 0.3124; 0.8313; 0.5292;$$
$$3.2671; 1.5999];$$
$$W2 = [-1.8156\ 3.0747 - 0.8320\ 1.0364\ 3.2925 - 0.6920 - 0.1764$$
$$-0.8911 - 1.0187];$$
$$B2 = [-0.7765];$$

5.5　具有 PID 特性的神经网络非线性自适应控制

线性系统的控制器设计理论和技术,经过几十年的发展目前已经具备了相当成熟的系统化设计方法,针对各种具体确定性线性系统所设计的控制器,在工程实践中得到了大量的使用。因此,在现有线性控制器的基础上,通过引入新的设计技术进一步开发更高性能的能适应原系统参数和外部环境变化的自适应控制器,受到了控制领域的极大关注。

据日本电气计测器工业会先进控制动向调查委员会统计,1990 年,日本有 91% 的控制回路使用 PID 进行控制;在美国,据控制工程杂志(Control Engineering)的编辑 Kompass 估计,有 90% 以上的工业控制器为 PID 控制器;而在我国,除了 PID 控制之外,就是手动控制。尽管目前一些先进的控制方法,尤其是预测控制在一些存在大滞后、多变量、强扰动等回路中显示出更为优越的控制性能,并部分取代了 PID 的控制,但是 PID 在工程控制中的主体地位仍然不能动摇。然而,随着时间的推移,实际工程系统参数和所处的环境总是会发生变化的,针对原系统设计的最优 PID 控制将不再具备原有的良好控制性能,因此需要重新调试 PID 的参数或者更换新的控制算法,而前者在大型工程中是代价最小的首选。因此,经典的 PID 参数整定算法以及能自动在线调整 PID 参数的自适应 PID 控制算法,从 PID 控制诞生之日起直至目前,就得到了最广泛的关注与深入的研究,成果丰硕。

在 20 世纪,针对确定性系统的经典 PID 参数整定方法已被大量开发出来,并在工程实践中得到了检验。新型的 PID 结构与算法和在线的自适应 PID 控制器的设计是目前有关 PID 控制研究的重点。20 世纪 80 年代初和本世纪初,基于自校正器和参考模型的自适应 PID 控制器相继被提出,基于非线性设计技术的 PID 控制器近年来大量被研究。由于神经网络对各种难以建模不确定性的优良逼近能力,因而被广泛地应用于 PID 参数在线调节算法的研究。其具体应用的方式主要包括以下几种:使用神经网络进行不确定性在线逼近并根据逼近结果实时在线修改 PID 控制器的参数,这种方法从根本上说属于 PID 自校正控制;构造类似 PID 的神经网络结构,然后将 PID 的参数作为神经网络权值的初始值,最后通过李雅普诺夫稳定性原理获得网络权值的自适应律;结合模糊技术和其他的设计手段,通过李雅普诺夫直接方法得到参数调整律。

尽管目前有关神经网络 PID 控制的方案很多,但是工程上容易实现的实用神经网络自适应 PID 控制器仍然缺乏。因为神经网络虽然有诸多优点,但它存在着网络结构较复杂、没有明确的物理意义、初始权值对结果影响较大以及需要确定包括学习速率在内的众多参数等不利因素,这些都使得希望真正设计出一个令人满意的神经网络 PID 控制器并不是一件容易的事情。

5.5.1　NLPIDC 的结构

本小节首先给出神经网络非线性 PID 自适应控制器(简称 NLPIDC)的基本结构,并根据控制器的结构确定输入/输出关系和权值调整律,然后通过离散形式的李雅普诺夫直接方法获得保证闭环控制系统稳定的学习速率调整范围,最后给出实时在线的控制策略步骤。

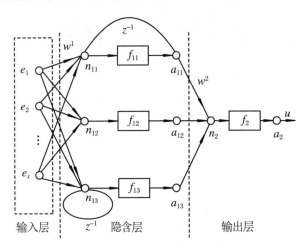

NLPIDC 的结构如图 5.8 所示,它由输入层、隐含层和输出层构成,其中输入层有 s 个节点,为控制系统的误差;输出层只有 1 个节点,最后输出控制量 u;隐含层有 3 个节点,其中第一个节点 a_{11} 具有输出反馈,它是通过将该节点的输出,进行单位延时反馈到该节点的加权求和节点 n_{11} 实现的,第三个节点 a_{13} 带有激活反馈,它是通过将该节点的加权求和节点 n_{13} 的输出,进行负单位延时再反馈到该加权求和节点 n_{13} 的输入实现的,中间的一个节点是常规节点。该网络的隐含层和输出层的激活函数都选择为非线性的双曲正切函数 $f = (e^n - e^{-n})/(e^n + e^{-n})$。在 NLPIDC 中,输出层权值是固定不变的,隐含层权值根据控制系统的反馈误差而实时调整。

图 5.8　NLPIDC 的物理结构

5.5.2　NLPIDC 的输入/输出关系

约定 $W_{i,j}^m(k)$ 表示 k 时刻第 m 层网络中连接第 j 个输入节点和第 i 个输出节点的网络权值。其中,$m = 1,2; i = 1,2,3; j = 1,\cdots,s$。根据图 5.8 可得到隐含层各节点在 k 时刻的输入/输出关系如下:

$$n_{11}(k) = \sum_{j=1}^{s} (W_{1j}^1(k) e_j(k)) + a_{11}(k-1) \tag{5.1}$$

$$n_{12}(k) = \sum_{j=1}^{s} (W_{2j}^1(k) e_j(k)) \tag{5.2}$$

$$n_{13}(k) = \sum_{j=1}^{s} (W_{3j}^1(k) e_j(k)) - \sum_{j=1}^{s} (W_{3j}^1(k-1) e_j(k-1)) \tag{5.3}$$

$$a_{1,i}(k) = f_{1,i}(n_{1i}(k)), \quad i = 1,2,3 \tag{5.4}$$

$$a_2(k) = f_2(n_2(k)), \quad u(k) = a_2(k) \tag{5.5}$$

可以明显看出,$n_{11}(k)$ 具有积分作用,而 $n_{13}(k)$ 具有微分作用,$n_{12}(k)$ 可以看作一个常规节点。

对隐含层和输出层中的双曲正切函数进行求导,则其导数可以表示为

$$\dot{f}(n(k)) = 1 - (f(n(k)))^2 \tag{5.6}$$

为方便起见，后面的推导过程将 $f_{ij}(n_{ij}(k))$ 和 $f_2(n_2(k))$ 简记为 $f_{ij}[k]$ 和 $f_2[k]$。

5.5.3　NLPIDC 的权值调整公式

作为一般控制器的设计原则，我们的控制目标确定为使被控系统在神经网络控制器作用后的闭环系统参考输入与系统输出之间的误差平方和为最小。

设系统的输出变量为 $y_j(k)(j=1,2,\cdots,s)$，j 为可测输出变量的数目；系统参考输入为 $r_j(k)(j=1,2,\cdots,s)$，则 k 时刻对任意参考输入 $r_j(k)$ 与输出 $y_j(k)$ 之间的系统输出误差为

$$e_j(k) = r_j(k) - y_j(k) \tag{5.7}$$

那么，误差函数为

$$J_j(k) = \frac{1}{2}(e_j(k))^2 = \frac{1}{2}(r_j(k) - y_j(k))^2 \tag{5.8}$$

采用所定义的误差函数 $J(k)$ 作为控制器设计的性能指标，这意味着所设计的神经网络控制器为负反馈闭环控制器，整个控制系统的结构如图 5.9 所示。

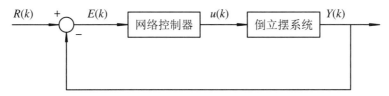

图 5.9　采用 NLPIDC 的闭环控制系统结构图

根据 BP 网络的一般权值调整算法，第 m 层网络中连接第 j 个输入和第 i 个输出的网络权值调整公式如下：

$$W_{ij}^m(k+1) = W_{ij}^m(k) - \eta_{ij}^m(k)\frac{\partial J}{\partial(W_{ij}^m(k))} \tag{5.9}$$

所以只需要求解出式(5.9)中后面两项的取值范围或者具体表达式，就能确定网络权值的修正公式。

根据图 5.8 以及 BP 网络的误差反向传播基本原理，有

$$
\begin{aligned}
\frac{\partial J(k)}{\partial n_{2(k)}} &= \frac{\partial\left(\dfrac{1}{2}\displaystyle\sum_{j=1}^{s}(r_j(k) - y_j(k))^2\right)}{\partial n_2(k)} \\
&= \frac{1}{2}\sum_{j=1}^{s}\left(\frac{\partial(r_j(k) - y_j(k))^2}{\partial y_j(k)}\frac{\partial y_j(k)}{\partial u(k)}\frac{\partial u(k)}{\partial n_2(k)}\right)
\end{aligned} \tag{5.10}
$$

在式(5.10)中，考虑到系统输出 $y_j(k)$ 与输入 $u(k)$ 之间函数关系的复杂性和未知性，我们用差分概念来近似求解 $y_j(k)$ 对 $u(k)$ 的一阶偏导数，因此得到

$$\frac{\partial y_j(k)}{\partial u(k)} \approx \frac{\Delta y_j(k)}{\Delta u(k)} = \frac{y_j(k) - y_j(k-1)}{u(k) - u(k-1)} \tag{5.11}$$

借用弹性 BP 算法的概念，对式(5.11)使用符号函数，不考虑计算结果的大小，只根据其

结果的正负取 ±1。这样不仅可以避免由于梯度太小所导致的停止修正权值的问题,还可以大大地简化计算,满足实时在线修正和控制的要求,即有

$$\frac{\partial y_j(k)}{\partial u(k)} \approx \mathrm{sgn}\left(\frac{\Delta y_j(k)}{\Delta u(k)}\right) = \begin{cases} 1, & \Delta y_j(k) \text{ 与 } \Delta u(k) \text{ 符号相同} \\ -1, & \Delta y_j(k) \text{ 与 } \Delta u(k) \text{ 符号相反} \\ 0, & \text{其他} \end{cases} \tag{5.12}$$

根据图 5.8 所示的 NLPIDC 的结构,有 $u(k) = a_2(k) = f_2[k]$。则由式(5.10)和式(5.12)可以得到

$$\frac{\partial J(k)}{\partial n_2(k)} = -\sum_{j=1}^{s}\left(e_j(k)\mathrm{sgn}\left(\frac{\Delta y_j(k)}{\Delta u(k)}\right)\dot{f}_2[k]\right) \tag{5.13}$$

令

$$q(k) = \frac{\partial J(k)}{\partial n_2(k)} = -\sum_{j=1}^{s}\left(e_j(k)\mathrm{sgn}\left(\frac{\Delta y_j(k)}{\Delta u(k)}\right)\dot{f}_2[k]\right)$$

则有

$$\frac{\partial J(k)}{\partial W_{ij}^1(k)} = \frac{\partial J(k)}{\partial n_{1i}(k)}\frac{\partial n_{1i}(k)}{\partial W_{ij}^1(k)} = q(k)W_{1i}^2(k)\dot{f}_{1i}[k]e_j(k) \tag{5.14}$$

根据式(5.9)和式(5.14)可得到隐含层的网络参数修正公式:

$$W_{ij}^1(k+1) = W_{ij}^1(k) - \eta_{ij}(k)W_{1i}^2(k)\dot{f}_{1i}[k]e_j(k)q(k) \tag{5.15}$$

其中,$1 \leqslant i \leqslant 3; 1 \leqslant j \leqslant s$。

5.5.4　NLPIDC 闭环控制系统的稳定性分析

对于自然不稳定控制对象,控制器与它构成的闭环系统是否稳定,是控制器设计中的一个最基本的问题。本小节先以定理的形式给出保证闭环系统稳定的网络控制器的学习速率取值范围,然后利用离散形式的李雅普诺夫直接方法证明该定理。

【定理 5.1】　如图 5.8 所示的 NLPIDC 结构,如果采用式(5.15)作为它的隐含层网络权值参数修正公式,要保证如图 5.9 所示的闭环系统稳定,那么在采样周期 k 时隐含层的所有学习速率 $\eta_{i,j}(k)$ 都应取相同的值 $\eta(k)$,且 $\eta(k)$ 满足式(5.16)和式(5.17)。

如果 $\left(\sum\limits_{j=1}^{s}\frac{e_j(k)}{p_j(k)}\right)q(k) < 0$, 则

$$0 < \eta(k) \leqslant \frac{-2\sum\limits_{j=1}^{s}\frac{e_j(k)}{p_j(k)}}{\left(\sum\limits_{j=1}^{s}\sum\limits_{i=1}^{3}(W_{1i}^2(k)\dot{f}_{1i}[k]e_j(k))^2\right)\sum\limits_{j=1}^{s}\left(\frac{1}{p_j(k)}\right)^2 q(k)} \tag{5.16}$$

如果 $\left(\sum\limits_{j=1}^{s}\frac{e_j(k)}{p_j(k)}\right)q(k) \geqslant 0$, 则

$$\frac{-2\sum\limits_{j=1}^{s}\frac{e_j(k)}{p_j(k)}}{\left(\sum\limits_{j=1}^{s}\sum\limits_{i=1}^{3}(W_{1i}^2(k)\dot{f}_{1i}[k]e_j(k))^2\right)\sum\limits_{j=1}^{s}\left(\frac{1}{p_j(k)}\right)^2 q(k)} \leqslant \eta(k) \leqslant 0 \tag{5.17}$$

其中

$$p_j(k) = \sum_{i=1}^{3} (W_{1i}^2(k) \dot{f}_{1i}[k] W_{ij}^1(k)) \tag{5.18}$$

【证明】　定义李雅普诺夫函数为

$$V(k) = \frac{1}{2} \sum_{j=1}^{s} (e_j(k))^2 \tag{5.19}$$

李雅普诺夫函数的变化量为

$$\begin{aligned}
\Delta V(k) &= V(k+1) - V(k) \\
&= \frac{1}{2} \sum_{j=1}^{s} (\Delta e_j(k)(2e_j(k) + \Delta e_j(k))) \\
&= \sum_{j=1}^{s} \left((\Delta e_j(k)) e_j(k) + \frac{1}{2} (\Delta e_j(k))^2 \right)
\end{aligned} \tag{5.20}$$

其中，$\Delta e_j(k) = e_j(k+1) - e_j(k)$。

令 $\Delta W_{ij}^1(k)$ 表示第 k 次周期里隐含层网络权值变化量，那么根据隐含层网络权值修正公式(5.15)，有

$$\begin{aligned}
\Delta e_j(k) &= \sum_{i=1}^{3} \sum_{l=1}^{s} \left(\Delta W_{il}^1(k) \left(\frac{\partial e_j(k)}{\partial W_{il}^1(k)} \right) \right) \\
&= \sum_{i=1}^{3} \sum_{l=1}^{s} \left(\eta_{il} W_{1i}^2(k) \dot{f}_{1i}[k] e_l(k) \left(\frac{\partial e_j(k)}{\partial W_{il}^1(k)} \right) \right) q(k)
\end{aligned} \tag{5.21}$$

由于

$$\frac{\partial u(k)}{\partial e_j(k)} = \frac{\partial f_2[k]}{\partial n_2(k)} \frac{\partial n_2(k)}{\partial e_j(k)} = \dot{f}_2[k] \sum_{i=1}^{3} (W_{1i}^2(k) \dot{f}_{1i}[k] W_{ij}^1(k)) \tag{5.22}$$

$$\frac{\partial u(k)}{\partial W_{il}^1(k)} = \frac{\partial f_2[k]}{\partial W_{il}^1(k)} = \dot{f}_2[k] \frac{dn_2(k)}{\partial W_{il}^1(k)} = \dot{f}_2[k] W_{1i}^2(k) \dot{f}_{1i}[k] e_l(k) \tag{5.23}$$

所以

$$\frac{\partial e_j(k)}{\partial W_{il}^1(k)} = \frac{\dfrac{\partial u(k)}{\partial W_{il}^1(k)}}{\dfrac{\partial u(k)}{\partial e_j(k)}} = \frac{W_{1i}^2(k) \dot{f}_{1i}[k] e_l(k)}{\displaystyle\sum_{i=1}^{3} (W_{1i}^2(k) \dot{f}_{1i}[k] W_{ij}^1(k))} \tag{5.24}$$

根据式(5.24)，式(5.21)可以改写为

$$\begin{aligned}
\Delta e_j(k) &= q(k) \sum_{i=1}^{3} \sum_{l=1}^{s} \left(\eta_{il}(k) W_{1i}^2(k) \dot{f}_{1i}[k] e_l(k) \frac{W_{1i}^2(k) \dot{f}_{1i}[k] e_l(k)}{\displaystyle\sum_{i=1}^{3} (W_{1i}^2(k) \dot{f}_{1i}[k] W_{ij}^1(k))} \right) \\
&= q(k) \sum_{i=1}^{3} \sum_{l=1}^{s} \left(\eta_{il}(k) \frac{(W_{1i}^2(k) \dot{f}_{1i}[k] e_l(k))^2}{p_j(k)} \right) \\
&= \frac{q(k)}{p_j(k)} \left(\sum_{i=1}^{3} \sum_{j=1}^{s} (\eta_{ij}(k) (W_{1i}^2(k) \dot{f}_{1i}[k] e_j(k))^2) \right)
\end{aligned} \tag{5.25}$$

令式(5.25)中所有的 $\eta_{i,j}(k)$ 都应取相同的值 $\eta(k)$，则

$$\Delta e_j(k) = \Big(\sum_{i=1}^{3} \sum_{j=1}^{s} \big((W_{1i}^2(k) \dot{f}_{1i}[k] e_j(k))^2 \big) \Big) \frac{q(k)}{p_j(k)} \eta(k) \tag{5.26}$$

根据式(5.26)，式(5.20)可改写为

$$
\begin{aligned}
\Delta V(k) = \sum_{j=1}^{s} \Big(& \Big(\sum_{i=1}^{3} \sum_{j=1}^{s} \big((W_{1i}^2(k) \dot{f}_{1i}[k] e_j(k))^2 \big) \Big) \frac{e_j(k)}{p_j(k)} q(k) \eta(k) \\
& + \frac{1}{2} \Big(\sum_{i=1}^{3} \sum_{j=1}^{s} \big((W_{1i}^2(k) \dot{f}_{1i}[k] e_j(k))^2 \big) \Big)^2 \\
& \times \Big(\frac{1}{p_j(k)} \Big)^2 (q(k))^2 (\eta(k))^2 \Big)
\end{aligned}
\tag{5.27}
$$

令

$$h(k) = \sum_{i=1}^{3} \sum_{j=1}^{s} \big((W_{1i}^2(k) \dot{f}_{1i}[k] e_j(k))^2 \big)$$

则有

$$
\begin{aligned}
\Delta V(k) = & \frac{1}{2} (h(k))^2 \Big(\sum_{j=1}^{s} \Big(\frac{1}{p_j(k)} \Big)^2 \Big) (s(k))^2 (\eta(k))^2 \\
& + h(k) \Big(\sum_{j=1}^{s} \Big(\frac{e_j(k)}{p_j(k)} \Big) \Big) s(k) \eta(k)
\end{aligned}
\tag{5.28}
$$

要保证闭环系统稳定，根据李雅普诺夫稳定性定理，要求 $\Delta V(k) \leqslant 0$ 成立。根据式(5.28)，只要 $\eta(k)$ 满足式(5.16)和式(5.17)，则有 $\Delta V(k) \leqslant 0$。

5.5.5　NLPIDC 的实时在线控制策略步骤

综上所述，NLPIDC 的实时在线控制策略的具体实现步骤如下：

(1) 确定所要控制的被控对象的输出变量数目，并以此来确定网络输入节点的数目 s。

(2) 根据常规控制方法在被控系统上的一般控制情况，确定隐含节点是只采用一个、两个或是三个。

(3) 使用常规控制方法所获得的参数 K_P, K_I 或 K_D，或者通过实际运行一种稳定控制器所获得的一组控制器数据，对网络进行几千次的训练，来获得网络隐含层权值的初始值 $w_{ij}^1(0)(i=1,2,3;j=1,\cdots,s)$；网络输出层权值 $w_i^2(0)=1(i=1,2,3)$，且 $w_i^2(0)$ 在控制过程中保持不变。令 $u(-1)=0$, $a_1(-1)=0$, $e_j(-1)=0$, $w_{3j}(-1)=0(j=1,\cdots,s)$。

(4) 将网络控制器与被控对象串联，并连接成闭环系统，如图 5.9 所示。

(5) 运行系统，在每一个 $k(k \geqslant 0)$ 采样周期内：

① 读取系统输出变量 $y_j(k)$。

② 根据式(5.7)计算所有变量的误差值 $e_j(k)$。

③ 根据式(5.1)、式(5.2)、式(5.3)和式(5.4)计算网络隐含层输出 $a_1(k)$, $a_2(k)$ 和 $a_3(k)$。

④ 根据式(5.5)得到控制量 $u(k)$。

⑤ 根据定理 5.1 确定学习速率 $\eta_{ij}(k)$。

⑥ 根据式(5.15)计算 $w_{ij}^1(k+1)$。

⑦ 输出控制量 $u(k)$。

⑧ $k = k + 1$。

返回到第(5)步骤中的第①步,实现实时在线的重复运行。

5.5.6　基于 ADAMS 和 Matlab 的三级倒立摆镇定控制仿真平台

本小节首先介绍基于虚拟样机技术和 Matlab 相结合的三级倒立摆仿真平台的建立过程,然后将所提出的 NLPIDC 应用到三级倒立摆的镇定控制仿真实验中,并对仿真结果进行对比分析。

在控制领域,传统的仿真工作一般都是由控制研究人员根据被控对象的数学模型,采用龙格-库塔算法来进行数字化近似模拟,这种方法不仅费时费力,而且对模型参数进行修改或对模型进行一定的扩展显得非常困难。近年来,由于虚拟仿真技术的发展,几乎所有的控制系统都能使用现成的虚拟软件快速地构造出其虚拟样机,然后再通过控制接口将虚拟样机和控制软件结合起来,进行联合仿真。本小节使用目前机械研究领域使用比较广泛的 ADAMS(Automatic Dynamic Analysis of Mechanical System)软件实现三级倒立摆的虚拟样机模型,并在 Matlab 中以 S 型函数的形式实现 NLPIDC,然后在 Simulink 环境中实现如图 5.10 所示的整个控制系统的联合仿真,最后对仿真结果进行详细的分析。

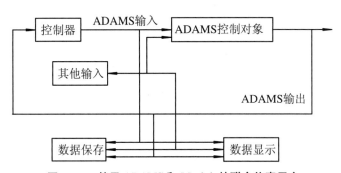

图 5.10　基于 ADAMS 和 Matlab 的联合仿真平台

采用 Matlab 作为控制软件,基于 ADAMS 和 Matlab 的联合仿真平台的建立过程主要有以下 8 个步骤。

(1) 在 ADAMS/VIEW 中建立系统虚拟样机模型,设置样机模型的初始条件,并验证模型的正确性,最后定义输入和输出变量,作为样机模型与其控制器的交互。

(2) 利用 ADAMS/CONTROL 控制接口将步骤(1)中的虚拟样机模型输出为 *.m 文件,并在控制输出(Plant Output)对话框中填写步骤(1)中所定义的输入和输出变量名,在控制软件下拉列表框中选取 Matlab。

(3) 运行 Matlab 软件,在命令行窗口中运行步骤(2)中所保存的模型文件 *.m。此时,虚拟样机模型的输入变量、输出变量以及一些基本设置信息都显示在命令窗口中,用户可以使用 Matlab 的基本命令对这些信息进行查看。

(4) 在命令窗口中输入"ADAMS_SYS"命令并运行,就可以得到当前虚拟样机模型的 ADAMS 控制对象。

（5）将步骤（4）得到的 ADAMS 控制对象复制到 Simulink 新窗口中，将它和系统的控制器一起，组合成控制框图，如图 5.10 所示。

（6）双击打开 ADAMS 控制对象的参数设置对话框，可以对其参数进行设置，如对仿真过程中输出的各种文件进行命名，对仿真的方式进行选择，并选择在仿真过程中是否进行动画的同步显示（由于速度很慢，一般建议不要进行动画同步显示）。

（7）对 Simulink 的仿真参数进行设置，如仿真时间、仿真步长、求解方法等。

（8）启动仿真，通过 Matlab 或者 ADAMS 中的输出控件跟踪查看仿真过程。仿真结束后可以通过 Matlab 保存下来的仿真数据或者 ADAMS/Postprocessor 分析仿真结果。

如果需要修改模型进行重新仿真，则返回到步骤（1）。

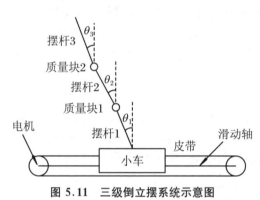

图 5.11　三级倒立摆系统示意图

如图 5.11 所示，三级倒立摆系统主要由沿直线导轨来回运动的小车、三根首尾通过铰链互连在一起的摆杆、用于测量摆杆角位移的两个光码盘（图中的质量块 1 和 2，另一光码盘内置于小车中）、驱动小车做来回运动的驱动电机以及与将小车和电机连接在一起的皮带等部件组成。在实际系统运行中，控制器根据倒立摆的当前状态，通过一定的控制算法计算出下一时刻的数字控制量，该数字控制量经过运动控制卡转化为模拟量输出到专用的运动控制箱，控制箱根据该模拟控制信号，控制电机转动，从而使小车沿着直线导轨作来回往返运动。运动控制箱和驱动电机之间构成闭环系统，保证电机转动的加速度等于控制器给定的数字控制量。根据以上方法，可以建立如图 5.11 所示的三级倒立摆镇定控制仿真平台。

在建立该倒立摆系统的虚拟样机时，忽略掉驱动电机、皮带和滑动轴，因为这些部件对系统的运动影响不大，并将小车的运动方式限制为加速度模式，即小车以外来的输入信号作为加速度而沿直线运动。在 ADAMS/VIEW 中建立的三级倒立摆系统虚拟样机模型如图5.12～图 5.14 所示。

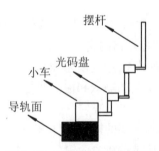

图 5.12　三级倒立摆虚拟样机模型侧面图

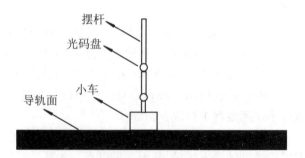

图 5.13　三级倒立摆虚拟样机模型正面图

我们希望联合仿真系统如图 5.10 所示，其中 ADAMS 控制对象接受控制器的 1 个输出和 3 个外来随机干扰信号,同时将三级倒立摆的 8 个状态变量输出给控制器,所以在三级倒立摆虚拟样机模型中定义 4 个输入变量和 8 个输出变量,部分变量的作用与方向的规定如图 5.14 所示。设置各个变量的初始值,并在 ADAMS/VIEW 中对模型的正确性进行验证,确认模型建立无误后,再通过 ADAMS/CONTROL 工具输出模型对象为 *.m 文件,最后得到

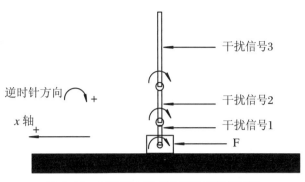

图 5.14　三级倒立摆虚拟样机模型背面图

在 Matlab Simulink 环境中的实际联合仿真平台如图 5.15 所示。

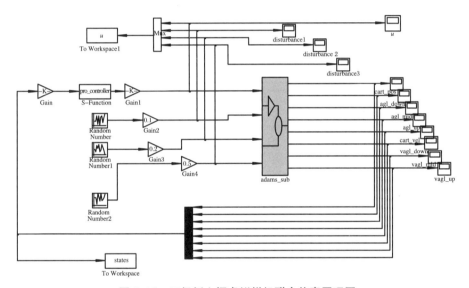

图 5.15　三级倒立摆虚拟样机联合仿真原理图

5.5.7　NLPIDC 在三级倒立摆镇定控制中的应用

令图 5.11 中摆杆 1,2,3 的质量分别为 m_1, m_2, m_3,质量块 1,2 的质量分别是 m_4, m_5,小车质量为 M,摆杆 1,2,3 的长度为 l_1, l_2, l_3,实际参数如表 5.5 所示。

表 5.5　三级倒立摆系统物理参数

$m_1 = 0.0355 \, \text{kg}$	$m_2 = 0.0355 \, \text{kg}$	$m_3 = 0.1013 \, \text{kg}$
$m_4 = m_5 = 0.208 \, \text{kg}$	$M = 1.32 \, \text{kg}$	$l_1 = 8 \, \text{cm}$
$l_2 = 9.75 \, \text{cm}$	$l_3 = 20.1 \, \text{cm}$	$b = 0.1$

基于 Lagrange 方程的方法可建立三级倒立摆的数学模型,然后根据表 5.5 所示的系统参数在平衡点处对模型线性化和离散化后,采用 LQR 方法获取线性化三级倒立摆控制对象的最优反馈控制矩阵,最后使用该最优反馈控制矩阵实现 NLPIDC 网络权值的初始化。

当选取权值调整矩阵为

$$Q = \begin{bmatrix} 800 & 600 & 600 & 600 & 1 & 1 & 1 & 1 \end{bmatrix}, \quad r = 1.5$$

可得到最优反馈控制矩阵

$$K = \begin{bmatrix} -19.44 & 320.34 & -737.36 & 569.86 & -23.45 & 12.76 & -40.46 & 79.89 \end{bmatrix}$$

根据被控系统参数的特点以及与神经网络控制器参数之间的关系,可将控制矩阵 K 赋予神经网络控制器的一个普通节点和一个具有微分作用节点的隐含层网络权值,而输出层的所有网络权值全部置1。

选择系统的初始状态为 $X_0 = \begin{bmatrix} 0 & 0.0436 & 0.0785 & 0.0960 & 0 & 0 & 0 & 0 \end{bmatrix}$,分别采用 LQR 和 NLPIDC 实现联合仿真系统的镇定控制。其中,图 5.16 表示没有外来干扰信号情况下的系统运行特性曲线,图 5.17 表示存在幅值为 2 且在第 5 秒时施加到下摆杆上的外来干扰脉冲信号的系统运行特性曲线。可见,NLPIDC 作用下系统没有超调,小车位移较小,对外来干扰的抑制作用更强。

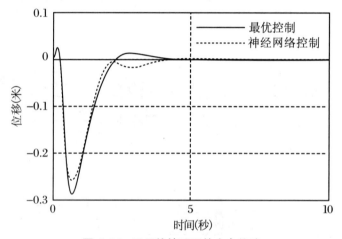

图 5.16 无干扰情况下的小车位移

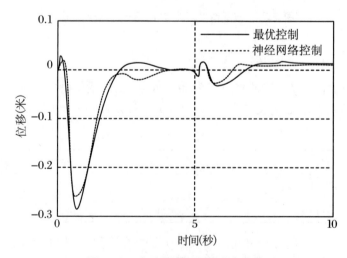

图 5.17 有干扰情况下的小车位移

第6章　模糊理论基础

6.1　基本概念与术语

对于任何一个概念的掌握主要是从两个方面考虑的:一个是该概念的内在含义,称为概念的内涵;另一个是该概念的外延。集合实际上是体现概念的外延,是现代数学的基础。无论讨论什么问题,都必须把所考虑的对象限制在一定的范围内,这个范围叫作论域。论域中的每个对象叫作元素。论域的每一部分叫作论域上的普通集合,简称"集合"或"集"。通常以英文大写字母 U,V,W,X,Y 等来表示论域;以大写字母 A,B,C 等来表示集合;以小写字母 a,b,c 等来表示元素。在论域 X 中任意指定一个元素 x 以及任意指定一个集合 A。当元素 x 属于集合 A 时,记作 $x \in A$;当元素 x 不属于集合 A 时,记作 $x \notin A$。普通集合论要求,在 x 与 A 之间的联系只能有两种可能:要么 $x \in A$,要么 $x \notin A$,非此即彼。没有元素的集合叫作空集,记作 $\varnothing$,有限个元素 $a_1, a_2, \cdots, a_n$ 构成的集合叫作有限集,记作 $\{a_1, a_2, \cdots, a_n\}$。

集合 A 叫作集合 B 的子集,或者说集合 B 包含集合 A,记作 $A \subseteq B$,指 A 的每一个元素也是 B 的元素。如果 $A \subseteq B$ 且 $B \subseteq A$,则称 A,B 相等,记作 $A = B$。A 和 B 不相等,记作 $A \neq B$。非空集合 A 叫作集合 B 的真子集,记作 $A \subset B$,指 $A \subseteq B$ 且 $A \neq B$。$\varnothing$ 和 B 叫作 B 的平凡子集。对于论域 X 上的每个集合 A 来说,永远有 $\varnothing \subseteq A$ 且 $A \subseteq X$。

为了便于计算,引入以下符号:

$\forall x \in A$,表示集合 A 中的每个元素;

$\exists x \in A$,表示集合 A 中存在的一个元素 x;

$P \Rightarrow Q$,表示若性质 P 成立,则性质 Q 成立;

$P \Leftrightarrow Q$,表示当且仅当性质 P 成立,性质 Q 成立;

$L(x)$,表示元素 x 具有性质 L;

$A = \{x \mid L(x)\}$,表示 A 是由论域中具有性质 L 的某些元素 x 构成的集合。

给定非空集合 X 与非空集合 Y,我们把记号 $f: X \rightarrow Y, x \mapsto f(x)$ 叫作从 X 到 Y 的映射,其含义是指对于每个 $x \in X$,都存在着唯一确定的元素 $y = f(x) \in Y$ 与之对应。

若对任意 $i = 1, 2, \cdots, n$,均有 $a_i \in [0, 1]$,则称 $a = (a_1, a_2, \cdots, a_n)$ 为模糊向量。

假设 $X = (X_1, X_2, \cdots, X_n)$ 是一个有限论域,A 是一个模糊集合,其向量的表示形式为 $A = \{\mu_A(x_1), \mu_A(x_2), \cdots, \mu_A(x_n)\}$,显然,$A$ 是一个模糊向量。

一个有限论域 X 上的模糊集合可以被视为它的概念名称到论域的一个特殊的模糊关系,这个模糊关系的矩阵形式就是模糊向量。

设两个模糊向量 a 和 b,定义运算 $a \times b = a^T \cdot b$ 为模糊向量的笛卡儿乘积。同一个模糊概念在两个不同论域上的不同模糊集合的笛卡儿乘积,即 $A \times B = A^T \cdot B$,表示了它们所在论域之间的转换关系,这种关系也是一种模糊关系。两个模糊集合的笛卡儿乘积在模糊推理中具有重要的应用。

模糊理论是在美国柏克莱加州大学查德(Zadeh)教授于 1965 年创立的模糊集合理论的基础上发展起来的,主要包括模糊集合理论、模糊逻辑、模糊推理、模糊控制等方面的内容。

在经典二值逻辑中,假定所有的分类都是有明确边界的,任一被讨论的对象要么属于这一类,要么不属于这一类,一个命题不是真就是伪,不存在亦真亦伪或者非真非伪的情况。模糊逻辑是对二值逻辑的扩充,它是为解决现实世界中存在的模糊现象而发展起来的,它要考虑被讨论对象属于某一类的程度,一个命题可能亦此亦彼,存在着部分真和部分伪。例如,某一品牌汽车,其中有一部分零件是进口的,其他零件是国产的,要问这种汽车是否是国产的,那该怎么回答呢? 在经典逻辑中,要么回答"是",要么回答"不是"。事实上,我们经常会这样说:"这种车的零件大部分达到了国产化"。在二值逻辑中就无法表达像"大部分"这样不精确的含糊信息;实际上"大部分"还有一个"程度"的问题。在模糊逻辑中则可利用"隶属度"来描述"程度",那么就可说这种车国产化程度是 86%,尚有 14%靠进口。

在处理现实世界的问题方面,越来越多的事实说明模糊逻辑远比二值逻辑更为有效。对那些无法建模的复杂问题有不少用模糊逻辑能比较好地解决。模糊逻辑之所以十分有用,就在于它能够在经典的二值逻辑不能对变量进行定义的情况下实现有意义且合理的操作。实际上在我们日常生活中经常会用到模糊逻辑的描述方法,故模糊逻辑是通过模仿人的思维方式来表示和分析不确定、不精确信息的方法。尽管"模糊"这个词在这里容易使人产生误解,实际上在模糊逻辑控制中的每一个特定的输入都对应着一个实际的输出,并且这个输出值是完全可预测的。所以模糊逻辑并不是"模糊的"逻辑,而是用来对"模糊"进行处理以达到消除模糊的逻辑,它是一种精确解决不精确、不完全信息的方法,其最大特点就是用它可以比较自然地处理人的概念,是一种更人性化的方法。许多事实证明用逻辑处理和分析现实世界的问题,其结果往往更符合人的要求;加上用模糊逻辑实现控制更能容忍噪音干扰和元器件的变化,使系统适应性更好;模糊逻辑还可使产品开发周期缩短而编程更容易,所以模糊逻辑越来越为更多的科技工作者接受。

模糊逻辑是通过使用模糊集合来工作的。模糊集合与经典集合是不同的。经典集合是具有精确边界的集合。经典集合对集合中的对象关系进行严格划分,一个对象要么是完全属于这个集合的,要么是完全不属于这个集合的,不存在介于两者之间的情况。例如,"包含大于 5 的实数"的经典集合 A 可以表示为

$$A = \{x \mid x > 5\} \tag{6.1}$$

它拥有一个清晰明确的边界"5"。如果 x 大于这个数就属于集合 A,否则 x 就不属于集合 A。模糊集合是没有精确边界的集合。这意味着,从"属于一个集合"到"不属于一个集合"之间的转变是逐渐的,这个平滑的转变是由隶属函数来表征的,例如,如果 X 是论域,且

其元素用 x 来定义，X 中的一个模糊集合 A 被定义为

$$A = \{x, \mu_A(x) \mid x \in X\} \tag{6.2}$$

其中，$\mu_A(x)$ 被称为 A 中 x 的隶属函数（或 MF），X 的每个元素的隶属函数对应的隶属值在 $(0,1)$ 上。

　　模糊集合则具有灵活的隶属关系，它允许在一个集合中部分隶属。对象在模糊集合中的隶属度可以是从 0 到 1 的任何值，而不像在经典集合中非得是严格的 0 或 1。这样模糊集合就可以从"不隶属"到"隶属"逐渐地过渡。这样像"快""慢""热""冷"这些本来在经典集合中无法解决的含糊概念就可在模糊集合中得到表达，也就为计算机处理这类带有含糊性的信息提供了一种方法。25 ℃是暖还是热？用经典集合的概念回答，这要么算暖，要么算热；但用模糊术语回答则是"两者都有些，既算暖又算热"。换句话说，用模糊逻辑判断不是"一刀切"或者黑白分明，而是在两者之间连续渐变。表面看这种含糊是无意义的，但实际上却可通过对这些渐变安排特定的数字，再进行模糊逻辑推理而消除模糊，假如把 25 ℃作这样的分类，它隶属于暖的程度是 0.6，同时隶属于热的程度是 0.4，然后再用这些数值去得到对问题的精确解。

　　建立在模糊逻辑基础上的模糊推理是一种近似推理，可以在所获得的模糊信息前提下进行有效的判断和决策。而基于二值逻辑的理解力推理和归纳推理此时却无能为力，因为它要求前提和结论都是精确的，不能有半点含糊。模糊逻辑推理是不确定性推理方法的一种，其基础是模糊逻辑，它是在二值逻辑三段论的基础上发展起来的，它与传统布尔集合论进行了统一处理，并且用这种推理方法得到的结论与人的思维一致或相近。它是一种以模糊判断为前提，运用模糊语言规则，推出一个新的近似的模糊判断结论的方法。

　　人们平常如果遇到像"如果 x 小，那么 y 就大"这样的前提，要问"如果 x 很小，y 将怎么样呢？"我们会很自然地想到"如果 x 很小，那么 y 就很大"。人们所使用的这种推理方法就被称作模糊假言推理或似然推理。这是一种近似推理方法。

　　1975 年，查德利用模糊变换关系，提出了模糊逻辑推理的合成规则，建立了统一的数学模型，用于对各种模糊推理作统一处理。模糊假言推理是作为这一合成规则的特殊情况来处理的。

　　在模糊控制中，所使用的控制规则是人们在实际工作中的经验。这些经验一般是用人们的语言来归纳、描述的。也就是说，模糊控制规则是用模糊语言表示的。通常的模糊控制规则用下面三种条件语言的形式来表示，例如：

　　(1) 如果水温偏高，那么就加一些冷水；

　　(2) 如果衣服很脏，那么洗涤时间应很长，否则洗涤时间不必太长；

　　(3) 如果温度偏高并且不断上升，那么应加大压缩机的制冷量。

　　为了形式化和数学处理上的方便，上述条件语句也可分别表示为：

　　(1) 如果 x 是 A，那么 y 是 B；

　　(2) 如果 x 是 A，那么 y 是 B，否则 y 是 C；

　　(3) 如果 x 是 A 并且 y 是 B，那么 z 是 C。

　　模糊推理系统是建立在模糊集合、模糊规则、模糊推理等概念基础上的先进计算系统。它在诸如系统建模、自动控制、数据分类、决策分析、专家系统、时间序列预测、机器人控制、

模式识别等众多领域中得到了成功的应用。由于其多学科的自然属性,模糊推理系统有许多不同的名字,如基于模糊规则系统、模糊专家系统、模糊模型、模糊联想记忆、模糊逻辑控制器等,或简单地称为模糊系统。

6.2 模糊集合及其隶属函数

6.2.1 模糊集合的定义

在经典集合论中,任意一个元素与任意一个集合之间的关系,只有"属于"和"不属于"两种情况,两者必居其一,而且只居其一,绝对不允许模棱两可。比如"不大于 5 的自然数"是一个清晰的概念,该概念的内涵和外延均是明确的。可是,我们也经常遇到没有明确外延的概念,这种概念实质上是模糊概念。例如,"比 5 大得多的自然数"就是一个模糊概念。可以想象无法划定一个明确的界限,使得在这个界限内所有自然数都比 5 大得多,而界限外的所有自然数都不比 5 大得多。只能说某个数属于"比 5 大得多"的程度高,而另一个数属于"比 5 大得多"的程度低,比如 50 比 10 属于"比 5 大得多"的程度高。

查德在 1965 年把经典集合中的元素对集合的隶属度只能取 0 和 1 这两个值,推广到可以取区间[0,1]中的任意一个数值,即可以用隶属度定量去描述论域 U 中的元素符合概念的程度,实现了对经典集合中绝对隶属关系的扩充,从而用隶属函数表示模糊集合,用模糊集合表示模糊概念。

下面是对模糊集合的一般定义。

设 U 为一可能是离散或连续的集合,用 $\{u\}$ 表示,U 被称为论域,表示论域 U 的元素。模糊集合是用隶属函数来表示的。

【定义 6.1】 论域 U 中的模糊子集 A,是以隶属函数 μ_A 为表征的集合,即由映射

$$\mu_A : U \rightarrow [0,1] \tag{6.3}$$

确定论域 U 的一个模糊子集 A。μ_A 称为模糊子集的隶属函数,$\mu_A(u)$ 称为 u 对 A 的隶属度,它表示论域 U 中的元素 u 属于其模糊子集 A 的程度。它在[0,1]闭区间内可连续取值,隶属度也可简记为 $A(u)$。

关于模糊子集 A 和隶属函数 μ_A,做如下几点说明:

(1) 论域 U 中的元素是分明的,即 U 本身是普通集合,只是 U 的子集是模糊集合,故称 A 为 U 的模糊子集,简称"模糊集"。

(2) $\mu_A(u)$ 是用来说明 u 隶属于 U 的程度的。$\mu_A(u)$ 的值越接近 1,表示 u 从属于 A 的程度越大;$\mu_A(u)$ 的值越接近 0,则表示 u 从属于 A 的程度越小。显然,当 $\mu_A(u)$ 的值域为{0,1}时,隶属函数 μ_A 已蜕变为经典集合的特征函数,模糊集合 A 也就蜕变成为一个经典集合。因此,可以这样来概括经典集合和模糊集合间的互变关系,即模糊集合是经典集合在概念上的拓广,或者说经典集合是模糊集合的一种特殊形式;而隶属函数则是特征函数的

扩展,或者说特征函数只是隶属函数的一个特例。

(3) 模糊集合完全由它的隶属函数来刻画。隶属函数是模糊数学的最基本概念,借助于它才能对模糊集合进行量化。正确地建立隶属函数,是使模糊集合能够恰当地表达模糊集合的关键,是利用精确的数学方法去分析处理模糊信息的基础。

下面以人对室温(0~40 ℃)的感觉为例,来看看如何用模糊集合表示人对事物和现象形成的概念。在一般情况下,大部分人都把15~28 ℃的室温称作"舒适"的温度,而把15 ℃以下的感觉称为"凉",28 ℃以上的感觉称为"热"。用经典集合来定义,就如图 6.1 所示,小于15 ℃的温度,哪怕是14.9 ℃,也只能是属于"凉"的温度,14.9 ℃与15 ℃只相差0.1 ℃,就把15 ℃归为"舒适"的温度,而把14.9 ℃归为"凉"的温度,这合理吗?显然就人的感觉而言,这是不恰当的。若用模糊集合来定义,就要用对某一个模糊元素具有 0 到 1 连续变化隶属度的特征函数来描述,模糊集合的特征函数就称作隶属函数(Membership Function),图 6.2 就是这种表示方法。在模糊逻辑中,与人的感觉一致,小的温度变化只会引起系统性能的逐渐变化,14.9 ℃与15 ℃属于同一个集合的程度是很接近的。这种情况下,32 ℃被认为属于"舒适"的程度是 0.3,同时属于"热"的程度是 0.7。由此可见,在模糊逻辑系统中,温度的较小变化,在系统执行中将导致一个比较合乎情理的变化。

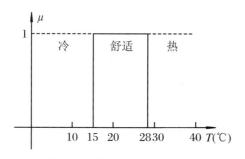

图 6.1　经典集合的特征函数

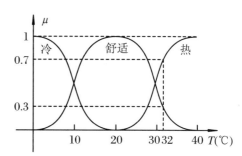

图 6.2　模糊集合的隶属函数

6.2.2　模糊集合的表示方法

就论域的类型而言,模糊集合有下列两种表示方法。

(1) 设论域 U 是有限域,即 $U = \{u_1, u_2, \cdots, u_n\}$,$U$ 上的任意一个模糊集合 A,其隶属函数为 $\mu_A(u_i)$,$i = 1, 2, \cdots, n$,则此时 A 可表示成

$$A = \sum_{i=1}^{n} \mu_A(u_i)/u_i \tag{6.4}$$

这里的"$\sum$"并不表示"求和",$\mu_A(u_i)/u_i$ 也不是分数,只是借用来表示集合的一种方法,它们只有符号意义,表示 A 对模糊集合的隶属程度是 $\mu_A(u_i)$。

【例 6.1】　设室温的论域 $U = \{0\,℃, 10\,℃, 20\,℃, 30\,℃, 40\,℃\}$,模糊集合 A 表示"舒适的温度",则 A 可以定义为

$$A = \text{"舒适的温度"} = \sum_{i=1}^{5} \mu_A(u_i)/u_i$$

$$= 0.25/0 + 0.5/10 + 1.0/20 + 0.5/30 + 0.25/40$$

其中,分式的含义是隶属度/温度值。

（2）设论域 U 是无限集合,此时 U 上的一个模糊集合 A 可表示成

$$A = \int_U \mu_A(u)/u \tag{6.5}$$

同样,这里的"$\int$"不再表示"积分",只代表一种记号,$\mu_A(u)/u$ 的意义则和有限情况是一致的。

6.2.3 模糊集合的并、交、补运算

模糊集合的运算种类很多,但最常用的还要数模糊集合的并集、交集和补集运算。模糊集合由隶属函数定义而成,其运算也可以由隶属函数来定义。

设 A、B 为 U 中两个模糊集合,隶属函数分别为 μ_A 和 μ_B,则模糊集合理论中的并、交、补等运算可通过它们的隶属函数来定义。

【定义 6.2】 A 与 B 的并集,记作 $A \cup B$,其隶属函数 $\mu_{A \cup B}$ 对所有 $u \in U$ 被逐点定义为取大运算,即

$$\mu_{A \cup B}(u) = \max\{\mu_A(u), \mu_B(u)\} = \mu_A(u) \vee \mu_B(u) \tag{6.6}$$

【定义 6.3】 A 与 B 的交集,记作 $A \cap B$,其隶属函数 $\mu_{A \cap B}$ 对所有 $u \in U$ 被逐点定义为取小运算,即

$$\mu_{A \cap B}(u) = \min\{\mu_A(u), \mu_B(u)\} = \mu_A(u) \wedge \mu_B(u) \tag{6.7}$$

【定义 6.4】 A 的补集,记作 $\bar{A}$,其隶属函数 $\mu_{\bar{A}}$ 对所有 $u \in U$ 被逐点定义为

$$\mu_{\bar{A}}(u) = 1 - \mu_A(u) \tag{6.8}$$

这里的 $\vee$, $\wedge$ 符号称为查德算子,为模糊逻辑中的运算符号,在无限集合中,它们分别表示 sup 和 inf,在有限元素之间则表示 max 和 min,即取最大值和最小值。

6.2.4 模糊集合的隶属函数

查德教授在 1965 年发表的论文《模糊集合》(Fuzzy Sets)中首次提出了表达事物模糊性的重要概念——隶属函数,借助于隶属函数可以表达一个模糊概念从"完全不属于"到"完全属于"的过渡,能够对所有的模糊概念进行定量表示。隶属函数的提出奠定了模糊理论的数学基础。这样,像"冷"和"热"这些在经典集合中无法解决的模糊概念就可在模糊集合中得到有效表达。这就为计算机处理这种语言信息提供了一种可行的方法。

在经典集合中,特征函数只能取 0 和 1 两个值,即特征函数与{0,1}相对应;而在模糊集合中,其特征函数的取值范围从两个元素的集合扩大到在[0,1]区间连续取值。为了把两者区分开来,就把模糊集合的特征函数称为隶属函数。若隶属函数的取值只取 0 和 1,那么模糊集合就缩简成经典集合。从这个意义上说,模糊集合的隶属函数是经典集合特征函数的扩展和一般化。模糊集合是通过隶属函数来定义的,准确地确定隶属函数是运用模糊集合理论解决实际问题的基础。隶属函数的确定,实质上是人们对客观事物中介过渡的定性描述,这种描述本质上是客观的。但因为每个人对同一模糊概念的认识和理解存在差异,因此又含有一定的主观因素。对于同一个模糊概念,不同的人会建立不完全相同的隶属函数。

所以从理论上说，即使根据专家的经验确定的隶属函数，这种没有理论化的方法也不能保证其正确性，因为任何人的经验和知识都是有局限性的。在这方面，国内外学者已经进行了大量的研究，提出了各种各样的确定方法，诸如模糊统计法、函数分段法、二元对比排序法、对比平均法、滤波函数法、示范法、专家经验法等。不过在实际应用中，虽然用不同方法确定了不同的模糊集合的隶属函数，在一定范围内，尽管实现控制过程的细节和达到目标的过程细节以及响应时间可能有差别，但模糊逻辑控制却都能实现控制，达到预期目标。换句话说，隶属函数的确定并不是唯一的，允许有不同的组合。所以人们为了简化计算，很多模糊逻辑控制的隶属函数曲线都是取三角形的。实际上根据模糊统计方法得到的隶属函数通常都是钟形的，所以三角形隶属函数并不是最佳函数，只是一种近似。经过计算机模拟实验发现，实际上，隶属函数的形状会很微妙地影响着整个模糊系统的过程，例如会影响单片机实现模糊化、解模糊化的时间和对查询表存储空间的要求。现在普遍采用三角形、梯形和单值线形状（又称棒形），是因为实践证明它能满足一般要求，又可简化计算，故被广泛采用。

如果按定义，模糊集合的隶属函数可取无穷多个值，这在实际使用中是难以确定的，所以一般可进行如下简化：把最大适合区间的隶属度定为 1.0，中等适合区间的隶属度定为 0.5，小适合区间的隶属度定为 0.25，最小隶属度（即不隶属）为 0.0。再对一些常用的基本隶属图形进行定义。基本的隶属函数图形可分成三类：左大右小的偏小型下降函数（通常称作 Z 函数）、对称型凸函数（通常称作 Π 函数）和右大左小的偏大型上升函数（通常称作 S 函数），这三种隶属函数的形状如图 6.3 所示。

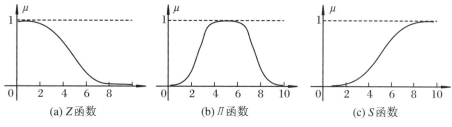

(a) Z 函数   (b) Π 函数   (c) S 函数

图 6.3 基本的隶属函数图形

最简单的隶属函数是三角形隶属函数，它是用直线形成的；梯形隶属函数实际上由三角形截顶所得。这两种直线型隶属函数都具有简单这一优势，因而最常被人们使用。他们的形状分别如图 6.4(a) 和图 6.4(b) 所示。

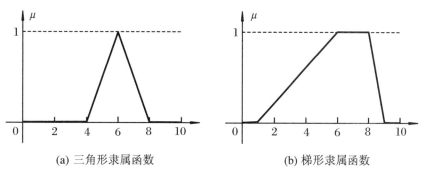

(a) 三角形隶属函数   (b) 梯形隶属函数

图 6.4 三角形与梯形隶属函数

6.3 模 糊 逻 辑

6.3.1 二值逻辑、多值逻辑和模糊逻辑

研究思维形式和规律的学科叫逻辑学。用经典逻辑表达命题的形式如"明天将会下雨是真"。其反命题是:"明天将不会下雨是真"。二值逻辑不承认有任何过渡。波兰逻辑学家和哲学家卢卡瑟维兹(Lukasiewicz)在二值逻辑学基础上,扩展成一个三值世界。即加上了另外一种表述"明天将下雨是可能的"。这种表述的逻辑值是 1/2。他用 1 表示真,0 表示假,另外用 1/2 表示可能性,这个看起来好像仅仅是插入了一个值,然而却是一个突破。因为由此而产生了多值逻辑。

多值逻辑否定了逻辑真值的绝对两极性,认为逻辑真值具有离散的中间过渡,似乎在某种程度上具有亦此亦彼性。但是多值逻辑通过穷举中介的方式表现这种过渡性,把所有中介看成若干完全分立离散、界限分明的对象,而不承认相邻中介是相互渗透、交叉重叠的。因此,多值逻辑本质上仍然属于精确逻辑,而不是真正的亦此亦彼的逻辑。

模糊逻辑是在卢卡瑟维兹多值逻辑基础上发展起来的,如前所述,多值逻辑中命题的真值可取从 0 到 1 的任何值,但此值是确切的。然而在许多情况下,要给命题的真实程度赋予确切数值也是困难的。但是人用某些约定的模糊语言却能对模糊命题给予贴切的描述,这些语言虽然不是精确的,然而相互之间却都能理解接受,并且一般不但不会引起误解,反而显得更贴切有效,体现了人脑模糊思维的逻辑特征。这说明这些模糊语言是具有逻辑真值功能的。由此用带有模糊限定算子(例如,很、略、比较、非常等)的从自然语言提炼出来的语言真值(例如,年轻、非常年轻等)或者模糊数(例如,大约 25,45 左右等)来代替多值逻辑中命题的确切数字真值,就构成模糊语言逻辑,通常就简称为模糊逻辑。在经典二值逻辑中实际上也有语言真值,那就是真和假,但是在模糊逻辑中则有无穷多个语言真值。

6.3.2 模糊逻辑的基本运算

模糊逻辑的基本运算有以下 5 种。

(1) 模糊逻辑"补"

$$\bar{P} = 1 - P$$

(2) 模糊逻辑"取小"

$$P \wedge Q = \min(P, Q)$$

模糊逻辑的"取小"运算是取两个真值中小的一个,对应于二值逻辑中的"与"运算。

(3) 模糊逻辑"取大"

$$P \vee Q = \max(P, Q)$$

模糊逻辑的"取大"运算是取两个真值中大的一个,对应于二值逻辑中的"或"运算。

(4) 模糊逻辑"蕴涵"

$$P \rightarrow Q = ((1 - P) \vee Q) \wedge 1$$

(5) 模糊逻辑"等价"

$$P \leftrightarrow Q = (P \rightarrow Q) \wedge (Q \rightarrow P)$$

除这 5 种运算外,为模糊逻辑运算又定义了 3 种限界运算。

对各个元素而言,分别相加,相加后的值比 1 小的作为限界和,而把大于 1 的部分作为限界积。

(6) 模糊逻辑限界积

$$P \otimes Q = (P + Q - 1) \vee 0 = \max(P + Q - 1, 0)$$

(7) 模糊逻辑限界和

$$P \oplus Q = (P + Q) \wedge 1 = \min(P + Q, 1)$$

(8) 模糊逻辑限界差

$$P - Q = (P - Q) \vee 0$$

因为二值逻辑真值只能取 0 或者 1,它除了可以用解析法进行处理化简外,还有比较直观的真值表图解形式的卡诺图方法。模糊逻辑公式常称为模糊逻辑函数。由于模糊逻辑函数可在从 0 到 1 任意取值,所以模糊逻辑公式就不能用传统的卡诺图方法,而只能用解析法 Veitch 图的推广——模糊图来处理,这在实际应用中会带来困难。所以为了简化处理,又常把模糊函数变量,分成若干有限段,这样就可用多值逻辑的方法来处理模糊逻辑的问题。

根据以上模糊逻辑函数运算的定义,可以推导出模糊逻辑函数的下列基本公式:

(1) 幂等律

$$P \vee P = P$$
$$P \wedge P = P$$

(2) 交换律

$$P \vee Q = Q \vee P$$
$$P \wedge Q = Q \wedge P$$

(3) 结合律

$$P \vee (Q \vee R) = (P \vee Q) \vee R$$
$$P \wedge (Q \wedge R) = (P \wedge Q) \wedge R$$

(4) 吸收律

$$P \vee (P \wedge Q) = P$$
$$P \wedge (P \vee Q) = P$$

(5) 分配律

$$\begin{cases} P \vee (Q \wedge R) = (P \vee Q) \wedge (P \vee R) \\ P \wedge (Q \vee R) = (P \wedge Q) \vee (P \wedge R) \end{cases} \tag{6.9}$$

(6) 双否律

$$\overline{\overline{P}} = P$$

(7) 德·摩根律

$$\overline{P \vee Q} = \overline{P} \wedge \overline{Q}$$

$$\overline{P \wedge Q} = \bar{P} \vee \bar{Q}$$

（8）常数运算法则

$$1 \vee P = 1; \quad 0 \vee P = P$$
$$1 \wedge P = 0; \quad 1 \wedge P = 0$$

这里特别要注意的是，在二值逻辑中有互补律：$P \vee \bar{P} = 1$；$P \wedge \bar{P} = 0$。但是在模糊逻辑中，没有互补律，因为

$$\begin{cases} P \vee \bar{P} = \max(P, 1 - P) \\ P \wedge \bar{P} = \min(P, 1 - P) \end{cases} \tag{6.10}$$

并且一般说来前者不等于 1，后者不等于 0。

利用这些基本公式就可化简模糊逻辑函数，以便根据化简得到的结果来组成最简模糊逻辑电路。这具有非常重要的现实意义。

6.3.3　模糊关系和模糊矩阵

描述元素之间是否相关的数学模型称为关系，描述模糊元素之间相关程度的数学模型成为模糊关系。为了区别于模糊关系，又称关系为普通关系。显然模糊关系是普通关系的拓广和发展，而普通关系可视为模糊关系的特例。模糊关系是模糊数学的重要组成部分。当论域有限时，可用模糊矩阵表示模糊关系。模糊矩阵为模糊关系的运算带来了极大的方便，成为模糊关系的主要运算工具。

下面是关于模糊关系的定义。

【定义 6.5】　集合 U 与 V 之间直积：

$$U \times V = \{(u, v) \mid u \in U, v \in V\} \tag{6.11}$$

中的一个模糊子集 R 被称为 U 到 V 的模糊关系，又称二元模糊关系。其特性可以由下面的隶属函数来描述：

$$\mu_R : U \times V \to [0, 1] \tag{6.12}$$

当论域 $U = V$ 时，称 R 为 U 上的模糊关系，当论域为 n 个集合 $U_i (i = 1, 2, \cdots, n)$ 的直积 $U_1 \times U_2 \times \cdots \times U_n$ 时，它们所对应的模糊关系 R 则称为 n 元模糊关系。

不同乘积空间上的模糊关系可以通过复合运算结合在一起。模糊关系复合运算已经提出了若干种，最典型的是由查德所提出的最大-最小复合运算，其定义如下。

【定义 6.6】　设 R 和 S 分别为 $U \times V$ 和 $V \times W$ 上的模糊关系。所谓 R 和 S 的合成是指下列定义在 $U \times W$ 上的模糊关系，记作 $R \circ S$，即

$$R \circ S \longleftrightarrow \mu_{R \cdot S}(u, w) = \max_v \min[\mu_R(u, v), \mu_S(v, w)]$$
$$= \bigvee_v \{\mu_R(u, v) \wedge \mu_S(v, w)\} \tag{6.13}$$

这里 $\wedge$ 代表取小（min），$\vee$ 代表取大（max）。

尽管最大-最小复合运算得到了广泛的应用，但是很难对其进行数学分析。为了增强数学分析及实现的能力，在模糊关系的合成中，常用乘法代替最大-最小复合运算中的取小运算，获得最大-乘积（max-product）复合运算，即

$$R \circ S \longleftrightarrow \mu_{R \cdot S}(u, w) = \bigvee_v \{\mu_R(u, v) \cdot \mu_S(v, w)\} \tag{6.14}$$

因为 U 和 V 之间的模糊关系是定义在 $U \times V$ 上的模糊子集,因此模糊集合之间的运算能够直接利用模糊关系的运算。例如,设 R 和 S 是 $U \times V$ 上的模糊关系,则有:

(1) 并集

$$R \bigcup S \longleftrightarrow \mu_{R \cup S}(u,v) = \mu_R(u,v) \bigvee \mu_S(u,v)$$

(2) 交集

$$R \bigcap S \longleftrightarrow \mu_{R \cap S}(u,v) = \mu_R(u,v) \bigwedge \mu_S(u,v)$$

(3) 补集

$$\bar{R} \longleftrightarrow \mu_{\bar{R}}(u,v) = 1 - \mu_R(u,v) \tag{6.15}$$

(4) 等价关系

$$R = S \longleftrightarrow \mu_R(u,v) = \mu_S(u,v), \quad \forall u \in U, v \in V$$

(5) 包含关系

$$R \subseteq S \longleftrightarrow \mu_R(u,v) \leqslant \mu_S(u,v), \quad \forall u \in U, v \in V$$

模糊关系通常可以用模糊矩阵、模糊图、模糊集合等形式来表示。通常用模糊矩阵来表示二元模糊关系。

模糊矩阵的定义如下。

当 $U = \{u_i \mid i = 1, 2, \cdots, m\}$ 和 $V = \{v_i \mid i = 1, 2, \cdots, n\}$ 是有限集合时,$U \times V$ 的模糊关系 R 可用下列 $m \times n$ 阶矩阵来表示:

$$R = \begin{bmatrix} r_{11} & r_{12} & \cdots & r_{1n} \\ r_{21} & r_{22} & \cdots & r_{2n} \\ \vdots & \vdots & & \vdots \\ r_{m1} & r_{m2} & \cdots & r_{mn} \end{bmatrix} \tag{6.16}$$

上式中元素 $r_{ij} = \mu_R(u_i, v_j)$。由此表示模糊关系的矩阵,被称为模糊矩阵。由于 μ_R 的取值区间为 $[0,1]$,因此模糊矩阵元素 r_{ij} 的值也在 $[0,1]$ 区间内。显然,模糊矩阵是普通矩阵的特例。当 $m = n$ 时,称 R 为 n 阶模糊方阵;当 r_{ij} 全为 0 时,称 R 为零矩阵,记为 $\mathbf{0}$;当 r_{ij} 全为 1 时,称 R 为全矩阵,记为 E;当 r_{ij} 只在 $\{0,1\}$ 中取值时,称 R 为布尔矩阵,它对应一个普通关系。

由于模糊矩阵本身是表示一个模糊关系子集,因此根据模糊集的交、并、补运算定义,模糊矩阵也可作相应的运算。

【例 6.2】 最大-最小和最大-乘积的复合运算。

设 $R = $"$u$ 与 v 相关",$S = $"$v$ 与 w 相关"是分别定义在 $U \times V$ 和 $V \times W$ 上的两个模糊关系,其中 $U = \{1,2,3\}$,$V = \{\alpha, \beta, \gamma, \delta\}$,$W = \{a, b\}$,假设 R, S 用如下的关系矩阵来表示:

$$R = \begin{array}{c} \quad\alpha \quad\; \beta \quad\; \gamma \quad\; \delta \\ \begin{bmatrix} 0.1 & 0.3 & 0.5 & 0.7 \\ 0.4 & 0.2 & 0.8 & 0.9 \\ 0.6 & 0.8 & 0.3 & 0.2 \end{bmatrix} \begin{matrix} 1 \\ 2 \\ 3 \end{matrix} \end{array}, \quad S = \begin{array}{c} \quad a \quad\;\; b \\ \begin{bmatrix} 0.9 & 0.1 \\ 0.2 & 0.3 \\ 0.5 & 0.6 \\ 0.7 & 0.2 \end{bmatrix} \begin{matrix} \alpha \\ \beta \\ \gamma \\ \delta \end{matrix} \end{array}$$

现在计算 $R \circ S$,它的含义是基于 R 和 S 导出的模糊关系"u 与 w 相关"。

如果采用最大-最小复合运算的合成方法,可得

$$\mu_{R \cdot S} = \begin{bmatrix} 0.1 & 0.3 & 0.5 & 0.7 \\ 0.4 & 0.2 & 0.8 & 0.9 \\ 0.6 & 0.8 & 0.3 & 0.2 \end{bmatrix} \circ \begin{bmatrix} 0.9 & 0.1 \\ 0.2 & 0.3 \\ 0.5 & 0.6 \\ 0.7 & 0.2 \end{bmatrix}$$

$$= \begin{bmatrix} (0.1\wedge0.9)\vee(0.3\wedge0.2)\vee(0.5\wedge0.5)\vee(0.7\wedge0.7) & (0.1\wedge0.1)\vee(0.3\wedge0.3)\vee(0.5\wedge0.6)\vee(0.7\wedge0.2) \\ (0.4\wedge0.9)\vee(0.2\wedge0.2)\vee(0.8\wedge0.5)\vee(0.9\wedge0.7) & (0.4\wedge0.1)\vee(0.2\wedge0.3)\vee(0.8\wedge0.6)\vee(0.9\wedge0.2) \\ (0.6\wedge0.9)\vee(0.8\wedge0.2)\vee(0.3\wedge0.5)\vee(0.2\wedge0.7) & (0.6\wedge0.1)\vee(0.8\wedge0.3)\vee(0.3\wedge0.6)\vee(0.2\wedge0.2) \end{bmatrix}$$

$$= \begin{matrix} & \alpha & \beta & \\ & \begin{bmatrix} 0.7 & 0.5 \\ 0.7 & 0.6 \\ 0.6 & 0.3 \end{bmatrix} & \begin{matrix} 1 \\ 2 \\ 3 \end{matrix} \end{matrix}$$

另一方面,如果采用最大-乘积合成法,则有

$$\mu_{R \cdot S} = \begin{bmatrix} 0.1 & 0.3 & 0.5 & 0.7 \\ 0.4 & 0.2 & 0.8 & 0.9 \\ 0.6 & 0.8 & 0.3 & 0.2 \end{bmatrix} \circ \begin{bmatrix} 0.9 & 0.1 \\ 0.2 & 0.3 \\ 0.5 & 0.6 \\ 0.7 & 0.2 \end{bmatrix}$$

$$= \begin{bmatrix} (0.1*0.9)\vee(0.3*0.2)\vee(0.5*0.5)\vee(0.7*0.7) & (0.1*0.1)\vee(0.3*0.3)\vee(0.5*0.6)\vee(0.7*0.2) \\ (0.4*0.9)\vee(0.2*0.2)\vee(0.8*0.5)\vee(0.9*0.7) & (0.4*0.1)\vee(0.2*0.3)\vee(0.8*0.6)\vee(0.9*0.2) \\ (0.6*0.9)\vee(0.8*0.2)\vee(0.3*0.5)\vee(0.2*0.7) & (0.6*0.1)\vee(0.8*0.3)\vee(0.3*0.6)\vee(0.2*0.2) \end{bmatrix}$$

$$= \begin{bmatrix} 0.09\vee0.06\vee0.25\vee0.49 & 0.01\vee0.09\vee0.30\vee0.14 \\ 0.36\vee0.04\vee0.40\vee0.63 & 0.04\vee0.06\vee0.48\vee0.18 \\ 0.54\vee0.16\vee0.15\vee0.14 & 0.06\vee0.24\vee0.18\vee0.04 \end{bmatrix}$$

$$= \begin{matrix} & \alpha & \beta & \\ & \begin{bmatrix} 0.49 & 0.30 \\ 0.63 & 0.48 \\ 0.54 & 0.24 \end{bmatrix} & \begin{matrix} 1 \\ 2 \\ 3 \end{matrix} \end{matrix}$$

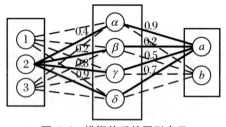

图 6.5 模糊关系的图形表示

图 6.5 所示为两个模糊关系的合成,其中 U 中元素 2 和 W 中元素 a 之间的关系,由连接这 2 个元素的 4 条可能路径(实线)表示。2 和 a 之间相关度为这 4 条路径强度的最大值,而每条路径的强度等于各元素连接强度的极小值(或乘积)。

【例 6.3】 考虑某家庭三代中子女与父母以及祖父母之间的外貌的相像关系 A, B:

A	父亲	母亲
子	0.8	0.2
女	0.1	0.6

B	祖父	祖母
父	0.5	0.7
母	0.1	0

现求该家庭中子女与祖父、祖母外貌相像关系：$C = A \circ B$。

【解】　由所给已知条件可知

$$A = \begin{bmatrix} 0.8 & 0.2 \\ 0.1 & 0.6 \end{bmatrix}; \quad B = \begin{bmatrix} 0.5 & 0.7 \\ 0.1 & 0 \end{bmatrix}$$

子女与祖父、祖母外貌相像关系为

$$
\begin{aligned}
C = A \circ B &= \begin{bmatrix} 0.8 & 0.2 \\ 0.1 & 0.6 \end{bmatrix} \circ \begin{bmatrix} 0.5 & 0.7 \\ 0.1 & 0 \end{bmatrix} \\
&= \begin{bmatrix} (0.8 \wedge 0.5) \vee (0.2 \wedge 0.1) & (0.8 \wedge 0.7) \vee (0.2 \wedge 0) \\ (0.1 \wedge 0.5) \vee (0.6 \wedge 0.1) & (0.1 \wedge 0.7) \vee (0.6 \wedge 0) \end{bmatrix} \\
&= \begin{bmatrix} 0.5 \vee 0.1 & 0.7 \vee 0 \\ 0.1 \vee 0.1 & 0.1 \vee 0 \end{bmatrix} \\
&= \begin{bmatrix} 0.5 & 0.7 \\ 0.1 & 0.1 \end{bmatrix}
\end{aligned}
$$

于是有

C	祖父	祖母
子	0.5	0.7
女	0.1	0.1

由此可见，在该家庭中，孙子与祖父、祖母的相似关系程度分别为 0.5,0.7；而孙女与祖父、祖母的相似关系程度分别为 0.1,0.1。

6.3.4　模糊语言及其算子

模糊逻辑原则上是一种模拟人类思维的逻辑。人在日常生活中相互交流信息时，用的是自然语言。自然语言是指人们在日常生活和工作中所使用的语言，实际上是以字或词为符号的一种符号系统。自然语言的奇妙作用就是用带有模糊性的词句，对客观现象和事物做出概括性反映，使得人可以用最少的言辞传递最大的信息量。自然语言可以对连续性变化的现象和事物进行概括抽象并作模糊分类，例如，早晨、上午、中午、下午和傍晚、晚上和夜里等，另外这里有个约定俗成的"常识"在起作用，所用的言辞直接与现实世界相对应。这就是说自然语言具有灵活性。

人类使用的词语是如此丰富的资源，使人难以割舍。在模糊逻辑中，采用词语和模糊语言。在实际中，通常首先要对问题进行初始化，随后对其进行参数调整，在这一过程中，词语起着较大的作用。从这个角度来看，使用模糊语言是用来达到计算目的的一种手段。进行计算就是将输入转化成输出，或将原因转化成结果，或将问题转化成答案，任何与自然语言的匹配均只是手段而不是目的。目的是设计系统和解决问题。

另一方面，想用机器来模仿人的思维、推理和判断，也必须引入语言变量。查德教授在1975 年提出了语言变量的概念，语言变量实际上是一种模糊变量，它用词句而不是用数字来表示变量的"值"。引进了语言变量后，就构成模糊语言逻辑。

通常,把含有模糊概念的语言称为模糊语言。查德首先从语义角度对自然语言进行集合描述,给出了一个集合描述的语言系统。模糊语言也具有它自己的组成要素和语法规则。

1. 单词

单词是语言构成的基本要素,也是表达概念的最小单位,因此也称为原子单词。它是不可分割的,如"天""地""人""日""月"等。对于一个给定的论域 U,与 U 相关的一类单词就构成了一个集合 A。语义是通过 A 到 U 的对应关系 R 来表达的,R 通常是一个模糊关系。对于任意一个固定的单词 $\alpha \in A$,记作

$$R(\alpha, u) = \mu_A(u) \tag{6.17}$$

上式表示的是论域 U 上的一个模糊子集,并用大写字母 A 表示与 α 对应的关系。若设

$$\mu_R : A \times U \to [0,1]$$

其隶属函数 $\mu_A(\alpha, u)$ 表示属于集合 A 的单词 α 和属于论域 U 上元素 u 之间关系的程度。

例如,设论域 U 为夏天气温,单词 α 为"高温",元素 u 为"日最高气温",则有

$$\mu_A(\alpha, 35\,℃) = 0.2; \quad \mu_A(\alpha, 36\,℃) = 0.4; \quad \mu_A(\alpha, 37\,℃) = 0.6$$

$$\mu_A(\alpha, 38\,℃) = 0.8; \quad \mu_A(\alpha, 39\,℃) = 0.9; \quad \mu_A(\alpha, 40\,℃) = 1.0$$

这里,模糊子集 A 为

$$A = \frac{0.2}{35} + \frac{0.4}{36} + \frac{0.6}{37} + \frac{0.8}{38} + \frac{0.9}{39} + \frac{1.0}{40}$$

由于"高温"本身是一个模糊性单词,因此,α 称为"模糊的"。如果论域 U 和元素 u 均不变,改变单词 α 为"高于 37 ℃气温",则

$$\mu_A(\alpha, 35\,℃) = 0; \quad \mu_A(\alpha, 36\,℃) = 0; \quad \mu_A(\alpha, 37\,℃) = 0$$

$$\mu_A(\alpha, 38\,℃) = 1; \quad \mu_A(\alpha, 39\,℃) = 1; \quad \mu_A(\alpha, 40\,℃) = 1$$

此时,模糊集合 A 退化为一个清晰集合,即

$$A = \{38\,℃, 39\,℃, 40\,℃\}$$

而这里的"高于 37 ℃气温"是一个清晰的概念,因此 α 是"清晰的"。

2. 词组

由连接词"或""且"将两个或多个单词相连接,或者在单词前面加"非",即可构成词组。这些连接词在逻辑上分别对应于集合运算的 $\cup$、$\cap$ 和非。例如:

$$人 = 男人或女人 = [男人] \cup [女人]$$

$$非机动车 = [\overline{机}] \cap [车子]$$

由上例可知,单词可以组合成词组,词组可以分解为单词,它们可以统称为"词"。

3. 语言算子

为了对模糊的自然语言形式化和定量化,进一步区分和刻画模糊值的程度,常常还借用自然语言中的修饰词,诸如"非常""比较""极其",还有"稍微""相当""大约""近似""倾向于"来描述模糊值。为此引入语言算子的概念。语言算子通常又可分为三类:语气算子、模糊化算子和判定化算子。

(1) 语气算子

语气算子用于表达模糊值的肯定程度。这又可分为两种情况:一种是有强化作用的语气算子,例如"很""极"等,可以使模糊值的隶属度的分布向中央集中,常称为集中化算子,集

中化算子在图形上有使模糊值尖锐化的倾向;另一种是有弱化作用的语气算子,例如"较小""稍微"等,可以使模糊值的隶属度的分布由中央向两边弥散,常称为松散化算子。松散化算子在图形上有使模糊值平坦的倾向。

为了规范语气算子的意义,查德曾对此作了如下约定:用 H_λ 作为语气算子来定量描述模糊值。若模糊值为 A,则把 H_λ 定义成

$$H_\lambda = A^\lambda \tag{6.18}$$

设 H_4 代表"极"或者"非常非常",其意义是对描述的模糊值求 4 次方;

设 H_2 代表"很"或者"非常",其意义是对描述的模糊值求 2 次方;

设 $H_{1/2}$ 代表"较"或者"相当",其意义是对描述的模糊值求 1/2 次方;

设 $H_{1/4}$ 代表"稍"或者"略微",其意义是对描述的模糊值求 1/4 次方。

例如,论域 $U=[0,200]$,而 O 表示单词"年老",那么 $(H_\lambda O)$ 随着 λ 取不同的值,就可以表示出"年老"的程度。

当 $\lambda > 1$ 时,不妨设 $H_{1.25}$ 为"相当",H_2 为"很",H_4 为"极",则

$$[\text{相当老}](u) = \begin{cases} 0, & 0 \leqslant u \leqslant 50 \\ \left[1 + \left(\dfrac{u-50}{5}\right)^{-1}\right]^{-1.25}, & 50 < u \leqslant 200 \end{cases}$$

$$[\text{很老}](u) = \begin{cases} 0, & 0 \leqslant u \leqslant 50 \\ \left[1 + \left(\dfrac{u-50}{5}\right)^{-2}\right]^{-2}, & 50 < u \leqslant 200 \end{cases}$$

$$[\text{极老}](u) = \begin{cases} 0, & 0 \leqslant u \leqslant 50 \\ \left[1 + \left(\dfrac{u-50}{5}\right)^{-2}\right]^{-4}, & 50 < u \leqslant 200 \end{cases}$$

当 $\lambda < 1$ 时,不妨设 $H_{0.25}$ 为"微",$H_{0.5}$ 为"略",$H_{0.75}$ 为"比较",则

$$[\text{微老}](u) = \begin{cases} 0, & 0 \leqslant u \leqslant 50 \\ \left[1 + \left(\dfrac{u-50}{5}\right)^{-2}\right]^{-0.25}, & 50 < u \leqslant 200 \end{cases}$$

$$[\text{略老}](u) = \begin{cases} 0, & 0 \leqslant u \leqslant 50 \\ \left[1 + \left(\dfrac{u-50}{5}\right)^{-2}\right]^{-0.5}, & 50 < u \leqslant 200 \end{cases}$$

$$[\text{比较老}](u) = \begin{cases} 0, & 0 \leqslant u \leqslant 50 \\ \left[1 + \left(\dfrac{u-50}{5}\right)^{-2}\right]^{-0.75}, & 50 < u \leqslant 200 \end{cases}$$

注意,语气算子是在针对隶属函数为指数型函数时得出的。若采用其他如三角形或梯形隶属函数时,此算子不起作用。

由于隶属函数的取值范围是闭区间[0,1],集中化算子的幂乘运算的次数大于1,乘方运算后变小,即隶属函数曲线趋于尖锐化,而且幂次越高,曲线越尖锐;相反,松散化算子的幂次小于1,乘方运算后变大,隶属函数曲线趋于平坦化,而且幂次越高越平坦。

（2）模糊化算子

诸如"大约""近似"等这样的修饰词都属于模糊化算子，其作用是把肯定转化为模糊，如果对数字进行作用，就把精确数转化为模糊数。例如"数字 65"是精确数，而"大约 65"就是模糊数。如果对模糊值进行作用，就是模糊值的模糊，例如"年轻"是个模糊值，而"大约年轻"就变得更模糊。

在模糊控制中，采样的输入量总是精确量，要利用模糊逻辑推理方法，就必须首先把输入的精确量模糊化。模糊化实际上就是使用模糊化算子来实现的。所以引入模糊化算子是非常有实用价值的。

（3）判定化算子

与模糊化算子有相反作用的另一类算子，例如"倾向于""偏向于"等，被称为判定化算子。其作用是可把模糊值进行肯定化处理，对模糊值做出倾向性判断。其处理方法有点类似于"四舍五入"。并常把隶属度为 0.5 作为分界线来判断。

语言变量适用于表达那些过分复杂而无法获得确定信息的概念和现象，它为这些通常无法进行定量化的"量"提供了一种近似处理方法。通过这种处理方法，就可把人的直接经验进行量化，转换成用计算机可以操作的数值运算。由此才使人们有可能把专家的控制经验转换成控制算法并实现模糊控制。

6.4　模糊规则与模糊推理

6.4.1　模糊"如果-那么"规则

模糊规则是对自然或人工语言中的单词和句子定量建模的有效工具。通过将模糊规则理解为恰当的模糊关系，我们可以研究不同的模糊推理方案，用基于符合推理规则的推理过程，从一组模糊规则和已知事实中推得结论。模糊规则和模糊推理是模糊推理系统的基础，是模糊集合理论最重要的建模工具，它们已被成功广泛地应用于各个领域。

模糊"如果-那么"规则（也称为模糊规则、模糊蕴涵或模糊条件句）形式为

$$如果\ x\ 是A，\quad 那么\ y\ 是B \tag{6.19}$$

其中 A 和 B 分别是论域 X 和 Y 上的模糊集合定义的语言值。通常称"x 是 A"为前件或前提，"y 是 B"为后件或结论。

模糊系统或控制的基本单元是"如果-那么"规则，如"如果水温偏高，那么就多加一些冷水"或"如果衣服很脏，那么洗涤时间应很长，否则洗涤时间不必太长"。一个模糊系统是一个"如果-那么"规则的集合，这些规则将输入映射到输出。每一个规则映射输入的一部分到输出的一部分。它将像"偏高的水温"这样的输入模糊集映射到像"较多的冷水"这样的输出模糊集。"偏高的水温"是模糊的，这是因为水的温度是"偏高"还是"偏低"都只是某种程度。一个单独的规则"如果水温偏高，那么就多加一些冷水"自身便定义了一个常数函数或线性

段。叠合的规则可以定义出多项式或更复杂一些的函数。

规则也显示了如何通过自然语言推导出一个模糊系统,如何将词语变成数学计算。模糊系统的发展是从词语到句子到段落;词意代表集合;名词"水温"代表着一个集合或水的一个子集;"水温"这个集合可能有模糊或灰色边界,但并非必需;形容词"高"和"很高"代表水温集合的模糊子集。因此,名词短语"偏高的水温"代表一个模糊集,"较多的冷水"这个名词短语同样也代表一个模糊集。我们可以用曲线来模拟这些模糊集,而不是用矩形,这些曲线可以是三角形、梯形或钟形曲线。像"如果水温偏高,那么就多加一些冷水"这样的一个完整句子,就代表着一个模糊规则或"如果"部分的模糊集"偏高的水温"和"则"部分的模糊集"较多的冷水"之间的模糊联系。这样的一条规则定义了一个模糊输入/输出状态空间的一个子集,这种句子的列表定义了一个模糊系统或模糊规则集,这些集合覆盖了某个函数或某个函数族。增加或减少规则,就可以对模糊系统进行宏观调控。

在我们使用模糊"如果-那么"规则对系统进行推理和分析之前,必须将表达式"如果 x 是 A,那么 y 是 B (或缩写为 $A \rightarrow B$)"的意义形式化。式(6.19)所描述的是两个变量 x,y 之间的关系;这意味着模糊"如果-那么"规则可以定义为乘积空间 $X \times Y$ 上的二元模糊关系 R。

6.4.2　模糊逻辑推理

从已知条件求其结果的思维过程就是推理。用传统的二值逻辑进行假言推理和归纳推理时,只要大前提或者推理规则是正确的,小前提是肯定的,那么就一定会得到肯定的结论。即按照假言推理我们可以从 A 的真实性及其蕴涵关系 $A \rightarrow B$ 推得 B 的真实性。例如,A 等于"西红柿是红的",B 等于"西红柿是熟的",如果"西红柿是红的"成立,那么"西红柿是熟的"也成立。以下过程说明了这个概念:

前提 1(规则)：　如果 x 是 A,那么 y 是 B

前提 2(事实)：　x 是 A

————————————————————————————

后件（结论）：　y 是 B

然而,在现实生活中,我们获得的信息往往是不精确、不完全的;或者事实本身就是模糊而不完全确定的,但又必须利用且只能利用这些信息进行判断和决策,此时,人们的推理是以近似的方式利用假言推理的。

模糊逻辑推理是一种近似推理,它是从一组模糊"如果-那么"规则和已知事实中得出结论的推理过程。例如,假定有相同的蕴涵规则"如果西红柿是红的,那么它是熟的",而且已知"西红柿是或多或少有些红",那么可以推得"西红柿是或多或少有些熟"。这可以表示为

前提 1(规则)：　如果 x 是 A,那么 y 是 B

前提 2(事实)：　x 是 A'

————————————————————————————

后件（结论）：　y 是 B'

其中,A' 接近于 A,B' 接近于 B,当 A,B,A' 和 B' 都是适当论域的模糊集合时,前面的推理过程被称为近似推理或模糊推理,也被称为广义假言推理,因为假言推理是它的一个特例。对于事实是"y 是 B'"时,通过前提 1 的规则,同样可以得出结论"x 是 A'"。

【定义 6.7】 近似推理（模糊推理）。

设 A，A' 和 B 分别是 X，X 和 Y 的模糊集合，模糊蕴涵 $A \rightarrow B$ 表示为 $X \times Y$ 上的模糊关系 R，则由"x 是 A'"和模糊规则"如果 x 是 A，那么 y 是 B"导出的模糊集合 B' 定义为

$$\mu_{B'}(y) = \max_x \min[\mu_{A'}(x), \mu_R(x, y)]$$
$$= \bigvee_x [\mu_{A'}(x) \wedge \mu_R(x, y)] \tag{6.20}$$

或等价为

$$B' = A' \circ R = A' \circ (A \rightarrow B) \tag{6.21}$$

由此，只要给模糊蕴涵 $A \rightarrow B$ 定义好恰当的模糊关系，就可以采用模糊推理的步骤来求得结论了。

在模糊逻辑推理中，模糊前提 1 的规则："如果 x 是 A，那么 y 是 B"表示了 A 与 B 之间的模糊蕴涵关系，记为 $A \rightarrow B$。对于模糊蕴涵关系的运算方法，很多人对此进行了研究，常用的方法有以下两种：

(1) 模糊蕴涵最小运算（Mamdani）

$$R = A \rightarrow B = A \times B = \int_{X \times Y} \mu_A(x) \wedge \mu_B(y)/(x, y)$$

(2) 模糊蕴涵积运算（Larsen）

$$R = A \rightarrow B = A \times B = \int_{X \times Y} \mu_A(x)\mu_B(y)/(x, y)$$

模糊推理的结论通过将事实与规则进行合成运算后得到。实际应用中广泛使用的合成运算方法也有两种：

(1) 最大-最小合成法

$$\mu_{B'}(y) = \bigvee_{x \in X} [\mu_{A'}(x) \wedge \mu_R(x, y)]$$

(2) 最大-代数积合成法

$$\mu_{B'}(y) = \bigvee_{x \in X} [\mu_{A'}(x)\mu_R(x, y)]$$

其中，最大-代数积合成法常用在由模糊神经网络构造的模糊系统中。在模糊逻辑推理系统中，最常用的模糊推理方法是由英国伦敦大学的玛达尼（Mamdani）教授首先提出并使用的所谓的最小-最大合成法。它是一种以模糊关系合成法则为基础的推理方法，可以采用连续的模糊变量，也可以采用离散的模糊变量。模糊变量的隶属函数曲线可以是比较理想的钟形曲线，也可以是便于使用而相对比较简单的三角形。虽然在理论上钟形曲线比较理想，但是由于计算量大，在使用中十分不方便，因而一般用得很少。绝大多数都采用三角形。

设控制系统的控制规则格式为：如果 $E = A_i$ 并且 $EC = B_j$，那么 $U = C_{ij}$。其中，$i = 1$，$2, \cdots, m$；$j = 1, 2, \cdots, n$，且 E 是偏差，A_i 是偏差的语言变量值，EC 是偏差变化率，B_j 是偏差变化率的语言变量值，C_{ij} 是对应于 A_i 和 B_j 的控制量的语言变量值。则有模糊关系 R，且为

$$R = \bigcup_{ij} A_i \times B_j \times C_{ij}$$

其中，$i = 1, 2, \cdots, m$；$j = 1, 2, \cdots, n$。运算符"$\times$"表示对模糊量求直积，即模糊关系的隶属函数为

$$\mu_R(a, b, c) = \bigvee_{i=1, j=1}^{i=m, j=n} \mu_{Ai}(a) \wedge \mu_{Bj}(b) \wedge \mu_{Cij}(c)$$

其中 $\forall a \in A$，$\forall b \in B$，$\forall c \in C$，且 A，B，C 分别是偏差、偏差变化率、控制量的论域。

对于特定输入精确量 a^*，b^*，则有输出

$$U = (A \times B) \circ R$$

即

$$\mu_u(c) = \bigvee_{a \in A, b \in B} \mu_A(a^*) \wedge \mu_B(b^*) \wedge \mu_R(a, b, c)$$

最后再用质心法对 U 求精确值，即可得到最终的控制量 C。

这种处理方法的最大优点是控制规则中的前提和后件部分都与定性的语言描述对应，而且如上所述，可以把其推理过程用图形方式直观地表示出来，易于理解。但是用这种方法，往往所用的规则数目很多。一般而言，如果规则的条件部分的变量有 n 个 $(x1, \cdots, xn)$，如果模糊状态取 7 个，可组合的规则数理论上为 7^n 个。其规则数是以幂次增加的。当然在实际控制系统中，并不是所有的规则数都会出现，有不少组合态不会出现，因而实际所需要的规则数只是这些组合数的一部分，甚至是一小部分。

下面将首先讨论上述定义中模糊推理的计算问题，然后进一步讨论在描述系统行为时，具有多个前提的多条模糊规则的情况。鉴于最大-最小合成法应用广泛，且易于进行图形解释，故以此为例进行讨论。

1. 具有单个前提的单一规则

这是最简单的情况，对此方程的进一步简化，有

$$\begin{aligned}
\mu_{B'}(y) &= \bigvee_x [\mu_{A'}(x) \wedge \mu_R(x, y)] \\
&= \bigvee_x [\mu_{A'}(x) \wedge \mu_A(x) \wedge \mu_B(y)] \\
&= \bigvee_x [\mu_{A'}(x) \wedge \mu_A(x)] \wedge \mu_B(y) \\
&= \omega \wedge \mu_B(y)
\end{aligned}$$

换言之，首先求出 $\mu_{A'}(x) \wedge \mu_A(x)$ 的最大值（图 6.6 中前件部分的阴影区域）；之后，结果 B' 的隶属函数就等于 B 的隶属函数被 ω 箝位后所得的图形，如图 6.6 中后件部分的阴影区域。直观上，ω 表示一条规则前件部分的可信度；这个测度由"如果-那么"规则传播，而且所求得的可信度或后件部分（图 6.6 中 B'）的隶属函数不会大于 ω。

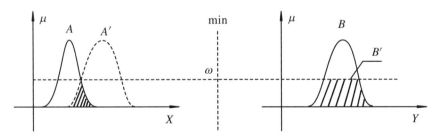

图 6.6　利用玛达尼蕴涵及最大-最小法合成的广义近似推理的图形解释论域
　　　　　为连续时具有单个前提及单一规则的推理过程

2. 具有多个前提的单一规则

具有两个前件的模糊"如果-那么"规则通常写作"如果 x 是 A 并且 y 是 B，则 z 是 C"，例如"如果压力偏高并且还在继续升高，那么停止加热"，相应的广义假言推理的问题可表示为

前提1(规则)：　　如果 x 是 A 并且 y 是 B,那么 z 是 C

前提2(事实)：　　x 是 A' 并且 y 是 B'

后件(结论)：　　z 是 C'

前提1中的模糊规则可以写成简单的形式" $A \times B \to C$ "。

这里 A 和 A', B 和 B', C 和 C' 分别是不同论域 X, Y, Z 上的模糊集合。

"如果 x 是 A 并且 y 是 B,则 z 是 C"的数学表达式是

$$\mu_A(x) \wedge \mu_B(y) \to \mu_C(z)$$

" x 是 A' 并且 y 是 B' "的意义是

$$\mu_{A' \text{ and } B'}(x, y) = \mu_{A'}(x) \wedge \mu_{B'}(y)$$

若用玛达尼推理方法,用其蕴涵定义 $A \to B = A \wedge B$ 作代换,就变成

$$[\mu_A(x) \wedge \mu_B(y)] \wedge \mu_C(z)$$

由此可得推理结果 C' 为

$$C' = (A' \times B') \circ (A \times B \to C)$$

其隶属函数为

$$\begin{aligned}
\mu_{C'}(z) &= \bigvee_{x,y} [\mu_{A'}(x) \wedge \mu_{B'}(y)] \wedge [\mu_A(x) \wedge \mu_B(y) \wedge \mu_C(z)] \\
&= \bigvee_{x,y} \{[\mu_{A'}(x) \wedge \mu_{B'}(y)] \wedge [\mu_A(x) \wedge \mu_B(y)]\} \wedge \mu_C(z) \\
&= \{\bigvee_x [\mu_{A'}(x) \wedge \mu_A(x)]\} \wedge \{\bigvee_y [\mu_{B'}(y) \wedge \mu_B(y)]\} \wedge \mu_C(z) \\
&= (\omega_A \wedge \omega_B) \wedge \mu_C(z)
\end{aligned} \tag{6.22}$$

其中, ω_A 和 ω_B 分别是 $A \cap A'$ 和 $B \cap B'$ 隶属函数的最大值,通常 ω_A 表示 A 和 A' 之间的匹配度; ω_B 类似。由于模糊规则的前件部分由连接词"与"组合而成,因此常称 $\omega_A \wedge \omega_B$ 为模糊规则的激活强度,它表示规则的前提部分被激活的程度。推理过程见图6.7。与单输入情况一样,求出 A 对 A', B 对 B' 的隶属度 ω_A, ω_B,并且取这两个之中小的一个值作为总的模糊推理前提的隶属度,再以此为基准去切割推理结论的隶属函数,结果 C' 的隶属函数等于 C 的隶属函数被激活强度 $\omega_C(\omega_C = \omega_A \wedge \omega_B)$ 箝位后的结果。这个结论可以直接推广到多于两个前提的情况。

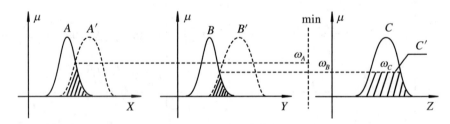

图6.7　多个前提中单一规则推理过程的图形解释

3. 具有多个前提的多条规则

两输入的情况很容易就可推广到多输入的情况。对于具有多个前提的多条规则,通常处理为相应于每条模糊规则的模糊关系的并集。因此,其广义假言推理问题可以写为

前提 1(规则)：　如果 x 是 A_1 并且 y 是 B_1,那么 z 是 C_1

前提 2(规则)：　如果 x 是 A_2 并且 y 是 B_2,那么 z 是 C_2

前提 3(事实)：　x 是 A' 并且 y 是 B'

后件（结论）：　z 是 C'

我们可以按照图 6.8 所示的推理过程来求得输出结果模糊集合 C'。只要分别先求出各个输入对推理前提中相应条件的隶属度,再取其中最小的一个作为总的模糊推理前件的隶属度,去切割推理结论的隶属函数,便可得到推理的结论。

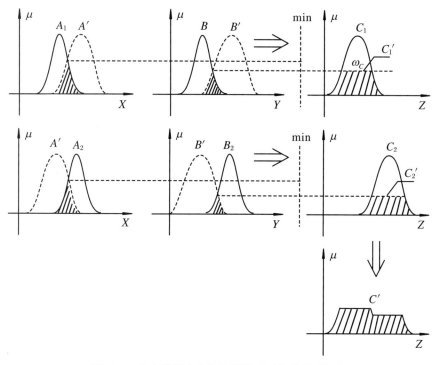

图 6.8　多个前提中多条规则推理过程的图形解释

为了验证这一推理过程,令 $R_1 = A_1 \times B_1 \rightarrow C_1$,$R_2 = A_2 \times B_2 \rightarrow C_2$,由于最大-最小算子"$\circ$"对并算子"$\bigcup$"进行分配,则有

$$C' = (A' \times B') \circ (R_1 \bigcup R_2)$$
$$= [(A' \times B' \circ R_1)] \bigcup [(A' \times B' \circ R_2)]$$
$$= C'_1 \bigcup C'_2$$

如果是多输入又是多推理规则的情况又如何进行推理呢? 以两输入多规则情况为例,若有 n 条规则,其一般形式为

前提 1(规则)： 如果 x 是 A_1 并且 y 是 B_1，则 z 是 C_1

前提 2(规则)： 如果 x 是 A_2 并且 y 是 B_2，则 z 是 C_2

......

前提 n(规则)： 如果 x 是 A_n 并且 y 是 B_n，则 z 是 C_n

前提 $n+1$(事实)： x 是 A' 并且 y 是 B'

___

后件(结论)： z 是 C'

其中，A_i 和 A'，B_i 和 B'，C_i 和 C' 分别是不同论域 X，Y，Z 上的模糊集合。

"A_i 且 B_i"的意义是

$$\mu_{A_i \text{ and } B_i}(x,y) = \mu_{A_i}(x) \wedge \mu_{B_i}(y)$$

"如果 A_i 且 B_i，那么 C_i"的数学表达是

$$\mu_{A_i}(x) \wedge \mu_{B_i}(y) \rightarrow \mu_{C_i}(z)$$

若用玛达尼推理方法，用其蕴涵定义 $A \rightarrow B = A \wedge B$ 作代换，就变成

$$[\mu_{A_i}(x) \wedge \mu_{B_i}(y)] \wedge \mu_{C_i}(z)$$

由此得推理结果为

$$
\begin{aligned}
C' &= (A \text{ and } B) \circ \{[(A_1 \text{ and } B_1) \rightarrow C_1] \bigcup \\
&\quad \cdots \bigcup [(A_n \text{ and } B_n) \rightarrow C_n]\} \\
&= (A \text{ AND } B) \circ \{[(A_1 \text{ and } B_1) \rightarrow C_1]\} \bigcup \\
&\quad \cdots \bigcup \{(A \text{ and } B) \circ [(A_n \text{ and } B_n) \rightarrow C_n]\} \\
&= C_1 \bigcup C_2 \bigcup \cdots \bigcup C_n
\end{aligned}
$$

其中

$$
\begin{aligned}
C_i &= (A \text{ and } B) \circ \{[(A_i \text{ and } B_i) \rightarrow C_i]\} \\
&= [A \circ (A_i \rightarrow C_i)] \bigcap [B \circ (B_i \rightarrow C_i)], \quad i = 1,2,\cdots,n
\end{aligned}
$$

其隶属函数为

$$
\begin{aligned}
\mu_{C_i'}(z) &= \bigvee_x \{\mu_A(x) \wedge [\mu_{A_i}(x) \wedge \mu_{C_i}(z)]\} \bigcap \bigvee_x \{\mu_B(y) \wedge [\mu_{B_i}(y) \wedge \mu_{C_i}(z)]\} \\
&= \bigvee_x \{\mu_A(x) \wedge \mu_{A_i}(x)\} \wedge \mu_{C_i}(z) \bigcap \bigvee_x \{\mu_B(y) \wedge \mu_{B_i}(y)\} \wedge \mu_{C_i}(z) \\
&= (\omega_{A_i} \wedge \mu_{C_i}(z)) \bigcap (\omega_{B_i} \wedge \mu_{C_i}(z)) \\
&= (\omega_{A_i} \wedge \omega_{B_i}) \wedge \mu_{C_i}(z)
\end{aligned}
$$

如果有两条两输入的规则，那么得到两个结论：

$$\mu_{C_1'}(z) = \omega_{A_1} \wedge \omega_{B_1} \wedge \omega_{C_1}$$

$$\mu_{C_2'}(z) = \omega_{A_2} \wedge \omega_{B_2} \wedge \omega_{C_2}$$

其意义为分别从不同的规则得到不同的结论，几何意义是分别在不同规则中用各自推理前提的总隶属度去切割本推理规则中结论的隶属函数以得到输出结果。再对这所有的结论求模糊逻辑和，即进行"并"运算，便得到总的推理结论。即

$$C' = C_1 \bigcup C_2 \bigcup \cdots \bigcup C_n$$

这种推理方法是先在推理前提中选取各个条件中隶属度最小值(即"最不适配"的隶属度)作为这条规则的适配程度，以得到这条规则的结论，这称为取小(min)操作；再对各规则

的结论综合,选取其中适配度最大的部分,即取大(max)操作。整个并集的面积部分就是总的推理结论。这种推理方法简单,得到广泛应用。但是它也有一个缺点,那就是其推理结果经常不够平滑。由此,有人主张把从推理前提到结论削顶法的"与"运算改成"乘积"运算,这就不是用推理前提的隶属度为基准去切割推理结论的隶属函数了,而是用该隶属度去乘结论的隶属函数,这样得到的结论就不呈平台梯形,而是原隶属函数的等底缩小。这种处理结果经过对各个规则结论"并"运算后,总推理结果的平滑性得到改善。

在实际应用中常常采用输入量的模糊集合是模糊单值(singleton),即

$$A' = \frac{1}{x_0}, \quad B' = \frac{1}{y_0}$$

则有

$$\mu_{C'}(z) = \bigcup_{i=1}^{l} \omega_i \wedge \mu_{C_i}(z)$$

其中

$$\omega_i = \mu_{A_i}(x_0) \wedge \mu_{B_i}(y_0)$$

这里,ω_i 可以被看成相应于第 i 条规则的加权因子,也可以被看成第 i 条规则的适用程度或其对模糊作用所产生的贡献大小。

第 7 章　模糊控制器的设计方法

无论是采用自动控制原理,还是采用现代控制理论来设计一个自动控制系统,都需要事先建立被控对象的数学模型,需要知道模型的结构、阶次和参数等方面的情况,在此基础上合理地选择控制策略,进行控制器的设计。但是在实际系统的控制中,由于被控对象的复杂性,很难建立起精确的数学模型,这时,采用经典控制理论就无法得到满意的控制效果,甚至无法对系统进行控制。

在很多类似于以上的现实控制系统中,采用模糊逻辑控制常常能够达到良好的控制效果。模糊控制的基本思想就是利用计算机来实现人的控制经验,而人的控制经验一般是由语言来表达的,语言控制规则通常用"如果 A,那么 B"的方式来表达在实际控制中的专家经验和知识,所以模糊控制规则往往具有相当的模糊性,其最大特征是将专家的控制经验、知识表示成语言控制规则,然后用这些规则去控制系统。因此模糊控制特别适用于模拟专家对数学模型未知的、复杂的、非线性系统的控制中。这些控制规则是模糊条件语言的形式,可以用模糊数学的方式来描述过程变量和控制作用等模糊概念及它们之间的关系,然后又可以通过这些关系某时刻的过程变量值采用模糊推理的方法求出此时刻的控制量。

7.1　精确与模糊控制的事例

为了更好地说明模糊逻辑控制,首先用线性和模糊这两种不同的方法来解决同一个问题。在此所选择的是一个比较能够说明问题的"小费问题"。在国外餐馆吃饭,一般都要给侍者付服务小费,基本的付小费问题可以这样叙述:用 0 到 10 表示餐馆的服务质量(其中 10 表示最好),那么小费应当如何付? 此处需说明的是,在国外,尤其在美国,在餐馆中就餐的平均小费应当占餐费的 15%。当然实际付小费的多少是根据服务质量而有所变化的。下面我们分别以不同的方式来看看付小费的情况。

7.1.1　采用精确的非模糊求解方法

【例 7.1】　分析求解饭店吃饭合理付小费的过程。

最简单的付小费的关系式可以是按账单费用的 15% 来支付。如果我们将账单数定义为 1,那么小费金额则为

小费 = 0.15

服务质量与付费之间的关系式可以用图形表示,如图 7.1 所示。

很显然,这种关系式并没有真正考虑服务的质量,给人感觉有些不合理,应当根据服务质量的好坏来增减给小费的数量。在同时考虑平均小费为 15% 的情况,我们不妨只给最差的服务 5% 的小费,随着服务质量的增加而线性地从 0 增加到 10,以使最差的服务小费为 5%,最好的小费为 25%,其数学关系式可以写为

小费 = 0.20/10 × 服务质量 + 0.05

此时的小费与服务的关系图如图 7.2 所示。

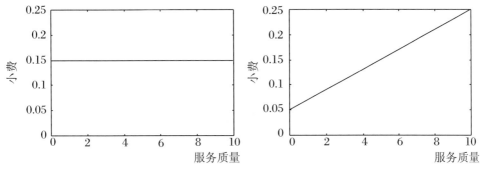

图 7.1 服务质量与付费之间的关系图   图 7.2 小费与服务质量的关系图

现在看来似乎合我们的意。其小费的付法和服务质量挂上了钩,而且很直观。我们会更深层次地想到,我们的满意度不仅取决于服务质量,同时与餐厅所供食物的质量也是密不可分的。因为如果食物质量很差,服务质量再好我们也不会满意。所以,更合理的是应当同时考虑服务与食品两个方面的质量。由此将付小费的关系式从仅取决于服务质量的一维变量,扩展到同时考虑服务以及食品质量的二维关系式。同样我们定义食品质量的等级也是从 0 到 10(其中 10 表示极好)。沿用图 7.2 表示的变化关系式,我们可以写出新的付小费的关系式为

小费 = 0.20/20 × (服务质量 + 食物质量) + 0.05

其关系图如图 7.3 所示。

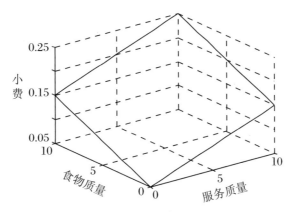

图 7.3 小费与服务质量及食物质量的关系图一

很好,这是一种做法。不过仔细想想,虽然付小费应当同时考虑服务与食品这两个因

素,不过似乎服务质量的因素更为重要,小费主要付的是服务质量费。这样想来,在这两个因素中,应将服务质量在小费中占较大的比重。如让服务质量在整个小费中占 80%,而食品质量只在小费中占 20%,所以可以重新写出如下算式:

服务比率 = 0.8

小费 = 服务比率 × (0.20/10 × 服务质量 + 0.05)

+ (1 − 服务比率) × (0.20/10 × 食品质量 + 0.05)

其关系图如图 7.4 所示。

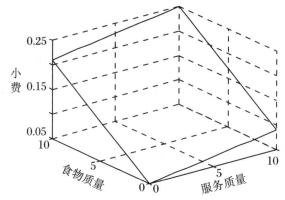

图 7.4　小费与服务质量及食物质量的关系图二

从整体上看,其小费的付出似乎又太线性增长了,总感觉在中间一段应当平缓一些,即希望在一般的情况还是付常规的 15%,只是在服务太糟或服务极好时在付费上有所差别地表示自己的满意度。我们仍然可以用线性关系来达到此目的,但要用几个条件语句:

如果 0≤服务质量<3,小费 = (0.10/3) × 服务质量 + 0.05;

如果 3≤服务质量<7,小费 = 0.15;

如果 7≤服务质量≤10,小费 = (0.10/3) × (服务质量 − 7) + 0.15。

而对食物质量的关系式不做任何变动。这需要在上面的条件句中加上以前的食物关系式,由此可得到付小费的最终关系图如图 7.5 所示。

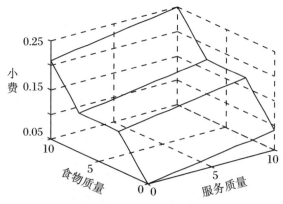

图 7.5　小费与服务质量及食物质量的关系图三

现在的图形看起来十分令人满意。不过回过头来想一想,从最初的想法,经过 5 次改进,最后的小费计算公式已变得相当复杂。而且如果想进一步改进,算式还将变得更复杂。

而且对于不是从最新设计思想过来的人很难看清其算法是如何工作的。下面我们将从模糊方法再来看看是如何解决问题的。

7.1.2 模糊方法

如果只需要抓住问题的实质就可以解决问题,那是最好不过的了。对于前面的小费问题,我们列出问题的实质性内容,可以归纳为:

(1) 如果服务质量不好,那么小费低;

(2) 如果服务质量好,那么小费中;

(3) 如果服务质量极好,那么小费高。

上述规则的表达顺序可以是任意的,哪一条在前在后是无关紧要的。如果我们想把食物的质量因素也包括在内,可以另加下列两条规则:

(4) 如果食物质量差,那么小费低;

(5) 如果食物可口,那么小费高。

实际上,我们可以将两种不同的规则合并成 3 条规则:

(1) 如果服务质量不好或者食物质量差,那么小费低;

(2) 如果服务质量好,那么小费中;

(3) 如果服务质量极好或者食物可口,那么小费高。

这 3 条规则就是我们解题的核心。这些规则正好构成了模糊逻辑系统的规则。同时采用模糊逻辑推理还具有其他特点,如很容易增加规则而不影响已有的规则以及模糊规则具有普遍的适应性等。现在只要我们给语言变量赋予数学定义(比如小费"中"是多少),则可以得到一个完整的模糊推理系统。当然这里面还涉及模糊推理方法。比如,现有的规则如何合并? 如何定义语言变量? 等等。这些都是模糊逻辑推理的细节,不过这些具体的方法是具有通用性的,它们不会因问题的改变而有很大的变化。模糊逻辑推理的通用性使模糊逻辑应用起来十分方便,同时它还具有自适应性、简单和易于应用等特点。

这里我们给出在上述 3 条规则下的模糊逻辑系统给出的有关小费问题的答案,如图 7.6 所示。从中可以看出如果采用线性分段来表示将是很复杂的,但用模糊逻辑推理规则足矣,而且相当准确地表达了人的意愿。

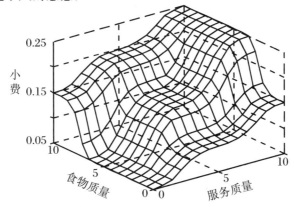

图 7.6 小费问题的输入/输出关系图

为了更好地认识和掌握模糊逻辑推理系统,下面我们从模糊逻辑控制过程入手。

7.2　模糊逻辑控制过程

　　一般而言,模糊控制是建立在人的经验和常识的基础上的,这就是说,操作人员对被控系统的了解不是通过精确的数学表达式,而是通过操作人员丰富的实践经验和常识而获得的。由于人的决策过程本质上就具有模糊性,因此,控制动作并非稳定一致的,有一定的主观性。但是,有经验的模糊控制设计工程师可以通过对操作人员控制动作的观察和与操作人员的交谈讨论,用语言把操作人员的控制策略描述出来,以构成一组用语言表达的定性的决策规则。如果把那些熟练技术工人或者技术人员的实践经验进行总结和形式化描述,用语言表达成一组定性的条件语句和精确的决策规则,然后利用模糊集合作为工具使其定量化,设计一个控制器,用形式化的人的经验法则模仿人的控制策略,再用驱动设备对复杂的过程进行控制,形成模糊控制器。

　　由一种模糊规则构成的模糊系统可代表一个输入、输出的映射关系。从理论上说,模糊系统可以逼近任意的连续函数。要表示从输入到输出的函数关系,模糊系统除了模糊规则外,还必须有模糊逻辑推理和解模糊的部分。模糊逻辑推理就是根据模糊关系合成的方法,从数条同时起作用的模糊规则中,按并行处理方式产生对应输入量的输出模糊子集。解模糊过程则是将输出模糊子集转化为非模糊的数字量。图 7.7 给出了一般模糊推理系统的方框图。

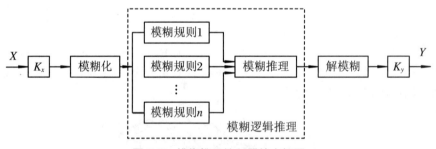

图 7.7　模糊推理控制器的方框图

　　模糊控制系统的核心是模糊逻辑控制器,模糊逻辑控制器一般是靠软件编程来实现的。实现模糊逻辑控制的一般步骤如下。

　　第一步,通过传感器把要监测的物理量变成模拟量,再通过模数转换器把它转换成精确的数字量,精确数字量输入经过模糊逻辑控制器,首先把这精确的输入量转换成模糊集合的隶属函数,这一步就是精确量的模糊化。

　　第二步,根据有经验的操作者或者专家的经验制定出模糊控制规则,并进行模糊逻辑推理,以便得到一个模糊输出集合,即一个新的模糊隶属函数,这一步为模糊控制规则的形成和推理,其目的是利用模糊输入值获取适当的控制规则,为每个控制规则确定其适当的隶属度,并且通过加权计算合并那些规则的输出。

第三步,根据模糊逻辑推理得到的输出模糊隶属函数,用不同的方法找一个具有代表性的精确值作为控制量,这一步成为模糊输出量的解模糊判决;其目的是把分布范围概括合并成单点的输出值,加到执行器上实现控制。一般模糊控制系统的方框图如图7.8所示。

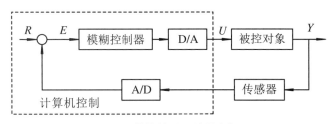

图 7.8 模糊控制系统的方框图

在模糊控制系统设计中怎样设计和调整模糊控制器与参数是一项很重要的工作。根据以上对模糊逻辑控制过程以及模糊控制系统的描述可知,设计模糊控制器主要包括以下几项内容:

(1) 确定模糊控制器的输入变量、输出变量和论域;

(2) 确定模糊化和解模糊化方法;

(3) 确定模糊控制器的控制规则及模糊推理方法;

(4) 量化因子及比例因子的选择;

(5) 编制模糊算法的应用程序;

(6) 系统的仿真实验及参数的确定。

7.3 输入变量和输出变量的确定

模糊控制器的结构设计就是要确定模糊控制器的输入变量和输出变量。究竟选择何种信息作为模糊控制系统变量,必须深入研究手动控制过程中有经验的操作人员主要根据哪些信息控制被控对象向预期目标逼近。

人在进行手动控制过程中,操作者期望实现控制目标,一旦偏离目标,出现了偏差,操作者便根据偏差大小进行调整。人的大脑中误差的"大"和"小",这些概念是模糊的。在整个手动控制过程中,人所能获得的信息一般可以概括为3个:误差、误差的变化和误差变化的速率。在手动控制过程中,人对误差、误差的变化以及误差变化的速率这3种信息的敏感程度是完全不同的。由于模糊控制器的控制规则往往是根据手动控制的大量实践经验总结出来的,因此模糊控制器的输入变量自然也可以有3个:误差、误差的变化和误差变化的速率;而输出变量一般选择为控制量或控制量的变化,即增量。

通常将模糊控制器输入变量个数称为模糊控制的维数,常见的模糊控制器结构有3种形式,如图7.9所示。从理论上讲,模糊控制器的维数越高,控制效果就越好,但是维数高的模糊控制器实现起来相对于维数低的要复杂和困难得多,人们经常使用的是二维模糊控制器。在本书不加说明的控制器设计中,都是以误差和误差的变化作为控制器输入变量的。

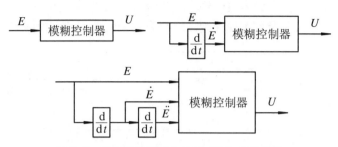

图 7.9   常用的模糊输入变量,其中 E 为误差

7.4   论域的确定

模糊控制器输入信号(误差、误差变化率)的实际范围称为这些变量的论域,为了确定论域,首先应该确定与整个设计系统相联系的变量所应用的范围。这个选择范围应该是经过仔细推敲过的。例如指定的范围太小,那正常出现数据就会在所定义的论域之外,由此所得系统的性能就可能受到影响。反之,定义的基本论域太大,就会对某些数值响应迟钝。这对某些具有饱和现象的系统没有问题,但是在其他系统中就会出现问题。同样每个输出变量的论域范围也应该仔细地推敲。一般而言,如果论域被定义得太大也会出现问题。在这种情况下,控制器工作过程中的不使用区域就比较大。这个问题在解模糊时就会更加明显,因为这极不均匀面积很大的隶属函数就会使它在质心法中产生较大的偏移,使其他与其交叉的隶属函数的影响不适当地减小。

论域离散化经常被称为量化。实际上,量化是将一个论域离散成确定数目的几小段(量化集),每一段用某一个特定术语作为模糊标记,这样就形成一个离散比例。然后通过对这新的离散域中每个特定术语赋予隶属度来定义模糊集。为减少控制器运行时间,可用离线处理方式先完成建立在离散化上的控制查询表,用该表定义对所有可能的输入信号进行合并的控制器输出。在模糊逻辑控制是连续的情况下,一方面,量化等级的数目应该足够大以便有充分的近似度,但另一方面,又要尽量减少该等级数以减少复杂性和存储器。量化等级的选择对控制效果具有关键性的作用。为实现离散化,就需要做标记映射,把测量变量转换成离散论域中的量值,这种映射可用区间均匀(线性)关系,也可用非均匀(非线性)关系,或者两者兼而有之。量化等级的选择与某些先验知识有关。例如用粗糙的解决方法其误差就大,而用清晰的解决方法其误差就小。一般而言,离散化将影响模糊控制器的性能,并对过程状态变量值的小偏差将更不灵敏。

为实现模糊控制器的标准化设计,目前在实际中常用的处理方法是把误差的变化范围设定为$[-6,6]$区间连续变化量(或根据所选取的模糊标记数来确定论域的范围),使之离散化,以论域范围取$[-6,6]$为例,构成含有 13 个整数元素的离散集合:

$$\{-6, -5, -4, -3, -2, -1, 0, 1, 2, 3, 4, 5, 6\}$$

实际上如果是非对称型的也可用[1,13]取代[-6,6]。

而如上所述,实际系统工作的精确输入量的变化范围一般不会是在[-6,6]之间,如果其基本论域是在[a,b]上的话,可以通过变换

$$y = \frac{12}{b-a}\left(x - \frac{a+b}{2}\right) \tag{7.1}$$

将在[a,b]上变化的变量 x 转化为[-6,6]上变化的变量 y。

模糊逻辑控制中有关变量名的定义如图 7.10 所示。

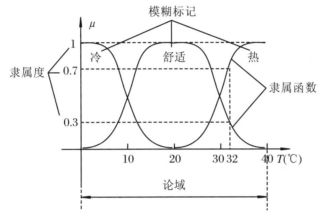

图 7.10　模糊逻辑控制中变量名的定义图解

论域中的量是精确量。通常可以定义误差的基本论域为[-m,m],误差变化的基本论域为[-n,n]。模糊控制器的输出信号(控制量)的实际变化范围是控制量的基本论域,通常定义为[-l,l],它也是精确量。m,n,l 分别为正整数。为了确保各模糊子集能具有较好的覆盖率,避免出现失控现象,通常要求 m≥6,n≥6,l≥7。从理论上讲,增加论域中的元素个数,可以提高控制精度,但也带来了计算量增大、占用内存增多等不利因素。实际经验表明,按等级分得过细并没有太大必要。对论域选择由于在系统调试时对被控对象缺乏足够的经验知识,因此只能作初步的确定,在实际调试时再加以具体认定。

7.5　确定模糊化和解模糊化方法

由模糊控制器的结构可知,控制器的输入和输出信号均是精确量,而进行模糊推理需要模糊量,这样就需要在模糊控制算法实现过程中,能够进行精确量与模糊量之间的相互转换。

7.5.1 模糊化方法

将精确量(实际上是数字量)转化为模糊量的过程称为模糊化或模糊量化。模糊化与自然语言的含糊和不精确相联系,这是一种主观评价,它把测量值转换为主观量值的评价。由此,它可定义为在确定的论域中将观察到的输入空间转换为模糊集的映射。在处理本质上无论是主观还是客观的不确定信息中,模糊化都扮演着重要角色。

模糊控制规则中前提的语言变量构成模糊输入空间,结论的语言变量构成模糊输出空间。每个语言变量的取值为一组模糊语言名称,称为模糊标记。它们构成了语言名称的集合。每个模糊标记对应一个模糊集合,对于每个语言变量,所取值的模糊集合都具有相同的论域。这些模糊标记均通常具有一定的含义。一般而言,"大、中、小"三个词常被人们用来描述输入和输出变量的状态。由于人的行为在正、负两个方向的判断基本是对称的,将大、中、小再加上正、负两个方向(极性)并考虑零状态,这样一共就有7个词,可组成7个模糊标记,即

$$\{负大,负中,负小,零,正小,正中,正大\}$$

或用英文书写的形式表示为

$$\{NB,NM,NS,Z,PS,PM,PB\}$$

对误差的变化这个输入变量,在选择描述其状态词时,常常将"零"分别表示为"正零"和"负零",以表示误差的变化在当前是"增加"趋势还是"减少"趋势。于是词集又增加"正零"(PZ)和"负零"(NZ)。

一般采用7~11个模糊标记把连续变量分成有限的若干档,每一档表示该变量的一种模糊状态。有时也可设有5个模糊状态,甚至是采用3个模糊状态。所用模糊状态越少,模糊控制规则的条件组合数字就越少,从总体上说,控制算法就越简单和粗略。反之设定的模糊状态数越多,其规则数就越多,规则制定就更细致,在模糊规则设计合适的情况下,控制就可更平滑;但是同时规则变得更复杂,并且运算量加大,由此在处理器的运算速度不足够快的情况下,就有可能影响控制的实时性。所以在确定模糊标记时,要根据目标兼顾考虑或通过计算机模拟仿真来确定。

描述输入和输出变量词都具有模糊特性,可用模糊集合来表示。因此,模糊集合的确定问题就转化为求取模糊集合隶属函数的问题了。

由于模糊变量没有明确的外延,如何用具体数据来刻画一个模糊变量的性质,就是模糊子集的确定问题。对模糊子集的理想要求是它必须客观地反映实际情况。

定义一个模糊子集,实际上就是要确定模糊子集隶属函数曲线的形状。将确定的隶属函数曲线离散化,就得到有限个点上的隶属度,便构成了一个相应的模糊变量的子集。统计结果表明,用正态型模糊变量来描述人进行控制活动的模糊概念是比较适宜的。并且,隶属函数曲线形状较尖的隶属模糊子集,其分辨率较高,控制灵敏度也较高;相反,隶属函数曲线形状较平缓,控制特性也就比较平缓,稳定性能也较好。因此,在选择模糊变量的隶属函数时,在误差较大的区域采用低分辨率的模糊集,在误差较小的区域选用较高分辨率的模糊集,在误差接近于零时选用高分辨率的模糊集,这样才能达到控制精度高且稳定性好的控制效果。

从自动控制的角度来看,希望一个控制系统在要求的范围内都能够很好实现控制。模糊控制系统设计时也要重视这个问题。因此在选择描述某一模糊变量的各个模糊子集时,要使它们在整个论域上的分布合理,即它们应该较好地覆盖整个论域。隶属函数的分布原则应当是:

(1) 论域中的每个点应该属于至少一个隶属函数的区域,同时它一般属于不多于两个隶属函数的区域;

(2) 对同一个输入没有两个隶属函数同时具有最大隶属度;

(3) 当两个隶属函数重叠时,重叠部分的任何点的隶属函数之和应该不大于1。

在模糊控制应用中,被观察量通常是确定的量。因为在模糊逻辑控制中的操作是基于模糊集合理论,因此首先必须进行模糊化。模糊逻辑控制的设计经验提出模糊化的主要方法有以下两种。

1. 精确量离散化

精确量的离散化是通过模糊集合的隶属度函数将精确值模糊化的。当论域为离散,且元素个数为有限时,模糊集合的隶属度函数可以用向量或者表格的形式来表示。如把在 $[-4,4]$ 上变化的连续量分为 7 个标记,每一个标记对应一个模糊集,这样处理使模糊化过程比较简单。否则,将每一精确量对应一个模糊子集,有无穷多个模糊子集,使模糊化过程复杂化。必须强调指出的是,实际上的输入变量(如误差和误差的变化等)都是连续变化的量,通过模糊化处理,把连续量离散为 $[-4,4]$ 上有限个整数值的做法是为了使模糊推理合成的方便。此时,采用数值方法用表格描述隶属度的例子如表 7.1 所示。表中每一行表示一个模糊集合的隶属度函数。例如

$$ZO = \frac{0.5}{-1} + \frac{1}{0} + \frac{0.5}{1}$$

对于论域为连续的情况,隶属度常常采用函数的形式来描述,最常见的为三角型函数和指数型函数。如指数型函数的解析式为

$$\mu_A(x) = e^{-\frac{(x-x_0)^2}{2\sigma^2}}$$

其中,x_0 是隶属度函数的中心值,σ^2 是方差。

表 7.1 隶属函数的离散化表格

论域 模糊量	-4	-3	-2	-1	0	1	2	3	4
NB	1	0.5	0	0	0	0	0	0	0
NS	0	0.5	1	0.5	0	0	0	0	0
ZO	0	0	0	0.5	1	0.5	0	0	0
PS	0	0	0	0	0	0.5	1	0.5	0
PB	0	0	0	0	0	0	0	0.5	1

2. 单值模糊化方法

单值模糊化方法是将在某区间的一个精确量转换成确定论域中的模糊单值,使其仅在

该点处的隶属度为1,而其他各点隶属度均为0。单值模糊化通常又称为取"棒形"或"I 形"隶属函数。本质上,模糊单值仍是一个确定值。因此在这种模糊化过程中并没有引入模糊性,然而在模糊控制应用中,这种方法由于使人感到自然和易于实现而得到了广泛应用。

7.5.2 解模糊判决方法

如上所述,经过模糊推理得到的控制输出是一个模糊隶属函数或者模糊子集,它反映了控制语言的模糊性质,这是一种不同取值的组合。然而在实际应用中要控制一个物理对象,只能在某一个时刻有一个确定的控制量,这就必须要从模糊输出隶属函数中找出一个最能代表这个模糊集合及模糊控制作用可能性分布的精确量,这就是解模糊(Defuzzification)。从数学上讲,这是一个从输出论域所定义的模糊控制作用空间到精确控制作用空间的映射。解模糊可以采用不同的方法,用不同的方法所得到的结果也是不同的。理论上用质心法比较合理,但是计算比较复杂,故在实时性要求高的系统中有时不采用这种方法。最简单的方法是最大隶属度方法,这种方法取所有模糊集合或者隶属函数中隶属度最大的那个值作为输出,但是这种方法未顾及其他隶属度较小的那些值的影响,代表性不好,所以它经常用于简单的系统。介于这两者之间的还有各种平均法,如加权平均法、隶属度限幅(α-cut)元素平均法等。下面以"水温适中"为例,说明不同方法的计算过程。

这里假设"水温适中"的隶属度函数为

$$\mu_N(x_i) = \{X : 0.0/0 + 0.0/10 + 0.033/20 + 0.67/30 + 1.0/40 + 1.0/50$$
$$+ 0.75/60 + 0.5/70 + 0.25/80 + 0.0/90 + 0.0/100\}$$

1. 质心法

所谓质心法就是取模糊隶属度函数曲线与横坐标轴围成面积的质量中心作为代表点。理论上说,我们应该计算输出范围内一系列连续点的重心,即

$$u = \frac{\int_x \mu_N(x)\,\mathrm{d}x}{\int \mu_N(x)\,\mathrm{d}x} \tag{7.2}$$

但实际上我们是通过计算输出范围内整个采样点(即若干离散值)的质心。这样在不花太多时间的情况下,用足够小的取样间隔来提供所需要的精度,这是一种最好的折中方案。即

$$u = \frac{\sum x_i \cdot \mu_N(x)}{\sum \mu_N(x)}$$
$$= (0.0 \times 0 + 0.0 \times 10 + 0.33 \times 20 + 0.67 \times 30 + 1.0 \times 40 + 1.0 \times 50$$
$$+ 0.75 \times 60 + 0.5 \times 70 + 0.25 \times 80 + 0.0 \times 90 + 0.0 \times 100)$$
$$/(0.0 + 0.0 + 0.33 + 0.67 + 1.0 + 1.0 + 0.75 + 0.5 + 0.25 + 0.0 + 0.0)$$
$$= 48.2 \tag{7.3}$$

2. 最大隶属度法

这种方法最简单,只要在推理结论的模糊集合中取隶属度最大的那个元素作为输出量即可。不过要求这种情况下其隶属度函数曲线一定是正规凸模糊集合(即其曲线只能是单

峰曲线)。如果该曲线是梯形平顶的,那么具有最大隶属度的元素就可能不止一个,这时就要对所有取最大隶属度的元素求其平均值。

例如对于"水温适中",按最大隶属度原则,有两个元素 40 和 50 具有最大隶属度 1.0,那就要对所有取最大隶属度的元素 40 和 50 求平均值,执行量应取

$$u_{max} = (40 + 50)/2 = 45 \tag{7.4}$$

该方法简便易行,实时性也好,但它概括信息量少,因为它完全不考虑其余一切从属程度较小点的情况。

3. 系数加权平均法

这种方法就是依照普通加权平均公式,按下式来计算控制量:

$$u = \frac{\sum k_i x_i}{\sum k_i} \tag{7.5}$$

这里系数 k_i 的选择要根据实际情况而定,不同的系数就决定系统有不同的响应特性。当该系数选择 $k_i = \mu_N(x_i)$,即取其隶属函数时,就是质心法。在模糊逻辑控制中,可以通过调整该系数来改善系统的响应特性。这种方法具有灵活性。

4. 隶属度限幅元素平均法

用所确定的隶属度值 α 对隶属函数曲线进行切割,再对切割后等于该隶属度的所有元素进行平均,用这个平均值作为输出执行量,这种方法就称为隶属度限幅(α-cut)元素平均法。

例如,当取 α 为最大隶属度值时,表示"完全隶属"关系,这时 $\alpha = 1.0$。在"水温适中"的情况下,40 ℃和 50 ℃的隶属度是 1.0,求其平均值得到输出代表量:

$$u = (40 + 50)/2 = 45$$

如果当 $\alpha = 0.5$ 时,表示"大概隶属"关系,切割隶属度函数曲线后,这时假定从 30 ℃到 70 ℃的隶属度值都包含在其中,所以求其平均值得到输出代表量:

$$u = (30 + 40 + 50 + 60 + 70)/5 = 50$$

另外,单值法也常用于解模糊中。

7.6 模糊控制规则

模糊控制规则是设计模糊控制器的核心。因此如何建立模糊规则就成为一个十分关键的问题。模糊控制器控制规则的建立应该是人们在手动控制过程中经过长期实践,不断修正完善的一套行之有效的控制策略。模糊控制器的最大特点就是只要有了有经验的操作者或专家给出的控制规则,就可以根据所选定的模糊推理方法获得合理的控制量。一般情况下是通过以下几种方式来获得模糊控制规则的。

1. 基于专家的经验和控制工程知识

模糊控制规则具有模糊条件句的形式,它建立了前件中的状态变量与后件中的控制变

量之间的联系。通过总结人类专家的经验,并用适当的语言来加以表述,最终可表示成模糊控制规则的形式,或通过获得特定应用模糊控制规则的原理,再经一定的试凑合调整,可获得具有更好性能的控制规则。

2. 基于操作人员的实际控制过程

在许多人工控制的工业系统中,很难建立控制对象的模型,因此采用常规的控制方法来对其进行设计和仿真比较困难。然而熟练的操作人员却能成功地控制这样的系统。事实上,操作人员有意无意地使用了一组"如果-那么"模糊规则来进行控制。但是他们往往并没有用语言明确地将它们表达出来,因此可以通过记录操作人员实际控制过程时的输入/输出数据,从中总结出模糊控制规则。

3. 解析控制规则公式

在经验所获规则不全面或根本没有经验规则的情况下,可以采用以下的解析控制规则公式。

(1) 简单的解析控制规则

在简单的模糊控制规则的算法中,可将误差 e、误差变化率 ec 和控制量 u 之间的控制规则表示为如下的解析公式:

$$u = -\text{int}\frac{e + ec}{2} \tag{7.6}$$

其中,int 表示取整。

采用解析表达式描述的控制规则简单方便,使得输入和输出之间的关系式可以直接进行计算,更易于计算机的实时控制。

(2) 带有一个可调因子的控制规则

从模糊控制规则的解析表达式(7.6)中可见,控制作用的大小仅取决于误差和误差的变化,并且对两者采取同样的重视程度。为了适应不同的被控对象的控制性能要求,在式(7.6)的基础上引入一个调节因子 α,则可得到一种带有一个调整因子的控制规则

$$u = -\text{int}[\alpha e + (1 - \alpha)ec] \tag{7.7}$$

改变 α 的大小,意味着对误差和误差的变化不同的重视程度。实验结果表明,当被控对象阶次较低时,应取 $\alpha > 0.5$;相反,当被控对象阶次较高时,应取 $\alpha < 0.5$;当取 $\alpha = 0.5$ 时,式(7.7)就变成式(7.6)了。

(3) 带有多个可调因子的控制规则

如果对不同的误差等级引入不同的调整因子的值,就可构成带有多个可调因子的控制规则,这种设计方式有利于满足控制系统在不同被控状态下对调整因子的不同要求。例如,当误差 e、误差变化率 ec 及控制量 u 的论域取为

$$\{e\} = \{ec\} = \{u\} = \{-3, -2, -1, 0, 1, 2, 3\}$$

则带有多个可调因子的控制规则可表示为

$$u = \begin{cases} -\text{int}[\alpha_0 e + (1 - \alpha_0)ec], & e = 0 \\ -\text{int}[\alpha_1 e + (1 - \alpha_1)ec], & e = \pm 1 \\ -\text{int}[\alpha_2 e + (1 - \alpha_2)ec], & e = \pm 2 \\ -\text{int}[\alpha_3 e + (1 - \alpha_3)ec], & e = \pm 3 \end{cases} \tag{7.8}$$

其中,调整因子 $\alpha_0,\alpha_1,\alpha_2$ 和 $\alpha_3 \in (0,1)$。

4. 基于学习

许多模糊控制主要是用来模仿人的决策行为,但很少能够根据经验和知识产生模糊控制规则并具有对它们进行修改的能力。随着模糊自组织控制以及神经模糊系统的出现,模糊控制器具有自身学习能力,并具备了通过学习产生合适的控制规则的能力。

7.7　模糊逻辑推理

模糊推理是设计模糊控制器的关键。常用的模糊控制规则的推理方法有 3 种:合成模糊推理法、结论是线性函数的模糊推理法和合成推理的解析公式法。

7.7.1　合成模糊推理法

实际应用中使用较广泛的合成模糊推理法有以下两种。

1. 直接推理法

由量化论域中的各输入量、输出量求出每条控制规则的模糊关系 R_{ij},再使用模糊关系 R_{ij} 计算出各输出控制分量,最后算出总输出控制量。直接推理法的特点是不用计算出总的模糊关系 R。

2. 间接推理法

由量化论域中的各输入量、输出量及控制规则求出总的模糊关系 R,再使用总的模糊关系 R 计算出输出控制量。

【例 7.2】　分别采用直接法合成推理和间接法合成推理公式推导出两种合成模糊推理法的计算公式。

假设有两个输入变量 E,EC 和一个输出变量 U 以及一个控制规则表,其中,E 的模糊标记为 $A_1,A_2,\cdots,A_m$;EC 的模糊标记为 $B_1,B_2,\cdots,B_n$;U 的模糊标记为 $C_1,C_2,\cdots,C_l$;控制规则有 $m \times n$,其格式为

$$if \quad A_i \quad and \quad B_j \quad then \quad C_{ij}$$

其中,A_i 属于论域 $\{A_1,A_2,\cdots,A_m\}$;B_j 属于论域 $\{B_1,B_2,\cdots,B_n\}$;C_{ij} 属于论域 $\{C_1,C_2,\cdots,C_l\}$。

现有输入 A^*,B^*,需求出 C^*。

(1) 直接法合成推理公式

$$R_{ij} = A_i \times B_j \times C_{ij} = (A_i \times B_j) \circ C_{ij}$$
$$C_{ij}^* = (A* \times B*)^{\mathrm{T}} \circ R_{ij}$$
$$C^* = \bigvee_{i=1,j=1}^{m,n} C_{ij}^*$$

(2) 间接法合成推理公式

$$R_{ij} = A_i \times B_j \times C_{ij} = (A_i \times B_j) \circ C_{ij}$$

$$R = \bigvee_{i=1, j=1}^{m,n} R_{ij}$$

$$C^* = (A^* \times B^*)^{\mathrm{T}} \circ R$$

实际上,无论采用直接法还是间接法进行模糊逻辑推理,所求出的控制值都是相同的。欲证直接法与间接法的模糊逻辑推理结果是否一致,即需证明下面的等式成立:

$$(A \times B) \circ \bigvee_{i=1, j=1}^{m,n} R_{ij} = \bigvee_{i=1, j=1}^{m,n} (A \times B) \circ R_{ij}$$

合成运算"∘"采用最大-最小法的证明如下。

【证明】

$$\mu_C(z) = (A \times B) \circ \bigvee_{i=1, j=1}^{m,n} R_{ij}$$

$$= \left[\mu_A(x) \wedge \mu_B(y) \right] \circ \bigvee_{i=1, j=1}^{m,n} \left[\mu_{R_{ij}}(x, y, z) \right]$$

$$= \bigvee_{x,y} \left\{ \left[\mu_A(x) \wedge \mu_B(y) \right] \wedge \left[\bigvee_{i=1, j=1}^{m,n} (\mu_{R_{ij}}(x, y, z)) \right] \right\}$$

$$= \bigvee_{x,y} \bigvee_{i=1, j=1}^{m,n} \left\{ \left[\mu_A(x) \wedge \mu_B(y) \right] \wedge \mu_{R_{ij}}(x, y, z) \right\}$$

$$= \bigvee_{i=1, j=1}^{m,n} \left\{ \left[\mu_A(x) \wedge \mu_B(y) \right] \circ \mu_{R_{ij}}(x, y, z) \right\}$$

$$= \bigvee_{i=1, j=1}^{m,n} (A \times B) \circ R_{ij}$$

对于"∘"采用最大-积合成法,只要把上式中的取小运算换为乘积运算,同样可以证出相同的结果。虽然采用直接法和间接法进行模糊逻辑推理所获结果相同,但从实际的计算机操作中证实两者所用运算时间不同,间接法所用计算时间较少。

由上可知实现上述推理过程必须执行复杂的矩阵运算,计算工作量太大。因此,在线推理时很难满足控制系统的实时性要求。正因为如此,在模糊控制器的设计中,最常使用的是一种所谓的"查询表",这种控制器通过模糊控制规则表、模糊化的输入量以及合成推理法,计算出输入、输出之间关系的对应表格,或称为"控制表",由计算机事先离线计算好,存储在内存中供实时查表使用。实际应用时,先根据量化后的输入误差及误差变化值,直接从控制表中查表求出对应的输出控制量,再乘以比例因子,即可作为输出去控制被控对象。以此可以大大提高模糊控制的实施效果,节省内存空间。

下面采用间接的合成推理法,对模糊化采用把输入/输出连续量离散化为论域上的模糊子集进行离线制作控制表的步骤。

1. 模糊化

(1) 输入/控制量的模糊语言描述

描述输入/控制量的语言值模糊子集选取为

$$\{NB, NS, ZO, PS, PB\}$$

其中,$NB = $ 负大,$NS = $ 负小,$ZO = $ 零,$PS = $ 正小,$PB = $ 正大。

(2) 输入/控制量的量化

设输入变量 X 的论域变化范围为 $[-20,20]$，将其量化为 9 个等级，量化因子为 $K_x = \dfrac{9}{20-(-20)} = \dfrac{9}{40}$，则有

$$X = \{-4, -3, -2, -1, 0, 1, 2, 3, 4\}$$

输入变量 Y 的论域变化范围为 $[-15,15]$，也将其量化为 9 个等级，量化因子为 $K_y = \dfrac{9}{15-(-15)} = \dfrac{9}{30}$，则有

$$Y = \{-4, -3, -2, -1, 0, 1, 2, 3, 4\}$$

输出控制量 U 的论域变化范围为 $[-35,35]$，同样也量化为 9 个等级，量化因子为 $K_u = \dfrac{9}{35-(-35)} = \dfrac{9}{70}$，则有

$$Z = \{-4, -3, -2, -1, 0, 1, 2, 3, 4\}$$

（3）输入/控制量隶属函数的建立

选用等距离三角形作为输入/控制量的隶属函数，如图 7.11 所示。

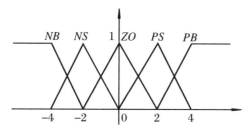

图 7.11　输入/控制量的隶属函数

（4）模糊化表的建立 (X, Y, Z)

为了便于制表，将输入、输出变量值通过论域离散化，用有限个数量值表示出其与隶属函数之间的关系式，即通过作表法来完成模糊化过程。本例中的两个输入 X 和 Y 以及输出 Z 的模糊化表具有相同的形式，如表 7.2 所示。

表 7.2　隶属函数的离散化表格

模糊量 ＼ 论域	-4	-3	-2	-1	0	1	2	3	4
NB	1	0.5	0	0	0	0	0	0	0
NS	0	0.5	1	0.5	0	0	0	0	0
ZO	0	0	0	0.5	1	0.5	0	0	0
PS	0	0	0	0	0	0.5	1	0.5	0
PB	0	0	0	0	0	0	0	0.5	1

2．模糊控制规则表的建立

模糊控制规则表如表 7.3 所示。

表 7.3　模糊控制规则表

Z Y	X NB	NS	ZO	PS	PB
NB	PB	PB	PS	PS	ZO
NS	PB	PS	PS	ZO	ZO
ZO	PS	PS	ZO	ZO	NS
PS	PS	ZO	ZO	NS	NS
PB	ZO	ZO	NS	NS	NB

（1）控制表格的建立（采用间接推理法）。

（2）求 R_{ij}。

① 由模糊化表可得输入/输出模糊标记分别为

$$A_1 = B_1 = C_1 = NB = (1,0.5,0,0,0,0,0,0,0)$$
$$A_2 = B_2 = C_2 = NS = (0,0.5,1,0.5,0,0,0,0,0)$$
$$A_3 = B_3 = C_3 = ZO = (0,0,0,0.5,1,0.5,0,0,0)$$
$$A_4 = B_4 = C_4 = PS = (0,0,0,0,0,0.5,1,0.5,0)$$
$$A_5 = B_5 = C_5 = PB = (0,0,0,0,0,0,0,0.5,1)$$

② 由模糊控制规则，如果 X 是 A_1，且 Y 是 B_1，那么 Z 是 C_{11}，即如果 X 是 NB，且 Y 是 NB，那么 U 是 PB。结合模糊控制规则表可得

$$C_{11} = C_{12} = C_{21} = PB$$
$$C_{13} = C_{14} = C_{22} = C_{23} = C_{31} = C_{32} = C_{41} = PS$$
$$C_{15} = C_{24} = C_{25} = C_{33} = C_{34} = C_{42} = C_{43} = C_{51} = C_{52} = ZO$$
$$C_{35} = C_{44} = v_{45} = C_{53} = C_{54} = NS$$
$$C_{55} = NB$$
$$R_{ij} = A_i \times B_j \times C_{ij} = (A_i \times B_j)^{T1} \circ C_{ij}$$

其中，$(A_i \times B_j)^{T1}$ 表示将 $A_i \times B_j$ 按行拉直成行向量，再转置成列向量。

③ 求模糊关系矩阵 R：

$$R = \bigcup_{i=1, j=1}^{i=5, j=5} R_{ij}$$

通过计算机计算，可得模糊关系矩阵 $R_{81 \times 9}$。

（3）计算控制量 C^* 的矩阵

$$C^* = (A^* \times B^*)^{T2} \circ R$$

其中，$(A^* \times B^*)^{T2}$ 表示将 $A^* \times B^*$ 按行拉直成行向量。A^* 和 B^* 为分别取 $\{NB, NS, ZO, PS, PB\}$ 中不同的模糊量值，C^* 为所对应的值。

将上述推理过程编成程序，通过计算机求解后可得对于输入变量论域 $\{-4, -3, -2, -1, 0, 1, 2, 3, 4\}$ 中的每一组输入，所对应的控制器的输出 C_{ij}^* $(i, j = 1, 2, \cdots, 9)$ 的隶属度。如

$$C_{11}^* = (0,0,0,0,0,0,0,0.5,1)$$
$$C_{12}^* = (0,0,0,0,0,0,0,0.5,0.5)$$
$$\cdots$$
$$C_{21}^* = (0,0,0,0.5,1,0.5,0,0,0)$$
$$C_{22}^* = (0,0,0,0,0,0,0,0.5,0.5)$$
$$\cdots$$
$$C_{98}^* = (0.5,0.5,0.5,0.5,0,0,0,0,0)$$
$$C_{99}^* = (1,0.5,0,0,0,0,0,0,0)$$

（4）解模糊。

根据公式 $C = \dfrac{\sum \mu \cdot Z}{\sum \mu}$，通过编程由计算机分别计算后可得到对输入论域中不同离散值的输出控制表，如表 7.4 所示。

由于隶属函数经过离散化后存在很多零，在推理计算中造成很多无效率的计算，尤其当输入/输出变量的模糊化采用单值模糊化时，实际上经过模糊推理后，最多只有 4 条规则被激活。此时实际有效的计算量可以减少很多。为了说明解决此问题的过程，方便起见，这里以三角型隶属函数为例来说明其输出分量的求解过程。

先考虑只有 1 条控制规则的情况。设有模糊推理语句

R_{11}：如果 x 是 A_1 并且 y 是 B_1，那么 z 是 C_{11}

表 7.4　模糊控制器的控制表

Y \ Z \ X	−4	−3	−3	−1	0	1	2	3	4
−4	3.667	3.5	3.667	2.5	2	2	2	1	0
−3	3.5	2.5	2.5	2.5	2	1	1	1	0
−2	3.667	2.5	2	2	2	1	0	0	0
−1	2.5	2.5	2	1	1	1	0	−1	−1
0	2	2	2	1	0	0	0	−1	−2
1	2	1	1	1	0	−1	−1	−1	−2
2	2	1	0	0	0	−1	−2	−2	−2
3	1	1	0	−1	−1	−1	−2	−2.5	−2.5
4	0	0	0	−1	−2	−2	−2	−2.5	−3.667

其中，$A_1 \in \{a1, a2, a3\}$，$B_1 \in \{b1, b2, b3\}$，$C_{11} \in \{c1, c2, c3\}$，$a1, a2, a3, b1, b2, b3, c1, c2, c3$ 分别表示变量 x, y, z 在各自论域中离散点处的隶属度。

1. 求此规则的蕴涵关系 $R_{11} = (A_1 \text{ and } B_1) \rightarrow C_{11}$

若对于 $A_1 \text{ and } B_1$ 采用求交运算，蕴涵关系采用最小运算，可得

$$A_1 \text{ and } B_1 = A_1 \times B_1 = A_1^T \wedge B_1$$

$$= \begin{bmatrix} a1 \\ a2 \\ a3 \end{bmatrix} \wedge \begin{bmatrix} b1 & b2 & b3 \end{bmatrix}$$

$$= \begin{bmatrix} a1 \wedge b1 & a1 \wedge b2 & a1 \wedge b3 \\ a2 \wedge b1 & a2 \wedge b2 & a2 \wedge b3 \\ a3 \wedge b1 & a3 \wedge b2 & a3 \wedge b3 \end{bmatrix}$$

为了便于下面进一步的计算,可将 $A_1 \times B_1$ 的模糊矩阵表示成如下的拉直行向量的转置:

$$R_{A_1 \times B_1} = (A_1 \times B_1)^{T1}$$

$$= \begin{bmatrix} a1 \wedge b1 & a1 \wedge b2 & a1 \wedge b3 & a2 \wedge b1 & a2 \wedge b2 & a2 \wedge b3 \\ a3 \wedge b1 & a3 \wedge b2 & a3 \wedge b3 \end{bmatrix}^T$$

从而蕴涵关系

$$R_{11} = (A_1 \text{ and } B_1) \rightarrow C_{11} = (A_1 \times B_1)^{T1} \wedge C_{11}$$

$$= \begin{bmatrix} a1 \wedge b1 \wedge c1 & a1 \wedge b1 \wedge c2 & a1 \wedge b1 \wedge c3 \\ a1 \wedge b2 \wedge c1 & a1 \wedge b2 \wedge c2 & a1 \wedge b2 \wedge c3 \\ \cdots & \cdots & \cdots \\ a3 \wedge b3 \wedge c1 & a3 \wedge b3 \wedge c2 & a3 \wedge b3 \wedge c3 \end{bmatrix}$$

2. 计算输入量的模糊集合 A' and B'

当有输入 x' 和 y' 激活了模糊控制规则 R_{11},由于此时采用单值模糊化,可得 $x' = A_1'$, $y' = B_1'$ 为

$$A_1' = (1,0,0), \quad B_1' = (1,0,0)$$

则有

$$A_1' \times B_1' = \begin{bmatrix} 1 & 0 & 0 \\ 0 & 0 & 0 \\ 0 & 0 & 0 \end{bmatrix}$$

同样为了后面合成的方便,需将 $A_1' \times B_1'$ 拉直成行向量。

3. 计算输出分量 C_{11}'

根据最大-最小合成推理方法,对应的输出 C_{11}' 为

$$C_{11}' = (A_1' \times B_1') \circ R_{11}$$

$$= (1,0,0,0,0,0,0,0,0) \circ R_{11}$$

$$= (a1 \wedge b1 \wedge c1, a1 \wedge b1 \wedge c2, a1 \wedge b1 \wedge c3)$$

或者,对于同一输入 $x' = A_1', y' = B_1'$,有可能会有

$$A_1' = (1,0,0), \quad B_1' = (0,1,0)$$

此时

$$A_1' \times B_1' = \begin{bmatrix} 0 & 1 & 0 \\ 0 & 0 & 0 \\ 0 & 0 & 0 \end{bmatrix}$$

同理需将 $A'_1 \times B'_1$ 拉直成行向量,然后根据最大-最小合成推理方法,对应的输出 C'_{11} 为

$$C'_{11} = (A'_1 \times B'_1) \circ R_{11}$$
$$= (0,1,0,0,0,0,0,0,0) \circ R_{11}$$
$$= (a1 \wedge b2 \wedge c1, a1 \wedge b2 \wedge c2, a1 \wedge b2 \wedge c3)$$

以此类推,不难发现对于 A'_1 的论域和 B'_1 的论域,不管它们的元素有多少,当 A'_1 量化之后只会选中某一个元素,例如第 i 个元素,并且具有该元素的隶属度为 1,其余均为 0,即有

$$A'_1 = (0,\cdots,0,1,\cdots,0)$$
$$\text{第 } i \text{ 个}$$

同理,B'_1 量化后也会只选中某一个元素,例如第 j 个元素,且只有该元素的隶属度为 1,其余均为 0,即有

$$B'_1 = (0,\cdots,0,1,\cdots,0)$$
$$\text{第 } j \text{ 个}$$

此时,不难得到 C'_{11} 为

$$\mu_{C'_{11}} = \mu_{A_1}(x) \wedge \mu_{B_1}(y) \wedge \mu_{C_{11}}(z)$$

对于相同的输入 x' 和 y',可能激活其他模糊控制规则,如

R_{12}:如果 x 是 A_1 并且 y 是 B_2,那么 z 是 C_{12}

同理,可求得其对应输出为

$$\mu_{C'_{12}} = \mu_{A_1}(x) \wedge \mu_{B_2}(y) \wedge \mu_{C_{12}}(z)$$

由求解 $\mu_{C'_{11}}$ 和 $\mu_{C'_{12}}$ 的算式表明,对于输入 x' 和 y',它所激活的每一条模糊控制规则的输出分量等于用输入变量 x,y 对隶属函数的模糊集合上所获得的隶属度进行相互结合,分别取其中较小的值作为总的模糊推理前提的隶属度,再以此为基准去切割推理结论的隶属函数,结论 $\mu_{C'_{ij}}$ 等于 $\mu_{C_{ij}}$ 被激活强度箝位后的结果。输入为单值模糊化,推理采用最大-最小合成法时的图形解释如图 7.12 所示。

根据以上每一条模糊控制规则输出分量的计算公式可以看出,当输入采用单值模糊化时,所对应的输出模糊量的推理过程将大大简化,对于给定的输入变量 x 和 y,只要在输入变量的论域与隶属函数的关系式(图 7.12)中分别求出与之对应的所有模糊标记上的隶属度,然后对隶属函数的模糊集合上所获得的隶属度进行两两结合,构成由输入变量所激活的模糊控制规则。另一方面,从设计隶属函数的角度我们已知道,通常对于同一个论域值,所相交的隶属函数的数目不多于两个,所以对于输入变量 x 和 y,所激活的模糊控制规则的数目一般不会多于 4(2×2)个,所以这种模糊推理运算法极大地简化了运算过程,并且对于输入量不需要进行量化处理,可以直接进行单值模糊化,从这点上讲,可以提高推理精度。在实际应用的实时计算处理中通常均采用此种操作。

下面给出输出变量 C' 完整的模糊推理求解过程。

(1) 对于每一组精确的输入变量值 (x,y) 通过模糊化隶属函数图,求得输入值对应在各模糊标记上的隶属度 $\alpha_1 = \mu_{A_1}(x)$,$\beta_1 = \mu_{B_1}(y)$,$\alpha_2 = \mu_{A_2}(x)$ 和 $\beta_2 = \mu_{B_2}(y)$。由此激活控制表中与之发生作用的控制规则(一般只有 4 条),例如激活了

$$C(\mu_{A_1}(x),\mu_{B_1}(y)), \quad C(\mu_{A_1}(x),\mu_{B_2}(y)), \quad C(\mu_{A_2}(x),\mu_{B_1}(y)), \quad C(\mu_{A_2}(x),\mu_{B_2}(y))$$

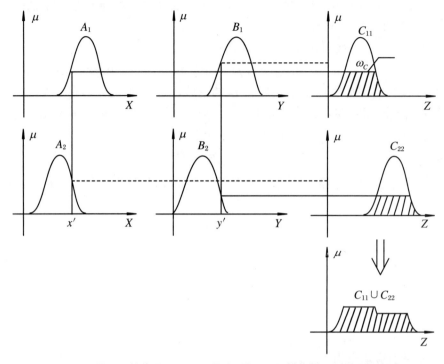

图 7.12　输入为模糊单值且采用最大-最小进行模糊推理时的图形解释

（2）通过对隶属度的最小运算获得所对应的规则的隶属度。

隶属度	控制规则
$(\alpha_1 \wedge \beta_1)$	C_{α_1,β_1}
$(\alpha_1 \wedge \beta_2)$	C_{α_1,β_2}
$(\alpha_2 \wedge \beta_1)$	C_{α_2,β_1}
$(\alpha_2 \wedge \beta_2)$	C_{α_2,β_2}

（3）利用取最大值的方法求出输出变量的隶属度，即如果 C_{α_1,β_1}，C_{α_1,β_2}，C_{α_2,β_1} 和 C_{α_2,β_2} 中的模糊标记有重复，则从中取隶属度较大的值。

（4）解模糊。通过同样的解模糊法（例如质心法）求出其精确值。

此方法的优点是由于不需要对每一组输入值在所有的 $m \times n$ 个规则里进行模糊推理操作，其计算量远远小于上述制表法中所采用的方法，该方法很适合用于在线实时计算控制输出量，并且在实际计算时不需要对输入进行量化处理，直接由精确输入值所对应的各模糊标记的隶属度，求出对应的输出。

【例 7.3】　采用模糊逻辑推理的方法，根据室外温度以及草地干湿状况，对室外草地进行自动喷水控制量的具体求解。

首先确定输入/输出论域及其隶属函数。这是一个自动喷灌系统的设计问题。系统的输入变量为温度和湿度；控制量是浇水时间。

我们可定义空气温度的论域为 0 到 40。这里之所以把下限定位为 0，是因为喷灌系统在水上冻结冰时是不能工作的。据此，我们主观地把空气温度模糊变量的论域定义为：

空气温度：[0,40]；模糊标记：冷、温、热。与此类似，对土壤湿度的论域定义为：土壤湿度：[0%,30%]；模糊标记：干、适中、湿。

它们的隶属函数如图 7.13 所示。

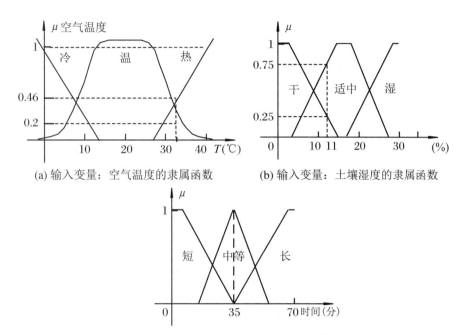

(a) 输入变量：空气温度的隶属函数　　　(b) 输入变量：土壤湿度的隶属函数

(c) 输出变量：浇水时间的隶属函数

图 7.13　输入变量和输出变量的隶属函数

（1）设控制规则为

温度 湿度	冷	温	热
干	中等	长	长
适中	短	中等	中等
湿	短	中等	中等

对于任意输入变量，如温度 = 33 ℃，湿度 = 11%。

这里，对输入变量采用单值模糊化，由此在各自隶属函数图（图 7.13(a) 和 (b)）上共可得如下 4 条控制规则：

① 如果温度是热(0.46)且土壤是干(0.25)，那么加水时间为长；

② 如果温度是温(0.2)且土壤是适中(0.75)，那么加水时间为中等；

③ 如果温度是温(0.2)且土壤是干(0.25)，那么加水时间为长；

④ 如果温度是热(0.46)且土壤是适中(0.75)，那么加水时间为中等。

实际上，因为各模糊标记之间的隶属函数相交不超过两个，所以无论模糊标记取多少，对于任意输入 e 和 ec，都只与两个模糊标记相关，所以都只有 4 条控制规则。

（2）控制规则的强度。

一旦确定了每一前提的相关隶属度的值，就要确定每一控制规则的强度。既然前提是由"且"即"与"也就是"and"来连接的，所以规则强度的选择是以前提中的最小强度值为该规则的真值。对于前面 4 条规则，各自的规则强度分别为：

$$\min(0.46, 0.25) = 0.25$$
$$\min(0.2, 0.75) = 0.2$$
$$\min(0.2, 0.25) = 0.2$$
$$\min(0.46, 0.75) = 0.46$$

（3）根据规则强度来确定模糊输出。

由模糊规则控制表，由（2）中所确定的规则强度值即为控制量的隶属度，即

如果温度是热（0.46）且土壤是干（0.25），那么加水时间为长（0.25）；

如果温度是温（0.2）且土壤是适中（0.75），那么加水时间为中等（0.2）；

如果温度是温（0.2）且土壤是干（0.25），那么加水时间为长（0.2）；

如果温度是热（0.46）且土壤是适中（0.75），那么加水时间为中等（0.46）。

由此得出输出控制量在确定输入 e^* 和 ec^* 下的模糊控制变量的隶属度。并且从中可以看到，在不同输入前提条件下，得到相同的控制行为（如控制规则①和③是具有相同的控制规则为"加水时间为长"的控制，控制规则②和④是具有相同的控制规则为"加水时间为中等"的控制）。在这种情况下，模糊控制的输出，在具有相同输出行为的所有规则中，规则强度为最大的那个。在本例中可得输出控制模糊量为加水时间是长（0.25）和中等（0.46）。换句话说，有两个或两个以上的相同控制企图影响输出时，规则强度为最大的那个值起主导作用。

$$u = \frac{0.25 \times 70 + 0.46 \times 35}{0.25 + 0.46} = \frac{17.5 + 16.1}{0.71} = 47.32$$

通过以上过程可以得出采用输出求解的步骤如下。

（1）建立控制规则；

（2）确定前提的真值：对于每一精确输入值，通过使用隶属函数进行模糊化处理，以获得每一前提的真值（隶属度）；

（3）求出每一控制规则的强度：它等于每一规则中，最小的前提隶属度；

（4）确定每一结论标记的模糊输出：它等于相同结论标记中的最大规则强度；

（5）逆模糊输出控制量。

以上所计算出的只是在一组输入下的输出，从中可以看出其计算的复杂性。这也正是简单的模糊逻辑控制往往是事先做好控制律的表格，存储到计算机中的原因，当然，由于内存有限，必然导致控制精度不高的情况出现。要想提高模糊逻辑控制的效率和控制精度，有效的办法是引入神经网络的自适应功能。这将在后面的章节中进行详细讨论。

7.7.2　结论是线性函数的模糊推理法

这种模糊推理法的特点是推理的结论部分是前提语言变量值的函数，又称为 Sugeno 推理法。一般形式为

if　$x_1 = A_1$ and $x_2 = A_2$ and $\cdots$ and $x_n = A_n$，then $y = f(x_1, x_2, \cdots, x_n)$

结论函数的简单形式可表示为

if　$x_1 = A_1$ and $x_2 = A_2$ and $\cdots$ and $x_n = A_n$，then $y = p_0 + p_1 x_1 + p_2 x_2 + \cdots + p_n x_n$

在上面条件语句中，$x_1, x_2, \cdots, x_n$ 是语言变量，$A_1, A_2, \cdots, A_n$ 是语言变量值，$p_1, p_2, \cdots, p_n$ 是系数。

对于有 k 条规则的模糊控制，则可表示为

$$R_i : \text{if}\quad x_{1i} = A_{1i} \text{ and } x_{2i} = A_{2i} \text{ and } \cdots \text{ and } x_{ni} = A_{ni},$$
$$\text{then } y_i = p_{0i} + p_{1i} x_{1i} + p_{2i} x_{2i} + \cdots + p_{ni} x_{ni}$$

式中，$i = 1, 2, \cdots, k$。

设有输入 $x_1^*, x_2^*, \cdots, x_n^*$，则输出控制量的精确值 y 的计算过程如下：

(1) 对每条规则 R_i，计算其结论 y_i 的值。

$$y_i = p_{0i} + p_{1i} x_{1i} + p_{2i} x_{2i} + \cdots + p_{ni} x_{ni}$$

式中，$i = 1, 2, \cdots, k$。

(2) 求命题 $y = y_i$ 的真值，即结论的权值。

命题 $y = y_i$ 的真值用 $|y - y_i|$ 表示，且有

$$|y = y_i| = \bigwedge_{j=1}^{n} \mu_{Aj_i}(xj_i)$$

(3) 求输出控制的精确值。若采用"质心法"求精确值，则有

$$y = \frac{\sum\limits_{i=1}^{k} w_i y_i}{\sum\limits_{i=1}^{k} w_i}$$

计算式中的 $w_i = |y - y_i|$。

7.8　量化因子及比例因子的选择

在实现模糊控制算法时，通过每隔一定时间(采样周期)采样被控对象的输出信号(数字量)后，把该数字量和内部设定的数字信号(参考输入信号)进行比较就可以得到当前控制用的输入变量信号(误差信号)。通过前后两次采样对应的误差信号除以时间间隔就是误差变化率信号。为了进行模糊运算，必须把这两个精确量转换为模糊集的论域的某一个相应的值。这实际上就是要进行基本论域(精确量)到模糊集的论域(模糊量)的转换，这种转换过程的实现就需要引入量化因子的概念。

量化因子一般用 K 表示，误差的量化因子 K_e 和误差变化率的量化因子 K_{ec} 分别由以下计算公式确定：

$$K_e = \frac{n}{x_e}, \quad K_{ec} = \frac{m}{x_{ec}}, \quad K_u = \frac{y_u}{l}$$

设计模糊控制器除了要有一整套有效的控制规则外,还必须合理地选择模糊控制器的量化因子和比例因子系数。大量实验结果表明,量化因子和比例因子大小及两个量化因子之间大小相对关系,对模糊控制器的控制性能影响极大,并且需要通过整个控制系统的调试(可先通过仿真)来完成。

1. K_e,K_{ec}对系统动态性的影响

一般说来,K_e,K_{ec}变化时,实际误差和误差变化所对应的论域上的原始值也将发生变化。K_e,K_{ec}越大,对应的语言值也越大,反之亦然。在模糊变化所取语言值不变的条件下,误差所取语言值越大,相应控制器的输出(控制量变化)所取语言值也越大;而在误差所取语言值不变的条件下,误差变化所取语言值越大,相应的控制器的输出所取语言值越小。

K_e对动态特性的影响是:K_e大,调节死区小,上升速率大。但是,K_e取得过大,将使系统产生较大的超调,调节时间增大,甚至产生振荡,使系统不能稳定工作。

K_{ec}对动态性的影响是:K_{ec}小,反应较迟钝;K_{ec}大,反应快,上升速率大。而K_{ec}过大,引起大的超调,使调节时间长,严重时不能稳定工作。

2. K_e,K_{ec}对系统稳定性的影响

在模糊控制系统中,一般不可能消除稳态误差,更不可能消除误差变化率。一般而言,K_e增加,稳态误差将减小;K_{ec}增大,稳态时误差变化率也将减小。然而K_e,K_{ec}对动态性能也有影响,因此必须兼顾两方面的性能。

3. K_u对系统性能的影响

K_u相当于常规系统中的比例增益,它主要影响控制系统的动态性能。一般K_u加大,上升速度就快。但K_u过大,将产生较大的超调,严重时会影响稳态工作。和一般控制系统不同的是,K_u一般不影响系统的稳态误差。

第8章　模糊控制系统的应用

经过实践，人们认识到模糊逻辑控制技术最适合用于那些非线性系统和在其输入或者对其操作描述存在着不确定性的系统。查德教授认为模糊逻辑对于大的自然系统，诸如天气、海洋系统，或者大的人造系统，诸如经济、股票市场和国家选举等这样的系统建模和控制是最有利的。用模糊逻辑去开发控制系统已经获得很大成功。一般而言在控制应用中，模糊逻辑可以应用于非线性、时变和无法定义的系统，最适用的还是以下3类系统：

(1) 由于太复杂而无法精确建立模型的系统；

(2) 具有明显非线性操作的系统；

(3) 其输入或者其定义具有结构不确定性的系统。

对于一些简单系统，有些可以知道确切的数学模型，有些甚至并不需要逻辑推理或者复杂的数据处理，控制器只要一步一步地通过预先确定的作用对输入做出简单响应，对这样的系统就不需要用模糊逻辑去实现。如果一个系统的经典控制方程和方法已经经过优化或者完全可以胜任，已经形成成熟的方法，一般情况下，没有必要因为模糊逻辑是新技术而去采用它。但是当现有方法虽可胜任，而用模糊逻辑方法可以做得更好，甚至要好得多时，或者由此可能开辟一个有意义的所需要的新功能的话，则应当采用模糊逻辑去取代它。

当今自动控制理论中一个重要的研究领域就是新的控制策略的研究与探索。自动控制应用的一个引人注目且吸引越来越多的专家投入的领域是运动控制，其中需要解决的一个重要的实际问题是电机中非线性摩擦力的消除与补偿。在小功率电机广泛运用的今天，在跟踪低速或变向运动的参考信号时，由电机中的非线性特性所引起的误差，采用古典控制理论设计的常规控制器很难对其进行补偿与消除，控制系统的精度很难达到理想的设计要求。

为了解决运动控制应用中的非线性问题，人们不断地引入新的控制策略，从而使得控制系统更加具有智能性及抗各种干扰的鲁棒性，并且控制策略的使用与实现，不需要增加更多的硬件，只要一个以数字信号处理器为基础的计算机控制系统，从而使整个控制系统更加集成化，更加智能化，更加具有可靠性和灵活性，也更加具有广泛的实际应用价值。

智能性控制系统的关键在控制策略上。一个好的控制策略可以适用于普遍的一类问题。利用模糊逻辑控制不依赖于被控对象数学模型的特点，可以设计出运动控制中具有摩擦力影响的速度模糊逻辑控制系统。通过计算机软件来实现模糊逻辑控制系统的模糊化、模糊推理和解模糊3个处理过程，并对模糊控制系统进行计算机仿真调试。最后，与常规控制器的控制效果进行比较。

8.1 速度模糊控制器的设计

模糊控制器选用二维输入和一维输出。输入变量为误差 E 和误差变化 EC，输出变量为伺服电机力矩控制量 T，误差变化在计算机中的实现是采用误差采样信号的一阶延迟。误差和误差变化的模糊标记分别为 12 个和 11 个变化值。因为误差的正零与负零对电机的转速来说是表示不同的旋转方向，分别由正负控制信号产生，所以有不同的意义。为了得到平稳的跟踪误差信号，隶属函数选用等距离交叉分配的三角形，如图 8.1 所示。

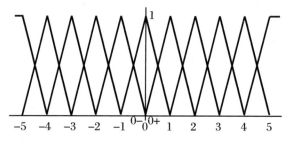

图 8.1 E 和 EC 的隶属函数

模糊控制规则通过计算机中程序化的算法来完成。为了计算的方便，控制规则采用带有调节因子的控制算法：

$$U = \alpha E + (1 - \alpha)EC, \quad \alpha \in [0,1] \tag{8.1}$$

在通常情况下选用 $\alpha = 0.5$。

控制规则含义用语言变量来描述，则为

$$\text{if } e \text{ is } E_i \text{ and } ec \text{ is } EC_i \text{ then } u \text{ is } U_i \tag{8.2}$$

其中，E_i 和 EC_i 是定义在 E 和 EC 两前提空间的模糊集合，而 U_i 是结论 U 空间映射的模糊集合，$i = 1,2,\cdots,N,N$ 为模糊标记的数目。

对于任意一对前提 e 和 ec，模糊算法将对每一条规则根据输入前提隶属函数最小值法得到其规则强度，可写为

$$\sigma_i = \mu_{E_i \text{ and } EC_i}(e,ec) = \min[\mu_{E_i}(e),\mu_{EC_i}(ec)] \tag{8.3}$$

根据所观察到的输入前提，模糊控制器推导出一个模糊结论 U，它的隶属函数是

$$\mu_U(u) = \max_{1 \leqslant i \leqslant N}[\sigma_i,\mu_{U_i}(u)] \tag{8.4}$$

控制输出是对表示模糊控制信号 U 的隶属函数图形进行解模糊处理，同样为了计算的方便，本例采用单值的 I 形作为输出变量的隶属函数，采用质量中心法（COG），结合加权平均，计算控制输出精确值。其求解公式为

$$\text{精确输出值} = \frac{\sum_i \mu_U(u) \times x}{\sum_i \mu_U(u)} \tag{8.5}$$

控制器的输入和输出均为计算机中的数字量,需要通过量化因子量化到各自的模糊标记上。从模糊控制器的调试中发现,输入变量的基本论域不仅仅表示可能涉及的范围,更重要的是反映了控制器所能达到的精度。在速度控制系统中,当隶属函数和控制规则确定后,输入变量 e 的基本论域体现了所能达到的精度,尤其是当系统参考变量有可能在较大的范围里变化时,对于跟踪误差来说,最终目的总是希望 $e \rightarrow 0$,所以应当多从精度的角度来选择误差的基本论域。至于输出变量的量化因子,可由处理器的位数来确定。如对于一个 16 位的数字信号处理器,具有 11 个模糊集合的量化因子为 $K_u = 6553.6$。所有大于或等于模糊标记 ± 5 的控制量均以 $2^{16}/2 = 32768$ 值输出。速度控制系统中的量化变量关系如表 8.1 所示。

表 8.1　输入/输出量化变量表

量化级别	E	EC	T
$+5$	50	325	32768
$+4$	40	260	26214.4
$+3$	30	195	19660.8
$+2$	20	130	13107.2
$+1$	10	65	6553.6
$0+$	$0+$	0	0
$0-$	$0-$	0	0
-1	-10	-65	-6553.6
-2	-20	-130	-13107.2
-3	-30	195	-19660.8
-4	-40	260	-26214.4
-5	-50	325	-32768

被控系统具有下列开环电机械方程:

$$J \frac{\mathrm{d}\omega}{\mathrm{d}t} = -B\omega + T - T_f \quad (8.6)$$

其中,ω 为角速度,J 为总惯量,B 为黏摩擦系数,T 为控制输入,T_f 为非线性摩擦力矩,T_f 的精确模型选为

$$T_f = T_c \mathrm{sgn}(\omega) + \Delta T e^{-\alpha\omega} \mathrm{sgn}(\omega) \quad (8.7)$$

为了使仿真结果更加真实地反映出精确的非线性系统特性,我们采用式(8.7)对被控系统进行仿真。仿真系统对正弦信号的输出以及所测实际被控系统对相同信号的输出如图 8.2 所示。从中

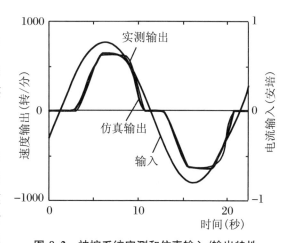

图 8.2　被控系统实测和仿真输入/输出特性

还可以看出被控系统中存在着严重的非线性死区和饱和特性。

被控系统中的线性部分是通过标准的 ARMAX 辨识的,得其方程为

$$G(z^{-1}) = \frac{10z^{-1}}{1 - 0.9932z^{-1}} \tag{8.8}$$

计算机中的模糊逻辑控制仿真系统方框图如图 8.3 所示。图中被控电机包括被控直流电机、功率放大器、信号比例调节器,以及 A/D、D/A 转换系数等整个被控子系统,S 为虚设的最大输出控制量的限定器。

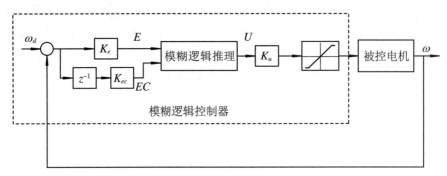

图 8.3　模糊逻辑控制仿真系统方框图

当控制规则确定后,控制系统响应的动静态性能就由 K_e,K_{ec} 和 K_u 来决定。由于系统中存在着严重的死区,而正、反两个方向需要施加不同方向的力矩,为了避免控制力矩的正负振荡,允许系统有一定范围的误差,以达到平稳控制目的。为此,3 个参数的选择步骤为:

(1) $K_u = \dfrac{输出最大可达范围}{最大量化级别}$;

(2) 令 $K_{ec} = 0$,调定 K_e,使系统在不振荡的前提下,达到尽可能大的稳态精度;

(3) 适当增加 K_{ec} 的值,以缩短上升时间,同时又不使系统振荡。

经验表明,误差 E 的论域决定了控制器的控制精度,所以其量化系数应根据期望精度来确定。而误差变化 EC 的论域决定了上升速度,可在具体系统中根据参考量的可达范围进行调试以达到满足跟踪精度和响应平稳要求的最佳值。

仿真实验是通过 Matlab 支持下的 Simulink 实现的。常规控制器是通过极点设置求出的 PI 控制器。两者对不同参考信号的响应如图 8.4 所示。虽然 PI 控制器对速度控制系统不产生系统稳态误差,但其上升时间显然比模糊控制器长得多。模糊逻辑控制器既具有较快的上升速度,又没有响应超调。而 PI 控制器很难做到此点。当使其参数不产生超调响应时,需要较长的上升时间,更主要的是当跟踪变化的参考信号时,PI 控制器在 0 输入附近出现死区。消除死区的办法就是加大系统放大系数的值,但这又给系统带来超调。同样需要较长的时间达到满意的控制性能。图 8.4(a)和(b)中分别给出当 PI 控制器的比例系数 K 为 7(阶跃响应中没有超调,但变化信号中出现死区)和 42.3(变化信号跟踪中没有死区,但阶跃中可见超调),以及模糊逻辑控制器的响应曲线。由此可见模糊逻辑控制器具有更好的适应参数变化以及抗干扰的能力。为了进一步比较跟踪误差,我们将模糊控制器和 K 值等于 42.3 的 PI 控制器对图 8.4(b)中的变化信号响应的误差放在图 8.4(c)中。结合图 8.4(a)我们可知,在上升速度相同的情况下,对于图 8.4(b)中相同变化的周期参考信号,PI 控制器的跟踪误差在[−150,100] 转/分,而模糊逻辑控制器的跟踪误差只有 ±50 转/分。这又更

加证明了模糊逻辑控制器具有更好的响应性能。

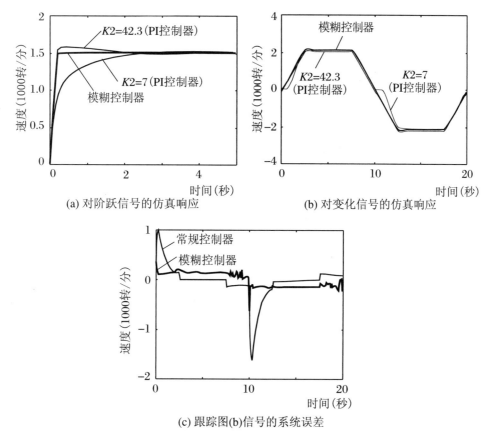

(a) 对阶跃信号的仿真响应　　　　　(b) 对变化信号的仿真响应

(c) 跟踪图(b)信号的系统误差

图 8.4　两种控制器对不同参考信号的响应

模糊控制器是一个按照人们事先设计好的控制规则对被控对象进行控制的智能控制器,而不管被控对象本身特性如何,均能很好地按照控制规则控制系统。所以它是一个非线性控制器。与 PID 控制器相比较,模糊控制器的响应速度快,超调小,且对非线性系统能够很好地进行控制。只是对速度控制有一定的稳态误差。这可以通过引入神经网络的训练来改进隶属函数以及控制规则而进一步提高控制效果。总之,当跟踪不断变化的参考信号时,利用模糊控制器来克服非线性摩擦力的影响不失为一个较 PID 好的控制策略。

8.2　三种控制器的设计与性能比较

模糊逻辑控制对控制复杂或无法用简单数学模型表达的系统提供了一个实际且不昂贵的解决办法。基于规则的模糊控制器不需要繁琐的数学计算和复杂的数学模型,所需要的仅仅是对整体系统行为的实际理解。不论是基于数学模型所设计出的常规控制器,还是通过实验公式或经验得到的模糊控制规则,其目标都是一个,那就是希望对于参考输入产生期望的输出。本节从控制器规则本身入手,通过控制器输入/输出特性表面的形状,对常规控制器、一般模糊控制器以及针对具体系统设计的非线性模糊控制器的 3 种控制规则进行直观的对比,以展现各控制器之间的区别,以及非线性模糊控制规则的实质。

8.2.1 控制算法的描述

1. 常规的线性控制器

众所周知,PD 控制器的控制算法可以用下式表示:

$$u(k) = K_1 e(k) + K_2 e(k-1) \tag{8.9}$$

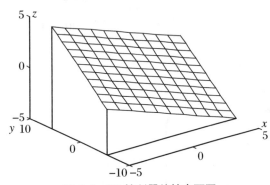

图 8.5　PD 控制器特性表面图

此处,$u(k)$ 为第 k 个采样周期的控制量;$e(k)$ 和 $e(k-1)$ 分别是误差信号在第 k 和 $k-1$ 采样周期的参考信号与系统实际输出值之间的差值;K_1 和 K_2 为比例常数。

因为式(8.9)是个线性方程,此控制器的特性表面是一个平面(即输出控制信号 $u(k)$ 与输入信号 $e(k)$,$e(k-1)$ 关系的立体空间图形)。这个表面如图 8.5 所示。

2. 模糊控制器

一般模糊控制器的输入 e, ec 和输出 u 的基本论域取:$[-E_{max}, E_{max}]$,$[-EC_{max}, EC_{max}]$ 和 $[-U_{max}, U_{max}]$,其模糊论域分别选用比如 12 个和 11 个模糊集合,这样可得 132 条控制规则。量化因子可选为 $K_e = 5/E_{max}$,$K_{ec} = 5/EC_{max}$ 和 $K_u = U_{max}/5$。输入变量的隶属函数采用常用的等距离交叉分配的三角形,如图 8.6 所示。

输出控制变量采用单值的 I 形隶属函数,通过质量中心法(COG),结合加权平均,可得控制输出的精确值,其公式为

$$精确输出值 = \frac{\sum_i \mu_u(u) \times x}{\sum_i \mu_u(u)} \tag{8.10}$$

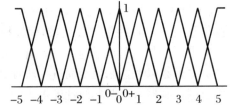

图 8.6　E 和 EC 的隶属函数

此处,μ_u 为对应于输入变量的输出模糊标记的隶属度;x 为各模糊标记值。

3. 非线性模糊控制规则(NFLC)的设计

在此设计两种不同的控制规则。第一种如表 8.2 所示。这是人们常用的带有调节因子 $u = \mathrm{int}\left(\dfrac{e + ec}{2}\right)$ 的控制规则。

表 8.2　PD 型模糊控制规则

	-5	-4	-3	-2	-1	0	1	2	3	4	5
-5	-5	-5	-4	-4	-3	-3	-2	-2	-1	-1	0
-4	-5	-4	-4	-3	-3	-2	-2	-1	-1	0	1
-3	-4	-4	-3	-3	-2	-2	-1	-1	0	1	1
-2	-4	-3	-3	-2	-2	-1	-1	0	1	1	2
-1	-3	-3	-2	-2	-1	-1	0	1	1	2	2
-0	-3	-2	-2	-1	-1	0	1	1	2	2	3
+0	-3	-2	-2	-1	-1	0	1	1	2	2	3
1	-2	-2	-1	-1	0	1	1	2	2	3	3
2	-2	-1	-1	0	1	1	2	2	3	3	4
3	-1	-1	0	1	1	2	2	3	3	4	4
4	-1	0	1	1	2	2	3	3	4	4	5
5	0	1	1	2	2	3	3	4	4	5	5

按照表 8.2 所得到的控制器的误差输入 e 和 ec 与控制输出 u 之间的特性表面如图 8.7 所示,其中,x,y 和 z 轴分别代表输入/输出变量 e,ec 和 u。此控制器的特性虽然具有非线性,但仍然为 PD 输出特性(图 8.7),我们称之为 PD 型模糊控制规则。

第二种控制规则是在第一种的基础上进行一些调整以改进系统对阶跃响应的过渡过程状态。其调整的主要目的是在初始阶段以及达到稳态时,加大误差的影响,以

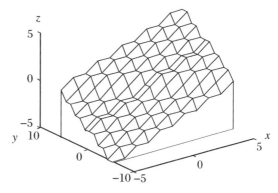

图 8.7　PD 型模糊控制规则输入/输出特性表面

至于当响应开始以及达到稳态时,能分别有更快的加速度和减速度。我们称此为非线性模糊控制规则,如表 8.3 所示。

表 8.3　非线性模糊控制规则

	-5	-4	-3	-2	-1	0	1	2	3	4	5
-5	-5	-5	-5	-5	-5	-5	-4	-4	-4	-4	-4
-4	-4	-4	-4	-4	-4	-4	-4	-3	-3	-3	-3
-3	-3	-3	-3	-3	-3	-3	-3	-3	-2	-2	-2
-2	-2	-2	-2	-2	-2	-2	-2	-2	-2	-2	-2
-1	-1	-1	-1	-1	-1	-1	-1	-1	-1	-1	-1

续表

	-5	-4	-3	-2	-1	0	1	2	3	4	5
-0	-1	-1	-1	0	0	0	0	0	1	1	1
$+0$	-1	-1	-1	0	0	0	0	0	1	1	1
1	0	1	1	1	1	1	1	1	1	1	1
2	1	1	2	2	2	2	2	2	2	2	2
3	2	2	2	3	3	3	3	3	3	3	3
4	3	3	3	3	4	4	4	4	4	4	4
5	4	4	4	4	4	5	5	5	5	5	5

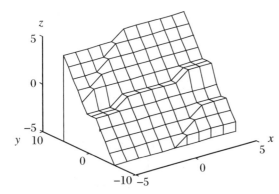

图 8.8　非线性模糊控制规则输入/输出特性表面

非线性模糊控制规则与 PD 型控制规则的主要区别在于"如果 e 是 $+5$ 且 ec 是 -5",其控制输出 u 现在是"$+4$",而不是"0"。这样,在响应的初始阶段,我们忽略了 ec 的影响。非线性模糊控制器的其他规则,是在不同的模糊标记之间平滑地改变其控制信号,另外"如果 e 是 0 且 ec 是 0,那么 u 是 0",以消除稳态常数误差。非线性模糊控制规则的特性表面如图 8.8 所示,从中可以看出,规则在 e 为 0 左右有一个变化点以适应非线性控制的要求。

8.2.2　结果的对比

对三种不同的控制规则均进行了仿真实验测试和结果的比较。被控系统为一个存在着严重的非线性摩擦力影响的直流电机,其位置控制系统的线性方程为

$$G_p = \frac{0.2z^{-1}}{(1 - 0.9928z^{-1})(1 - z^{-1})} \tag{8.11}$$

非线性摩擦力模型通过实验,确定为指数型函数:

$$T_f = \begin{cases} 0.25 + 0.09\mathrm{e}^{-0.0024\omega}, & \omega > 0 \\ 0.23 + 0.09\mathrm{e}^{-0.0024\omega}, & \omega < 0 \end{cases} \tag{8.12}$$

仿真实验是通过 Matlab 环境下的 Simulink 进行的。采样时间为 5 毫秒。对阶跃信号的跟踪响应如图 8.9 所示,其中,PD 控制器是采用极点配置方法设计的。虽然是对一个非线性系统进行控制,常规的 PD 控制器仍能表现出较好的控制特性,这是因为二阶位置系统本身带有一个积分器,能够消除库仑摩擦力的影响。虽然系统此时存在一定的超调,但具有较快的上升时间和较小的振荡。

带调节因子且 $\alpha = 0.5$ 的模糊控制器在对具有非线性扰动的二阶系统进行控制时,并没有表现出较常规控制器更好的特性。虽然经过努力调节其他可调因子,但最后结果仍然具

有较 PD 控制器大得多的超调量和更长的过渡过程,对系统性能的进一步改善没有起到积极的作用。这说明 $\alpha = 0.5$ 的模糊控制规则不是对任何系统都能达到比常规控制器更好的效果。

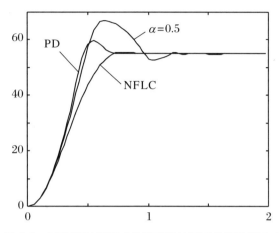

图 8.9 三种控制规则对位置跟踪控制系统的阶跃响应

图 8.9 中的非线性模糊控制器(NFLC)对阶跃信号的跟踪,给出了一条近似对一阶系统的响应曲线,系统的跟踪既平稳又快速地达到稳态信号,这说明针对具体系统设计的非线性模糊控制器较好地克服了非线性摩擦力的影响,因而表现出较 PD 控制器更好的控制效果。

模糊控制器能根据专家的经验对非线性系统进行有效的控制。实际中的模糊控制规则常常采用带有调节因子的控制规则,但 $u = 0.5(e + ec)$ 的控制规则在二阶位置控制系统中呈现出和 PD 控制器相似,甚至不如常规控制器的控制效果。而根据具体系统的非线性特性设计出的非线性模糊控制规则,通过对具有非线性摩擦力影响的直流电机的仿真实验可看出,此控制器对阶跃参考信号的响应比常规控制器有更好的控制效果。不过,由于影响模糊逻辑控制器的参考因素甚多,只凭经验或人工调整参数达到最优模糊控制既费时,又困难。改进的办法则是应用神经网络自学习自适应能力来自动调整隶属函数和控制规则,以达到最佳设计。

8.3 变参数双模糊控制器

在小功率电机越来越得到广泛应用的今天,人们更加重视对电机中非线性摩擦力的消除与补偿的研究。采用经典控制理论设计的常规控制器,在实际应用中对变速或变向的参考信号进行跟踪时,往往无法达到令人满意的效果。与常规 PID 控制器相比,模糊控制器对阶跃响应具有上升速度较快、过渡过程时间较短、对参数变化不敏感等优点,同时不需要被控对象的精确模型,这无疑有助于对电机的非线性的消除,但它对非线性的消除是以降低系统稳态精度为代价的。所以单个模糊控制器在非线性补偿上受到了限制。前面的研究表

明,直流电机中的非线性摩擦力矩模型可以由下面的公式表示:

$$T_f = T_c \cdot \text{sgn}(\omega) + \Delta T \cdot e^{-a\omega} \cdot \text{sgn}(\omega) \qquad (8.13)$$

这是一个以电机角速度为自变量的指数衰减型非线性函数。根据此公式,我们可以认为,直流电机中非线性摩擦力的影响只作用于速度为零附近的一个范围 $|\omega| < \omega_0$ 内,在此之外,干扰 T_f 则近似为一个常数 T_c。为此,我们设计了一个基于经验的变参数双模糊控制器,其控制转换开关在 $|\omega| = \omega_0$ 处。其主要思想表现在两点上:

(1) 当 $|\omega| < \omega_0$ 时,模糊控制器的主要目的是消除非线性影响;

(2) 当 $|\omega| \geqslant \omega_0$ 时,控制的重点则转移到系统跟踪精度的提高上。

此控制器的最大特点为:采用很少的模糊标记和简单的设计方法,并以 ω_0 为分界点来进行变参数双模糊控制,从而达到比常规控制器和单模糊控制器更好的控制效果。

在下面的几个小节里,首先介绍变参数双模糊控制器的设计过程,重点在于解释如何确定两组变化的参数值,然后对所设计的双模糊控制器进行计算机仿真实验的验证,并将其结果与常规控制器以及单模糊控制器的控制效果进行比较,最后给出小结。

8.3.1　变参数双模糊控制器

1. 模糊逻辑设计

我们以误差 E 和其变化值 EC 作为模糊控制器的输入,以伺服电动机力矩控制量 U 作为控制器的输出。它们的论域均以 NL(负大)、NS(负小)、ZO(零)、PS(正小)和 PL(正大)这 5 个语言变量来描述,并且将它们分别定义在 $-2, -1, 0, 1$ 和 2 附近。控制规则采用带调节因子 α 的算法,即

$$U = \alpha \cdot E + (1 - \alpha) \cdot EC, \quad \alpha \in [0,1] \qquad (8.14)$$

在实际的仿真实验中,我们得出 $\alpha = 0.5$ 是较好的取值,所以控制规则有更简单的表达式:

$$u = \frac{1}{2}(E + EC) \qquad (8.15)$$

E 和 EC 的隶属函数选用等距离交叉分配的三角形,如图 8.10 所示。

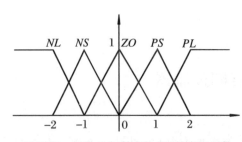

图 8.10　误差 E 和其变化 EC 的隶属函数

为了使控制算法简单化,其模糊推理方式采用简单的极小-加法-质心推理法。具体的做法和 8.1 节采用的方法完全相同,即每一规则的规则强度根据输入前提隶属函数最小值法得到

$$\text{if } e \text{ is } E_i \text{ and } ec \text{ is } EC_i \text{ then } u \text{ is } U_i \qquad (8.16)$$

控制量 U 的隶属函数则为

$$\mu_U(u) = \sum_{1 \leqslant i \leqslant N} [\sigma_i, \mu_U(u_i)] \qquad (8.17)$$

解模糊采用单值的 I 形作为输出变量的隶属函数,利用质量中心法(COG),结合加权平均,计算其精确值:

$$精确输出值 = \frac{\sum_i \mu_U(u_i) \cdot u_i}{\mu_U(u_i)} \tag{8.18}$$

2. 两组参数的设定

模糊控制器是根据操作者的经验而设计的,所以对所要解决问题的准确认识和深入分析是设计成功的关键所在。在隶属函数与控制规则已定的情况下,其性能由 K_u, K_e 和 K_{ec} 这 3 个量化参数来决定。又因为控制力矩 T 的大小直接与 K_u 相关,故参数设定从 K_u 入手。

当变化的参考信号 $|\omega| < \omega_0$ 时,系统处于非线性摩擦力 T_f 的影响区间。此时因为输入信号较小,控制力矩的大部分用于消除非线性摩擦力矩上,只有小部分用来控制其运动。由于非线性摩擦力矩是以指数型函数迅速衰减的,如果 T 过大,则随着需要补偿的力矩的减小,会使输出信号过大而产生振荡,甚至造成系统的不稳定。所以 T 值要适中,即 K_u 要适中,以刚好抵消常数摩擦力矩值为最佳量化因子值。当然,由于 K_u 值的限制,系统的稳态精度也同时受到了限制。确定了 K_u 之后,在使系统稳定的前提下,尽可能地取较大的 K_{ec} 值来获得较高的控制精度。

当 $|\omega| \geqslant \omega_0$ 时,系统进入线性区域,此时有 $T_f \approx T_c$,控制力矩只要在克服常数摩擦力矩 T_c 之后,再施加有规则的控制量即可。所以此时可以在保证系统稳定的前提下,尽可能地加大 K_u 来达到提高精度的目的。

在做了如上分析之后,速度控制系统中的输入/输出量化变量关系的设计如表 8.4 和表 8.5 所示。表中的输入/输出变量值为计算机中所用的数字值。

表 8.4　$|\omega| < \omega_0$ 时模糊控制器输入/输出量化变量关系

量化级别	e	ec	T
+2	125	1000	24000
+1	62.5	500	12000
0	0	0	0
−1	−62.5	−500	−12000
−2	−125	−1000	−24000

表 8.5　$|\omega| \geqslant \omega_0$ 时模糊控制器输入/输出量化变量关系

量化级别	e	ec	T
+2	125	333	50000
+1	62.5	167	25000
0	0	0	0
−1	−62.5	−167	−25000
−2	−125	−333	−50000

8.3.2 仿真实验验证

为了验证所设计的变参数双模糊控制器的控制效果,我们在 Matlab 环境下用 Simulink 进行仿真实验,系统的采样时间为 5 毫秒,这与实际计算机控制系统的情况是相符的,仿真系统方框图如图 8.11 所示。

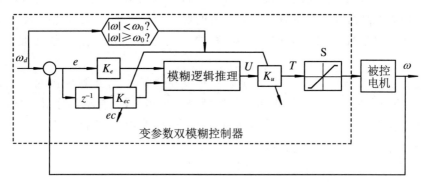

图 8.11　变参数双模糊控制器的系统方框图

系统图中的变参数双模糊控制器是按前面的方案设计的。S 为虚设的输出控制量的最大值限定器。电驱动器部分包括被控直流电机、功率放大器、信号比例调节器及 A/D、D/A 转换等整个被控子系统。

速度控制系统的线性方程的 Z 域传递函数与式(8.8)相同:

$$G(z^{-1}) = \frac{10 \cdot z^{-1}}{1 - 0.9932 \cdot z^{-1}} \tag{8.19}$$

系统非线性摩擦力矩的模型仍然取式(8.12):

$$T_f = \begin{cases} 0.25 + 0.09\mathrm{e}^{-0.0024\omega}, & \omega > 0 \\ -0.23 - 0.09\mathrm{e}^{-0.0024\omega}, & \omega < 0 \end{cases} \tag{8.20}$$

输入参考信号采用如图 8.12 所示的梯形波。在整个信号的跟踪过程中,采用表 8.4 和表 8.5 所设定参数的双模糊控制器参数。ω_0 取 40 转/分。为了便于比较,我们同时对系统进行了 PI 控制器的实验。图 8.13 分别为变参数双模糊控制器和 PI 控制器对图 8.12 输入信号的响应误差曲线。可以很明显地看出,虽然 PI 控制器对常数干扰不产生误差,但在跟

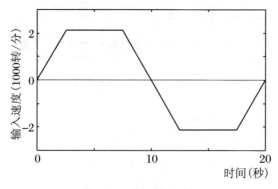

图 8.12　梯形输入波形

踪穿越零的变向速度信号时,由于静动摩擦力的影响而产生突变的跳跃。与其相比,变参数双模糊控制器具有令人满意的控制效果。它根据被控系统的特点,各用一组参数分别侧重解决问题的一个方面,做到了结合两个模糊控制器单独使用时的优点,同时回避了各自的缺点,从而达到了较好的控制效果。在两个控制器之间相互转换的过程中没有出现大的误差跳跃,这也是当模糊控制器与 PI 控制器相结合所不能达到的效果。

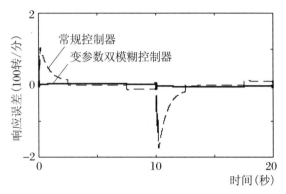

图 8.13 变参数双模糊控制器与常规控制器的响应误差

为了更深入地剖析变参数双模糊控制器的特点,我们将其与单模糊控制器使用时的效果进行比较,其响应误差如图 8.14 所示。从中可以看出,两者的差别仅在信号为零时刻。单模糊控制器虽有较强的适应参数变化的鲁棒性,但由于要在系统稳定条件下兼顾全范围的跟踪精度,不得不放弃对非线性进一步的补偿而保证一定的稳态跟踪精度。变参数双模糊控制器可以在保证系统稳定的前提下进一步对系统中的非线性进行补偿。这就克服了单模糊控制器的不足,使变参数双模糊控制器比单模糊控制器的性能更好。

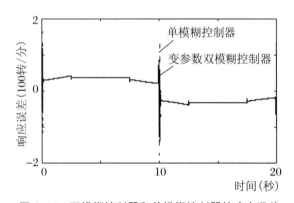

图 8.14 双模糊控制器和单模糊控制器的响应误差

8.3.3 小结

电机中的非线性是由指数型的静动摩擦力造成的,对它的消除与补偿,从理论上讲可以通过在线性控制量上加一个相反方向且幅值相等的摩擦力即可。但由于自身的非线性,采用常规控制器很难将其预测并加以消除。单模糊控制器对参数变化有较强的鲁棒性,已能较好地补偿系统中的非线性,但由于系统稳定与跟踪精度之间的矛盾,从而限制了对非线性的进一步补偿。本章节所提出的变参数双模糊控制器设计方法简单,仅用 5 个语言变量就达到了其他模糊控制器采用 11 个语言变量时的控制效果。并很好地兼顾了摩擦力补偿与稳态精度两方面的要求,发挥了模糊控制器的特长,分段利用了两个模糊控制器单独使用时的优点,取得了比常规控制器及单模糊控制器更好的控制效果。此外,本章节提出的变参数双模糊控制器,可以扩展到变参数多模糊控制器,用来解决其他非线性控制问题。

第9章　模糊神经网络

9.1　引　　言

　　模糊系统已经广泛地应用在模糊控制器、模式识别、模糊辨识和信号处理中。模糊逻辑方法的优点在于它的逻辑性和透明性上，使人们很容易将先前已知的有关系统知识，结合到模糊规则中。但是，模糊系统必须包括人为选定的模糊隶属函数的模糊化过程和采用适当方法的模糊规则的推理过程，每一过程对系统的执行性能都有影响，而且模糊系统中模糊规则的前提和结论部分通常都是模糊子集，解模糊也是一项复杂的工作，模糊系统输入/输出关系式是高度非线性的，要想得到一个满意的输入/输出关系式，在众多需要调节的参数面前，再有经验的专家也难以胜任。而另一方面，人工神经网络的最大益处就在于它善于对网络参数的自适应学习，并且具有并行处理及泛化能力。这很自然地促使研究者进行将模糊逻辑和神经网络结合成一个系统的研究，并称其为模糊神经网络或模糊神经系统。通过神经网络实现的模糊逻辑系统结构具有模糊逻辑推理功能，同时网络的权值也具有明确的模糊逻辑意义，从而达到以神经网络及模糊逻辑各自的优点弥补对方不足的目的。

　　随着维数增加，模糊系统面临规则数目的指数增长。过去的大多数模糊应用是低维数的。一般所使用的仅仅是2~3个输入和1个输出，而所使用的模糊标记大多是5或7。因此，使用的规则不多于150条。但当要处理较复杂的金融、医药或机器制造系统时，简单模糊系统可能运转不灵。这样，模糊系统专家们不仅需要大量的规则，而且需要大量好的规则。

　　学习可能有助于在有限条规则下就能解决这样的难题，学习能移动规则从而调整模糊系统。学习可能来自于一个数学算法，或一个搜索软件，或一个专家的猜测，或训练和误差。学习是获得新的更好的规则的一个手段。学习改变了"如果"部分集的形状或位置，或者改变"那么"部分集的形状或位置，或两者都有所改变。新集给出新规则，新规则给出新系统。

　　本章从模糊关系式入手，分别对直接的模糊神经网络的实现、采用苏吉诺(Sugeno)模糊推理法实现的模糊系统的特点、B样条模糊神经网络以及径向基函数神经网络等系统之间的相互联系，以及各自所表现出来的优缺点进行了性能分析与对比研究，以使人们对模糊神经网络有更加深入的认识，更好地设计网络、利用网络系统完成不同应用。

9.2 模糊系统的关系式

考虑一个一般形式的模糊系统，其输入是 $x \in \mathbf{R}^n$，输出为 $y(x) \in \mathbf{R}$。x_i 和 y 的论域分别是 $x_i \in \mathbf{R}(i = 1, 2, \cdots, n)$ 和 $y \in \mathbf{R}$。x_i 的语言值是 $A_i^{k_i}(k_i = 1, 2, \cdots, m_i$ 和 $i = 1, 2, \cdots, n)$，模糊规则的数量为 $p = m_1 m_2 \cdots m_n$。第 k 条规则为：

如果 x_1 是 $A_1^{k_1}(x_1)$，并且 x_2 是 $A_2^{k_2}(x_2)$ ……并且 x_n 是 $A_n^{k_n}(x_n)$，那么 y_k 为 $y_k(x)$。其中 $y_k(x) \in Y$，k 为规则基的数目，有 $k = 1, 2, \cdots, p$，每个 k 对应一个有阶序列 $k_1, \cdots, k_i \cdots, k_n$，其中 $k_i = 1, 2, \cdots, m_i$。若采用乘积法进行与操作，那么第 k 条模糊规则前提部分的真值 $\mu_k(x)$ 可以表示为

$$\mu_k(x) = A_1^{k_1}(x_1) \cdot A_2^{k_2}(x_2) \cdot \cdots \cdot A_n^{k_n}(x_n) = \prod_n A_i^{k_i}(x_i) \tag{9.1}$$

从前提部分到结论部分的推理可产生一个结论 C，它是一个离散的、具有有限点数的模糊子集：

$$C = \{\mu_k / y_k \mid k = 1, 2, \cdots, p\} \tag{9.2}$$

其中，μ_k / y_k 表示在点 $y_k \in Y$ 上的 C 的隶属度是 μ_k。

采用质心法对模糊集 C 进行解模糊，系统的实际输出为

$$y(x) = \frac{\sum_{k=1}^{p} u_k(x) y_k(x)}{\sum_{k=1}^{p} u_k(x)} \tag{9.3}$$

将式(9.1)中的 $\mu_k(x)$ 的值代入式(9.3)的分母，式(9.3)可重写为

$$\sum_{k=1}^{p} u_k(x) = \sum_{k_1=1}^{m_1} \sum_{k_2=1}^{m_2} \cdots \sum_{k_n=1}^{m_n} A_1^{k_1}(x_1) A_2^{k_2}(x_2) \cdots A_n^{k_n}(x_n)$$

$$= \sum_{k_1=1}^{m_1} A_1^{k_1}(x_1) \sum_{k_2=1}^{m_2} A_2^{k_2}(x_2) \cdots \sum_{k_n=1}^{m_n} A_n^{k_n}(x_n) \tag{9.4}$$

所以式(9.3)变为

$$y(x) = \frac{\sum_{k=1}^{p} \prod_{i=1}^{n} A_i^{k_i}(x_i) y_k(x)}{\sum_{k_1=1}^{m_1} A_1^{k_1}(x_1) \sum_{k_2=1}^{m_2} A_2^{k_2}(x_2) \cdots \sum_{k_n=1}^{m_n} A_n^{k_n}(x_n)} \tag{9.5}$$

由此可见，模糊系统输入/输出的求解关系式是相当复杂和费时的。另一种人们常用的模糊推理方法是所谓的最小推理法，即将关系式(9.1)中 $\mu_k(x)$ 的操作变为取小运算，然后再通过式(9.3)进行解模糊，并通过制表法来设计模糊逻辑表。不过这种取小运算会将有用信息丢失，信息利用率较低。而采用式(9.1)中的乘积操作考虑了所有信息的影响，同时便于用神经网络来实现模糊系统，因而得到广泛的应用。

9.3　采用神经网络直接实现的模糊系统

模糊集合理论提供了系统的、以语言表示这类信息的计算工具,通过使用由隶属函数表示的语言变量,可以进行数值计算。不过在模糊推理系统中,合理选择"如果-那么"规则是模糊推理系统的关键因素。尽管模糊推理系统拥有模糊 if-then 格式的结构化知识表示,但是它们缺少对变化的外部环境进行适应的能力。因此,人们将神经元网络中学习的概念引入模糊推理系统,从而产生神经模糊系统,它是神经模糊控制系统中的关键技术。

为了能够用计算机对模糊逻辑进行实时操作,一个很自然的想法是通过神经网络来实现模糊系统的。在采用神经网络实现模糊化、模糊推理和解模糊化过程中,为了运算简单,最直接的模糊神经网络系统中采用的模糊推理方式是用乘积-求和代替模糊系统中常用的最小-最大推理法,且输出变量的隶属函数取单值型。假定输入为 x_1 和 x_2,模糊标记取高(H)、正(P)、零(Z)、负(N)和低(L)五个,由此可构造一个具有模糊功能的神经网络,如图 9.1 所示。

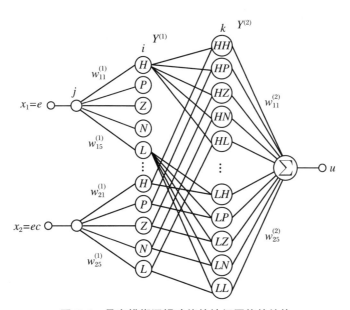

图 9.1　具有模糊逻辑功能的神经网络的结构

由图 9.1 可以看出它是一个具有输入、模糊化层(第一层)、中间层和输出层的网络结构,而输入 x_1 和 x_2 各自被送入一个前向人工神经网络,该网络的激活函数的形状即代表模糊隶属函数的形状,可由设计者确定采用线性或指数型,分别可对应模糊隶属函数的三角型和高斯型;第一层网络神经元的个数代表模糊标记数,也是由设计者选定的。通过调节第一层网络的权值 $W^{(1)}$ 和偏差 B 可以达到调节激活函数的宽度与中心位置的目的。

由第一层输出的 H,P,Z,N 和 L 分别代表模糊化后的结果——隶属度。中间层执行的是将模糊化得到的隶属度两两相乘的功能。由 x_1 得到的 H 值与 x_2 得到的 H 值相乘获得 HH 值,由 x_1 得到的 H 值与 x_2 得到的 P 值相乘获得 HP 值,以此类推,可获得由 x_1 得到的 L 值与 x_2 得到的 L 值相乘得到 LL 值。所以在图 9.1 中所看到的 $HH,HP,\cdots,HL$ 等节点是简单的乘法单元,功能是计算出相应输入的乘积。最后乘法单元的输出通过 $w_1^{(2)}$ 到 $w_{25}^{(2)}$ 的权值送到一个求和节点中,于是整个网络的输出值是

$$u = H \cdot H \cdot w_1^{(2)} + H \cdot P \cdot w_2^{(2)} + \cdots + L \cdot N \cdot w_{24}^{(2)} + L \cdot L \cdot w_{25}^{(2)} \tag{9.6}$$

这就实现了乘积-求和的模糊推理过程。

此网络的最大优点是用神经网络实现了模糊系统,从而可以通过训练来求得其中的参数,不必依赖专家经验,人工事先确定,做到了自动确定系统参数的目标。系统的隶属函数的中心、宽度以及规则等全部参数同时得以自寻优。

该模糊神经网络的实现是通过对网络采用监督式训练来确定输入层的权值、偏差以及输出层的权值。由于该网络不是标准的全连接,加上模糊标记一般情况下比较多,所以网络的训练速度通常是相当慢的,对于某些复杂的输入/输出关系,网络的训练常常很难收敛到期望的极小值。另外,由于网络中代表模糊标记的神经元数必须由设计者事先确定,它的数目对网络的精度也是有影响的。

9.4 Sugeno 模糊推理法

迄今为止,人们常用的模糊推理过程被称为玛达尼模糊推理法,玛达尼推理中的结论部分是模糊集合,对模糊集合进行处理后,每个输出变量需要被解模糊。在实践中人们认识到采用单值型隶属函数可以简化计算,提高解模糊的有效性。Sugeno(或 Takagi-Sugeno-Kang)推理法对小前提采用单值型隶属函数,Sugeno 法的前提部分与玛达尼推理法有相同的结构,而结论部分不同于原来的模糊集合,它用一个前提部分变量的多项式表示,是前提变量的线性函数,并采用加权平均法解模糊。

零阶 Sugeno 模糊系统的典型模糊规则有如下形式:

$$\text{如果 } x_1 \in A, \text{并且 } x_2 \in B, \text{那么 } y = k \tag{9.7}$$

此处 A 和 B 为前提中的模糊集合,而 k 为结论中一个可调参数。一阶 Sugeno 模糊系统具有的模糊规则形式为

$$\text{如果 } x_1 \in A, \text{并且 } x_2 \in B, \text{那么 } y = px_1 + qx_2 + r \tag{9.8}$$

此处 A 和 B 为前提中的模糊集合,而 p,q 和 r 为可调参数。想象此一阶系统运作方式的简单方法就是把每一条规则都认为是定义一个"移动单值"的位置,即取决于输入值的单值输出是否可以在输出空间中移动。

作为对比,这里需要指出的是:如果将模糊规则(9.1)中的 $y_k(x)$ 设置成一个由输入矢量表示的线性组合,即

$$y_k(x) = a_1^k x_1 + a_2^k x_2 + \cdots + a_n^k x_n \tag{9.9}$$

那么由式(9.3)所示的则为采用 Sugeno 推理法时的系统输出。

当每条规则在系统输入空间中是线性独立的,Sugeno 法可以作为对一个非线性动力学系统进行不同操作条件的复合线性控制器。另外,一个 Sugeno 系统也适用于非线性系统的建模,它是通过插入复合线性模型来实现的。

输出的线性组合,使得由 Sugeno 推理法求得的模糊系统比玛达尼法具有更好的效果。实际上仅从模糊系统角度来看,Sugeno 推理法同样存在如何确定有效的模糊规则的问题。但当把神经网络与其相结合起来后,Sugeno 推理法则显示出它的优越性。

表 9.1 中给出 Sugeno 推理法与玛达尼推理法性能的对比结论。有关采用 Sugeno 推理法进行网络设计与训练的例子,请看第 13 章。

表 9.1　Sugeno 推理法与玛达尼推理法性能对比

	Sugeno 推理法	玛达尼推理法
优点	(1) 有效的计算(直接由输入到输出的点到点的计算); (2) 与线性技术(如 PID 等)最优化技术及自适应技术能一起很好地工作(因其本身就是线性复合技术); (3) 保证输出空间的连续性; (4) 更适合进行数学分析	(1) 较直观; (2) 被初学者广泛应用; (3) 较适合于人工输入规则的情况
缺点	参数的确定仍然很麻烦	(1) 运算复杂; (2) 丢失信息较多

9.5　B 样条模糊神经网络

通过分析模糊系统的推理过程可知,系统主要有 3 个可进行选择的部分:隶属函数的形状、模糊规则和解模糊过程。用神经网络实现模糊系统的另一思想是对模糊系统中某一部分的参数实现自动调节。

对于隶属函数的调整,B 样条基函数不失为一种较好的选择,因为它具有期望的数学特性,如局部紧支撑、数学计算的简单和单位分割性。将 B 样条基函数作为隶属函数,构造一个 B 样条模糊神经网络系统也是人们一直关注的。

9.5.1　B 样条函数及其网络

B 样条是基本样条(Basic Spline)的简称。B 样条算法最重要的特性是由其函数的形状而能够产生光滑的输出。另外,B 样条函数是所有样条函数中具有最小局部支撑的样条函数,所以 B 样条基函数可以精确多项式分段插值的方式,对给定的输入/输出数据进行光滑的曲线拟合。1972 年德布尔(de Boor)和考克斯(Cox)分别独立地给出关于 B 样条计算的标准方法,证明 B 样条网络可以任意精度逼近一个连续的函数。

给定一组单变量 x 的节点序列：$x_1 < x_2 < \cdots < x_{N+m}$，那么在区间 $[x_m, x_{N+1}]$ 就可以唯一确定 $N+m$ 个 m 阶线性不相关的 B 样条基函数，一个连续函数 $y(x)$ 就可以用 $l=N+m$ 个 B 样条基函数的线性组合来近似的表示为

$$y(x) \approx \sum_{i=1}^{l} \omega_i B_{i,m}(x), \quad x \in [x_m, x_{N+1}] \tag{9.10}$$

其中，ω_i 为第 i 个 k 阶 B 样条基函数 $B_{i,k}(x)$ 的权值；N 为拟合点的顶点数。当具体计算其函数值时，这些权值必须被估值。

B 样条基函数满足以下迭代关系式：

$$\begin{cases} B_{i,1}(x) = \begin{cases} 1, & x \in (x_i, x_{i+1}] \\ 0, & x \notin (x_i, x_{i+1}] \end{cases} \\ B_{i,k}(x) = \dfrac{x - x_i}{x_{i+k-1} - x_i} B_{i,k-1}(x) + \dfrac{x_{i+k} - x}{x_{i+k} - x_{i+1}} B_{i+1,k-1}(x), \quad k = 2, \cdots, m+1 \end{cases}$$
$$\tag{9.11}$$

由式(9.11)可以看出，一个 k 阶 B 样条函数是通过比它低一阶次的 $k-1$ 次多项式曲线拟合获得的。

B 样条函数是非负的，且局部支撑的，即

$$B_{i,k}(x) \begin{cases} > 0, & x \in [x_i, x_{i+m}) \\ = 0, & \text{其他} \end{cases} \tag{9.12}$$

且它们形成一个单份分割，即

$$\sum_{i=1}^{N} B_{i,m}(x) \equiv 1, \quad x \in [x_m, x_{N+1}) \tag{9.13}$$

多项式阶次 m 为 0,1,2,3 时的单变量 B 样条基函数曲线如图 9.2 所示。

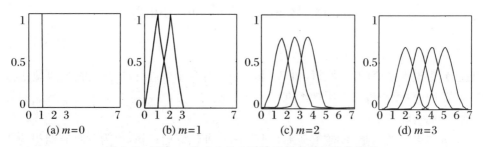

图 9.2　阶次 m 为 0,1,2,3 时的 B 样条基函数曲线图

由此可见，B 样条的阶次总是比用来表示此阶 B 样条的多项式曲线的阶次高一阶，如一阶 B 样条是由 $m=0$ 阶直线表示的；二阶 B 样条是由 $m=1$ 阶斜线表示的。

对于多变量 B 样条，可以假定 n 维输入矢量 $x = [x_1 \quad x_2 \quad \cdots \quad x_n]^T$，在每个输入轴上定义单变量 B 样条基函数 $B_{i;m_i}^{k_i}(x_i)$，$k_i = 1, 2, \cdots, m_i$，其中 $i = 1, 2, \cdots, n$，那么，第 k 个多变量 B 样条基函数 $M_k(x)$ 由 n 个单变量基函数 $B_{i;m_i}^{k_i}(x_i)$ 乘积（张积）组成：

$$M_k(x) = B_{1;m_1}^{k_1}(x_1) B_{2;m_2}^{k_2}(x_2) \cdots B_{n;m_n}^{k_n}(x_n) = \prod_{i=1}^{n} B_{i;m_i}^{k_i}(x_i) \tag{9.14}$$

$M_k(x)$ 的总数为 $p = m_1 m_2 \cdots m_n$，所以 $k = 1, 2, \cdots, p$。

张积 B 样条基函数仍然保留式(9.12)和式(9.13)的特性。

那么一个多变量函数 $y(x)$ 可以用多变量 B 样条基函数的线性组合来逼近:

$$y(x) \approx \sum_{k=1}^{p} M_k(x) w_k = \sum_{k=1}^{p} \prod_{i=1}^{n} B_{i;m_i}^{k_i}(x_i) w_k \tag{9.15}$$

仔细观察可以发现,B 样条基函数的阶数 k 与不同形状的模糊隶属函数相对应,如当 $k=2$ 时,用 B 样条作的曲线正好代表三角形隶属函数,当 $k=3$ 时,所作曲线与二次型隶属函数相似。另一方面,所取的顶点数 N 则对应于模糊标记数。节点数则在一定范围内决定了整个隶属函数的宽度。不过,高于一阶的 B 样条函数并不一定是一个正则(Normal)模糊集,即 B 样条函数的最大值达不到 1,而通常模糊系统理论要求隶属函数为正则。为了满足这一要求,可对 B 样条基函数乘上一个正则化因子 λ,以使其最大值为 1,并取隶属函数为

$$\begin{cases} \lambda = 1/\sup_{x \in x_i} B_{i;m_i}^{k_i}(x_i) \\ A_i^{k_i}(x_i) = \lambda B_{i;m_i}^{k_i}(x_i), \quad i=1,2,\cdots,n \end{cases} \tag{9.16}$$

将式(9.16)代入模糊系统输入/输出关系式(9.5)中,得

$$\begin{aligned} y(x) &= \frac{\sum_{k=1}^{p} \prod_{i=1}^{n} \lambda B_{i;m_i}^{k_i}(x_i) y_k(x)}{\sum_{k_1=1}^{m_1} \lambda B_{1;m_1}^{k_1}(x_1) \sum_{k_2=1}^{m_2} \lambda B_{2;m_2}^{k_2}(x_2) \cdots \sum_{k_n=1}^{m_n} \lambda B_{n;m_n}^{k_n}(x_n)} \\ &= \frac{\lambda^n \sum_{k=1}^{p} \prod_{i=1}^{n} B_{i;m_i}^{k_i}(x_i) y_k(x)}{\lambda^n \sum_{k_1=1}^{m_1} B_{1;m_1}^{k_1}(x_1) \sum_{k_2=1}^{m_2} B_{2;m_2}^{k_2}(x_2) \cdots \sum_{k_n=1}^{m_n} B_{n;m_n}^{k_n}(x_n)} \\ &= \sum_{k=1}^{p} \prod_{i=1}^{n} B_{i;m_i}^{k_i}(x_i) y_k(x) \end{aligned} \tag{9.17}$$

式(9.17)与式(9.15)完全相同。由式(9.17)可以看出:采用 B 样条函数作为模糊系统的隶属函数所得到的输入/输出关系式与正则化因子无关,与用多变量 B 样条逼近多变量函数 $y(x)$ 的表达式完全相同。换句话说,用 B 样条逼近函数的表达式所代表的就是一个模糊系统。两者研究的出发点虽然不同,但达到相同的结果,解决相同的问题。

由式(9.17)还可看出,我们可以通过设计求解一个 B 样条网络函数来建立一个模糊系统,因为两者所表达的实质内容是完全等价的。设计者只要事先确定了网络的阶数 m(即隶属函数的形状)、拟合点的顶点数(即模糊标记数),被拟合的点至少有 $N+m$ 个。网络函数中唯一需要优化的是权值系数 w_k,它代表模糊系统中推理规则的结论部分,它的选取可以通过不同的优化算法来求解,以达到优化模糊规则的目的。由于 B 样条网络采用多项式计算,使其比单纯的用神经网络的指数函数作为隶属函数的模糊系统的求解节省时间。

由以上分析可得出如下结论:

单变量 B 样条基函数精确地再现了模糊逻辑控制所使用的不同形状的隶属函数,即通过选取不同的阶次,可以用 B 样条基函数的多项式递推公式来计算图 9.1 模糊神经网络中输入层的输出值:H, P, Z, N, L 等。再者,比较式(9.6)和式(9.17)可以发现,一个多变量

B 样条函数正是一个由乘积求和推理方式组成的模糊神经网络的输入/输出关系的算式。即多变量 B 样条网络在结构上与模糊神经网络之间存在着相等的对应关系。在多变量 B 样条网络算式(9.17)中，$B_{j,k_j}(x_j)$ 对应于单变量的隶属函数值，$\prod_{j=1}^{n} B_{j,k_j}(x_j) \cdot w_k$ 对应乘积规则，网络通过最后的求和进行了中心法逆模糊的过程。所以 B 样条网络结构与模糊神经网络结构在处理信息的能力上是等价的。B 样条网络的这种透明度是一般神经网络所不具备的，也是一个极有价值的特性，因为它允许设计者用自然的、一般由专家解释其行为时所使用的模糊术语来初始化网络，并通过优化算法对参数进行优化，且仅采用多项式计算，省去了一般神经网络中的非线性指数激活转移函数的复杂运行，从而简单易行和省时。采用多变量 B 样条网络建立的模糊系统，相当于采用 B 样条基函数作为隶属函数，采用优化算法对模糊规则进行自动寻优的模糊系统。优点是：算法相对省时。但缺点是：① 隶属函数的模糊标记数事先必须确定；② 各隶属函数之间是等距离的，而不是自动寻优的。

9.5.2 B 样条模糊神经网络控制器的设计

在 B 样条网络的设计中，设计者必须确定两个参数：B 样条基函数阶数 m 以及单变量 B 样条函数的顶点个数 N，由此可求得单变量 B 样条函数所需的节点数 $l(=N+m)$。对应于模糊神经网络，阶数 m 表示不同形状的隶属函数，当 $m=1$ 时，代表三角形隶属函数；当 m 取 2 时，代表二次型隶属函数；而顶点数 N 对应于模糊标记数。节点数则在一定范围内决定了各隶属函数的宽度(每一个 B 样条基函数落在 x 轴上所占节点数为 $m+1$)。

对于模糊神经网络控制器的设计，其输入变量可选为误差 e 和误差的变化 ec。若取阶数 $m_e=m_{ec}=3$，顶点数 $N_e=N_{ec}=5$，则节点数 $l_e=l_{ec}=3+5=8$，在 $[-1,1]$ 内等距离取值，由此可得网络控制器的控制量 $u(e,ec)$ 的计算公式为

$$u(e,ec) = \sum_{k=1}^{N_e \cdot N_{ec}} N_k(e,ec) \cdot w_k = \sum_{k=1}^{N_e \cdot N_{ec}} B_{e,k_e}(e) B_{ec,k_{ec}}(ec) w_k \tag{9.18}$$

其中，$k_e=1,2,\cdots,m_e$；$k_{ec}=1,2,\cdots,m_{ec}$。网络结构如图 9.3 所示。

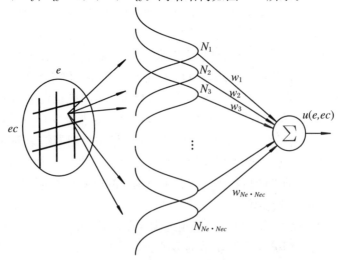

图 9.3 B 样条神经网络结构图

通过训练或优化算法可以确定式(9.18)中的权值参数 w_k。然而由于用于训练的数据 u 实际上是无法知道的,为此,可采用闭环的间接方式,将所设计的控制器与过程相串联,组成闭环负反馈回路,并以系统参考输入作为样本输入数据,而将系统输出作为实际输出,以两者之间的误差平方和为最小作为训练的目标,并采用遗传算法优化 B 样条模糊神经网络控制器的权值 w_k。因为需要用到被控过程,所以被控过程模型的辨识也是控制器设计的一部分,并在优化控制权值 w_k 时,假定所辨识的过程参数是正确的,且保持不变。在我们的实际应用中,B 样条模糊神经网络控制器的设计过程是在 Matlab 环境下进行的。具体设计过程如下:

(1) 首先获得实际被控过程的一组输入/输出数据,然后利用神经网络工具包对被控过程的输入/输出进行辨识。

(2) 根据 B 样条工具包计算式(9.18)中的控制值(给定一组初始权值 $w_k(0)$)。

(3) 将控制器与被控过程组成闭环控制系统,并计算闭环系统的输出值,将其与期望值的误差平方和作为性能指标(适配值)。

(4) 根据计算出的适配值,对 B 样条模糊控制器中的权值 w_k 进行复制、交换和变异的遗传操作,以不断地优化适配值。在实际设计过程中,种群数取为 40,进化代数为 100。变异系数随着进化代数的增加从 0.05 增加到 0.12。

9.6　径向基函数神经网络

对于直接采用前向网络实现模糊系统所存在的训练时间长,存在局部极小值问题,径向基网络(RBF 网络)在很大程度上解决了上述问题。RBF 网络不存在局部极小值问题,它不仅具有全局逼近性能,而且具有最佳逼近性能,同时其训练方法快速易行,为解决模糊神经网络的问题提供了新的思路。

在前面已经介绍过 RBF 网络,它的结构图如图 9.4 所示。从网络结构上看,RBF 网络含有一个隐含层,并且具有标准全连接的前向网络。隐含层中采用径向基函数——一种高

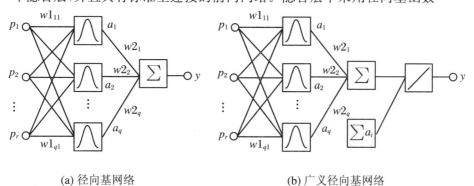

(a) 径向基网络　　　　　　(b) 广义径向基网络

图 9.4　径向基网络结构图

斯型指数函数,而输出层采用线性激活函数,由此会使人感觉似乎 RBF 网络就是一个具有径向基函数的 BP 网络。实际上 RBF 网络是与 BP 网络完全不同的网络,其原因是:① 它不是采用 BP 算法,即误差的反向传播法来训练网络权值的;② 其训练的算法不是梯度下降法。虽然是两层网络,径向基网络的权值训练是一层一层进行的。在对径向基层中的权值进行训练时,采用的是无教师训练。网络训练的目的是使 $w1_{qj} = P^q$。

由于径向基函数在将其输入放置在函数原点时输出为 1,而对其他不同的输入值的响应均小于 1。所以权值设计的目的地是将每一组输入值 P^q 作为一个径向基函数的原点,而权值 $w1$ 代表径向基函数中心的位置,通过令 $w1_{qj} = P^q$ 使每一个径向基函数只对一组 P^q 响应,从而迅速辨识出 P^q 的大小。然后进行输出层的权值设计。由于输出层是线性函数,网络输出是径向基层输出的线性组合,从而很容易达到从非线性输入空间向输出空间映射的目的。理论上已经证明,径向基网络可以以任意精度逼近任意连续函数。

值得指出的是,由于径向基网络的权值算法是单层进行的,并且采用每一个 $\omega_{qj} = P^q$,所以虽然从网络结构图中看上去网络是全连接的,实际上工作时,网络是局部工作的,即对每一组输入,网络只有一个神经元被激活,其他神经元被激活的程度可以忽略。所以,径向基网络是一个局部连接神经网络。正因为如此,网络的训练速度要比 BP 网络快 1~2 个数量级。这是径向基网络的最大优点。不过径向基网络隐含层的神经元往往比较多。从上面的分析来看,它的数量一般情况下应与被训练的输入数组 Q 相等。当训练数组很多时,采用径向基网络可能不大容易被人接受。

对此缺点采用的改进算法是:通过在满足误差目标的前提下,尽量减少径向基层中的神经元数。具体的做法是在训练时从一个节点开始训练,通过检查误差目标使网络自动增加径向基层中神经元的节点,每次循环后用使网络产生最大误差所对应的输入矢量产生一个新的径向基层的神经元,然后检查新网络的误差,重复此过程直到达到误差目标为止。每增加一个径向基层的神经元,相当于增加了一条模糊规则,从而可以达到在线调整模糊规则的目的。

从网络结构上看,每个径向基层神经元的输出都是在每组输入值作用下的结果,与图 9.1 所表示的具有模糊逻辑推理的神经网络结构相比,RBF 网络中的径向基网络就起到了隶属函数的作用,径向基层就完成了相当于图 9.1 中的输入层加上中间层所完成的模糊推理功能。由于 RBF 网络中的径向基层是全连接,所以通过一层网络,对所有的输入变量都产生了作用,即让每一个输入变量在每一个径向基上都有一个输出。径向基层的输出即为所有输入变量共同作用的综合效果,其值为一组 0~1 的数,等价于模糊系统中从前提到结论所获得的所有模糊规则数。由此可见,RBF 网络用一个隐含层起到了普通模糊神经网络两层的作用。由于层数的减少,简化了结构,而且因其训练是两层分别进行的,必然能够提高训练网络的速度。另外,径向基网络输出层的激活函数是线性函数,所以其网络输出应为 $Y = AW2 = \sum a_i w2_i$,这与模糊神经网络的表达式(9.6)完全相同。这说明,一个径向基网络的表达式所代表的就是一个模糊神经网络系统。

另一方面,与 B 样条网络相比较可以发现,径向基网络与 B 样条网络的表达内容完全相同,所不同仅在于前者用径向基函数表示隶属函数,而后者的隶属函数是 B 样条基函数。

为了得到更加平滑的解模糊数值,可在普通的径向基网络输出后加上一个求加权平均值

的过程,如图 9.4(b)所示,它比图 9.4(a)中多了一个除法运算符号"/"。这时的网络输出为

$$y = \frac{\sum a_i(p)w2_i}{\sum a_i(p)} \tag{9.19}$$

此网络可称为广义径向基网络(或泛化回归网络)。

因为 a_i 的数值为 0～1 的指数型函数输出值,仔细观察式(9.19),可以发现式(9.19)的形式与式(9.3)采用质心法对模糊集合进行解模糊的模糊系统的输出方式完全相同,只是在广义径向基网络中采用的是径向基函数,而模糊系统中是某一形状的隶属函数。正是由于这种径向基形状函数的作用,广义径向基网络和模糊系统都具有对局部输入上的激励在一个小的接受域内产生中心加权响应的机理。两者虽然是基于不同的原理发展而来的,但是都达到了同一目的,只是广义径向基网络具有较快的收敛速度,而模糊系统能够反映出更多数据的物理特性。

完全使广义径向基网络与模糊系统等价,还必须满足下列条件:

(1) RBF 网络和模糊系统必须采用相同的方法(即加权平均法或加权求和法)产生其输出。

(2) RBF 网络中的接收域的神经元个数等于模糊系统中的如果-那么的模糊规则数。

(3) RBF 网络中的每一个径向基函数等于模糊系统中组成某个模糊规则的多维隶属函数的前提部分。达到这一目的方式之一是在模糊规则中采用与 RBF 网络具有相同的偏差的高斯型隶属函数,并应用点积来产生规则强度,从而使这些高斯型隶属函数的乘积变成一个多维高斯函数——RBF 网络中的一个径向基函数。

(4) RBF 网络与模糊系统应当对应有相同的响应函数,即它们应当具有相同的常数项($w2$ 取常数时,对应零阶 Sugeno 模糊推理系统;当 $w2$ 取 $c_0 + c_1 p_1 + c_2 p_2 + \cdots + c_n p_n$($c_i$ 是待确定常数)时,对应一阶 Sugeno 模糊推理系统)。

综上所述,对于模糊系统的实际应用,采用广义径向基网络不仅在隶属函数中心位置、宽度上,而且对模糊规则同时给予优化,另外具有相当快的收敛速度。其不足是在一般情况下需要较多的隐含层的神经元数。不过从模糊推理过程可以得知,既然模糊标记数和规则数体现出模糊系统的精度,所以在需要较高精度时,神经元数目较多是理所当然的,更何况 RBF 网络对神经元数目还可以自动寻优。

9.7 小　　结

神经网络具有多种结构和学习算法,模糊逻辑推理也具有多种形式,本章从多方面研究了在用神经网络描述模糊控制的过程中,不同模糊神经网络之间的等价特性,以达到根据模糊推理规则来构造网络结构,同时利用神经网络的学习能力进行复杂的模糊推理,提高运算速度,达到对权值自动寻优的目的。通过对不同结构及方式的模糊神经网络系统关系的分析与对比,更加深入地揭示了各种网络的优缺点,有利于更好地选择和设计网络。

第 10 章　模糊神经系统的应用

10.1　基于 ANFIS 的非线性电机系统的建模

20 世纪 80 年代中期以来,随着人工神经网络研究的"复兴",在许多领域取得了良好的应用效果。非线性系统的建模、辨识与控制是其中的重要应用方向。研究表明,对于非线性系统而言,采用传统的分析方法只能面向特定的应用,而不存在一种普遍适用的方法。人工神经网络以其出色的非线性映射逼近能力以及自学习能力为非线性系统的建模提供了强有力的工具。另一方面,随着对模糊推理系统研究的发展,其不仅能够利用专家的语言知识,还可以根据给定的数据调整参数以获得良好的模糊模型。近年来,如何将模糊系统的知识表达能力与神经网络的学习能力结合起来,是备受注目的课题之一。

本节将着重介绍采用基于高木-菅也(Takagi-Sugeno)模型(或简称 Sugeno 模型)而建立的自适应神经模糊推理系统(Adaptive Neuro Fuzzy Inference System,ANFIS),并同时对一个非线性电机系统进行建模,其主要目的是进行以下几项工作:① 建模方法的对比,将采用 ANFIS 和反向传播网络(BPNN)对同一系统分别建模,对各自的训练速度和建模精度进行对比;② 采用 ANFIS 训练所建模型与实际系统之间进行输入/输出数据的验证以及泛化性能的检验。

本节的结构安排如下:首先简要介绍 ANFIS 的结构及参数调整的算法;然后采用 ANFIS 进行建模的实例设计与分析并给出对比结果;最后给出小结。

10.1.1　ANFIS 的结构

由 Jyh-Shing R. Jang 提出的自适应神经模糊推理系统,是一种基于高木-菅也模型的模糊推理系统。研究表明,当输入模糊集采用非梯形/非三角形的隶属函数时,Sugeno 模糊系统比玛达尼模糊系统更经济,即需要的模糊规则及输入的模糊集的个数更少。

一个具有两条规则的简单的 Sugeno 模糊系统 ANFIS 结构如下:

$$\begin{cases} \text{if } x \text{ is } A_1 \text{ and } y \text{ is } B_1 \text{ then } f_1 = a_1 x + b_1 y + c_1 \\ \text{if } x \text{ is } A_2 \text{ and } y \text{ is } B_2 \text{ then } f_2 = a_2 x + b_2 y + c_2 \end{cases} \tag{10.1}$$

对应的 ANFIS 结构如图 10.1 所示。

需要指出的是,在图 10.1 中,节点间的连线仅表示信号的流向,没有权值与之关联;方形节点表示带有可调参数的节点,圆形节点表示不带有可调参数的节点。从图 10.1 可见,

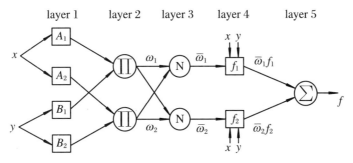

图 10.1　ANFIS 结构图

只有第 1 层和第 4 层中有可调参数。各层的功能如下。

第 1 层:将输入变量模糊化,输出对应模糊集的隶属度,其中一个节点的传递函数可以表示为

$$O_i^1 = \mu_{A_i}(x) \tag{10.2}$$

根据所选择的隶属函数的形式,可以得到相应的参数集,称为条件参数。例如,通常使用的高斯隶属函数:

$$\mu_{A_i}(x) = \exp\left(-\frac{\| x - d_i \|^2}{\sigma_i^2}\right) \tag{10.3}$$

则条件参数集为所有 $\{\sigma_i, d_i\}$ 的集合。

第 2 层:实现条件部分的模糊集的运算,输出对应式(10.1)的每条规则的适用度,通常采用乘法:

$$O_i^2 = \omega_i = \mu_{A_i}(x) \times \mu_{B_i}(y) \tag{10.4}$$

第 3 层:对各条规则的适用度进行归一化处理:

$$O_i^3 = \overline{\omega_i} = \frac{\omega_i}{\omega_1 + \omega_2} \tag{10.5}$$

第 4 层:每个节点的传递函数为线性函数,表示局部的线性模型,计算出每条规则的输出:

$$O_i^4 = \overline{\omega_i} f_i = \overline{\omega_i}(a_i x + b_i y + c_i) \tag{10.6}$$

由所有 $\{a_i, b_i, c_i\}$ 组成的参数集称为结论参数。

第 5 层:计算所有规则的输出之和:

$$O_i^5 = f = \sum \overline{\omega_i} f_i = \frac{\sum_i \omega_i f_i}{\sum_i \omega_i} \tag{10.7}$$

从以上网络的输入和输出之间的关系可以看出,图 10.1 所示的网络与式(10.1)所表示的模糊推理系统完全等价。模糊推理系统的参数学习可归结为对条件参数(非线性参数)与结论参数(线性参数)的调整。

10.1.2　混合学习算法

对于所有参数,均可以采用基于梯度下降的反向传播算法来调整。这里对 ANFIS 参数

的训练与确定,采用一种混合算法,其目的是提高学习的速度。混合算法中条件参数仍采用反向传播算法,而结论参数采用线性最小二乘估计算法来调整参数。

根据图 10.1 所示的 ANFIS 系统,系统输出可写为

$$
\begin{aligned}
f &= \sum_{i=1}^{2} \overline{\omega_i} f \\
&= \sum_{i=1}^{2} \overline{\omega_i} (a_i x + b_i y + c_i) \\
&= (\overline{\omega_1} x) a_1 + (\overline{\omega_1} y) b_1 + (\overline{\omega_1}) c_1 + (\overline{\omega_2} x) a_2 + (\overline{\omega_2} y) b_2 + (\overline{\omega_2}) c_2
\end{aligned} \tag{10.8}
$$

混合学习算法的步骤如下:

每一次迭代中,输入信号首先沿网络正向传递直到第 4 层,此时固定条件参数,采用最小二乘估计算法调节结论参数;然后,信号继续沿网络正向传递直到输出层(即第 5 层)。此后,将获得的误差信号沿网络反向传播,从而可调节条件参数。

采用混合学习算法,对于给定的条件参数,可以得到结论参数的全局最优点,这样不仅可以降低梯度法中搜索空间的维数,通常还可以大大提高参数的收敛速度。

10.1.3 基于 ANFIS 的非线性电机系统建模

本小节将对一个具有非线性摩擦力影响的直流电机系统进行建模。用来采集输入/输出信号的实际控制系统包括一台 Pentium 200 微机,一块内置于计算机的 12 位 A/D、D/A 转换板,PWM 功率放大电路,直流力矩电动机以及用于速度反馈的直流测速发电机。模拟电压输入范围与输出控制电压(伏)范围均为 $[-5,5]$,模数转换后的数字量范围均为 $[-2048,2048]$,为了方便起见,输入和输出单位均采用数字量。被控系统的模型包括除计算机外的所有部件的集合。在 5 毫秒的采样周期下,输入信号持续 10 秒,即 2000 个采样周期。为了使所建模型对各种不同的输入信号都具有很好的泛化能力,训练输入信号采用一个多频率分量正弦的复合信号。

$$
\begin{aligned}
u(k) = {}&350\sin\frac{k\pi}{1000} + 300\sin\frac{k\pi}{500} + 400\sin\frac{3k\pi}{1000} + 340\sin\frac{k\pi}{125} \\
&+ 430\sin\frac{3k\pi}{200} + 320\sin\frac{k\pi}{25}
\end{aligned} \tag{10.9}
$$

将式(10.9)的信号作为实际系统的输入,获得电机的真实输出(即转速信号)。实际电机的输入/输出如图 10.2 所示。

在前面已经介绍了 ANFIS 的结构及算法,但未提及 ANFIS 中参数的初始化问题。通常结论参数初始值为零,故初始化问题主要在于条件参数。条件参数的初始化,决定了输入空间的分割,从而决定模糊规则的数目。通常输入空间的分割可以采取平均分割法或模糊聚类法。

首先,假设电机模型为一阶系统,即输入/输出关系式可以表示为

$$
y(k) = f(y(k-1), u(k-1)) \tag{10.10}
$$

我们采用平均分割法,对 $y(k-1)$ 与 $u(k-1)$ 均将各自的输入区间等分为 3 部分,模糊隶属函数均选用高斯型。这样,两个输入总共形成 9 种组合,即存在 9 条模糊规则。根据前

面的分析可知,条件参数共有 $12(3\times2+3\times2)$ 个,结论参数共有 $27(9\times3)$ 个。由此可构造一个输入为 $u(k-1)$ 和 $y(k-1)$,输出为 $y(k)$,模糊标记数为 3,即 $i=3$ 的 ANFIS 模糊神经建模系统。实际系统的输出与模型输出之间的均方差 MSE 作为网络训练的指标。经过 100 次迭代,ANFIS 与实际系统之间的对比结果如图 10.3 所示,网络训练后的均方误差 $MSE=4.9854$。

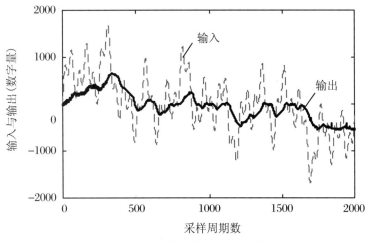

图 10.2 训练用输入/输出信号

作为对比,同时采用一个 2-10-1 的反向传播神经网络(BPNN)对同样的数据组进行建模。此时网络共有 $41(10\times w1\times2+10\times b1+10\times w2+b2)$ 个参数(而 ANFIS 只有 39 个参数)。对于 BPNN 的训练,采用收敛速度和训练效率相当好的 Levenberg-Marquardt 算法。这一算法收敛速度较普通的梯度下降法快得多,且迭代次数少很多。经过 1000 次迭代,BPNN 的训练结果的均方误差 $MSE=5.1516$。而采用 ANFIS 建模,达到相同的精度,迭代次数只需前者的十分之一。

通过实验发现 ANFIS 第一次迭代后即可得到很好的结果;而采用 BPNN 在前几十次迭代中,所具有的误差都一直比较大。虽然其 MSE 随迭代次数的增加有显著下降,但其效果仍不如 ANFIS。这是因为 ANFIS 的条件参数在初始化时采用的是平均分割法,相当于把输入空间分成多个区域,与 BPNN 参数初始化的随机性相比,这一方法更加合乎情理;此外,ANFIS 实际上是由多个局部映射组合而成的,并且每个局部映射的参数(即结论参数)采用线性最小二乘估计算法,这就使得它的收敛速度比采用反向传播算法的 BPNN 快得多。总之,ANFIS 从初始化和学习算法两个方面保证了比 BPNN 更快的收敛速度。

10.1.4 辨识模型的验证

本小节对于所辨识出的网络模型进行验证。首先,同样采用一个在幅值和频率上都有变化的多频率分量正弦信号作为测试信号:

$$u(k) = 350\sin\frac{k\pi}{1000} + 350\sin\frac{k\pi}{500} + 450\sin\frac{k\pi}{200} + 300\sin\frac{k\pi}{100}$$

$$+ 450\sin\frac{k\pi}{50} + 300\sin\frac{k\pi}{20} \tag{10.11}$$

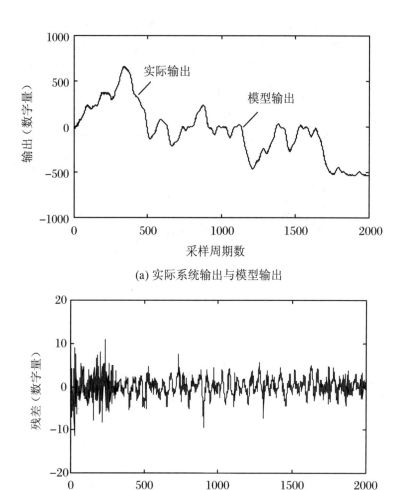

(a) 实际系统输出与模型输出

(b) 实际系统输出与模型输出之间的误差

图 10.3　系统对比效果

对所建的非线性模型进行测试。测量到的实际系统与模型输出的结果如图 10.4 所示，均方误差为 $MSE = 6.5836$。

其次，测试被建模系统所具有的两种典型的非线性特性：饱和与死区。分别采用两个单频率的正弦信号作为测试信号（见式(10.12a)与式(10.12b)）输入给所建模型，同时输入给实际系统，从实际系统及所建测试模型所获的输出及输入信号分别如图 10.5 和图 10.6 所示。

$$u(k) = 1000\sin\frac{k\pi}{1000} \tag{10.12a}$$

$$u(k) = 400\sin\frac{k\pi}{1000} \tag{10.12b}$$

从实际系统输出与所建模型的输出可以看出，在 2000 个采样点的数据中所具有的误差平方和均在 7 以内，可见其精度之高。从图中也可以看出实际输出与模型输出几乎重合为一条曲线。

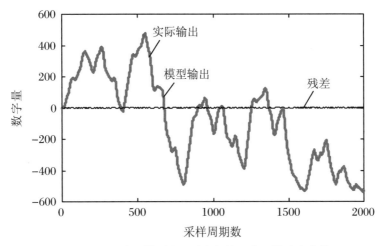

图 10.4　系统及模型分别对多频输入信号的响应曲线

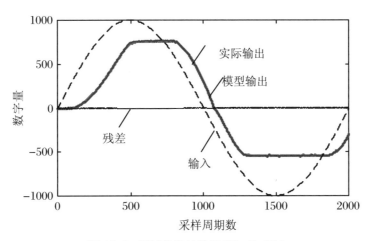

图 10.5　测试饱和特性($MSE = 5.461$)

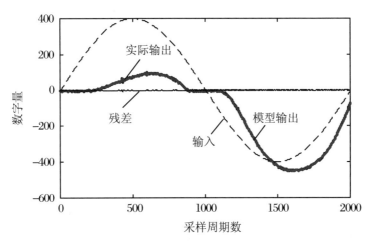

图 10.6　测试死区特性($MSE = 1.9406$)

由以上测试可以看出,所建立的 ANFIS 模型不仅可以很好地适应幅值与频率的变化,而且能够很好地包含电机系统的非线性特性。所建立的模型在训练信号所在的范围内对幅值与频率的改变有很强的适应性,达到了动态精确建模的目的。

10.2   神经模糊建模平台的设计与应用

随着模糊系统与神经网络融合的深入,人们已认识到在神经网络强大学习能力的协助下,基于模糊推理系统的非线性系统辨识方法是一种较好的建模方法。然而在实际应用中此方法的实现却并不那么容易,而需要考虑诸多的方面。因为在确定了辨识所需的输入/输出数据后,模糊建模必须完成两个主要任务,一个是系统模型的结构辨识,另一个是模型的参数调整。前者的任务中包括内容:① 确定被辨识系统的阶次,即模型输入变量的选择,目的是获取最优输入变量组合;② 确定 I/O 空间的划分、规则的前件和后件的变量、“如果-那么”规则的个数以及隶属函数的个数与隶属函数的初始位置,目的是获得系统的初始模型。后者的任务则是在确定结构下的一组参数的辨识,并对模型中的各个参数进行调整,目的是获取系统的优化模型参数。要想真正用模糊推理系统实现非线性系统的模糊辨识,要求设计者在诸多方面,包括神经网络设计、模糊推理系统理论,以及对聚类法、递归最小二乘法、数据处理、搜索树、参数优化等知识的掌握。

本节在 Matlab 环境下利用其模糊工具箱所设计的一个神经模糊建模平台,详细论述在采用神经模糊建模过程中所必须考虑的各种因素,以及各因素之间的相互影响及关系。最后结合所讨论的问题,以及各参数的确定方法给出对一个实际非线性电机系统进行建模的应用。

10.2.1   建模方法的选择

在所设计的建模平台中有 3 种建模方法可以选择:线性建模方法、基于平均分割的神经-模糊建模方法和基于聚类的神经-模糊建模方法。线性建模方法是在系统的工作点建立线性模型,而后两种属于在较大范围内的非线性建模。

聚类法根据训练数据样本在 I/O 空间中的分布,产生相应的分类,使得 I/O 空间中距离较近的点归为一类,从而产生一条规则,这种方法在确定模型的初始结构时实际上用到了I/O 数据样本集所包含的先验知识。而平均分割法完全不考虑样本的分布,直接由设计者来指定平均分割数并以此确定模型的初始结构。在实际非线性系统建模的应用中,是选择聚类法还是选择平均分割法来进行系统建模,要视需要解决的问题来定,一般而言,对只有两个输入变量的系统,采用平均分割输入空间的方法获得的模型比采用聚类方法获得的模型辨识精度要高得多。这是因为通常训练输入信号是随机数,这使得模型训练输出也是随机的,训练样本点在输入空间中分布的离散度较大,不利于聚类。

不过当系统的输入变量较多时,平均分割法则存在“维数灾难”问题。当输入变量数目增加,或输入空间的每一维划分过细时,会使划分所得的模糊规则数目呈指数增长,增加了系统的复杂性,甚至无法实用。例如,系统有 5 个输入变量,在每个变量的输入范围中等分为 5 个区域,则建模系统所具有的规则总数达 $5^5 = 3125$ 条。而此时模糊聚类法根据训练集中样本点在输入/输出空间中的分布,在一定的聚类半径下,可能获得合理数目的规则,不会随着输入空间维数的增长而出现规则数的指数增长。因此,模糊聚类法在输入空间维数较多时具有较大的优势。它比平均分割法所需的规则数少得多。

10.2.2　模型输入变量个数的辨识

当建模方法确定后就需要选取模型输入变量的个数。输入变量的选取就是确定被辨识系统输入变量的阶次。如果一个动态系统可以表示为

$$y(k) = f(u(k-1), u(k-2), \cdots, u(k-m), y(k-1), y(k-2), \cdots, y(k-n))$$

$$(10.13)$$

那么模型输入变量的确定就是从 $u(k-1)$, $u(k-2)$, $\cdots$, $u(k-m)$ 以及 $y(k-1)$,$y(k-2)$, $\cdots$, $y(k-n)$ 的不同组合中选取建模效果最优的输入变量组合。考虑到实用性,建模平台中取 $m = n = 3$。限制搜索阶次,形成一个搜索树,它的节点对应于候选变量的各种不同的组合。以一个简单的只有 4 个候选输入变量的系统($m = n = 2$)为例,其搜索树如图 10.7 所示。

在图 10.7 中第一组 4 个变量的选取中假定 u_2 胜出,u_2 则分别与 u_1,y_1 和 y_2 组合成第二组,第二组的胜者 $u_2 y_1$ 再与 u_1 和 y_2 组合成第三组。在第三组的变量选取中胜出的 $u_2 y_1 u_1$ 再与 y_2 组合成第四组,即是最优的变量组合 $u_2 y_1 u_1 y_2$。

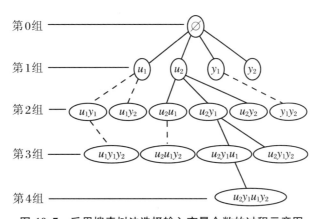

图 10.7　采用搜索树法选择输入变量个数的过程示意图

从图 10.7 中可以看到 u_2 下面有 3 种组合,而 u_1 下面只有 2 种组合,y_1 和 y_2 下面的组合数则依次递减,这是因为 u_1 的另外一个组合 $u_1 u_2$ 已经包含在 u_2 下方的第一个组合内。在图 10.7 的搜索树中实线连接的是最优组合过程,而虚线连接的是舍去的次优组合。由图 10.7 可知当候选输入变量共有 p 个时,搜索树中共有 $2^p - 1$ 种组合,而搜索算法只需计算至多 $p(p+1)/2$ 种组合的性能指标。

以上所述输入变量个数的确定过程是由所设计的平台自动完成的。使用者只要直接取参数延迟阶次 $m = n = 3$,建模平台则自动根据上述搜索树的原则计算,最后选取一个合适

的输入变量个数。

10.2.3 模糊规则个数的辨识

一般模糊模型中的规则个数是在输入变量个数以及模糊标记数确定后获得的。在我们的建模平台中,模糊标记数可以通过两种不同的方式来得到:平均分割法与聚类法。

当采用聚类法时,模糊标记是通过聚类半径体现出来的,而聚类半径需要由平台的使用者来调整其大小。聚类半径是表示聚类中心影响范围的一组向量。聚类半径的大小决定隶属函数的宽度,聚类半径取得越大,其隶属函数的宽度越宽。然而聚类半径不能取得很大,因为平台中所采用的自适应神经模糊模型至少要有两个规则才能学习。在实际应用中聚类半径是在 $0\sim1$ 的范围内取值。输入变量的半径和输出变量的半径可以取不同值或相同的值。实际上,要确定绝对最优结构的一阶模糊系统是困难的,我们只能获得一个近最优的模糊模型结构。模型结构辨识实际上还是一种试凑法。令输入变量的聚类半径为 r_u,输出变量的聚类半径为 r_y。聚类半径的调整过程描述如下:首先,可取 $r_u=r_y=0.5$,然后使用二分法逐步改变 r_u 和 r_y,比如当认为 $r_u=r_y=0.5$ 时的模型精度不高,可取 $r_u=r_y=0.5-0.5/2=0.25$ 或 $r_u=r_y=0.5+0.5/2=0.75$,并重新进行建模。如果当取 $r_u=r_y=0.25$ 时的建模精度提高,则可取 $r_u=r_y=0.25\pm\alpha$,其中 $\alpha=(0.5-0.25)/2$。根据使用者的精度要求,在测试误差减小的方向可继续按照上述方法调整聚类半径。当聚类半径接近最优解时,可取消 $r_u=r_y$ 的约束,分别对 r_u,r_y 进行微调,直到达到一个最优的解。

当采用平均分割法时,首先需要设定对应于每个输入变量的模糊标记数,而整个网络的模糊规则数则相当于每个输入变量的模糊标记数的乘积。因此每个输入变量的模糊标记数不宜取得过大,以避免"维数灾难"问题。如上所述,一般而言输入变量比较少的时候可以选择平均分割法,且在实际模型辨识时一般每个输入变量的模糊标记数取 $2\sim10$,也需要由使用者不断试凑。

在相近的辨识精度下,采用平均分割法产生的模型复杂性要低于采用聚类法产生的模型。这是因为,采用聚类法时各输入变量的模糊标记数相同并且等于规则的数目,所以一般情况下,由聚类法产生的模型每个输入变量的模糊标记数远大于采用平均分割所产生的数目,相应地,由聚类法产生的模型每一输入变量的各个隶属函数的宽度远小于采用平均分割法所产生的宽度。所以在规则数相同的情况下,由聚类法产生的模型参数会远多于平均分割法所产生的参数。一般来说,平均分割法对输入空间的每一变量的划分数目不会多于 5 个,所以当输入空间维数较低时,平均分割法的参数数目远小于聚类分割法;当输入空间维数较高时,由于平均分割法的"维数爆炸",会产生非常多的规则数,从而参数数目也会急剧膨胀。一般而言,当模型输入变量个数少于 3 个,使用平均分割法较好;模型输入变量个数多于 3 个,使用聚类分割法较好;模型输入变量个数等于 3 个,两种方法均可使用。

10.2.4 实际建模中需要考虑的几个问题

1. 训练次数

建立模型时可以通过多次的训练使模型更接近于实际系统。一般来说随着训练次数的增加,模型的训练误差将逐渐减小,不过实际上当采用自适应神经-模糊推理系统模型来建立网络模型时一般只要经过几次训练就可以达到相当高的精度,甚至训练一次后的误差和训练 10 次后的误差的数量级不变。

2．用于辨识数据的滤波

实际系统中总是存在各种各样的噪声,有的是系统的内部扰动,即系统中元件工作不稳定引起的,有的是外部环境引入的干扰,此外,由于测量元件本身精度不高,也会造成较大的测量误差。例如电机系统在零输入时的噪声序列可以近似看作白噪声序列。

一般来说,我们可以采用低通滤波器来过滤输出中包含的高频噪声分量。低通滤波器截止频率的选择要考虑输入信号的频率以及系统的采样频率。若我们的辨识输入信号的最高频率分量为 $420\sin(3k\pi/50)$,即最高频率为 $3\,\mathrm{Hz}$;系统的采样频率为 $100\,\mathrm{Hz}$,根据采样定理,信号最高频率应小于 $50\,\mathrm{Hz}$。理想状况下,低通滤波器截止频率(Hz)取值范围是 $[3,50]$。在此我们采用 Matlab 中的 YULEWALK 滤波函数。$[B,A]=\mathrm{YULEWALK}(N,F,M)$ 找到 N 阶递归滤波器,B 和 A 是如下滤波器的系数:

$$\frac{B(z)}{A(z)}=\frac{b(1)+b(2)z^{-1}+\cdots+b(n)z^{-(n-1)}}{1+a(1)z^{-1}+\cdots+a(n-1)z^{-(n-1)}} \tag{10.14}$$

向量 F 和 M 表示幅频响应,其中 F 和 M 各表示滤波器的截止频率和幅值。频率 F 的值限于 0.0 和 1.0 之间,而 1.0 表示采样频率的二分之一 。F 必须以 0.0 开始并以 1.0 结束。

3．建模前输入/输出数据的预处理

建模平台中还专门设计了对含有突变和噪声的数据进行处理的"预处理"。

4．模型测试

对所建立的模型,其精度的高低由测试误差的大小来判断。测试用的数据可以与建模数据相同。

10.2.5　其他功能

1．查看隶属函数图形

在训练模型完成后,可以通过观察隶属函数的分布情况,再返回去重新调整各种参数,使隶属函数在训练数据的范围内更为合理。

2．滤波前后数据

经过滤波可以提高建模精度,但是当截止频率减小到一定数值后则可能会滤掉原始实验数据,反而降低建模的真实性,故可以通过观察滤波前后数据的相关图形和均方误差,适当调整滤波截止频率。

3．预处理前后数据

通过观察预处理前后数据的相关图形可以了解所采用的参数是否适当,即经过预处理后是否仍能够保持原始数据的特性。

4．查看模型参数

如模型的输入/输出个数、模糊规则数,以及模糊化和逆模糊化过程中所采用的各种方法。另外,可以保存所建模型的 FIS 文件和与模型相关的权值文件,以便以后用于控制器的设计。

10.2.6 应用实例

我们以一个非线性电机系统为例,使用所设计的建模平台进行非线性系统的建模。首先打开建模平台,可看到如图 10.8 所示的界面。

建模步骤如下:

图 10.8 建模仿真测试平台界面

(1) 在 Matlab 环境下执行程序 NF_Modeling_Platform 打开神经-模糊建模平台;此时出现如图 10.8 所示界面。

(2) 输入数据文件。从界面上点击"打开建模数据文件"按钮,则将出现对话框,从中可以选取用于建模的".mat"数据文件。测试模型用的测试信号则根据使用者需要可以采用与建模数据相同或不同的数据。在此应用中我们采用相同的数据,此时平台自动将所选数据平均分成前后两组数据,分别用于建模和测试。所用的输入信号为

$$u_1(k) = 650\sin\frac{k\pi}{1000} + 300\sin\frac{k\pi}{500} + 400\sin\frac{3k\pi}{1000} + 240\sin\frac{k\pi}{125}$$
$$+ 430\sin\frac{3k\pi}{200} + 420\sin\frac{3k\pi}{50} \tag{10.15}$$

(3) 选定 m, n。在"延迟阶次"列表框中选 2,即取 $m = n = 2$,候选变量个数为 4。

(4) 确定输入变量。点击"确定输入变量"按钮,此时平台自动计算后将最终的最优变量组合显示在界面上,如图 10.8 所示。另外,在工作间(Workspace)中也给出平台的整个寻优过程的记录,如表 10.1 所示。从表 10.1 中可以看出最优变量组合是:$\{y(k-1), y(k-2), u(k-1)\}$。

表 10.1　平台求解最优输入变量个数的过程记录

聚类半径	变量组合			RC	模糊规则数
0.9	$u(k-1)$			$2.5072\mathrm{e}+005$	2
0.9	$u(k-2)$			$2.3987\mathrm{e}+005$	2
0.9	$y(k-1)$			119.8504	2
0.9	$y(k-2)$			361.7973	2
0.9	$y(k-1)$	$u(k-1)$		294.5047	2
0.9	$y(k-1)$	$u(k-2)$		363.2303	2
0.9	$y(k-1)$	$y(k-2)$		90.6577	2
0.8	$y(k-1)$	$y(k-2)$ $u(k-1)$		87.7785	2
0.8	$y(k-1)$	$y(k-2)$ $u(k-2)$		98.3489	2
0.6	$y(k-1)$	$y(k-2)$ $u(k-1)$	$u(k-2)$	451.1411	7

（5）选择建模方法。根据变量个数或使用者需要，仍在图 10.8 的右下方"建模方法"列表框中选择建模方法。在此应用中选择聚类法。选择聚类法后出现如图 10.9 所示的界面。

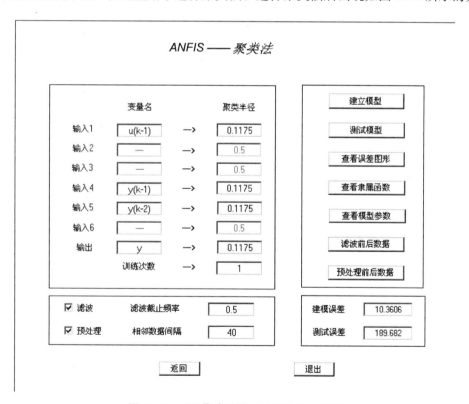

图 10.9　采用聚类法建立模型的操作界面

（6）滤波和预处理。由使用者决定是否对数据进行滤波或预处理，而适当选取滤波截

止频率和预处理阈值有利于提高建模精度。本例中,滤波截止频率选在 25 Hz,预处理阈值为 40,即截去 $|y(k)-y(k-1)|>40$ 时的值。

(7)建立模型。点击"建立模型"按钮建立模型。

(8)测试模型。点击"测试模型"按钮测试模型,根据显示在界面上的测试误差或查看误差图形可决定是否要调整聚类半径并重新建模。建立模型的过程和测试模型的结果如表 10.2 所示。

表 10.2　建立模型的过程和测试模型的结果

聚类半径	训练次数	截止频率	样本数据滤波前后均方误差	预处理阈值	样本数据预处理前后均方误差	模型与样本间的均方误差	模型自测试均方误差	模型规则数
0.5	1	25	30.8617	40	21.8385	12.5808	1658.93	4
0.25	1	25	30.8617	40	21.8385	10.9919	354.9	9
0.75	1	25	30.8617	40	21.8385	13.1129	4307.74	3
0.125	1	25	30.8617	40	21.8385	10.319	194.853	24
0.375	1	25	30.8617	40	21.8385	12.0355	1726.25	5
0.0625	1	25	30.8617	40	21.8385	9.62934	318.506	49
0.1875	1	25	30.8617	40	21.8385	10.7734	317.094	12
0.15625	1	25	30.8617	40	21.8385	10.5139	271.673	18
0.09375	1	25	30.8617	40	21.8385	10.1722	208.15	31
0.14	1	25	30.8617	40	21.8385	10.4478	249.325	20
0.11	1	25	30.8617	40	21.8385	10.3546	192.538	27
0.1175	1	25	30.8617	40	21.8385	10.3606	189.682	25
0.1025	1	25	30.8617	40	21.8385	10.1844	192.764	29
0.1175	10	25	30.8617	40	21.8385	10.3601	189.806	25
0.1175	100	25	30.8617	40	21.8385	10.3242	191.555	25
0.1175	1	50	0	—	0	61.129	385.021	25
0.1175	1	10	5021.74	—	0	5.86736	95.8395	25
0.1175	1	50	0	10	499.334	184.601	2174.5	24

按表 10.2 第一列中所给出的调整过程进行调整,在相同的截止频率和预处理阈值下,对比所对应的模型自测试均方差,从中向较优值方向靠近,并且在找到较优值 0.1175 后,又通过次数为 10 和 100 作对比,同时也对截止频率和预处理阈值的不同值进行了测试。从表 10.2 可以看出改变训练次数的时候,模型的建模误差和测试误差的数量级都没有改变,训练 1 次以后已经基本上是最优结果了。另外还可以看出当未对系统的输入/输出信号进行滤波和预处理时建模误差与测试误差明显变大,但是滤波截止频率和预处理阈值取得不合适时会改变原始数据的特性。当滤波截止频率取为 10 Hz 时虽然测试误差很小,但是滤波

前后原始数据的均方误差为 5021.74,已经明显改变了原始数据的特性。从表 10.2 中还可以看出模型与样本均方差与模型自测试均方差之间有很大的差别。这主要是因为作为输入信号一部分的输出延迟,是来自样本输出,而后者是来自模型自身的输出。由于模型输出已含有误差,因而反馈回输入后使得模型的输出产生较大的均方差。不过,大量的实验表明此模型对其他输入信号的泛化能力是能够保证在测试精度范围内的。

第11章 进 化 算 法

19世纪50年代,英国生物学家达尔文(Darwin)根据他对世界各地生活的考察资料和人工选择的实验,提出了生物进化论。自然选择学说是生物进化论的中心内容。1859年达尔文出版《物种起源》巨著,提出了以自然选择为基础的生物进化论学说。

根据达尔文的进化论,生物发展进化主要有3个原因:遗传、变异和选择。遗传使子代总是和父代相似,遗传性是一切事物所共有的特性,正是这种遗传性,使得生物能够把它的特性、性状传给后代,在后代中保持相似。现代遗传学研究表明,生物都具有遗传性是生物都具有遗传的基础,遗传学的建立和发展有力地推动了进化论,所以说,遗传是生物进化的基础。变异是指子代与父代有某些不相似的现象,即子代永远不会和父代完全一样。变异是一切生物所具有的共同特征,是生物个体之间相互区别的基础。引起变异的原因主要是生活条件的影响、器官使用的不同及杂交。生物的变异性为生物的进化和发展创造了条件。选择决定生物进化的方向,所谓选择是指保留和淘汰的意思。选择分为人工选择和自然选择,人工选择是在人为环境下,把对人有利的个体保留下来,对人不利的个体淘汰。自然选择就是指生物在自然界的生存环境中适者生存,不适者被淘汰的过程。世界上所有形形色色的生物,都是在自然选择的影响下,在悠久的岁月中形成的。自然选择的过程是通过生存斗争的过程来实现的,生存斗争的结果,优胜劣汰,这样就保存那些适应环境,有利于生存的变异。通过不断的自然选择,这些有利于生存的变异就遗传下去,积累起来,使变异越来越大,逐步产生新的物种。

总之,生物就是在遗传、变异与选择3种因素的综合作用过程中,不断地向前发展和进化的。选择是通过遗传和变异起作用的,变异为选择提供资料,遗传巩固与积累选择的资料,而选择则能控制变异和遗传的方向,使变异和遗传向着适应环境的方向发展。这样,生物就会从简单到复杂,从低级到高级不断地向前进化和发展。

自然选择学说,能够正确地解释生物界的自然现象:多样性和适应性,这对于人们正确认识生物界具有重要意义。生物进化论揭示了生物长期自然选择的进化的发展规律,使科学家们从中受到了启迪,认识到进化论、自然选择过程蕴涵着一种搜索和优化的先进思想,并将这种思想用于工程技术领域,发展出遗传算法,为解决许多传统的优化方法难以解决的优化问题提供了崭新的途径。

遗传算法(Genetic Algorithm,GA)是建立在自然选择和自然遗传学机理基础上的迭代自适应概率性搜索算法。该算法最早是由美国的Holland教授于1975年发表的论文《自然和人工系统的适配》中提出的一种模仿生物进化过程的最优化方法,它模拟了自然选择和自然遗传过程中发生的繁殖、交换、变异现象,它根据适者生存、优胜劣汰的自然法则利用遗传算子(选择、交叉、变异逐代产生、优选个体),最终搜索到较优的个体。具有不需要求梯度就能得到全局最优解、算法简单、可并行处理等优点,遗传算法已成功应用于各种复杂问题的优化中,在许多传统优化技术难以解决的场合更显示出其优越性。20 世纪 80 年代以来遗传算法已成功应用在机器学习和复杂的函数优化等许多领域,使人们看到了其潜在的价值。

11.1　标准遗传算法

在将遗传算法应用于实际问题之前,首先必须将待优化的参数进行编码。一般来说,总是用二进制将参数编码成由 0 与 1 组成的有限长度的字符串,该字符串称为染色体,其中的每个字符称为基因。但是也可根据实际问题的需要选择其他的编码方法。另外由于遗传算法利用群体中每个个体的优劣信息进行搜索,因而必须根据优化目标对每个个体进行评价,确定一个性能指标,该指标被称为适配度。遗传算法源于生物遗传学,其中很多术语是从遗传学中借用过来的。表 11.1 列出了一些常用的遗传学术语与遗传算法术语之间的对应关系。

表 11.1　遗传学术语与遗传算法术语之间的对应关系

遗传学	遗传算法
染色体(Chromosome)	字符串(或样本)个体(Individual)
基因(Gene)	每个字符
代(Generation)	种群
繁殖(Reproduction)再生	选择、复制
交配(Crossover)	交叉、交换、重组
变异(Mutation)	变异

11.1.1　遗传算法的基本特点

遗传算法有以下基本特点。

(1) 传统优化算法通常直接处理函数和它们的控制变量,而遗传算法通过编码将优化问题的自然参数编码成有限长度数字串位,故遗传算法基本上不受函数约束条件(如连续、可导、单调等)的限制,能在极其广泛的问题求解过程中发挥作用。

(2) 传统搜索法基本上是“点到点”的搜索方法。在多极点的搜索空间里常陷入局部值。而遗传算法则从由点组成的“群体”开始搜索,并行地“爬”过多个“山峰”,使陷入局域解的可能性大大减小。

另外在遗传算法的繁殖进化过程中,这种点间的信息交换可明显加速遗传算法的进化过程。Holland 证明了在一个规模为 n 的种群中，$O(n^3)$ 模式是有效的，即每一代遗传算法在处理 n 个串的模式是同时的，实际上有效地处理大约 n^3 个模式。这是一个非常重要的性质，Holland 称之为隐并行性。

（3）遗传算法在选择过程中，依据一定概率随机地选择个体是为了模仿自然界进化过程中的"适者生存""优胜劣汰"的竞争规则，使得适应环境能力较强的个体拥有较多的再生机会，这些有着较强生命力的解群在引导遗传算法的搜索方向方面可能包含较多有价值的信息。允许较低适应度的个体以较低的概率取得再生机会是考虑到总体质量较差的可行解中可能包含某些优秀的个别特性。所以遗传算法虽然以随机化方法来进行搜索，但实际上是朝着有可能改进解的质量的搜索空间进行搜索的，即一种有导向的随机化搜索方法。

大多数传统搜索方法都需要使用较多的附加特性，如可微、连续、单调等，而遗传算法基本上不用搜索空间的知识和其他附加特性，而仅用适应度函数值来评估个体，并在此基础上进行遗传操作。由于遗传算法的适应度函数不受连续、可微、单调等性质的约束，且其定义域可以任意设定，因此，与传统搜索算法相比，遗传算法具有更强的鲁棒性，能适用于更广泛的应用领域。

综上所述，遗传算法是一类针对优化问题编码空间的、具有导向的随机化优化搜索方法。其自身隐含着并行性以及本质上的鲁棒性，是遗传算法区别于传统优化搜索方法的主要标志。

11.1.2　遗传算法的基本操作

遗传算法是一种对群体的操作，该操作以群体中的所有个体为对象。

1. 选择（复制）操作

遗传算法的选择策略是对达尔文进化论中"自然选择"学说的核心思想——"适者生存，优胜劣汰"的简单模拟，即选择目标主要包含两方面的内容：一是配种选择；二是生存选择。配种选择的目标是希望通过对交叉配偶有倾向性的选择，产生适应度较高的后代；生存选择（又称种群选择、样本选择）的目标是想通过对种群的筛选，更新保存较优的样本，从而为进化创造较好的环境条件。

选择操作的目的是从当前群体中选出优良的个体，使它们有机会作为父代繁殖子孙。判断个体优良与否的准则就是各自的适配度。个体的适配度越高，被选中的机会就越大。

实现选择操作的方式很多，其类型主要有以下几种。

（1）直接基于适应度的比例选择机制：

① 赌轮（Roulette Wheel Selection）选择方式；

② 期望值模型（Expected Value Model）选择方式；

③ 随机竞争（Stochastic Tournament）选择方式。

（2）间接基于适应度的非线性选择机制：

① 线性标定（Scaling）：

$$f(z) = az + b$$

② 幂函数标定：

$$f(z) = z^b$$

③ 指数标定：

$$f(z) = e^{-bz}$$

（3）基于代沟（Generation）方式的种群选择机制。

（4）基于小生境技术的种群选择机制：

① 基于预选择（Preselection）机制的小生境技术；

② 基于种群（Crowding）机制的小生境技术；

③ 基于共享（Sharing）机制的小生境技术。

常用和适配度成比例的概率方法来进行选择。具体地说，就是首先计算群体中所有个体适配度的总和 $\sum f_i$，再计算每个个体的适配度所占的比例 $f_i / \sum f_i$，并以此作为相应的选择概率。

2. 交叉（交换）操作

在自然生物界，基因重组是保持生物特性遗传的基本方法，也是获取大量遗传变异的最主要来源。遗传算法中的交叉操作可视为对生物遗传过程中基因重组的直接模拟，其任务是将两个配对个体相结合，通过基因及部分结构的随机交换和重新组合方式生成新的个体。一般来说，交叉算子若缺少"遗传"性，父代的优良品质就难以被继承，进化过程的历史信息将不能被有效利用，有利的遗传变异也得不到逐渐积累并在种群中稳定下来，遗传算法的局域搜索能力和收敛性均将受到不利影响。

此外，过强的"变异"能力还有可能使遗传算法的随机搜索无法收敛。另一方面，交叉操作若缺少"变异"性，遗传变异库就难以被更新和丰富，这将使进化过程缺乏动力，使遗传算法跳出局域陷阱的能力大为降低，还可能使初始化产生的丰富的遗传变异迅速趋向单调，遗传算法趋向不成熟收敛。

所以在设计交叉算子时，需要兼顾如下两个基本要求：

（1）交叉操作要有利于父串关键特征（模式）并有利于变异的遗传和继承；

（2）交叉操作要有利于遗传变异库的更新和丰富。

简单的交叉可分两步进行：首先对种群中的个体某一个概率值进行随机配对；其次在配对个体中随机设定交叉处，被配对个体彼此交换部分信息。交叉操作类型一般有一点交叉（One-Point Crossover）、两点交叉（Two-Point Crossover）、多点交叉（Multi-Point Crossover）和一致交叉（Uniform Crossover）几种。

遗传算法的交叉过程可以看作等位基因的竞争过程，对于两个父串的同型等位基因，因为无竞争可言，子串直接继承这些同类型等位基因是很自然的，而对于两个父串的杂型等位基因（一个是 0，另一个是 1），在难以分辨孰优孰劣的情形下，采取纯随机方式进行选择就不失为一种可行的方法。随机性归纳法式的交叉操作方法就是基于这种考虑设计的，它直接继承两个父串的同型等位基因，而对杂型等位基因则按纯随机方式产生。显然这一交叉方法使后代继承了双亲的同型等位基因；对于双亲的杂型等位基因，"与/或"交叉方法采取了两种不同的"强调"策略；"与"运算强调 0 基因作用，而"或"运算则强调 1 基因作用。有趣的是，这种交叉方法与生物遗传学的显性现象相类似，"与"运算将 1 视为隐性基因，而"或"运算将 0 视为隐性基因。这种有效交叉操作的增多，有利于维护种群的多样性，加速遗传算法的进化过程，提高遗传算法的优化效率。

3. 变异操作

在遗传算法中,变异操作的主要作用是防止重要基因的丢失,维护种群的基因型多样性。在生物进化过程中,变异概率是相当小的,约在 10^{-6} 数量级。在遗传算法中,无论从确保遗传算法的收敛性,还是从提高遗传算法的优化效率方面考虑,变异概率均不宜取得过大,否则遗传算法将出现随机搜索。

在较小变异概率下,变异操作仅使种群基因组成的基因型结构发生微量的变化(能引起种群基因组成的基因型结构发生重大变化的变异操作,往往不太可能是有利的)。但选择操作的方向性和交叉操作的遗传性,将使微小的、点点滴滴的有利变异得到逐渐积累,并在种群中逐步扩散和稳定下来。所以,变异操作是十分微妙的遗传操作,它需要和交叉操作妥善配合使用,目的是挖掘群体中个体的多样性,克服有可能限于局部最优解的弊病。

变异算子的具体做法是把某一个体中的每一位按某一个概率进行取反运算,即"由 1 变为 0"和"由 0 变为 1"。同自然界一样,每一位发生变异的概率是很小的,遗传算法的搜索能力主要是由选择和交叉操作完成的,而变异操作则保证算法能搜索到问题解空间的每一点,即使算法具有全局收敛性。

遗传算法依据每个个体的适配度利用选择、交叉、变异算子对个体进行更新换代。选择算子模拟了生物中的自然选择现象。适配度越大,被选中的可能性越大,其子孙在下一代中的个数越多。具体的实现方法有竞赛选择、转轮式选择,以及无替代剩余随机采样选择等。交叉算子则以一定的概率交换从某一位置起两个个体的部分基因,它模拟了群体繁殖过程中的交配现象。通过交叉算子就有可能将个体中的优良基因组合在一起,使个体表现出良好的性能。变异算子模拟了遗传机理中的变异现象,它以较小概率改变了染色体中的基因。在二进制编码中,变异算子以一定的概率将某一位置的 1 变成 0,或者将 0 变成 1。变异本身是一种随机搜索,然而与选择、交叉算子结合在一起,就能避免由于选择与交叉算子而引起的某些信息的永久性丢失,从而保证了遗传算法的有效性。

11.1.3　遗传算法的设计步骤

遗传算法以随机产生的一群候选解为开始,而每一解均被表示成字符串形式。通过使用遗传算子对这些字符串进行组合,这些候选解逐步朝着更好解的方向进化。这些遗传操作(如选择、交叉和变异)则分别模拟自然选择和自然遗传过程中发生的基因繁殖、交配和突变现象。在每一代对于给定问题,我们维持了一个数目 N 恒定的群体,通过计算各解的适应度值 f,使这些解得到评价。根据各解的适应度值的大小,分配繁殖机会,适应度值相对高的个体得到更多的繁殖机会,产生更多的后代,而适应度值低的个体则产生的后代数目少,甚至被性能更好的后代个体所代替。被选个体又利用交叉、变异等遗传算子进行组合,形成新的一代。

在应用遗传算法求解具体问题时,主要考虑以下几个问题。

1. 参数编码

由于遗传算法不能直接处理解空间的数据,所以必须通过有效且通用的编码方法,将问题的可能解编码表示成有限位的字符串,成为遗传空间的基因型串结构数据。

对寻优参数编码。确定寻优参数和各参数的变化范围,将各寻优参数用无符号的二进制数表示。设某寻优参数 a 的变化范围是 $[a_{\min},a_{\max}]$，若用 m 位二进制数 b 来表示，则 b 可由下式求得：

$$b = (2^m - 1)(a - a_{\min})/(a_{\max} - a_{\min})$$

再将所有寻优参数的二进制数串联成一个二进制的字符串 s，称为样本。若有 r 个寻优参数，每个参数都用 m 位二进制数表示，则字符串 s 共有 $m \times r$ 位。

另外，还采用实数等方法进行编码。

2. 种群初始化

确定遗传算法所使用的各参数的取值，如群体规模 n，交叉、变异等发生的概率。若无先验知识，可随机产生 n 个字符串（样本），组成一个种群（Population）。

3. 求各样本的适配值

根据编码方法以及问题的要求，设计一个适配度函数 f，用以测量和评价各解的性能。这个适配度函数实际上对应于最优化的指标函数。用每个样本对应的一组寻优参数计算其适配值（Fitness Value），并按从优到劣的次序排列。

4. 选择

求出各样本的适配度：

$$p_i = f_i / \sum f_i, \quad i = 1,2,\cdots,n$$

对种群中各样本以优于 p_i 值的原则选择出来作为父母样本，并随机地两两配对，用交叉和变异的方法繁殖后代。

5. 交叉

在父母样本 A,B 的字符串中随机地产生一个分段点，将分段点之后的子串互换，生成两个子女样本，如下列：

$$A = 1101/011, \quad A' = 1101/110$$
$$B = 0010/110, \quad B' = 0010/011$$

交换概率可定为 $0.6 \sim 1.0$。

6. 变异

在每个子女样本的字符串中随机选择一位，将其数值求反（即 1 变为 0，0 变为 1）。变异概率为 $0.001 \sim 0.01$。

7. 循环

将新产生的子女样本加入原样本中，或可以直接加入前面被选出的优秀父辈样本中，组成新种群。到此，一轮遗传操作完成。新种群返回到"求各样本的适配值"，再用每个样本对应的一组寻优参数计算其适配值，按从优到劣的次序排列，并进行下一次迭代计算，直至达到满意的性能指标（或适配值）。在最后的种群中选择最好的一个样本，将其字符串解码后即得到最优的参数值。

由以上可以看出，遗传算法是模仿"优胜劣汰、适者生存"的生物进化过程，寻优参数的字符串编码类似于生物染色体中遗传基因的排列，字符串的交叉和变异对应生物繁殖过程中遗传基因的重新组合和突变，而客观存在的生物进化法则保证了遗传算法的有效性和通用性。为了加快收敛速度而又保证得到全局最优解，对遗传算法仍有不少研究和改进。

11.1.4　遗传算法的实质

传统的遗传算法可使用选择、交换和变异 3 种遗传操作,这 3 种非常简单的操作是如何使遗传算法拥有如此强大优化能力的? 由 Holland 建立的模式理论(Schemata Theory)首次从理论的角度回答这个问题。

从模式的角度看,遗传算法的搜索过程本质是对隐含在可行解编码串内的"模式"的抽样过程。关于遗传算法的收敛性,标准遗传算法在变异概率为 0 时,必然收敛于一个吸收状态,但不能确保收敛于全局最优解;标准遗传算法在变异概率不为零时,是不收敛的。但遗传算法的一些变形形式,例如附加"记录已知最佳解"策略的遗传算法;采用最佳保留选择策略的遗传算法以及选用已知最佳个体构成种群的基本遗传算法均能收敛于全局最优解。

尽管已经证明了一些基本遗传算法最终能收敛到全局最优解,但所需时间可能是无限的。从实用角度看,在无限时间内收敛到全局最优解是没有实用价值的。所以一般来说,优化方法只能从较高的搜索效率和较好的优化效果之间进行权衡,以期获得综合收益。从这种意义上讲,提高在有限时间内搜索到全局最优解概率,以及确定算法的时间复杂性,显然是更为重要的、具有实际价值的问题。

在遗传算法的时间复杂性上,首先,变异操作的存在增加了遗传算法的时间复杂性,其次,标准遗传算法的时间复杂性在变异概率较小的情况下,主要与遗传算法的种群规模、染色体编码长度以及优化对象本身的可行解分布的特性密切相关。一般来说,遗传算法种群规模越大,染色体编码长度越长,则遗传算法时间复杂性越高。

遗传算法的进化机制包含着遗传变异(由交叉和变异操作提供)的产生和选择策略(由选择操作实现)两方面的综合作用,其选择操作是在适配度空间内进行的,而交叉、变异操作则是在基因型空间内进行的,遗传算法的优化思想原本是期望通过有倾向性的选择,并借助交叉、变异操作的基因型重构能力,增加进入全局最优解所在区域的机会并搜索到全局的最优解。但由于遗传算法在适配度空间内的选择操作与在基因型空间内的交叉、变异操作存在着明显的矛盾,这种优化思想尚不完善。总之,从全局最优化角度考虑,由于目前还难以准确评估进化意义上的个体适配度,这就使得基于个体适配度的交配选择存在相当大的盲目性。

11.1.5　小结

(1) 遗传算法主要是靠种群基因型的多样性提供进化机会的,要使遗传算法产生不断进化的效果,就必须在整个优化过程中,维持种群基因型的多样性。

(2) 依据模式理论,遗传算法的搜索是对隐含在编码串内的模式抽样和编码串间的模式重构的过程。

(3) 从机理上讲,遗传算法是依据种群内个体间的基因值和基因型的相似性来确定遗传算法的搜索方向的。

11.2 进化算法的分析及其性能对比

11.2.1 进化算法基本原理

地球上的生物都是通过长期进化而形成的。根据达尔文的自然选择学说,地球上的生物都具有很强的繁殖能力。在繁殖过程中,大多数生物通过遗传使物种有保持相似的后代;部分生物由于变异,后代具有明显差别,甚至形成新物种。正是由于生物不断繁殖后代,生物数目大量增加,而自然界中的生物赖以生存的资源却是有限的。因此,为了生存,生物就需要竞争。生物在生存竞争中根据对环境的适应能力,适者生存,不适者消亡。自然界中的生物就是根据这种优胜劣汰的原则不断进化的。进化算法就是借用生物进化的规律,通过繁殖-竞争-再繁殖-再竞争,实现优胜劣汰,一步步地逼近问题的最优解。

控制生物遗传的物质单元称为基因,它是有遗传效应的脱氧核糖核酸(DNA)片段的。每个基因都含有成百上千个DNA。它们在染色体上呈线性排列,这种排列顺序就代表遗传信息。在进化算法中为了形成具有遗传物质的染色体,就用不同字符组成的字符串表达所研究的问题。这种字符串相当于染色体,其上的字符就相当于基因。生物的主要遗传方式是复制。在遗传过程中,父代的遗传物质DNA分子被复制到子代,以此传递遗传信息。生物在遗传过程中还会发生变异。变异方式有3种:基因重组、基因突变和染色体变异。基因重组是控制生物性状的基因发生重新组合。基因突变是指基因分子结构的变化。染色体变异是指染色体在结构和数目上的变化。进化算法中效仿生物的遗传方式,主要采用复制(选择)、重组(交叉)、突变(变异)这3种遗传操作,衍生下一代个体。

根据效仿生物进化过程中侧重点不同,可将进化算法分为遗传算法(GA)、遗传编程(GP)、进化规划(EP)、进化策略(ES),下面具体介绍这4种进化算法的基本原理和特点。

11.2.2 遗传算法

遗传算法以编码空间作为问题的参数空间,以适应度函数作为评价依据,以编码群体为进化基础,以对群体中个体位串的遗传操作实现选择和遗传机制建立起一个迭代过程。在这一过程中,通过随机重组位串中重要的基因,使新一代的位串集合优于老一代的位串集合,群体中的个体不断进化逐渐接近最优解,最终达到求解问题的目的。基本遗传算法涉及以下五大要素:参数编码、初始群体的设定、适应度函数的设计、遗传操作的设计和控制参数的设定。

(1)参数编码。基本遗传算法使用固定长度的二进制字符串来表示群体中的个体,其等位基因是由二值符号集{0,1}所组成的。对寻优参数编码,先确定寻优参数和各参数的变化范围,然后将寻优参数用无符号的二进制数表示,再将所有寻优参数的二进制数串联成一个二进制的字符串。

(2) 初始群体的设定。遗传算法中,常用随机的方法产生初始群体,即随机生成一组任意排列的二进制字符串。群体中个体的数目通常是固定的。

(3) 适应度函数的设计。适应度是衡量字符串好坏的指标。基本遗传算法按与个体适应度成正比的概率来决定当前群体中每个个体遗传到下一代群体中的机会多少。为正确计算这个概率,要求所有个体的适应度必须为正或零。一般情况下适应度函数就对应于目标函数值。

(4) 遗传操作的设计。遗传算法的遗传操作主要有选择、交叉、变异 3 种。

遗传算法的选择是对"适者生存,优胜劣汰"的简单模拟,选择的目的是从当前群体中选出优良的个体,使其有机会作为父代繁殖下一代。判断个体优良与否的准则就是各自的适应度。个体适应度越高,被选中的机会就越大。最常用的选择操作就是采用与适应度成比例的概率方法来进行选择。具体地说,就是首先计算群体中所有个体适应度的总和 $\sum f_i$,再计算每个个体的适应度所占的比例 $f_i / \sum f_i$,并以此作为相应的选择概率。通过选择产生的新群体,其总体性能得到改善,然而却不能产生新的个体。为了产生新个体,遗传算法仿照生物学中杂交的方法,对字符串的某些部分进行交叉换位。进行交叉的父代个体以及进行交叉的字符串位置都是随机产生的。在遗传算法中,变异操作的主要作用是防止重要基因的永久性丢失,维持种群基因型多样性。具体做法为将个体字符串某位符号进行逆转运算,即"由 1 变为 0"或"由 0 变为 1"。但为了确保遗传算法的收敛性,变异概率不宜取得过大,否则算法将出现随机搜索。

(5) 控制参数的设定。遗传算法中需要提前设定的参数有群体规模 n,终止进化代数 T,交叉概率 P_c,变异概率 P_m。其中群体规模和终止进化代数都是根据所要求解的问题规模来设定的,没有统一的规定;由于变异是遗传算法产生新个体的主要遗传操作,故交叉概率 P_c 一般比较大,常取 $P_c = 0.6 \sim 1.0$;变异概率 P_m 不宜取得过大,一般取 $P_m = 0.001 \sim 0.01$。

11.2.3　遗传编程

遗传算法用字符串作为染色体去表达所要解决的问题,而且字符串的长度一般是固定的。然而现实中的问题往往是很复杂的,有时不能用简单的字符串表达问题的所有性质,于是就产生了遗传编程。遗传编程用广义的计算机程序形式表达问题,它的结构和大小都是可以变化的,从而可以更灵活地表达复杂的事物结构。遗传编程的主要步骤如下。

(1) 个体的描述。遗传编程中的个体用广义层次的计算机程序表达,它由函数集 F 和终止符集 T 组成。函数集 F 内的函数可以是 $+, -, \times, /$ 等算术运算或 $\sin, \cos, \log, \exp$ 等标准数学函数。终止符集 T 内的终止符可以是 x, y, z 等变量或 a, b, π 等常量。将函数和终止符随机地组合就可以得到不同的个体表达式。

(2) 初始群体的形成。初始群体中染色体(树)用随机方法产生,即从函数集 F 及终止符集 T 中随机选取函数和终止符组成各种复杂的数学函数(表达式)。

(3) 适应度的计算。遗传编程中常用的适应度有原始适应度或经过标度变换的调整适应度。最常用的原始适应度的定义是以误差形式出现的,即用该表达式计算实例的值与该实例实际值的误差之和作为个体的适应度。

(4) 遗传操作。遗传编程一般使用选择和交叉来产生新个体。

遗传编程中选择的对象是父代表达式,产生的结果是子代表达式。选择操作的方式与 GA 是相同的,都是一种根据适应度确定的概率来进行选择的。GP 交叉操作的对象是两个父代表达式,交叉操作的结果产生两个子代表达式。对每一对父代表达式,一般采用均匀分布概率方法随机选取一个交叉点,然后互相交换交叉点以下的子树。由于遗传编程染色体结构的形状和大小不是固定的,因而参与交叉的两个父代个体大小一般是不相同的。GP 还提供了一些辅助操作,如变异操作、排列操作、编辑操作、封装操作、十中抽一等。这些辅助操作的目的都是增加群体基因的多样性,防止重要基因的永久缺失。

总之,遗传编程与遗传算法的工作过程基本类似,都经历了初始群体的生成、个体适应度的计算、选择、交叉、变异、反复迭代过程。它们的差别主要体现在问题的表达上;遗传规划是用广义的层状(树状)结构的计算机程序表达问题,在遗传进化过程中个体不断动态变更结构及大小。

11.2.4　进化策略

进化策略用传统的实数型去表达所要解决的问题,其表达形式如下:

$$x^{t+1} = x^t + N(0, \sigma) \tag{11.1}$$

其中,x^t 为用实数表示的第 t 代个体;x^{t+1} 为用实数表示的第 $t+1$ 代个体;$N(0, \sigma)$ 为服从正态分布的随机数,均值为零,标准差为 σ。可以看出进化策略中的个体含有两个变量,为二元组(x, σ)。

进化策略中个体的进化主要采用突变。假设群体的个体 $X = \{x, \sigma\}$ 经过变异得到一个新个体 $X' = \{x', \sigma'\}$,则新个体的组成元素是

$$\begin{cases} \sigma'_i = \sigma_i \exp[\tau \cdot N(0,1) + \tau' \cdot N_i(0,1)] \\ x'_i = x_i + N(0, \sigma'_i) \end{cases} \tag{11.2}$$

其中,$N(0,1)$ 是均值为 0、方差为 1 的正态分布随机变量,τ 和 τ' 是算子参数集,分别表示变异运算时的整体步长和个体步长。这就是说,新一代的 X' 是在上一代的 X 基础上添加一个微小的随机量 $N(0, \sigma'_i)$,后者服从数学期望为 0、标准差为 σ' 的正态分布;新一代的标准差 σ' 又是在上一代标准差 σ 的基础上乘以一个微小的随机量 $\exp[\tau \cdot N(0,1) + \tau' \cdot N_i(0,1)]$。

在进化策略中,产生新个体的另一种方法是重组,进化策略中重组相当于遗传算法中的交叉操作,它们都是以两个父代个体为基础进行信息交换的。但与遗传算法不同,进化策略中的重组操作只是一种辅助的搜索运算。重组方式主要有离散重组、中值重组和混杂重组 3 种。进化策略中的选择方式是完全确定的。父代群体所有的 μ 个个体,经过突变、重组后生成 λ 个新个体,再从 λ 个子个体构成的集合中挑选出适应度最高的 μ 个个体$((\mu, \lambda)$选择),或者从 μ 个父个体和 λ 个子个体的并集中挑选出适应度最高的 μ 个个体$((\mu + \lambda)$选择)。进化策略也是一个反复迭代的过程。它从随机产生的初始群体出发,经过突变、重组、选择等遗传操作,改进群体的质量,逐渐得到最优解。

11.2.5　进化规划

进化规划也是用传统的十进制实数表达所要解决的问题。在标准进化策略中,个体的

表达形式为

$$x_i{}' = x_i + \sqrt{f(x)} \cdot N_i(0,1) \tag{11.3}$$

其中，$f(x)$ 表示个体的适应度。新个体是在旧个体的基础上添加一个随机数，添加值的大小与个体的适应度有关，适应度大的个体添加值也大。

进化规划没有重组或交换这类算子，它的进化主要依赖突变。在标准进化规划中这种突变就是参照个体的适应度添加一个随机数来进行突变，产生下一代新个体的。为了增加进化过程中的自适应调整功能，人们在突变中添加了方差的概念，产生了进化规划，个体表达式如下：

$$\begin{cases} x_i{}' = x_i + \sqrt{\sigma_i} \cdot N_i(0,1) \\ \sigma_i{}' = \sigma_i + \sqrt{\sigma_i} \cdot N_i(0,1) \end{cases} \tag{11.4}$$

新个体是在旧个体的基础上添加一个随机数，该添加量的大小取决于个体的方差，而方差在每次进化中又有自适应的调整。

在进化规划中，新群体的个体数目等于旧群体的个体数目，即 $\lambda = \mu$。选择就是在 2μ 个个体中选择 μ 个个体组成新群体。选择采用随机型的 q 竞争选择法，这是一种随机选择。可以看出，进化规划的工作流程类似于其他进化算法，同样经历产生初始群体—突变产生新个体—计算个体适应度—选择—组成新群体，然后反复迭代，一代代地进化直至达到最优解。

11.3 进化算法的性能对比

通过前面对进化算法的介绍可以看出，4 种进化算法在总体思路上是大体相同的，都经历了编码—产生初始群体—通过遗传操作产生子代个体—选择—组成新群体，然后反复迭代，寻找最优解的这样一个工作流程。但在具体的操作上每种算法又有着各自的特点。本节将从进化算法的每个步骤来分析它们的不同点。

11.3.1 编码策略

标准的遗传算法采用二进制 0/1 字符编码，即染色体是固定长度的二进制编码位串。当问题比较简单时，例如只描述大/小，好/坏等布尔型问题时，每一位 0/1 变量就代表一个性质。当问题的性质要用数值描述时，则涉及二进制数与十进制数的转换。对于有多种性质的问题，可以将描述各种性质的字符串组合在一起，用一个长字符串表达。字符串就对应于生物中的染色体，字符串中的每一个字符则对应着染色体上的基因，遗传算法的各种遗传操作都是直接对基因进行操作的。这种二进制编码不受函数约束条件（如连续、可导、单调）特性的限制，通用性好，遗传操作简单，能在极其广泛的问题求解中发挥作用。但当变量众多、取值范围大或无法给定范围时，二进制编码使 GA 收敛速度降低，同时在变量的编码与解码过程中,会导致有用信息的丧失,且存在计算量大的缺点。

遗传规划是用广义的层状(树状)结构的计算机程序来表示染色体结构。在 GP 中构成染色体的主要元素是函数集和变/常量集合。函数可以是四则运算和简单的数学函数,如三角函数、对数函数、指数函数,以及代数操作、布尔操作、条件运算、面向问题的函数等。变/常量集合是根据问题域具体情况由专家选择合适的类型和个数。然后在事先选好的函数集和变/常量集合中按某种法则进行组合以形成满足一定条件的问题解。

进化策略和进化规划都采用十进制实数编码的形式,即以每一权重值的自然数字作为基因,所有权重值的顺序排列组成一个染色体。实数编码是连续参数优化问题直接的自然描述,不存在编码和解码过程,消除了因编码精度不够使搜索空间中具有较优适应度的解无法表示的隐患。同时实数编码具备了利用连续变量函数具有的渐变性的能力。渐变性是指变量微小的变化所引起的对应函数值的改变,而二进制编码不具备这种能力。正因为如此,ES 和 EP 更多地应用在连续参数优化问题中。

总体上来说,遗传算法和遗传编程是将原问题的解空间映射到位串空间,然后再实施遗传操作,它强调个体基因结构的变化对其适应度的影响;而进化策略和进化规划是直接在解空间进行操作的,它强调进化过程中从父代到子代行为的自适应性和多样性。

11.3.2 选择方法

遗传算法、遗传编程和进化规划都强调基于概率的选择机制。遗传算法中选择方式有很多,例如,赌轮选择、联赛选择、排序选择、竞技选择等。最基本的选择方法是适应度比例选择,其中每个个体被选择的期望数量与其适应度和群体平均适应度的比例有关,通常采用"轮盘赌"的方式实现。这种选择方法首先计算出每个个体的适应度,然后计算出此适应度在群体适应度总和中所占的比例,表示该个体在选择过程中被选中的概率。选择过程体现了生物进化过程中"适者生存、优胜劣汰"的思想,适应度高的个体,被选中概率大,更有可能作为下一父代产生新个体。这种选择方法同时能保证适应度低的个体也有可能被选中,从而保证了群体的多样性,防止某些基因的过早丢失。

遗传编程的选择操作方法与 GA 是相同的,只是其操作的对象不是二进制的字符串,而是由函数和变/常量组成的表达式,这也是由其编码方式决定的。

进化规划的选择采用随机性的 q 竞争选择法。遗传算法中的竞技选择就来源于进化规划。在这种选择方法中,为了确定某一个体 i 的优劣,我们从父代、子代共总 2μ 个个体中任选 q 个个体组成测试群体。然后将个体 i 的适应度与 q 个个体的适应度进行比较,记录个体 i 优于或等于 q 内各个体的次数,次数就是个体 i 的得分 W_i。上述得分测试分别对 2μ 个个体进行,每次测试时重新选择 q 个个体组成新的测试群体。最后按照个体得分选择分值高的 μ 个个体组成下一代新群体。总体上讲,优良个体入选的可能性较大。但由于测试群体 q 每次都是随机选择的,当 q 个个体都不甚好时,有可能使较差的个体因得分高而入选。这正是随机选择的本意。注意到当极端地设 $q=2\mu$,则选择就变成确定性选择。实际中一般取 $q=0.9\mu$。

进化策略中的选择是确定性的选择,它严格根据适应度的大小,将劣质个体完全淘汰。选择中不采用轮盘赌那种随机方式,从而使优良个体 100% 地被保留,劣质个体 100% 地被淘汰。具体的选择方式有两种:$(\mu+\lambda)$选择和(μ,λ)选择。$(\mu+\lambda)$选择是在μ个父代和λ个子代中根据适应度大小确定性地选择μ个个体作为下一代的新群体。(μ,λ)选择是从λ个子代新个体中确定性地选择适应度最高的μ个个体(要求$\lambda>\mu$)组成下一代群体,每个个体只存活一代,随机被新个体代替。就适应度的角度来说遗传算法用于选择优秀的父代(优秀的父代产生优秀的子代),而进化规则和进化策略则用于选择优秀的子代(优秀的子代才能存在)。遗传算法和进化规划的这种随机性选择方式一般都会给适应度较低的个体非零的选择概率,称为保留选择机制,而进化策略的确定性选择明确地将某些个体排除在被选择和被复制之外,被称为灭绝选择机制。理论上讲,灭绝选择机制破坏了种群的多样性,容易使算法陷入早熟收敛,但进化策略中的变异操作又弥补了这种多样性的丢失。而保留选择机制维持了种群的多样性,但由于一些"坏"个体的存在,算法的收敛性降低。

11.3.3 遗传算子

遗传算法和遗传编程都是将交叉(重组)作为主要的进化算子,是产生子代新个体的主要方式,而突变只是一种辅助算子,突变的概率一般很低。而在进化策略和进化规划中突变是产生子代新个体的主要方式,重组只是作为辅助算法,进化规划中完全忽略重组,只通过突变产生新个体。

1. 交叉(重组)算子的区别

交叉算子是模仿自然界有性繁殖的基因重组过程,其作用是将原有的优良基因遗传给下一代个体,并生成包含更复杂基因结构的新个体。

遗传算法中的交叉是字符之间的交换,首先对群体中的个体以某一概率值进行随机配对,然后在配对的字符串中随机设定交叉点,被配对的字符串交换交叉点,从而产生新字符串。遗传编程的交叉是广义的层状(树状)结构的计算机程序中子树的交换。对每一个父代个体,采用均匀分布概率的方法随机选择一个交叉点,然后互相交换交叉点以下的子树。由于 GP 染色体结构的形状和大小不是固定的,因而参与交叉的两个父代个体的大小一般是不相同的,因此产生的两个子代个体也是不相同的,这点与遗传算法不同。对于采用定长字符串的 GA 来说,交叉产生的两个子个体大小一般是相同的。

进化策略中的重组相当于遗传算法中的交叉,重组是实数分量之间的交换。重组的方式有离散重组、中值重组和混杂重组 3 种。

(1) 离散重组。先随机选择两个父代个体

$$
\begin{cases}
(X^1,\sigma^1) = ((x_1^1,x_2^1,\cdots,x_n^1),(\sigma_1^1,\sigma_2^1,\cdots,\sigma_n^1)) \\
(X^2,\sigma^2) = ((x_1^2,x_2^2,\cdots,x_n^2),(\sigma_1^2,\sigma_2^2,\cdots,\sigma_n^2))
\end{cases}
\tag{11.5}
$$

然后将其分量进行随机交换,构成下一代新个体的各个分量,从而得出如下新个体:

$$
(X^1,\sigma^1) = ((x_1^{q_1},x_2^{q_2},\cdots,x_n^{q_n}),(\sigma_1^{q_1},\sigma_2^{q_2},\cdots,\sigma_n^{q_n}))
\tag{11.6}
$$

其中,$q_i=1$或2。新个体的分量从两个父代个体中随机选取。

(2) 中值重组。这种重组方式也是先随机选择两个父代个体,然后将父代个体分量的平均值作为子代新个体的分量,构成新个体为

$$
\begin{aligned}
(X,\sigma) = &(((x_1^1+x_1^2)/2,(x_2^1+x_2^2)/2,\cdots,(x_n^1+x_n^2)/2), \\
&((\sigma_1^1+\sigma_1^2)/2,(\sigma_2^1+\sigma_2^2)/2,\cdots,(\sigma_n^1+\sigma_n^2)/2))
\end{aligned}
\tag{11.7}
$$

这时新个体的各个分量兼容两个父代个体的信息,而在离散重组中则只含有某一个父代个体的基因。

(3) 混杂重组。这种重组方式的特点在于父代个体的选择上。先随机选择一个固定的父代个体,然后针对子代个体中每个分量再从父代群体中随机选择第二个父代个体,也就是说第二个父代个体经常是变化的。至于父代两个个体的组合方式既可以采用离散方式,也可以采用中值方式,甚至可以把中值重组中的 1/2 改为 [0,1] 上的任意权值。

大量实验表明,适当使用重组算子能显著地提高 ES 的性质。但是为了计算简便,目前实践中大多数 ES 使用者不采用重组算子。在进化规划中,福格尔(Fogel)认为使用重组算子将破坏物种的物理性状,故在 EP 中绝对不用重组算子。

2. 变异算子的区别

变异操作模拟自然界生物进化中染色体上某位基因发生的突变现象,从而改变染色体结构和物理特性。

在遗传算法中,变异算子是通过按变异概率 p_m 随机反转某位等位基因的二进制字符值来实现的,即"1 变为 0"或"0 变为 1"。在 GA 中引入变异算子可以避免早熟收敛的发生:一方面,变异算子可以使群体进化过程中丢失的等位基因信息得以恢复,以保持群体中的个体差异性;另一方面,当种群规模较大时,在交叉操作基础上引入适度的变异,也能够提高遗传算法的局部搜索效率。但一般为了保证个体变异后不会与其父代产生太大的差异,变异概率一般取值较小,以保证种群发展的稳定性。

在遗传编程中,变异的对象是一个树状的表达式,变异操作的过程为:在一个树状表达式中随机选择一个变异点,删掉该点及以下子树部分,然后插入随机产生的子树。在 GA 中变异的主要作用是恢复失去的关键基因,而在 GP 中由于所求问题的函数、常/变量与固定结构和特定位置无关,其数量远少于传统 GA 染色体的基因,因此很少出现一个函数式或常/变量在整个群体中消失的现象,故在遗传编程中变异操作属于第二类算子,一般很少使用。

在进化策略和进化规划中,变异操作是产生子代新个体的主要手段。由式(11.2)和式(11.4)可以看出,ES 和 EP 的突变操作都是在旧个体的基础上添加一个服从正态分布的随机量,从而产生新个体。但两者也有不同点,在进化策略中,首先突变控制因子 σ,然后突变目标变量 X。在进化规划中,先突变目标变量 X,后突变控制因子 σ,控制因子的突变效果滞后一代才起作用。

3. 变异和交叉的对比分析

变异和交叉究竟谁应该成为进化算法产生新个体的主要手段呢? 从进化算法产生之日起就一直存在争论。20 世纪 60 年代,美国福格尔(Fogel)等人首先提出了用突变去解决有限状态机器人问题。与此同时,在欧洲,雷兴贝格(Rechenberg)提出了进化策略,并将突变作为遗传操作的主要算子。一些成熟的进化策略采用自适应的突变概率,很有效地解决了一些函数优化问题。这些人都认为与变异相比,交叉没有任何竞争优势。另一方面,霍兰德(Holland)遗传算法的拥护者们则认为交叉是更有效的遗传操作,并做了大量的实验分析来证明突变只是一种辅助操作算子,他们认为对某些问题仅有变异算子是不够的。然而实验分析往往具有误导性,这两个阵营都是从实验的角度来证明各自的观点,都没有严格的理论分析。

近年来关于优化问题求解的搜索算法研究得出了一个出人意料的结论:"没有免费的午餐(No Free Lunch,NFL)"定理。NFL定理的主要结论为:对任意的表现度量,当对所有可能的目标函数作平均时,所有搜索算法的表现是完全一样的。也就是说,一个特定的优化算法只能对于某个特定领域的问题,亦即所有目标函数的一个子集来讲,是优于另一个算法的。从NFL定理的观点来看,突变和交叉没有优劣之分,只是各自适用的范围和功能不同而已。1993年斯皮尔(Spear)从破坏和建设两个方面理论分析了突变和交叉各自的特点。破坏性是指个体从离开所在的超平面,也就是个体基因从父代基因库消失的过程;建设性是指用一个低阶超平面中的个体去重建一个高阶超平面中的个体。破坏性揭示了基因的探索能力,建设性地揭示了基因的生存能力。从破坏性的角度看,突变可以达到交叉所能达到的任何破坏量。但交叉能保证等位基因的保存,突变无法保证。从建设性的角度来看,突变想要获得较高的建设量,就需要付出很高的生存代价,而交叉可以达到更高的建设量。斯皮尔指出"变异是为在群体中产生随机多样性服务的,而交叉是作为推进各个组成部分产生突变行为的一个加速器"。

交叉和变异之间的争论正好说明了NFL定理所表明的实质性观点:任何一个算法或算子不可能在所有问题上都有优势。遗传算子应当是与所要解决的问题和目标相关的,不能片面地争论何种算子更有优势。

11.4 遗传编程中一种改进的 GROW 算法

遗传编程的概念由科扎(Koza)于1992年提出,它是以达尔文自然选择思想为基础,在搜索空间中搜索最优代码的一种进化算法,其中的代码是数学表达式、计算机程序等。度量代码性能好坏的指标称为适应度,以适应度为核心,辅以复制、选择、交叉、变异等遗传操作构成了GP算法的主要框架。

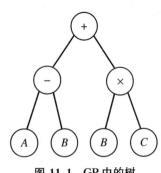

图 11.1　GP 中的树

GP中的个体通常以树的形式表示,如图11.1所示。树采用自上而下的拓扑结构,由函数节点和末节点组成,树的一部分称为子树,在函数节点下可以有子树作为它的参数,而末节点下不能再生成子树,图11.1中的+,-,×表示函数节点,而A,B,C节点是末节点。不回溯的最大一个分支的节点的个数定义为树的深度,图11.1树的深度为3。个体与树具有一一对应的关系,图11.1中树所表示的个体为:$(A-B)+(B\times C)$。个体的集合称为群体,群体中个体的数量称为群体规模。

GP采用树形模型,具有动态可变的分层结构,对个体的表达更为灵活,规模、形状、复杂度都不固定,做到了规模、形状、复杂度是答案的一部分,而不是问题的一部分,这一点对于寻优问题是极其关键的。同样基于自然选择思想的寻优算法还有遗传算法(GA)。GA 的弱点在于算法中的个体采用的是定长字串的模型,串的长度是在算法运行之前人为设定好的,在运行中,串的长度一般不变,因此,造成了所有个体的规模、形状、复杂度都极其类似。这个矛盾直接制约了 GA 的搜索性能。

GP 一直是人工智能和机器学习研究领域的一个热点问题,由于表达个体灵活,在系统辨识、信号处理、图像技术、数据挖掘等各个寻优领域获得了广泛的应用。在 GP 中,群体多样性(Diversity)是影响搜索性能的一个关键因素,维持多样性被认为是避免搜索早熟、收敛到局部极值的重要手段。从搜索空间的角度来说,可搜索空间越大,其包含最优解的可能性越大。反之,就容易产生早熟收敛,使解收敛到一个局部最优解而不能达到全局寻优的目标。根据对个体间相等定义的不同,多样性可以分为结构多样性和行为多样性两大类。

GP 在进化过程中,父代是子代进化的基础。一代又一代的群体中,第一代群体作为进化的起始点,确定了大致的搜索空间和搜索方向,因此可以说作为产生初始一代群体的树生成算法对搜索有很重要的影响。在过去的大部分研究中,树的生成所采用的生长(GROW)法,由于自身不够灵活,使生成的群体中以较大的概率产生重复个体,从而降低了群体多样性。本节基于 GROW 方法,提出了一种改进的树生成算法,并通过实验验证了这种改进的算法有益于提高群体多样性。

11.4.1　改进的 GROW 方法

树生成算法 GROW 的基本原理是:给定函数集 $F = \{f_1, f_2, \cdots, f_n\}$,$F$ 对应的参数个数集 $M = \{m_1, m_2, \cdots, m_n\}$,节点集 $T = \{t_1, t_2, \cdots, t_k\}$,树最大允许深度 D,采用从根节点开始生成的策略。

步骤 1:从 $F = \{f_1, f_2, \cdots, f_n\}$ 中选取一个节点 f_i 做根节点,转步骤 4。

步骤 2:假设当前节点的深度为 d,如果 $d = D$,则从末节点集中选取 $t_i (1 \leqslant i \leqslant k)$ 做新的节点,返回;如果 $d \neq D$,从 $F \bigcup T$ 选取一个节点 $Node$。

步骤 3:如果 $Node = t_i (1 \leqslant i \leqslant k)$,返回;如果 $Node = f_i (1 \leqslant i \leqslant n)$,进入步骤 4。

步骤 4:查找 $M = \{m_1, m_2, \cdots, m_n\}$ 确定 f_i 对应的参数个数 m_i。

步骤 5:在 f_i 下产生 m_i 个最大深度为 $D - d - 1$ 的子树,转到步骤 2。

从算法可以看出,每个函数节点 f_i 的参数个数是固定不变的。用这样的算法生成的树中包含相同内容的概率比较高,如图 11.2 所示。

图 11.2 中以圆圈表示出来的两个以 f_3 开始的子树完全相同。这样的重复对于搜索不利。如果 f_3 函数的参数不固定,例如可以在 1 和 2 之间变化,那么生成的树可能变为图 11.3。

很明显,图 11.3 中以 f_3 开始的两个子树尽管函数节点和末节点的内容仍然相同,但是因为参数个数不同,变成了不同的子树。基于这一思想,本小节提出了一种改进的 GROW 算法,以期获得优于 GROW 算法的性能。

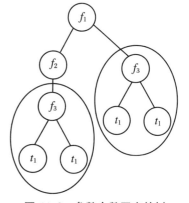

图 11.2　参数个数固定的树

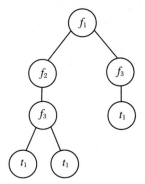

图 11.3　参数个数不固定的树

给定函数集 $F = \{f_1, f_2, \cdots, f_n\}$，节点集 $T = \{t_1, t_2, \cdots, t_k\}$，树最大允许深度 D，f_i 的参数个数 $N_i \in [N_{i\min}, N_{i\max}]$。采用从根节点开始生成策略。

步骤 1：从 $F = \{f_1, f_2, \cdots, f_n\}$ 中选取一个节点 f_i 做根节点，转步骤 4。

步骤 2：假设当前节点的深度为 d，如果 $d = D$，则从末节点集中选取 $t_i(1 \leqslant i \leqslant k)$ 做新的节点，返回；如果 $d \neq D$，从 $F \cup T$ 选取一个节点 $Node$。

步骤 3：如果 $Node = t_i(1 \leqslant i \leqslant k)$，返回；如果 $Node = f_i(1 \leqslant i \leqslant n)$，进入步骤 4。

步骤 4：随机确定 f_i 的参数个数 N_i，$N_i \in [N_{i\min}, N_{i\max}]$。

步骤 5：在 f_i 下产生 N_i 个最大深度为 $D-d-1$ 的子树，转至步骤 2。

11.4.2　多样性的量度

我们已经提到多样性可以分为结构多样性和行为多样性。从个体的结构出发，两个个体结构相等当且仅当两个个体具有相同的结构和相同的内容，对一个个体行为影响最大的是它的适应度，因此，从适应度出发，两个个体行为相等当且仅当它们的适应度相等。从定义可以看出，两个个体结构相等则行为相等，反之不真。如果群体中的个体不相等，就产生了多样性，相等的个体越多，多样性越低；相等的个体越少，多样性越高。

本节中使用的多样性量度方法有以下 3 种：

(1) 基因型(Genotype)多样性：结构多样性的一种。具有相同结构和内容的个体称为具有同一基因型。设群体规模为 N，群体中基因型的数量为 G，基因型多样性为 α，则有

$$\alpha = \frac{G}{N} \times 100\% \tag{11.8}$$

(2) 表现型(Phenotype)多样性：行为多样性的一种。具有相同适应度的个体称为具有同一表现型。这种多样性在 GP 算法中非常重要，因为自然选择的依据是适应度，即个体的表现型。设群体规模为 N，群体中表现型的数量为 P，表现型多样性为 β，则有

$$\beta = \frac{P}{N} \times 100\% \tag{11.9}$$

(3) 熵：行为多样性的一种。在文献[7]中，作者给出一种计算群体熵的公式如下：

$$E = -\sum_k P_k \cdot \log P_k \tag{11.10}$$

其中，E 为群体熵值，P_k 为第 k 个适应度所对应的个体占群体的百分比。熵表示了群体中多样性的"混乱"程度，熵越高，代表群体中多样性越"混乱"，即群体中适应度的值越多；反之，则群体中适应度值越少，即很多的个体拥有相同的适应度。

在以上 3 种多样性的量度下，多样性高表示群体中结构或行为相等的个体少，对搜索有利。

11.4.3　回归实验

本小节以 GP 研究领域常见的回归问题作为实验背景，通过比较采用一般 GROW 方法

和采用改进 GROW 方法所得到的群体多样性的差异证明改进 GROW 方法的优越性。

回归问题描述：给定一个区间上的点序列 $(x_i, y_i)(1 \leqslant i \leqslant n)$，寻找满足所有点的函数 $y = f(x)$ 的问题称为回归。

本小节中问题的基本设定及 GP 参数以及函数集的各个函数定义如表 11.2 所示。

表 11.2　回归实验的参数设定

目标	$f(x) = x^5 + 3\cos(4-x) + \sin(x)$
末节点集	$\{x\}$
函数集	$\{+, -, \times, /, \cos, \sin, \exp\}$
函数参数个数	一般 GROW：$\{2,2,2,2,1,1,1\}$； 改进的 GROW：$N_i \in [1,2]$
适应度	$Fitness = \sum_1^n (f(\hat{x}_i) - f(x_i))^2$
群体规模	500
运行代数	51
最大深度	10
选择方式	锦标赛方式
交叉概率	0.9
变异概率	0.1
编程语言	Common Lisp

表 12.2 中符号说明：

$$+ (x_1, x_2, \cdots, x_k) = x_1 + x_2 + \cdots + x_k - (x_1, x_2, \cdots, x_k) = x_1 - x_2 - \cdots - x_k$$

$$\times (x_1, x_2, \cdots, x_k) = x_1 \times x_2 \times \cdots \times x_k / (x_1, x_2, \cdots, x_k) = x_1 / x_2 / \cdots / x_k$$

$$\cos(x_1, x_2, \cdots, x_k) = \cos(x_1 + x_2 + \cdots + x_k)$$

$$\sin(x_1, x_2, \cdots, x_k) = \sin(x_1 + x_2 + \cdots + x_k)$$

$$\exp(x_1, x_2, \cdots, x_k) = \exp(x_1 + x_2 + \cdots + x_k)$$

另外，考虑到除法函数分母不能为 0，定义/函数当分母为 0 时，返回值为 1，即

$$/(x, y) = \begin{cases} \dfrac{x}{y}, & y \neq 0 \\ 1, & y = 0 \end{cases}$$

11.4.4　实验结果及分析

经过实验，采用一般的 GROW 算法和改进的 GROW 算法所得到的各代基因型多样性、表现型多样性以及熵的对比如图 11.4、图 11.5 和图 11.6 所示，其中，图 11.4 是分别采用前述两种不同树生成算法的两次运行中 50 代群体基因多样性对比曲线，由曲线可见，采用改进后算法的各代多样性基本上都高于采用 GROW 算法的同代群体，经过数据分析，前者较后者平均高 7%；图 11.5 和图 11.6 分别是两种方法下各代群体的表现型多样性和熵的

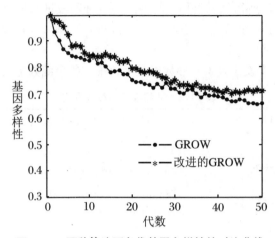

图 11.4　两种算法下各代基因多样性的对比曲线

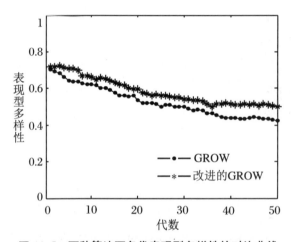

图 11.5　两种算法下各代表现型多样性的对比曲线

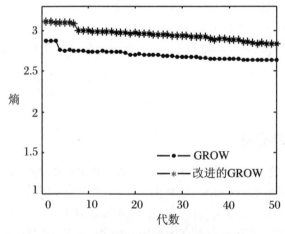

图 11.6　两种算法下各代熵的对比曲线

比较曲线,和图 11.4 类似,改进后的算法明显高于 GROW 算法,数据分析表明,表现型多样性平均高 15%,而熵平均高 11%。

　　本章对比研究了遗传算法、进化规划、进化策略、遗传编程各自的原理,并从编码、选择、遗传操作 3 个方面对比分析了各自的特点。正如 NFL 定理所说,没有一个完全优于其他算法的算法,也没有一个完全优于其他算子的算子。每种算法和操作算子都有其各自的适用范围和适合解决的问题。只有与具体要解决的问题相结合,才能体现出算法和操作算子的优势。

第 12 章　进化算法的应用

12.1　模糊神经网络和遗传算法相结合的控制策略

近年来,模糊逻辑控制、神经网络等技术得到了迅速发展,并引起了人们的广泛关注。由于模糊逻辑控制具有较强的鲁棒性和灵活性,因而其在一些非线性、动态特性变化大和无法进行数学建模的系统中显示出了明显的优越性。然而由于模糊逻辑控制从本质上来说是基于人的经验,故在选取合适的对控制效果起决定性作用的隶属函数和控制规则时,先验知识就显得尤为重要。但是这种先验知识一般来说往往是比较缺乏或不全面的,特别对某些复杂的和非线性的系统来说,根本就不可能得到详细或准确的先验知识,这就为模糊逻辑控制的有效实施和精度的提高带来了一定的困难。

为了解决这一困难,人们一方面不得不采用较多的模糊子集以及更多的控制规则;另一方面也在不断地研究可以自动生成、修改以及优化隶属函数和控制规则的方法与技术。然而在目前尚无成熟调试方法的情况下,仅凭经验要想对众多的待调参数得到一合适的组合是相当困难的,另外,正是因为存在诸多的待调参数,人们往往只能针对模糊逻辑控制的某一方面进行优化,例如仅对比例因子进行在线修改以改善系统性能,或仅对隶属函数的形状和位置进行优化,或只是修整模糊控制规则等等。但是,模糊逻辑控制的总体效果是所有模糊化、模糊推理和解模糊等诸多方面的有机综合,只有对各部分同时进行优化才可达到最优的控制效果。另外,这些研究对如何将模糊子集和模糊规则的个数减少到最少,同时又不降低模糊逻辑控制的效果涉及较少。模糊子集和模糊规则数的多寡是体现模糊逻辑的复杂程度的重要标志以及影响模糊控制物理实现的重要因素。

本节给出了一种将模糊逻辑控制、神经网络和遗传算法有机结合进行全局优化的控制策略,为解决所存在的困难提供了可能的途径。首先,采用人工神经网络实现模糊逻辑控制的全过程,从而使神经网络的结构具有模糊逻辑控制的功能,同时每一个参数均具有明确的模糊逻辑意义;其次,利用人工神经网络对信息处理具有自学习和自适应的特性对其参数和结构同时进行优化处理,而达到在最简结构下获得最优控制效果的目的。为了加快学习速度以及避免陷入局部极小值,引入了遗传算法。所提控制策略的实质是将多种方法和技术进行有机的综合,使它们之间取长补短,在最简的结构下优化全部参数,达到最佳控制效果。本节在给出优化控制系统结构后,对优化后的仿真结果进行了对比分析,并且给出了优化后的隶属函数图以及控制器的输入/输出特性曲面图。

神经网络与模糊逻辑控制相结合的研究已受到人们的广泛注意,通过神经网络所实现的模糊逻辑控制器的结构具有模糊逻辑推理功能,同时网络的权值也具有明确的模糊逻辑意义。以此方式,用各自的优点弥补对方的不足,可以达到最佳的设计效果。不过,不论采用何种训练方法,所获得的权值,仅仅是模糊神经网络结构在事先固定情况下的最优值,代表模糊标记(即正小、负大等等)的权值的数目是由设计者在训练之前就已选定的,而这个数目为多少经常是根据设计者的经验或是由误差精度的要求来确定的,很明显,很难选到一个最优值或称最小值;若此模糊标记的数目选得太小,则很难达到期望的目标;若选得太大,网络输出层的模糊控制规则数将以指数形式增加,这必然造成庞大的网络结构,给权值的训练及网络的实现均带来不便。

本节给出一种解决此问题的新设计方法。为了获得同时具有最佳结构和参数的模糊神经网络(Fuzzy-Neural Network,FNN)控制器;运用自组织竞争神经网络(Self-Organization Competition Neural Network,SCNN)优化网络结构。其控制器的设计过程分 3 步完成:

首先,设计一个具有较多权值的模糊神经网络控制器,其模糊标记数(比如选 7 个),然后,通过训练优化其权值。

其次,选取模糊神经网络中代表模糊隶属函数的权值(包括偏差)作为自组织竞争神经网络的输入矢量。通过该网络的竞争与训练过程,将这些输入矢量相同的类别自动组合成若干组,竞争后所获得的组合数将成为模糊神经网络的最佳模糊标记数,以此方式将模糊标记的数目减少到最小以便获得具有最小结构的模糊神经网络控制器。

最后,重新训练由第二步竞争出的最小模糊标记的模糊神经网络控制器的权值参数。

优化控制系统的结构如图 12.1 所示,其中 P 为被控对象;NNP 为采用被控对象的输入/输出信号,通过训练而辨识出的 P 的神经网络模型;GNFC 为基于遗传算法优化的具有明确模糊逻辑意义和模糊推理功能的神经网络控制器。

控制器的训练是通过使 GNFC 与 NNP 相串联,连接成负反馈控制回路,并采用遗传算法,使目标函数 $J = \min \sum [y_d(k) - y(k)]^2$ 来求得最优的代表隶属函数和控制规则的权重值。

下面给出模糊神经网络控制器设计的完整步骤。

1. 用于控制器设计过程的神经网络模型的辨识

由于对控制器参数的优化过程采用的是间接法,即对由被控对象和控制器串联并经过负反馈所组成的闭环回路,采用期望输出与实际系统输出之差的平方和作为目标函数,以此来确保全局优化的质量,这样,被控对象的输入/输出特性的辨识就自然成为控制器设计的一部分。此法避免了由直接采用控制器输入/输出数据进行训练优化所带来的非最优函数的逼近问题。在模型辨识上为了获得动态特性,采用含有一个隐含层且带有输出一阶延迟回馈的前向网络,网络内部结构分别采用 S 型和线性转移函数,并通过实验选取最少的 5 个隐含节点。网络的训练采用具有自适应学习速率的 BP 算法,训练后的网络在一定的误差范围内具有实际被控过程的输入/输出特性。

图 12.1 为优化控制系统的结构图,其中用于过程模型辨识 NNP 是用来辨识被控对象的输入/输出特性,以获得进行控制器性能优化所需的被控对象的模型。图 12.1 中的

GNFC 即为模糊神经网络控制器,由于其中间层为乘法器,直接采用 BP 算法进行训练不仅收敛速度慢,而且很容易陷入局部极小值,因此决定采用遗传算法进行优化。

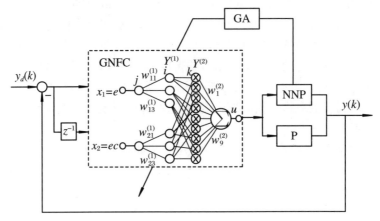

图 12.1 优化控制系统的结构图

2. 模糊神经网络控制器的设计与参数优化

为了展现模糊神经网络中 SCNN 的作用,在此将所提出的方法应用到一个模糊神经网络控制器的设计中,其控制器的设计是用来控制一个具有高度非线性摩擦力影响的直流伺服电机的速度跟踪系统,控制目的是消除非线性摩擦力所引起的死区,并精确地跟踪参考输入。

设计一个具有 7 个模糊标记,即具有 49 个控制规则的 FNN 控制器,网络结构如图 12.2 所示。

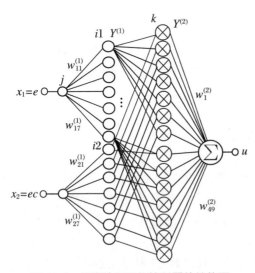

图 12.2 模糊神经网络控制器的结构图

从图 12.2 中可以看出它是一个具有输入层、中间层和输出层的 3 层神经网络。在功能上,该网络的 3 层节点是严格对应于模糊逻辑控制的模糊化、规则推理和逆模糊 3 个步骤的,因而具有明确的模糊逻辑意义。首先,网络输入变量为误差 e 和误差变化 ec;其次,输入层节点的转移函数代表的恰为模糊变量的隶属函数。该层的权重值 $w_{ij}^{(1)}$ 和 θ_{ij} 的不同也就意味着变化多端的隶属函数的形状和位置。该层的输出 $Y^{(1)}$ 代表的就是模糊化的结果——隶属度。再者,中间层是将模糊化得到的隶属度两两相乘的功能。中间层的输出代表着模糊规则的规则强度,将这些强度传递给下一层就可以进行逆模糊了。最后,输出层的各个权重值 $W^{(2)}$ 代表了模糊规则,根据重心法的逆模糊方式,只要将它们作为权重值与输入,即规则强度加权求和,输出即为模糊控制的输出量。

总的来说,FNN 的输入/输出关系可以归结如下:

$$X = \begin{bmatrix} e & ec \end{bmatrix}^{\mathrm{T}} \tag{12.1}$$

$$y_{ij}^{(1)} = \exp[-(w_{ij}^{(1)} \cdot x_j + \theta_{ij})^2] \tag{12.2}$$

$$y_k^{(2)} = y_{i1}^{(1)} \cdot y_{i2}^{(1)} = \exp\{-[(w_{i1}^{(1)} \cdot x_1 + \theta_{i1})^2 + (w_{i2}^{(1)} \cdot x_2 + \theta_{i2})^2]\} \tag{12.3}$$

$$u = W^{(2)} \cdot Y^{(2)} = \sum_{k=1}^{49} y_k^{(2)} \cdot w_k^{(2)} \tag{12.4}$$

其中,$j = 1,2$;$i = i1, i2$;$i1, i2 = 1,2,\cdots,r1$;$k = 1,2,\cdots,r1 \times r1$;$r1$ 为模糊标记数。

为了获得最优网络权值以及期望的闭环控制精度,采用间接法对权值进行训练,即将控制器与被控过程串联起来,并形成一个负反馈控制回路,将参数输入与闭环回路输出之间差的平方和作为目标函数,以保证总体最优的质量。另外考虑到反向传播法训练权值费时以及有陷入局部极小值的不足,采用改进的遗传法来优化权值。

采用改进的寻优遗传算法对网络权值参数进行优化的过程叙述如下。

首先将所辨识的过程模型与待求的神经网络控制器相串联,并形成负反馈控制回路,再利用改进的遗传算法进行仿真,以寻求得到模糊控制中的最优化隶属函数和控制规则的组合控制效果。

① 编码:首先定义包含所求变量的个体。为了操作方便以及精度的需要,采用实数编码,直接将待处理的权重值逐位数字地顺序排列,并转化成数字字符串,形成解的个体,由 N 个个体形成种群。

② 适配度:适配度 F_i 采用系统的期望输出与实际系统的输出之差的平方和来定义,即

$$F_i = \sum_{k=1}^{M} E_i^2(k) = \sum_{k=1}^{M} [y_d(k) - y_i(k)]^2 \tag{12.5}$$

其中,$i = 1,2,\cdots,N$ 为种群中的个体数,k 为个体中待求变量数。优化的目的是使适应度 F_i 达到某个满意的指标。

③ 遗传操作:在复制操作中,淘汰 $0.25N$ 个低于平均适应度的劣解,并以随机取数的方式补齐,以保持群体交换过程中解的多样性。为了确保搜索的全局最优,在进行交换操作前,首先将本次样本代中的最优解直接进化到下一代中。除此之外,每个个体均按一定的比例两两进行多位或一位相互交换,以形成新的个体。复制中新增补的随机个体,尤其在经过数代进化后,与次优个体交换后不断变化出的新个体,可以有效地延缓早熟的出现。当进化接近最优解时,仅由交换操作产生的后代的适配值可能不再比它们的前辈更好,此时将某一位置的自然数变为另一自然数(不同于标准 GA 中改变某一位置上的数字),目的是增加随机性,进而增加多样性。另外,随着进化代数的增加,进行突变的比例也随之增加,以便在接近最优解时的群体中增加更多的新个体。突变比例在整个搜索过程中由 0.05 变化到 0.12。

下面的例子可以很好地说明交换操作和变异操作的过程。例如,个体中两个变量分别为 0.5712 和 -1.2327,当它们以一定方式被选中后,取后三位小数进行交换,形成新的数 0.5327 和 -1.2712,然后通过变异操作又将其中的某一随机数,如"2",即 0.5327 和 -1.2712,变异成"3",则形成新一代个体中的变量:0.5337 和 -1.3713,变异操作在越接近最优值、交换操作趋于一致而不再有变化时,越能体现出它的重要性。

通过以上处理,控制系统的参数优化过程可以归纳如下:

① 训练得到被控对象的网络模型 NNP；

② 根据模糊逻辑控制的最少模糊子集及控制规则构造神经网络控制器 GNFC；

③ 将 NNP 与 GNFC 联成闭环回路，并采用改进的遗传算法进行参数优化。

3. 采用 SCNN 优化模糊神经网络控制器中的模糊标记数

对于上述具有 7 个模糊标记的模糊神经网络，在总共 77 个参数中，有 28 个权值和偏差代表不同输入的隶属函数。它们可以被分为两组：一组由误差变量 e 的 7 个权值和 7 个偏差组成，另一组包含误差的变化变量 ec 的 7 个权值和 7 个偏差值，现在将这两组数据作为 SCNN 的输入矢量。竞争层的节点数选为 5，最大循环数 $N = 500$，相似度偏差 $b = -0.9$。在对输入矢量归一化处理后，开始进行竞争和权值的训练，竞争学习规则如节点所述，训练目标是使相似的输入矢量聚成同一类型以达到减少输入矢量数组的目的。所有的设计与训练程序均由 Matlab 及其中的神经网络工具箱完成。

图 12.3 给出了竞争和训练之后的输入与 SCNN 权值矢量的分布图。其中"线"表示输

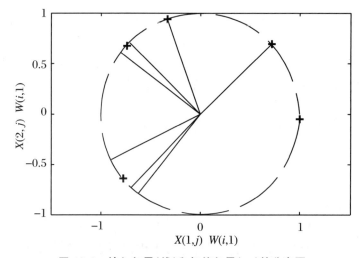

图 12.3　输入矢量(线)和权值矢量(＋)的分布图

入矢量，"＋"代表权值矢量值，因为参数被归一化处理，所以输入矢量具有单位模数，所有的输入矢量值均落在单位圆周上。从图 12.3 可以看出，4 个权值代替了 7 个输入矢量，另外，5 个权值矢量中还多出一个。

按照一般的概念，通常模糊标记的数目的选择是单数，且最小数应当取 3：负、零和正，而此处在经过竞争训练后为什么对所研究的问题给出了 4 个标记数？为了回答这个问题，同时为了比较，对具有 3 个模糊标记数的模糊神经网络控制器也进行了训练设计，同样采用改进的遗传算法优化网络权值。不幸的是，不论如何训练网络，都不能达到期望的误差值，控制系统也不能跟踪输入信号，图 12.4(a)给出了训练后所得到的一种情况：能够很好地跟踪正向参考输入，而负向跟踪产生较大误差时的隶属函数曲线。图 12.4(b)和(c)分别为模糊标记为 4 和 7 时的隶属函数曲线。比较三者可以看出，不论选取几个模糊标记，总存在一条平坦的隶属函数曲线，此隶属函数用来克服被控过程中存在的非线性摩擦力。当模糊标记数为 3 时，除了一个用于非线性补偿外，只剩下两个可以用来控制动力学特性，很明显是不

够的,从图 12.4(a)中可以看出,ec 中只有一个正和零的隶属函数,然而没有表示负的隶属函数,所以系统不能很好地跟踪负向信号,而当模糊标记为 4 时,如图 12.4(b)所示,1 个用来消除非线性摩擦力,3 个用来分别跟踪负、零和正向信号,以达到最佳控制效果,当模糊标记数多于 4,那么多余的隶属函数或出现在 3 个主要的隶属函数附近,或协助克服非线性,所有这些多余的"曲线",均能通过 SCNN 的训练而被 4 条隶属函数代替。

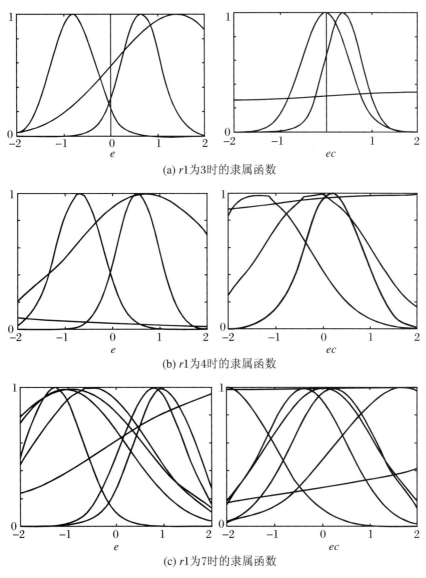

(a) $r1$ 为3时的隶属函数

(b) $r1$ 为4时的隶属函数

(c) $r1$ 为7时的隶属函数

图 12.4　$r1$ 为不同值时的隶属函数

在通过 SCNN 的竞争和训练后,获得最小模糊目标的数目为 4。然后,用 4 个模糊标记重新构成一个新的模糊神经网络,并可再次应用上述同样的过程训练出网络权值。

图 12.5 给出速度跟踪系统在模糊神经网络控制器作用下,对梯形输入信号的响应,其中,图 12.5(a)为通过 SCNN 训练结果获得的具有 4 个以及原有 7 个模糊标记的模糊神经

网络控制器的响应信号,图 12.5(b)为其响应误差信号,其中实线为具有 4 个模糊标记的 FNN 控制器的误差。从图 12.5 中可以看出,两个控制系统具有完全相同的跟踪输入信号能力,这意味着:前者可以取代后者,同时也是最小数目和最简结构,因为当其数目小于 4 时,模糊神经网络控制器不能很好地工作。所以可以说,由通过 SCNN 的训练所获得的模糊标记数所组成的模糊神经网络结构及其训练出的权值具有最优结构与权值。

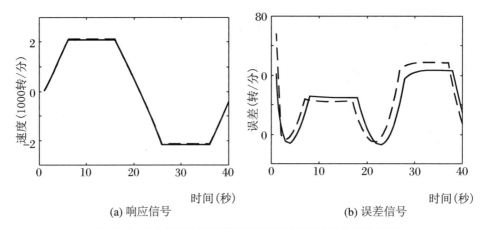

(a) 响应信号　　　　　　　　　　　　　　(b) 误差信号

图 12.5　输入信号与不同情况下的控制系统响应与误差信号

本节结合 SCNN 训练竞争出最佳模糊标记数,以及改进的遗传算法优化网络的权值,提出一种设计模糊神经网络最佳结构与权值的方法。竞争训练前后的隶属函数的对比以及控制效果的对比都证明了所提方法的优越性。

12.2　基于遗传算法和单纯形法的直流电机参数辨识

随着科学技术的不断进步,人们对直流电机的控制性能提出了越来越高的要求。为了提高伺服系统的控制精度,对电机内部固有的非线性特性的精确建模成为关键。阿姆斯特朗(Armstrong)等人已对电机的非线性摩擦力做了详细研究,并给出了非线性摩擦力的模型。为了便于工程应用且能够很好地反映实际系统的非线性摩擦力。本节将采用基于遗传算法和单纯形法的非线性系统参数辨识方法对包括非线性摩擦力在内的直流电机速度模型进行全参数辨识,并通过实际实验来验证所建立模型在精度方面的优越性。

12.2.1　直流电机非线性模型及其待辨识参数

首先根据物理定律建立直流电机模型。在额定励磁下直流电机电枢回路的电压平衡方程为

$$u = R_a \cdot i + L_a \cdot \frac{\mathrm{d}i}{\mathrm{d}t} + K_e\omega \tag{12.6}$$

其中,i 为电枢电流(A);L_a 为电枢回路等效电感(H);R_a 为电枢回路等效电阻(Ω);u 为电枢端电压(V);K_e 为电机电势系数(V·s/rad);ω 为电机转速(rad/s)。电机的转矩平衡方程为

$$K_t \cdot i - B \cdot \omega = J \cdot \frac{\mathrm{d}\omega}{\mathrm{d}t} \tag{12.7}$$

其中,J 为转子转动惯量(kg·m^2);K_t 为电机转矩系数(N·m/A);B 为电机黏滞摩擦系数(N·m·s/rad)。由式(12.6)和式(12.7)可得直流电机线性模型为

$$\begin{cases} J\dot{\omega} = -B\omega + K_t i \\ L_a \dot{i} = -K_e\omega - R_a i + u \\ y = \omega \end{cases} \tag{12.8}$$

本节考虑影响系统的非线性摩擦力的力矩模型为

$$T_f = T_c \cdot \mathrm{sgn}(\omega) + (T_s - T_c) \cdot \exp(-\alpha \cdot |\omega|) \cdot \mathrm{sgn}(\omega) \tag{12.9}$$

其中,T_c 为库仑摩擦力矩(N·m);T_s 为静摩擦力矩(N·m);α 为时间常数。

联立式(12.8)和式(12.9)可得直流电机的非线性模型为

$$\begin{cases} J\dot{\omega} = -B\omega + K_t i - T_c \cdot \mathrm{sgn}(\omega) - (T_s - T_c) \cdot \exp(-\alpha \cdot |\omega|) \cdot \mathrm{sgn}(\omega) \\ L_a \dot{i} = -K_e\omega - R_a i + u \\ y = \omega \end{cases} \tag{12.10}$$

对式(12.10)进行整理和变量代换可得

$$\begin{cases} \dot{\omega} = -K_1 \cdot \omega + K_2 \cdot i - K_6 \cdot \mathrm{sgn}(\omega) - K_7 \cdot \exp(-K_8 \cdot |\omega|) \cdot \mathrm{sgn}(\omega) \\ \dot{i} = -K_4 \cdot \omega - K_3 \cdot i + K_5 \cdot u \\ y = \omega \end{cases} \tag{12.11}$$

其中,$K_1 = B/J$;$K_2 = K_t/J$;$K_3 = R_a/L_a$;$K_8 = \alpha$;$K_4 = K_e/L_a$;$K_5 = 1/L_a$;$K_6 = T_c/J$;$K_7 = (T_s - T_c)/J$。

定义 $K = [K_1 \quad K_2 \quad K_3 \quad K_4 \quad K_5 \quad K_6 \quad K_7 \quad K_8]$ 为待辨识参数向量。即该非线性模型中共有 8 个待辨识参数。电机正、反向运行时会出现不对称现象,即正、反向运行参数有差别。为了提高模型的辨识精度,需对正、反向模型参数分别进行辨识,这样非线性系统共有 16 个待辨识参数。

12.2.2 基于遗传算法和单纯形法的非线性系统参数辨识

非线性模型参数辨识问题可以描述为对于给定的一般性系统模型:

$$\begin{cases} \dot{X}(t) = f(X(t), \theta, U(t)) \\ Y(t) = CX(t) + n \end{cases} \tag{12.12}$$

其中,$X(t)$ 为系统状态向量;$\theta = [\theta_1 \quad \theta_2 \quad \cdots \quad \theta_L]^\mathrm{T}$ 为待辨识参数向量;$U(t) = [u_1(t) \quad u_2(t) \quad \cdots \quad u_n(t)]^\mathrm{T}$ 为输入向量;C 为系数矩阵;$Y(t) = [y_1(t) \quad y_2(t) \quad \cdots \quad y_m(t)]^\mathrm{T}$ 为系统输出向量;$0 \leqslant t \leqslant T_f$,共有 N 个采样点;n 为测量噪声向量。

参数辨识的任务是利用实际系统输入信号 U 和输出信号 Y 来辨识系统(12.12)中的参

数 θ 的。采用优化算法对非线性系统进行参数辨识,对待辨识的非线性系统没有特殊要求,系统可以是单输入、单输出,也可以是多输入、多输出。

采用优化算法进行参数辨识的原理图如图 12.6 所示。图中 $U(t)$ 为系统实际的输入信号;$Y(t)$ 为系统实际的输出信号;$\hat{Y}(t)$ 为仿真系统的输出信号;$E(t)$ 为误差信号,用于计算系统的适度函数或目标函数。优化算法根据适度函数或目标函数的值调整仿真系统的参数,使得误差信号 $E(t)$ 达到期望值,以实现参数辨识的目的。

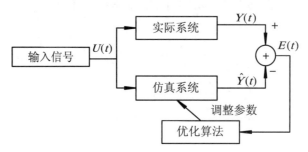

图 12.6　非线性系统辨识结构图

遗传算法具有很好的全局寻优的能力,它能很快地找到最优解所在的区域,但是遗传算法局部搜索能力较差,要收敛到全局最优解,需要搜索的时间较长。为解决这一问题,本节采用单纯形法在遗传算法的基础上继续寻优。单纯形法具有快速的收敛性且不需要目标函数的微分信息,因而可用于非线性系统参数辨识。

首先采用遗传算法对非线性系统进行参数辨识,需确定初始种群和选择策略,并进行交叉运算、变异运算、解码运算、个体评价。初始种群在优化空间中随机产生,编码方法采用二进制编码。为了克服赌轮选择策略的缺陷,本段采用归一化几何排序选择策略,对个体适度函数进行降序排列,采用归一化的几何排序函数定义个体的选择概率 $P_i = q'(1-q)^{r-1}$,其中,r 为个体适度函数排序的序号;q 为选择最优个体的概率;$q' = q/(1-(1-q)^M)$,其中,M 为种群规模。采用简单交叉和二进制变异,交叉概率 p_c 一般在 $0.25 \sim 0.75$ 取值,变异概率 p_m 一般在 $0.001 \sim 0.2$ 取值,我们分别取为 0.6 和 0.1。种群规模越大,优化结果越精确,但程序运行时间随之增加,一般在 $50 \sim 150$ 取值,我们取为 80。个体适度函数定义为

$$\text{Fitness}(\hat{g}_i^{(k)}) = \frac{1}{\displaystyle\sum_{l=1}^{N} E(\hat{g}_i^{(k)}, t_l)^{\mathrm{T}} \cdot H \cdot E(\hat{g}_i^{(k)}, t_l) + \nu}$$

其中,$\hat{g}_i^{(k)}$ 表示第 k 代中第 i 个个体;$E(\hat{g}_i^{(k)}, t_l) = |\hat{Y}(t) - Y(t)|$ 为误差函数;$H = \text{diag}\{\lambda_1, \lambda_2, \cdots, \lambda_m\}$ 为权值矩阵;ν 为正常数,以防止适度函数分母为 0;$t_1, t_2, \cdots, t_l, \cdots,$ t_N 为区间 $[0, T_f]$ 上 N 个采样点,且有 $t_1 = 0, t_N = T_f$;一般为等时间间隔采样,这样便于实际数据的获取和计算机仿真分析。

在用单纯形优化算法进行参数辨识时,选取遗传算法的搜索结果为单纯形法的搜索初值。首先初始化参数,设定允许误差、压缩系数、扩张系数、初始步长及初始单纯形;根据单纯形各顶点函数值确定最好点、最差点和次差点;然后判断是否满足终止条件。若不满足终止条件,计算反射点,确定单纯形压缩或扩张,以构造新的单纯形;若压缩无效,则单纯形收

缩为原来的一半,继续迭代。

12.2.3　系统参数辨识及其结果验证

实际系统的结构图如图 12.7 所示,其中微处理器输出速度指令信号,并接收速度信号,且均为数字量;速度指令信号经 D/A 转换器和伺服放大器转化为实际电压信号,并将该电压加在直流电机电枢两端;转速信号经测速发电机和 A/D 转换器变为数字信号,并由微处理器接收。在实际系统中,可以获取的电压和转速数据均为数字量,为了辨识直流电机的实际参数,需计算电机实际端电压和转速。

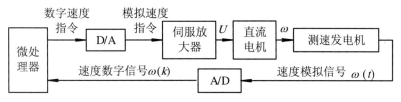

图 12.7　实际系统结构图

所采用的 D/A 精度为 12 位,模拟量输出范围为$[-5\text{ V},5\text{ V}]$,直流电机端电压输入范围为$[-24\text{ V},24\text{ V}]$,数字速度指令信号与电机实际电枢端电压信号(V)的比值 $K_{D/A}$ 为

$$K_{D/A} = \frac{2048\text{ 数字量}}{24\text{ V}} = 85.3333\text{(数字量}/\text{V)}$$

所采用的 A/D 采样精度为 12 位,模拟量输入范围为$[-5\text{ V},5\text{ V}]$,测速发电机的测速范围为$[-800\text{ r/min},800\text{ r/min}]$,A/D 采样分辨率为 5 V/2048 数字量 = 0.0024 V/数字量;测速电机的实际输出斜率 k 为

$$k = \frac{5\text{ V}}{800 \cdot 2\pi/60\text{ rad/s}} = 0.05917\text{ (V/(rad/s))}$$

数字量转速信号与电机实际转速信号(rad/s)的比值 $K_{A/D}$ 为

$$K_{A/D} = \frac{0.0597\text{ V/rad/s}}{0.0024\text{ V/ 数字量}} = 24.875\text{(数字量}/\text{(rad/s))}$$

电机模型如式(12.11)所示为单输入单输出非线性系统,满足式(12.12)所描述的形式,因此可用上节引入的方法对电机非线性模型进行参数辨识。由于电机正、反向运行有较大差别,需对正、反向模型分别进行辨识。用于参数辨识的系统运行数据含有随机噪声,本书所介绍的参数辨识方法不需要对这些实际信号做滤波处理,这样可以完整地反映实际系统的真实情况,以提高参数辨识的精度。

利用遗传算法进行参数辨识,参数选取为:交叉概率 $p_c = 0.6$;变异概率 $p_m = 0.1$;初始种群在优化空间内随机产生;最大进化代数 $K_{\max} = 100$;种群规模 $M = 80$;适度函数中的 ν 取为 1;待辨识参数向量 K 的寻优范围为 $K_1 \in [0,5]$,$K_2 \in [0,50]$,$K_3 \in [0,80]$,$K_4 \in [0,30]$,$K_5 \in [0,30]$,$K_6 \in [0,30]$,$K_7 \in [0,20]$,$K_8 \in [0,0.01]$。适配度函数选择为

$$\text{Fitness}(\hat{K}_i) = \frac{1}{\sum_{l=1}^{N}(\omega_l - \hat{\omega}_l)^2 + 1}$$

其中,ω_l 和 $\hat{\omega}_l$ 分别为实际系统和仿真系统的输出信号;$N=1000$。

遗传算法搜索完成后,用单纯形法进行参数辨识,以遗传算法的搜索结果为搜索初值。参数选取为:压缩系数 $\lambda=0.75$;扩张系数 $\mu=2$;初始步长 $h=0.005$。目标函数为

$$F(\hat{K}_i) = \sum_{l=1}^{N} (\omega_l - \hat{\omega}_l)^2$$

停止迭代准则为

$$\left(\frac{1}{L+1}\sum_{i=1}^{L+1}(\|\hat{K}_i - \hat{K}_C\|^2)\right)^{1/2} \leqslant \varepsilon$$

其中,$L=8$;允许误差 $\varepsilon=10^{-4}$;$N=1000$。

根据本书所提出的方法辨识出的系统参数辨识结果如表 12.1 所示。参数辨识过程中,遗传算法进化代数为 100,种群规模为 80,需对适度函数进行 8000 次迭代;采用单纯形法对目标函数迭代约 1500 次。程序运行时间约为 1000 s。

表 12.1　系统参数辨识结果

	K_1	K_2	K_3	K_4	K_5	K_6	K_7	K_8
正转参数	0.0110	16.1656	50.6626	1.3142	20.8965	19.2766	16.2566	0.0035
反转参数	0.0265	35.9636	48.0351	0.4960	10.3105	19.3476	1.1782	0.0078

辨识中,正向参数辨识采用 1000 组输入、输出数据,采样周期为 10 ms,系统输入电压如下式所示:

$$u_1 = (700/K_{D/A}) \cdot \sin(\pi/10 \cdot t) = 8.2031 \cdot \sin(\pi/10 \cdot t), \quad t \in [0,10]$$

实际系统以及辨识模型所对应的输出转速信号如图 12.8 所示。反向参数辨识也采用 1000 组输入、输出数据,采样周期同样为 10 ms,系统的输入电压为

$$u_2 = -(400/K_{D/A}) \cdot \sin(\pi/10 \cdot t) = -4.6875 \cdot \sin(\pi/10 \cdot t), \quad t \in [0,10]$$

实际系统以及辨识模型所对应的输出转速信号如图 12.9 所示。从图 12.8 和图 12.9 可以看出,被辨识出的仿真系统的输出可以很好地逼近实际系统的输出。

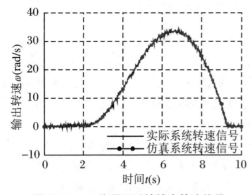

图 12.8　u_1 作用下系统输出转速信号

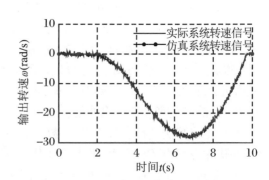

图 12.9　u_2 作用下系统输出转速信号

由于系统参数是分正、反向分别进行辨识的,所以对辨识结果进行验证时,需要正、反向参数根据电机转速的正负进行切换。当电机正转时,参数切换到电机正向运行参数;反之,切换到反向运行参数。为了验证本节所提出方法的有效性和优越性,选择不同频率和幅值

的电压信号来验证参数辨识的结果。图 12.10 和图 12.11 分别为两种不同情况下的模型验证实验,其中,系统的输入电压 u_3 为

$$
\begin{aligned}
u_3 &= (410/K_{\mathrm{D/A}}) \cdot \sin(\pi/10 \cdot t) + (360/K_{\mathrm{D/A}}) \\
&\quad \cdot \sin(\pi/5 \cdot t) + (340/K_{\mathrm{D/A}}) \cdot \sin(2\pi/5 \cdot t) \\
&= 4.8047 \cdot \sin(\pi/10 \cdot t) + 4.2188 \cdot \sin(\pi/5 \cdot t) \\
&\quad + 3.9844 \cdot \sin(2\pi/5 \cdot t), \quad t \in [0, 20]
\end{aligned}
$$

图 12.10 为在 u_3 作用下实际系统和仿真系统的速度输出信号,如图 12.10 所示电机正、反转情况下,仿真系统包括电机运行在线性区和死区时,均能很好地逼近实际系统。系统的输入电压 u_4 为

$$
u_4 = 1/K_{\mathrm{D/A}} \cdot (1000 - 100 \cdot t) = 11.7188 - 1.1719 \cdot t, \quad t \in [0, 20]
$$

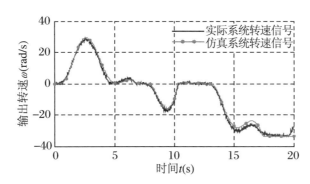

图 12.10　u_3 作用下系统输出转速信号

图 12.11 为在 u_4 作用下实际系统和仿真系统的转速输出信号,当转速达到 $-33.5\,\mathrm{rad/s}$ 时,电机出现饱和,如图 12.11 所示,仿真系统在饱和区也能很好地逼近实际系统。

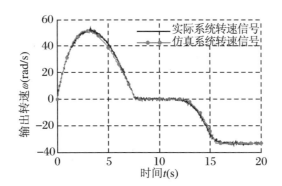

图 12.11　u_4 作用下系统输出转速信号

12.2.4　小结

本节将遗传算法和单纯形法应用于直流电机非线性模型参数辨识中,将参数辨识问题转化为优化问题,利用遗传算法的全局寻优的优点,提高了参数辨识的精度。通过引入单纯形法,在遗传算法搜索基础上,以遗传算法的搜索结果为进一步搜索的初值进行参数寻优,

提高了参数辨识的效率及精度。计算机仿真结果表明,本节介绍的方法能以较高的精度辨识出系统参数,且参数辨识的效率得到显著提高。本节提出的方法可以推广到其他非线性系统参数辨识中,仅需要一组充分激励的实际系统的输入/输出数据,即可对模型参数进行辨识。该方法亦可应用于辨识交流电机和电力电子系统的参数。

第 13 章　智能优化算法及其应用

13.1　基于感知范围的鱼群优化算法

2002 年中国学者李晓磊等人提出了模拟鱼类群体行为进行优化求解的人工鱼群算法。该算法将候选解视为空间中鱼的食物源,以"一片水域中,鱼生存数目最多的地方一般就是本水域中富含营养物质最多的地方"为中心思想,从鱼的觅食、聚群、追尾等最基本的动作出发,构造了人工鱼群算法。一些研究者还研究了鱼群运动过程中内部的相互作用。研究结果表明:按照距离的不同,鱼群的内部作用大致可以分为吸引和排斥。对于个体 A 来说,如果个体 B 在它的感知范围内并且距离较大,则 A 希望与 B 靠近以保持自己处于队列之中不脱离队伍,此时 A 希望向 B 的方向运动。如果 B 在它的感知范围内并且距离很小,则 A 希望保持有效距离,不让自己周围太过拥挤,此时 A 希望向 B 的相反方向运动。在前人研究工作的基础上,Tien 等人提出了在吸引区域和排斥区域之间还有一个中性区域,即在这一个区域内的个体对 A 的作用是随机的,有可能是吸引,也有可能是排斥,这依赖于 A 当时的判断。至此,一个完整的鱼群运动模型建立起来。生物行为学家们已经利用所建立的鱼群运动模型成功地进行了鱼行为的人工模拟。在本节中我们将生物行为学家们建立此种基于空间感知范围的鱼群运动模型应用到群智能优化算法的设计中,提出了一种新的鱼群算法。

13.1.1　标准人工鱼群算法

若 $x_i(i=1,\cdots,n)$ 为欲寻优的变量,则人工鱼在空间中的位置可以用向量 $X=(x_1,x_2,\cdots,x_n)$ 表示;人工鱼当前位置的食物浓度用 $Y=f(X)$ 表示,其中 $f(X)$ 是待寻优的目标函数;人工鱼个体之间的距离表示为 $d_{i,j}=\parallel X_i-X_j\parallel$;Visual 表示人工鱼的感知范围;$\delta$ 是拥挤度因子;Step 表示人工鱼移动的步长。以求解极大值问题为例,人工鱼的行为可以描述如下。

(1) 觅食行为:设人工鱼当前位置为 X_i,在其感知范围内随机选择一个状态 X_j,如果 $Y_i<Y_j$,则向该方向前进 1 步;反之,再重新随机选择状态 X_j,判断是否满足前进条件;反复几次之后,如果仍然不满足前进条件,则随机移动 1 步。

(2) 聚群行为:探索人工鱼感知范围内 $d_{i,j}<$ Visual 的伙伴数目 n_f 及它们的中心位置 X_c,如果 $Y_c/n_f>\delta Y_i$,表明中心有较多的食物并且不太拥挤,则朝此中心位置方向前进 1

步;否则执行觅食行为(1)。

(3) 追尾行为:探索人工鱼感知范围内 $d_{i,j}<$ Visual 的伙伴中 Y_j 为最大的伙伴 X_j,如果 $Y_j/n_f>\delta Y_i$,则表明伙伴 X_j 处有较高的食物浓度,并且其周围不太拥挤,则朝伙伴 X_j 的方向前进 1 步;否则执行觅食行为(1)。

(4) 行为评价:根据人工鱼当前的环境,模拟执行聚群、追尾等行为,评价行动后的值,并选择最好的一个来实际执行,缺省的行为方式为觅食。

通过以上的迭代求解步骤可以看到,人工鱼群算法中个体鱼在决定下一步的运动方向时一般都要对目标函数进行几次计算。由于目标函数的计算在算法迭代中占据大部分 CPU 时间,因此多次对目标函数估值对算法的效率不利。

13.1.2　生物系统中的鱼群模型

Tien 等人在吸引区和排斥区的基础上提出了中性区的概念,这样在鱼的感知范围内一共有 3 个区域:吸引区、排斥区和中性区,如图 13.1 所示。假设鱼的邻域距离为 r_1,在这个

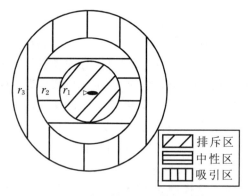

图 13.1　鱼群模型作用范围示意图

距离之内的其他鱼对此鱼有排斥作用,即此鱼希望远离排斥区域内的鱼;距离在 r_1 和 r_2 之间为中性区域,在这个范围内的其他鱼对此鱼的作用可能为排斥,也可能为吸引,具体是哪一种要依据当时的随机判断;距离在 r_2 和 r_3 之间的区域为吸引区,在此区域的其他鱼对此鱼有吸引作用,即此鱼希望向它们靠近;距离在 r_3 之外不属于鱼的感知范围。

假设个体鱼 i 受到 j 的影响而产生的加速度的方向用 Direct_{ij} 来表示,则根据以上规则,可得公式:

$$\mathrm{Direct}_{ij} = \begin{cases} (-)\ \dfrac{X_j - X_i}{\parallel X_j - X_i \parallel}, & \parallel X_j - X_i \parallel \leqslant r_1 \\[2mm] (+/-)\ \dfrac{X_j - X_i}{\parallel X_j - X_i \parallel}, & r_1 < \parallel X_j - X_i \parallel \leqslant r_2 \\[2mm] (+)\ \dfrac{X_j - X_i}{\parallel X_j - X_i \parallel}, & r_2 < \parallel X_j - X_i \parallel \leqslant r_3 \\[2mm] 0, & \parallel X_j - X_i \parallel > r_3 \end{cases} \quad (13.1)$$

除了感知范围内的作用之外,还存在食物源对鱼群的吸引作用。设食物源所在的位置

为 X_{food}，则鱼 i 受到食物源的吸引，向其靠拢的加速度的方向 $\text{Direct}_{i\text{food}}$ 为

$$\text{Direct}_{i\text{food}} = (+) \frac{X_{\text{food}} - X_i}{\| X_{\text{food}} - X_i \|} \tag{13.2}$$

13.1.3 新鱼群算法描述

以函数求极小值问题为例，采用鱼群算法的过程描述如下：对于 n 维函数优化问题 $f(X)$，其中，$X = (x_1, x_2, \cdots, x_n)$，表示人工鱼在空间中的向量位置；$x_i (i = 1, \cdots, n)$ 为待优化的变量。$f(X)$ 越小，则当前解的质量越好。设迭代第 k 步鱼的空间位置为 $X(k)$，运动速度为 $V(k)$，加速度为 $A(k)$。加速度由当前鱼受到的作用力决定，一共可以分为 4 个部分：由排斥力产生的加速度 $A_r(k)$、由中性区作用力产生的加速度 $A_d(k)$、由吸引力产生的加速度 $A_a(k)$、食物源吸引产生的加速度 $A_f(k)$。

假设在迭代第 k 步，在人工鱼 i 的排斥区共有 m_1 条鱼，则由排斥力产生的加速度 $A_r(k)$ 为

$$A_r(k) = -\sum_{j=1}^{m_1} \text{Rand}(\cdot) \cdot (X_j - X_i) \tag{13.3}$$

其中，$\text{Rand}(\cdot)$ 为一个 0 和 1 之间平均分布的随机数，加入这个随机数的目的是使得鱼 i 的加速度在向 j 的方向上，但是大小不定，为算法引入了随机因素，能提高算法的鲁棒性。

设在迭代第 k 步，在人工鱼 i 的吸引区共有 m_2 条鱼，则有

$$A_a(k) = \sum_{j=1}^{m_2} \text{Rand}(\cdot) \cdot (X_j - X_i) \tag{13.4}$$

设在迭代第 k 步，在人工鱼 i 的中性区共有 m_3 条鱼，则由吸引力产生的加速度 $A_d(k)$ 为

$$A_d(k) = \sum_{j=1}^{m_3} \text{Sign}(\cdot) \cdot \text{Rand}(\cdot) \cdot (X_j - X_i) \tag{13.5}$$

其中，函数 $\text{Sign}(\cdot)$ 是符号函数，它可以是一个以某一概率取正和取负的函数。

假设取正的概率为 p，产生一个随机数 R，$\text{Sign}(\cdot)$ 的定义为

$$\text{Sign}(\cdot) = \begin{cases} +1, & \text{若 } R \leqslant p \\ -1, & \text{若 } R > p \end{cases} \tag{13.6}$$

设食物源当前的位置为 X_{food}，被食物源吸引产生的加速度 $A_f(k)$ 可以计算为

$$A_f(k) = \text{Rand}(\cdot) \cdot (X_{\text{food}} - X_i) \tag{13.7}$$

通过式(13.3)～式(13.7)的加速度分量可以计算出总的加速度 $A(k)$ 为

$$A(k) = A_r(k) + A_a(k) + A_d(k) + A_f(k) \tag{13.8}$$

如果希望各种作用对鱼有不同的权重，例如希望食物源吸引作用比其他 3 种作用力的权重大一些，则可以加入作用力权重因子。设排斥作用、吸引作用、中性作用和食物源吸引作用的权重因子分别为 $\alpha_r, \alpha_a, \alpha_d$ 和 α_f，则式(13.8)可以改写为

$$A(k) = \alpha_r \cdot A_r(k) + \alpha_a \cdot A_a(k) + \alpha_d \cdot A_d(k) + \alpha_f \cdot A_f(k) \tag{13.9}$$

有了加速度公式之后，鱼的速度可以计算为

$$V(k) = V(k-1) + A(k) \tag{13.10}$$

鱼的新位置可以由当前位置和速度共同决定：

$$X(k + 1) = X(k) + V(k) \tag{13.11}$$

13.1.4 新鱼群算法的实施步骤

新鱼群算法的实施步骤如下:

(1) 初始化群体规模 N,概率参数 p,作用力权重因子 $\alpha_r, \alpha_a, \alpha_d$ 和 α_f,感知范围 r_1, r_2 和 r_3 等参数;

(2) 初始化鱼的位置、速度,将当前 $f(X)$ 最小的位置作为食物源所在位置;

(3) 按照式(13.9)、式(13.10)、式(13.11)计算鱼的加速度、速度和新位置;

(4) 代入目标函数评估新位置的好坏,如果有个体的函数值 $f(X)$ 小于当前找到的最小值,则更新此个体所在的位置;

(5) 如果不满足结束条件,返回步骤(3);

(6) 输出食物源的位置,即为最优解。

与人工鱼群算法相比,新鱼群算法的优势在于:

(1) 不需要像人工鱼群算法那样对目标函数进行多次估值,新鱼群算法只需要对目标函数估值一次即可确定个体行动的方向,从而提高了搜索的效率。

(2) 新鱼群算法当个体之间距离较小时,个体之间的排斥机制会发挥作用,这样就非常直接地保证了个体之间不会离得非常近,从而保障了群体的多样性。而人工鱼群算法中没有相应的措施。

(3) 新鱼群算法比人工鱼群算法增加了全局食物源的吸引作用,有利于提高算法的寻优速度。同时又因为有了上述多样性的保障措施,因此不必担心因增加全局食物源吸引作用所引起的过早收敛。

13.1.5 测试函数的对比实验及其结果分析

为了验证所提出的新鱼群算法的性能,将所提出的新鱼群算法与人工鱼群算法进行了对比实验研究。实验中所采用的测试函数是 13 个高维(30 维)的标准库中的函数,其中,前 7 个是单模函数:只有一个极值,每个函数的理论最小值都是 0;后 6 个是多模函数:包含多个极值(包括局部极值),除了函数 $f_8(x)$ 的理论最小值是 -12569.5 之外,其余的函数理论最小值都是 0。

实验中采用欧式距离作为距离的量度,定义为

$$\| X_i - X_j \| = \sqrt{\sum_{k=1}^{n} (X_i(k) - X_j(k))^2} \tag{13.12}$$

按照经验,我们可以设定 $p = 0.5, \alpha_r = \alpha_a = \alpha_d = 0.2, \alpha_f = 0.4$,这样是为了突出全局作用力的重要性,而对于几种局部作用力则不加以区别。另外,根据寻优空间大小的不同,感知范围参数 r_1, r_2, r_3 也应该取不同的值,因此,r_1, r_2 和 r_3 应该与寻优空间成比例关系。n 维寻优问题的变量取值范围常常给定为 $[-\text{bound}(k), \text{bound}(k)], k = 1, \cdots, n$,则可以用 $\text{Ratio}_1, \text{Ratio}_2, \text{Ratio}_3$ 来描述 r_1, r_2 和 r_3,有

$$r_i = \sqrt{\sum_{k=1}^{n} (\text{Ratio}_i \cdot \text{bound}(k))^2}, \quad i = 1, 2, 3 \tag{13.13}$$

因为 bound 都是已知量,因此参数 r_1,r_2 和 r_3 的选取变为比例 Ratio_1,Ratio_2,Ratio_3 的选取。一般而言,Ratio_1 不能过大,否则会使得大部分作用力皆为排斥力,一方面不符合生物原型;另一方面排斥力占主导不利于发挥群体优势寻优;但 Ratio_1 也不能过小,否则容易造成鱼的周围过于拥挤,不利于保持多样性。Ratio_3 也不宜太大,因为鱼的感知范围有限;Ratio_3 也不宜太小,否则会容易使得鱼群分散,失去群体寻优的优势。根据以上分析,几个比例因子取值需要合适。为了验证这一论断,我们做一个实验,分别取三组参数:

(1) $\text{Ratio}_1 = \text{Ratio}_2 = \text{Ratio}_3 = 0$,记为极小组。

(2) $\text{Ratio}_1 = 1/100$,$\text{Ratio}_2 = 1/50$,$\text{Ratio}_3 = 1/25$,记为中间组。

(3) $\text{Ratio}_1 = 1/3$,$\text{Ratio}_2 = 1/2$,$\text{Ratio}_3 = 1$,记为极大组。

在这 3 组参数下,以多模函数 $f_8(x)$ 为目标函数,取 $\alpha_r = \alpha_a = \alpha_d = 0.2$,$\alpha_f = 0.4$,群体规模 $N = 50$,对目标函数评估次数达到 4.5E5 次之后停止寻优。实验结果如图 13.2 所示,其中横轴为计算函数的次数,单位为次;为了观察方便,我们对函数值取对数,又因为 $f_8(x)$ 的函数值为负,我们在对其绝对值取对数的基础上再取相反数,即纵轴为 $-\lg(|f_8|)$。

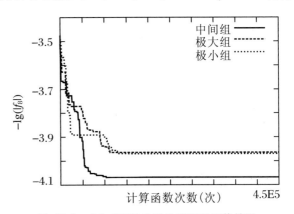

图 13.2　$f_8(x)$ 下的 3 组比例因子寻优结果

从图 13.2 中可以看到,极小组和极大组的结果到后期基本重叠,寻优的结果都不如中间组。中间组不但下降得比较快,而且找到的解的质量也非常好。另外取群体规模 $N = 50$。为了进行性能对比,我们将所提算法与人工鱼群算法(AF)进行了对比实验,实验中 AF 的参数选择如下:拥挤度因子 $\delta = 0.618$,鱼的感知范围 Visual 与新鱼群算法中的 r_3 相等。两种算法均在目标函数估值为 4.5E5 次之后停止。实验结果如表 13.1 前两行所示,其中所有的结果为运行 10 次的平均值。

表 13.1　算法寻优结果对比

	$f_1(x)$	$f_2(x)$	$f_3(x)$	$f_4(x)$	$f_5(x)$	$f_6(x)$	$f_7(x)$
AF	9.71E−5	4.01E−3	1.77E−1	1.20E−3	1.06E−2	0	1.34E−4
NFSA 固定值	0	0	0	0	2.89E1	0	1.34E−5
NFSA 线性变化	0	0	0	0	2.88E1	0	9.77E−6

	$f_8(x)$	$f_9(x)$	$f_{10}(x)$	$f_{11}(x)$	$f_{12}(x)$	$f_{13}(x)$
AF	−1.25E4	9.65E−7	1.57E−2	2.63E−4	8.26E−8	1.41E−4
NFSA 固定值	−1.06E4	0	0	0	5.29E−1	2.48E0
NFSA 线性变化	−1.13E4	0	0	0	4.72E−1	1.94E0

由表 13.1 前两行可以看出:新鱼群算法(NFSA)在 13 个函数中的 8 个函数上都找到了

理论最优解,它们是 $f_1(x),f_2(x),f_3(x),f_4(x),f_6(x),f_9(x),f_{10}(x)$ 和 $f_{11}(x)$。而人工鱼群算法(AF)只在两个函数上($f_6(x)$ 和 $f_8(x)$)找到了最优解。从总体来看,新鱼群算法在 8 个函数上优于人工鱼群算法,这其中既有较容易的单模函数又有相对复杂的多模函数;在 4 个函数上不如人工鱼群算法,在 1 个上持平。

为了验证新鱼群算法和人工鱼群算法在保持群体多样性上的差异,我们对两种算法在寻优过程中的步长进行了跟踪,以式(13.12)所示的欧式距离作为距离的量度,个体 i 在迭代第 g 代所移动的步长定义为此个体在第 $g+1$ 代位置与第 g 代位置之间的距离,如下:

$$D_i(g) = \| X_i^{g+1} - X_i^g \| = \sqrt{\sum_{k=1}^{n} (X_i^{g+1}(k) - X_i^g(k))^2} \qquad (13.14)$$

以多模函数 $f_8(x)$ 为例进行实验研究,两种算法在搜索过程中的步长变化如图 13.3 所示,其中,人工鱼群算法搜索步长由虚线所示,而新鱼群算法搜索步长由实线所示。从图 13.3 中可以看到,在搜索的初期,人工鱼群算法的搜索步长较大,这样比较有利于在初期尽快找到较优的区域。但是由于缺乏很直接的维护群体多样性的手段,可以看到,随着搜索的进行,人工鱼群算法的步长下降得比较快,在 1000 代之后的某一时刻人工鱼群算法的步长开始小于新鱼群算法。而在新鱼群算法中,由于排斥力的存在(如式(13.3)所示),当两个个体离得很近的时候,排斥力起主要作用,因此能够保证个体之间不会聚在同一个位置。在搜索的后期,人工鱼群算法的搜索步长趋于 0,而新鱼群算法仍可以维持大于 0 的搜索步长。因此,可以判断出新鱼群算法比人工鱼群算法更好地保持了群体的多样性。另外,从表 13.1 的寻优结果我们可以看到,截至对目标函数估值 4.5E5 次为止,这两种算法在 $f_8(x)$ 上都没有找到全局最优解。但是,由于新鱼群算法仍然具有搜索步长,因此其找到更好的解的概率更大。因此,保持群体多样性体现出非常重要的作用。

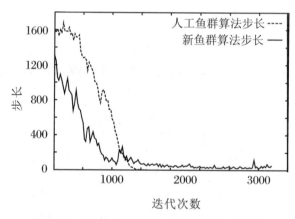

图 13.3　两种算法在 $f_8(x)$ 上的搜索步长比较

13.1.6　作用力权重因子的线性变化策略

在前面的实验中,我们依据经验选取了固定式的作用力权重因子分别为 $\alpha_r = \alpha_a = \alpha_d = 0.2, \alpha_f = 0.4$。实际上按照优化理论,在搜索的初期阶段,"探索"需要占主要地位,此时可以将全局作用因子 α_f 的值设得稍微大一点,以突出往好的方向靠拢的趋势。到后期阶段,个体靠近最优点附近,这时候需要在局部慢慢地进行"勘探",此时可以适当减小 α_f 而适当增大 α_r, α_a, α_d,即增大这些局部作用权重因子。因此,我们希望通过采用作用力权重因子的线性变化策略来进一步提高算法的效率。具体做法是:α_r, α_a, α_d 从 0.2 线性递增到 0.3,而 α_f 从 0.4 线性递减到 0.1。

仍然以 $f_8(x)$ 为例进行实验研究。将固定值权重因子参数组记为固定值,线性变化策略参数组记为线性变化,实验结果如图 13.4 所示,其中横轴为计算函数的次数,单位为次;为了观察方便,我们对函数值取对数,又因为 $f_8(x)$ 的函数值为负,我们对其绝对值取对数的基础上再取相反数,即纵轴为 $-\lg(|f_8|)$。

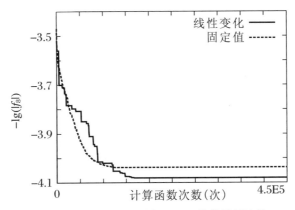

图 13.4　固定和非固定权重因子优化结果比较

从图 13.4 中可以看到,虽然固定值一组在搜索初期下降较快,但后劲不足,渐渐被线性变化一组超过,并且最后的寻优精确度也没有线性变化一组高。这一结果说明了线性变化策略的有效性,能够进一步提高算法的寻优性能。以 $f_8(x)$ 为例进行实验研究的基础上,我们将线性变化策略应用于前述的所有 13 个测试函数中,参数设置同 $f_8(x)$ 实验,得到了如表 13.1 后两行所示的数据结果。

从表 13.1 的后两行数据可以看到,在固定值可以找到最优解的函数中,线性变化策略也能找到最优值,而在其他函数上,线性变化测量虽然也没有找到最优值,但是得到的结果都好于固定值的结果,在函数 $f_5(x)$ 上将结果提高了 3.3%,在函数 $f_7(x)$ 上提高了 27.2%,在函数 $f_8(x)$ 上提高了 6.3%,在函数 $f_{12}(x)$ 上提高了 10.8%,在函数 $f_{13}(x)$ 上提高了 21.7%。也就是说,在这 13 个测试函数上,线性变化策略全部好于或者等于固定值策略,从而证明了线性变化策略的优越性。

13.1.7　小结

以生物行为学家所研究的鱼群行为模型为基础,提出一种新鱼群优化算法。算法中的个体鱼在 4 种感知范围作用力下运动:来自排斥区同伴的排斥力;来自吸引区同伴的吸引力;来自中性区同伴的随机的吸引或排斥力;来自食物源的吸引力。系统具有自下向上的结构,没有中央控制单元,属于一种典型的群智能算法。感知范围选取实验表明,感知区域不可太大,也不可太小。提出的算法对鱼的感知范围划分得更细致,鱼之间的相互作用定义更为明确,实现更为简单。在保持群体多样性方面,由于有排斥区域的存在,鱼群不会过于拥挤在一个小范围之内。标准测试函数实验结果表明,新鱼群算法在大部分测试函数上的表现优于人工鱼群算法,是一种有效的群智能优化算法。搜索步长实验表明新鱼群算法在搜索后期仍然保持多样性。作用力权重因子线性变化策略与固定值权重因子策略相比,能进一步提升算法的性能。由于新鱼群算法是以经过生物学家实验验证的鱼群运动模型为基础,经过有效的自下向上的算法设计而提出的一种新型优化方法,对比实验也证明了它的有效性和优越性,在工程实践中具有一定的应用价值。

13.2　人工免疫算法

近年来随着人们对生物系统认识的深入,越来越多的仿生算法被应用于自然与社会科学的众多领域。基于神经系统和遗传进化算法等仿生算法已经得到了广泛而深入的研究,并在实际应用中取得了令人瞩目的成绩。神经系统、遗传进化系统和免疫系统被称为动物的三大支柱系统。与前两大系统相比,尽管基于免疫系统的仿生算法还处于起步阶段,但仍然显示出了巨大的潜力,并且正在快速地发展。免疫系统能识别并清除抗原,实现免疫防卫功能,在许多工程上有启发意义的特性,如模式识别、学习、记忆、适应性、特异性等。根据Burnet 的克隆选择学说、Jerne 的免疫网络学说和反向选择机制构造了免疫算法(Immune Algorithm,IA),它把要解决的问题和约束条件当作抗原,把问题的解当作抗体,通过免疫操作使抗体在解空间不断搜索进化,按照亲和度对抗体与抗原之间的匹配程度以及抗体之间的相似程度进行评价,直至产生最优解。免疫算法的步骤与遗传算法十分类似,都经历了群体初始化、新群体的产生、新群体的选择等步骤,只是在每个步骤中有其独特的地方。免疫算法在解决大空间、非线性、全局寻优等复杂问题时具有独特优越性,已经应用于优化计算、系统工程和计算机安全等多个工程领域。然而,现有免疫算法存在两个严重的缺陷,即容易陷入局部最优的平衡态以及进化后期搜索停滞不前,使得算法最终搜索的结果往往不是全局最优解。因此许多学者对此进行了研究,并提出了许多改进算法。

本节提出了一种改进的免疫算法,该算法给出了一种新的抗体相似度的定义方法,通过调节抗体相似度阈值 $\varepsilon_1,\varepsilon_2$,可以控制抗体群的相似程度,从而更好地保持了抗体群的多样性和算法的收敛性。并针对中国旅行商问题这一中等规模的组合优化问题的具体特点,即最佳路径中必然包括相邻城市间距离最短的路径,提出了一种新的免疫疫苗的提取和注射方法,可以有针对性地抑制群体进化过程中出现的一些退化现象,从而使群体适应度相对稳定地提高。

13.2.1　基于相似性矢量距的选择概率计算方法

在常见的优化算法中,通常选取与种群中个体适应度成正比的方式作为选择概率,即某个个体的适应度越高其被选择的概率就越大。很容易使种群中相似适应度的个体迅速增加,使算法未成熟收敛。为克服算法的这一缺点,针对免疫算法的特点,有人提出了一种基于相似性矢量距的选择概率计算方法。所谓的矢量距就是将抗原、B 细胞和抗体分别对应于优化问题的目标函数、优化解 x_i 的适应度函数 $f(x_i)$。N 个抗体构成了一个非空免疫系统集合 X。若规定抗体 $f(x_i)$ 在集合 X 上的距离为

$$\rho(x_i) = \sum_{j=1}^{N} |f(x_i) - f(x_j)| \tag{13.15}$$

式(13.15)也是抗体的矢量距定义式。由矢量距的定义,抗体的浓度可以表示为

$$\text{Density}(x_i) = \frac{1}{\rho(x_i)} = \frac{1}{\sum_{j=1}^{N} |f(x_i) - f(x_j)|} \tag{13.16}$$

由式(13.16)可推导出基于矢量距的概率选择公式为

$$P_\zeta(x_i) = \frac{\rho(x_i)}{\sum_{i=1}^{N} \rho(x_i)} = \frac{\sum_{j=1}^{N} |f(x_i) - f(x_j)|}{\sum_{i=1}^{N} \sum_{j=1}^{N} |f(x_i) - f(x_j)|} \tag{13.17}$$

由式(13.17)可知:集合 X 中与抗体 i 基因相似的抗体越多,抗体 i 被选中的概率就越小。这使得含有效进化基因的低适应度个体也可获得繁殖机会。因此,基于矢量距为选择概率的免疫算法在理论上保证了解的多样性。由基于矢量距的定义方式可以知道,抗体的选择概率只是与每一个抗体的适应度有关,而没有具体考虑各个抗体之间在编码上的相似性。因此,将抗体的相似性也考虑到算法中来,就形成了基于相似性矢量距为选择概率的免疫算法。基于相似性矢量距定义的选择概率为

$$P_\zeta(x_i) = \alpha \frac{\rho(x_i)}{\sum_{i=1}^{N} \rho(x_i)} + (1 - \alpha) \frac{1}{N} e^{\frac{c_i}{\beta}} \tag{13.18}$$

其中,α 和 β($0 \leqslant \alpha \leqslant 1, 0 \leqslant \beta \leqslant 1$)是常数调节因子,$c_i$ 为抗体浓度。

由式(13.18)可以看出选择概率既与抗体的矢量距有关,又与该抗体的相似度有关。

常数调节 α 可以改变选择概率每部分的权值。如果采用两个极端的选择方式,$\alpha = 1$,式(13.18)是基于矢量距为选择概率,即与抗体适应度成比例的基本遗传算法,$\alpha = 0$ 则称为基于相似性为选择概率并且具有保持最优个体功能的人工免疫算法。由式(13.18)知,抗体浓度一定的条件下,抗体矢量距越大则选择概率越大;在抗体矢量距一定的条件下,抗体浓度越大则选择概率越小。这样在保留高适应度抗体的同时,也确保了个体的多样性。所以能抑制群体中所有的个体都陷于同一极值而停止进化的现象,增强局部搜索能力。

抗体浓度的计算表示方法目前公认的有两种,即基于信息熵的抗体浓度表示法和基于抗体间欧氏距离的抗体浓度表示法。

传统的基于信息熵的人工免疫算法(Entropy-Based Artificial Immune Algorithm,EBAIA)计算抗体浓度,其计算方法为定义 13.1。

【定义 13.1】　在人工免疫算法给定抗体群中,任一抗体的浓度为

$$c_v = \frac{1}{N} \sum_{w=1}^{N} ac_{v,w} \tag{13.19}$$

其中，N 为抗体群规模，$ac_{v,w} = \begin{cases} 1, & ay_{v,w} \geqslant T_{ac_1} \\ 0, & \text{其他} \end{cases}$，$ay_{v,w}$ 为抗体 v，w 的亲和度，表示 v，w 的相似程度，若 $ay_{v,w} \geqslant T_{ac_1}$ 则称抗体 v，w 相似；T_{ac_1} 为预先给定的阈值。

基于抗体间欧氏距离以及适应度计算抗体相似度和浓度的方法由定义 13.2 给出。

【定义 13.2】 在给定抗体群中，给定抗体 v，其抗体群中任一抗体 w 的欧式距离为 $d(v,w)$；抗体 v，w 的适应度分别为 $f(x_v)$，$f(x_w)$，对应于所求解的问题给定适当的常数 $l \geqslant 0$，$m \geqslant 0$，若有

$$d(v,w) \leqslant l, \quad |f(x_v) - f(x_w)| \leqslant m \tag{13.20}$$

成立，则称抗体 v 和抗体 w 相似；与抗体 v 相似的抗体个数在总抗体群中所占的比例称为抗体 v 的浓度，记为 c_v。

13.2.2 一种改进的抗体相似性及抗体浓度表示方法

通过研究发现，基于信息熵的抗体浓度定义方法存在以下两个主要缺点：① 在某些情况下，两个相似的个体，利用定义 13.1 进行浓度的计算时，有可能得出两个抗体不相似的结论。例如对于抗体 $v = \{01111111\}$ 和抗体 $w = \{10000000\}$ 构成的抗体群，这两个抗体是取反的关系，通过所定义的浓度计算公式计算出平均信息熵 $H(2) = 0.693174$，亲和度 $ay_{v,w} = 0.591$，计算结果表明两个是很不相同的抗体，但在优化计算中是两个很接近的解。② 在进行优化时，考虑间断点 c 的一个充分小的邻域内的点 v 和 w 构成的抗体群，领域的选择应使得对给定的 T_{ac_1}，有 $ay_{v,w} \geqslant T_{ac_1}$，则按照定义 13.1，$v$，$w$ 应是相似的。但由于 $f(x)$ 不连续，v，w 的适应度并不接近，从这一点上来看不能认为 v，w 是相似的，即判定抗体 v，w 是否相似，不但要判断它们在结构和空间是否相似，还要判断它们的适应度是否相似。

定义 13.2 将适应度比较也加入了抗体相似性的计算公式中，解决了基于信息熵的抗体相似度计算公式的缺点，大大改进了算法的性能。由于既要计算抗体间的欧式距离，又要进行抗体间适应度的比较，因此算法的复杂度较高，且该算法给出的抗体相似度定义不够直观和精确。

针对上述两种抗体相似性表示方式的优缺点，本小节提出了一种改进的抗体相似性及抗体浓度表示方法（Modified Artificial Immune Algorithm，MAIA），抗体相似性定义如下。

【定义 13.3】 在特定的规模为 m 的抗体群中，假定每个抗体都可以被表示成一个具有 N 个元素的一维向量。任取其中两个抗体 $v = (v_1, v_2, \cdots, v_n)$ 和 $w = (w_1, w_2, \cdots, w_n)$，设抗体 v 和 w 的适应度分别为 $f(v)$ 和 $f(w)$，假定 $\varepsilon_1 > 0$ 和 $\varepsilon_2 > 0$ 是两个根据求解具体问题预先规定的适当小的正常数，若有

$$1 - \varepsilon_1 \leqslant S(v,w) = \frac{1}{N} \sum_{i=1}^{N} \frac{v_i}{w_i} \leqslant 1 + \varepsilon_1 \tag{13.21}$$

$$1 - \varepsilon_2 \leqslant Q(v,w) = \frac{f(v)}{f(w)} \leqslant 1 + \varepsilon_2 \tag{13.22}$$

成立，则称抗体 v 和抗体 w 相似。与抗体 v 相似的抗体个数在总抗体群中所占的比例为抗体 v 的浓度，记为 c_v。其中式(13.21)要求抗体的所有元素全部为负或全部为正。$S(v,w)$

是表示抗体 v 和抗体 w 空间及结构相似性的指标,而 $Q(v,w)$ 是表示抗体 v 和抗体 w 适应度相似性的指标。ε_1 和 ε_2 分别称为抗体结构相似性阈值和适应度相似性阈值。

式(13.21)表示抗体 $v=(v_1,v_2,\cdots,v_n)$ 和 $w=(w_1,w_2,\cdots,w_n)$ 对应的编码位的比值之和的平均值要在 1 附近,它反映的是抗体 v 和抗体 w 在编码结构上的接近程度,且接近的程度与选取的常数 ε_1 有关,从而避免了基于信息熵的抗体浓度表示方法的第一个缺点;式(13.22)表示抗体 v 和抗体 w 的适应度的比值要十分接近,接近程度与选取的常数 ε_2 有关,它反映的是抗体 v 和抗体 w 在适应度上的接近程度。只有当两个抗体在空间编码结构和适应度都相似时,我们才认为它们是相似的。

通过上面的分析不难发现,新的抗体相似度表示方法与基于信息熵和欧式距离抗体相似度定义相比有以下 3 个优点:① 它完整地反映了抗体相似性的两个重要特征,空间结构相似性和适应度相似性;② 两种相似性都是用比值的形式来表示的,这种采用比值来表示两个抗体相似程度的方法十分直观和精确;③ 这种定义的计算量更小,既不需要求每个基因位的信息熵,也不需要求欧式距离,而是直接计算每个基因位的比值,算法复杂度相对较小。

13.2.3　免疫疫苗的引入及算法求解旅行商问题步骤

旅行商问题(Traveling Salesman Problem,TSP)是一个典型的组合优化问题,可以看成是许多工程领域复杂优化问题的抽象形式,如系统控制、人工智能、模式识别和生产调度等,因此研究 TSP 的求解方法对解决复杂工程优化问题具有重要的参考价值。

TSP 是著名的组合优化问题,是典型的 NP 难题,常被用来验证智能启发式算法的有效性。TSP 的数学描述为:对于 n 个城市的一个访问顺序为 $X=\{x_1,x_2,\cdots,x_n\}$,而且 $x_{n+1}=x_1$,则问题为求 $\min\sum\limits_{i=1,x\in\Omega}^{n}d_{x_ix_{i+1}}$,其中 Ω 为这 n 个城市不重复排列的所有可能的回路。中国 31 个城市的 TSP,即中国旅行商问题(CTSP)是一个典型的对称 TSP,它可以简单表述为:求一条从其中任意城市出发经过中国 31 个城市最后又回到出发城市的最短回路。这是一个中等规模的 TSP,可能存在的路径有 $(31-1)!/2=1.326\times10^{32}$ 条。

免疫算法在进行每一次迭代的过程中,都要进行选择、交叉和变异等遗传操作以及保持最优解等策略,使进入到下一代种群个体的平均适应度比上一代高。而下一代还要重复上一代的这些提高种群适应度的操作,从而必然使某些个体存在着"退化"现象。因此在原有算法基础上引入一种新的算法来防止这种退化现象,即"免疫算子"。具体而言,它用局部特征信息以一定的强度干预全局并行的搜索进程,抑制或避免求解过程中的一些重复和无效的工作,以克服原进化策略算法中交叉和变异算子操作的盲目性。算法在执行时,可以有针对性地抑制群体进化过程中出现的一些退化现象,从而使群体适应度相对稳定地提高。免疫算子由疫苗提取、接种疫苗两个步骤完成,具体描述如下:

(1) 疫苗提取。设抗体 $v=(v_1,v_2,\cdots,v_n)$。疫苗的提取可以通过利用所求问题的一些特征信息或对问题的先验知识来进行。先验知识可以是最优个体某些分量的大概取值范围,也可以是一些分量之间的一定的制约关系。疫苗不是一个成熟或完整的个体,它仅具备最佳个体局部基因位上可能特征。疫苗的正确选择会对群体的进化产生推动作用。本文给出自适应疫苗抽取算法：通过对前 $k-1$ 代保留下来的最优个体群和当前代的最优个体群进行分析，抽取该最优个体的 x_1 和 x_2 基因位的共同特点和有效信息作为疫苗 H。

（2）接种疫苗。接种疫苗是指按照先验知识强制性修改抗体 v 的某些基因位上的基因，使所得抗体以较大概率具有更高的适应度值。设第 k 代群体为 $p^k = \{p_1^k, \cdots, p_N^k\}$，对群体 p^k 进行接种疫苗是指按照一定的比例 p_v 随机抽取 $N \times p_v$ 个个体，并将疫苗基因串加入选出的个体中。

13.2.4　改进算法求解 TSP 基本步骤

我们将免疫算子引入所提出的改进算法中，以遍历路径作为抗体，将路径长度和约束条件视为抗原，同时结合选择、交叉、变异等常规遗传操作来解决旅行商问题。具体步骤如下，算法流程图如图 13.5 所示。

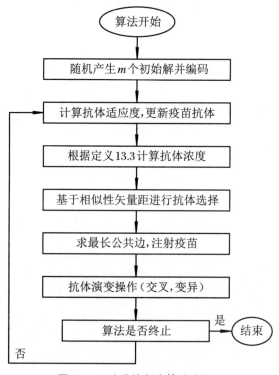

图 13.5　改进的免疫算法流程图

（1）随机产生 m 个初始抗体，组成抗体群。

（2）确定每个抗体的适应度（即路径长度的倒数），将适应度最大的抗体作为疫苗抗体保存在一个专用的变量数组中。城市的位置用城市的坐标表示，用一个 $N \times 2$ 的矩阵 a 存储。城市之间的路径长度距离矩阵使用一个 $N \times N$ 矩阵 D 存储，$D(i,j)$ 表示城市 i 和城市 j 的距离：

$$D(i,j) = \mathrm{sqrt}((X_i - X_j)^2 + (Y_i - Y_j)^2) \tag{13.23}$$

则适应度函数 Fitness 为

$$\text{Fitness}(i,1) = 1/\left(\sum_{i=1}^{N}\sum_{j=1}^{N-1}(D(i,j))\right) \tag{13.24}$$

（3）如果是第一代抗体群，则转到（5），否则，继续。

（4）确定每个抗体的适应度；如果这代抗体群中适应度最大的抗体其适应度大于精英抗体组中适应度最大的抗体，则将它作为新的疫苗抗体保存在专用数组中，否则，继续。

（5）根据定义 13.3，计算每个抗体的浓度。首先要确定种群中与抗体 v 相似的抗体个数 n，即抗体 v 和抗体 w 的结构相似度 $S(v,w) = \dfrac{1}{N}\sum_{i=1}^{N}\dfrac{v_i}{w_i}$ 和适应度相似度 $Q(v,w) = \dfrac{f(v)}{f(w)}$ 均小于设定的常数 ε_1 和 ε_2，则称抗体 v 与抗体 w 相似。抗体 v 的浓度为

$$C_v = \frac{n}{m} \tag{13.25}$$

其中，n 为种群中与抗体 v 相似的抗体个数，m 为种群规模。

（6）根据式（13.17）计算每个抗体的选择概率；依据选择概率对抗体群执行选择和复制操作：

$$P_\zeta(v) = \alpha\frac{\rho(v)}{\sum_{v=1}^{N}\rho(v)} + \beta\frac{1}{N}\mathrm{e}^{\frac{C_v}{\beta}} \tag{13.26}$$

其中，$\rho(v) = \sum_{w=1}^{N}|f(v) - f(w)|$，表示抗体 v 与其他所有抗体间适应度的相似程度；C_v 为由式（13.25）计算出的抗体 v 的浓度。

（7）取疫苗抗体数组中适应度最高的 3 个抗体，找出这 3 个抗体的最长公共边，并将最长公共边作为免疫疫苗，对抗体群执行疫苗接种，疫苗接种概率为 p_v；即每个抗体在接种疫苗前，产生一个 0～1 的随机数，若该随机数大于接种概率 p_v，则将最长公共边加入该抗体中，并删除重复路径。否则不进行接种疫苗操作。

（8）对抗体群执行顺序交叉操作，交叉概率为 p_c。

（9）对抗体群执行多对基因位换位的变异操作，变异概率为 p_m。

（10）判断抗体群是否达到设置的终止条件，即抗体群的最大适应度 500 代没发生变化或最多迭代到 3000 代。若条件满足，则输出结果，算法停止；若不满足，则返回到步骤（4），算法继续。

13.2.5 对比实验及其结果分析

本节采用 Matlab7.0 作为编程工具，在 CPU 为 Intel Core2 Duo 2.10 GHz、内存为 1.96 GB、操作系统为 Windows XP（SP2）的计算机上，将不带疫苗注射的改进免疫算法（MAIA_1）、带疫苗注射的改进免疫算法（MAIA_2）以及文献[6]提出的基于欧式距离的人工免疫算法（DBAIA）分别针对中国 31 个城市的 TSP，即 CTSP 进行了 50 次仿真实验，并将计算结果进行了比较。对于 CTSP，取有效抗体数 $N = 100$，疫苗接种概率 $p_v = 0.9$，交叉概率 $p_c = 0.8$，变异概率 $p_m = 0.1$，$\alpha = 0.6$，$\beta = 0.4$，在 DBAIA 中 $l = 0.2$，$m = 0.1$；MAIA 中 $\varepsilon_1 = 0.1$，$\varepsilon_2 = 0.2$。3 种算法分别进行了 20 次计算，每次计算随机产生不同的初始抗体

群,实验结果对比如表 13.2 所示。

表 13.2　三种算法求解 CTSP 实验结果对比

算法名称	最优解	平均值	方差（%）	收敛代数	运行时间（秒）
DBAIA	15404	15899.1	1.271	754	103
MAIA_1	15404	15548.3	0.937	710	56
MAIA_2	15404	15447.4	0.282	317	50

　　通过 DBAIA 与 MAIA_1 的实验结果比较可以发现,两者在解的质量、收敛代数上都相差不大,但 MAIA_1 在算法的运行时间上却有明显的改进。这主要是由于 DBAIA 这种基于相似性矢量距选择的人工免疫算法对于 CTSP,可以得到算法的最优解,且解的质量也比较高,但是由于算法需要计算大量的抗体距离,复杂度比较大,所以平均运行时间较长。而所提出的新的抗体浓度表示方法,既不需要求每个基因位的信息熵,也不需要求欧式距离,而是直接计算每个基因位的比值,算法复杂度相对较小,所以算法运行时间大大减少了。同时也可以看出 MAIA_2 所求得的解的方差最小,即解的质量是最高的,是一种有效的改进算法。

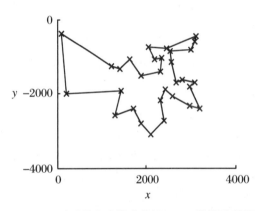

图 13.6　改进的免疫算法求解 CTSP 最优路径图

　　利用上述 3 种算法求解 CTSP 最优路径如图 13.6 所示。

　　最优路径为:北京—哈尔滨—长春—沈阳—天津—济南—合肥—南京—上海—杭州—台北—福州—南昌—武汉—长沙—广州—海口—南宁—贵阳—昆明—成都—拉萨—乌鲁木齐—西宁—兰州—银川—西安—郑州—石家庄—太原—呼和浩特—北京。通过 MAIA_1 与 MAIA_2 的实验比较结果可以发现,带免疫疫苗操作的改进算法无论是在解的质量上,还是在算法的收敛代数上都优于不带免疫疫苗操作的改进算法。这主要是由于引入了免疫疫苗操作,免疫疫苗中包含了很多的位置信息,更有利于高适应度抗体的产生,从而使得改进后的免疫算法在收敛速度上大大增加了,提高了算法的寻优性能。

13.2.6　小结

　　本节通过对基于信息熵的人工免疫算法与基于欧式距离的人工免疫算法存在的缺陷进行了深入的分析研究,提出了一种新的抗体浓度表示方法,并把改进算法应用到中国旅行商问题这一中等规模的 TSP 中,针对 TSP 的具体实际提出了一种免疫疫苗的提取与注射算子。实验结果表明新的抗体浓度表示方法和免疫疫苗算子都大大改进了算法的性能。但是,目前对这种改进的人工免疫算法的研究还处于起步阶段,如各种参数的选择、算法的运行机理、算法的收敛性分析等,都需要进一步的理论分析和实验研究,这也是进一步研究的方向。

13.3　不同蚁群优化算法在 CTSP 中的性能对比

生物学家对具有完全社会性的蚂蚁群体进行研究，发现单体智能并不高的蚂蚁在没有集中指挥下表现出高度的自组织能力，即蚂蚁群体具有超个体行为。在研究蚂蚁觅食的双桥实验中，用一个双桥连接蚁穴和食物源，测试双桥分支长短不同比例情况下蚂蚁最终选择路径的结果为：

（1）分支长度相等时大多数蚂蚁只会集中在其中一条分支上；

（2）分支长度不等时大多数蚂蚁都会选择集中在较短的分支上；

（3）少量蚂蚁有选择较长分支的探索行为；

（4）已稳定集中在一条分支上的蚂蚁群体，即使再添加一条更短的分支，蚂蚁群体也很难选择此分支。

由此揭示了蚂蚁觅食行为中的路径寻优受"信息素"的正反馈作用影响。如果将蚂蚁的觅食行为转化为一种优化算法，首先应把优化问题描述成可以被人工蚂蚁用来构建解的表达方式，其次是塑造人工蚂蚁并赋予其一定的属性和行走规则。具体地说，一方面组合优化问题可以看作或者补充为完全连接图 $G=(V,L)$，其中，V 是图上节点的集合（代表问题的解成分），L 是连接 V 中元素的边的集合（代表两个解成分之间的代价）；另一方面，人工蚂蚁能感知图中可行走边上的信息素和相应的代价，通过由信息素和相应代价决定的概率规则来实现在图上移动或者说构建解，并且每只人工蚂蚁拥有独立的记忆体用来：

（1）指导可行解的构建（实现约束条件，避免环路出现等问题）；

（2）评估构成解的质量；

（3）实现原路返回并进行信息素更新等。

为了加强人工蚂蚁探索能力以提升算法性能，添加信息素的蒸发机制，即在每一轮迭代构建解后以指数级衰减每条线路上的信息素。可见人工蚂蚁采用概率性选择机制正向移动地构建解，在逆向移动中做出信息素的释放，并且把信息素的释放量和所构建解的质量相关联，最后再对所有边上的信息素进行蒸发，加强探索能力。

13.3.1　蚁群优化算法的框架

基于自然蚂蚁的研究和人工蚂蚁模型，意大利学者 Dorigo 等人提出了蚁群优化（Ant Colony Optimization，ACO）算法的基本框架，其改进算法主要是根据具体问题的需要改变流程的部分顺序，或添加和结合一些额外有效的机制。基本算法框架由 3 个操作过程组成：解的构建、信息素更新和后台操作。

（1）解的构建：一定数目的人工蚂蚁在完全连接图中按照某种规则出发，各自独立地根据信息素和启发式信息，采用一个概率规则选择下一步的移动，直到建立优化问题的一个完整解，并对构成的解进行质量评估。

（2）信息素更新：包括信息素的释放过程和蒸发过程，信息素释放往往根据构成解的质量决定释放量的大小，而信息素蒸发通常是以一个固定比例值衰减所有边上的信息素，整个更新过程一般是在解的构建完成后，但有时也会出现在解构建的每一步中。每条边上信息素的量直接影响蚂蚁对这条边的选择概率，因而信息素的分布情况决定了整个蚁群的搜索空间方向。

（3）后台操作：以灵活的机制执行单独蚂蚁不能完成的宏观操作，如搜集全局信息素情况、采取局部搜索措施等，从而对整个算法的行为进行调控。

此 3 个操作过程的结合方式是根据算法设计者考虑问题特征时自由指定的，可以并行独立、交叉以及同步，从某种程度上来说它们之间是相互作用的。自从 1991 年第一个符合 ACO 框架的算法蚂蚁系统（Ant System，AS）提出后，研究者们就开始对其机制进行各种改进尝试。第一个改进方案是精华蚂蚁系统（Elitist Strategy for Ant System，EAS），它主要是对解构造过程中表现优异的人工蚂蚁给予特殊的信息素释放奖励。在 1995～1997 年间产生了 3 种高效的改进算法：结合 Q 学习法形成的 Ant-Q 算法并由此改进的蚁群系统（Ant Colony System，ACS），采用了对信息素限界等积极探索机制的最大-最小蚂蚁系统（Max-Min Ant System，MMAS）以及对构建解后的蚂蚁进行择优排序并赋予相关联信息素释放权利的基于排列的蚂蚁系统（Rank Based version AS，AS_{rank}），这 3 种改进算法极大提高了蚁群算法的性能并被大量应用。此后的 5 年里产生了一些更注重模型研究和机制融合的改进算法：采用数学规划中非确定树搜索思想的近似非确定性树搜索（Approximate Nondeterministic Tree Search，ANTS）、采用遗传算法中群体增量学习机制的最好最差蚂蚁系统（the Best-Worst Ant System，BWAS）、采用禁忌搜索中集约化和多样化策略的蚂蚁禁忌系统算法（Ant Tabu System Algorithm，ATSA）以及采用超立方体模型框架自动调节信息素值大小范围的超立方体蚁群优化（Hyper-Cube Framework ACO，HCF-ACO）等。

13.3.2　CTSP 关于蚁群优化算法的描述

CTSP 可用一个加权完全图 $G = (C,L)$ 来描述，其中，C 是待访问的 31 个城市节点集合，L 是连接城市的所有边的集合。每一条边 $(i,j) \in L$ 分配一个权值 d_{ij}，代表城市 i,j 之间的距离大小，其中 $i,j \in C$。由于 CTSP 是对称的 TSP，所以集合 L 中所有边都满足 $d_{ij} = d_{ji}$。CTSP 的求解目的是从有向图 $G = (C,L)$ 中寻找出长度最短的哈密顿环，即一条对中国 31 个城市访问且仅访问一次的最短封闭曲线。对于 C 中城市标号为 $\{c_1, c_2, \cdots, c_n\}$（$n = 31$）的一个排列 r，CTSP 的目标是函数值 $f(r)$ 达到最小，其中函数为

$$f(r) = \sum_{i=1}^{n-1} d_{r(i)r(i+1)} + d_{r(n)r(1)} \tag{13.27}$$

ACO 算法可以直接应用到 CTSP 中，问题转化的完全连接图 $G = (V,L)$ 与描述 CTSP 的加权完全图 $G = (C,L)$ 相对应，约束条件 Ω 限制同一城市不被重复访问，信息素 τ_{ij} 为访问城市 i 之后立刻访问城市 j 的期望度，启发式信息 $\eta_{ij} = 1/d_{ij}$ 反映客观的路径条件。

13.3.3　蚂蚁系统

基本蚁群算法是指第一个符合 ACO 框架的蚁群算法，即蚂蚁系统（Ant System，AS），

分为蚂蚁密度、蚂蚁数量和蚂蚁周期 3 个版本,而它们的主要区别在于信息素更新方式。由于蚂蚁周期是在构建完解后更新路径信息素,比单步更新信息素的另两个算法具有更好的性能,因而蚂蚁系统通常是指蚂蚁周期算法。

构建解的过程中,设有 m 只人工蚂蚁被随机地分配到规模为 n 的城市中,人工蚂蚁 k 在构建解的每一步时,根据概率规则公式

$$P_{ij}^k = \begin{cases} \dfrac{\left[\tau_{ij}\right]^\alpha \left[\eta_{ij}\right]^\beta}{\sum\limits_{l \in N_i^k} \left[\tau_{il}\right]^\alpha \left[\eta_{il}\right]^\beta}, & \text{如果 } j \in N_i^k \\ 0, & \text{其他} \end{cases} \tag{13.28}$$

随机地在目前城市 i 的邻域 N_i^k 内选择下一个城市 j 作为目标,并禁忌城市 j,直到构建出完整的解。式(13.28)中 η_{ij} 代表路径(i,j)的启发值,表征外界客观的路径条件,一般 $\eta_{ij} = 1/d_{ij}$,d_{ij} 表示路径(i,j)的长度;τ_{ij} 代表路径(i,j)的信息素,表征迭代过程中传递的经验;参数 α 和 β 分别决定了信息素和启发式信息的权重大小。人工蚂蚁构建出解后按照先后顺序记录所有已经访问过的城市的序号形成路径 T^k。

信息素更新时首先进行信息素蒸发,每条边上的信息素根据设定的信息素蒸发率 $\rho(0 \leqslant \rho \leqslant 1)$ 按照公式

$$\tau_{ij} \leftarrow (1 - \rho) \cdot \tau_{ij}, \quad \forall (i,j) \in L \tag{13.29}$$

进行蒸发。

信息素释放公式为

$$\tau_{ij} \leftarrow \tau_{ij} + \sum_{k=1}^m \Delta\tau_{ij}^k, \quad \forall (i,j) \in L \tag{13.30}$$

其中,$\Delta\tau_{ij}^k$ 是第 k 只人工蚂蚁向它经过路径上的边(i,j)释放的信息量,其定义为

$$\Delta\tau_{ij}^k = \begin{cases} Q/C^k, & \text{若边}(i,j) \text{ 在路径 } T^k \text{ 上} \\ 0, & \text{其他} \end{cases} \tag{13.31}$$

其中,C^k 代表了第 k 只蚂蚁建立的路径 T^k 的长度,Q 为信息素释放量因子。

AS 具备搜索到优秀解的能力,但应用于 CTSP 时全局寻优能力有限,主要原因有以下几点。① 初始探测解的能力比较差:一般而言好的 ACO 算法应该具有较强的初始探索能力,即前期能探索到尽量多的分布广泛的解,为后面的对比和集中搜索做好导向性基础;② 对优秀路径的刻画度不够:对优秀蚂蚁释放信息素的奖励度不够,由式(13.31)可知仅靠解的长度大小区别信息素释放量的设置使得优秀蚂蚁集体不够突出;③ 探索精度不足:AS 几乎没有能力区分相差较小的优秀解,也就是区分优秀集体中谁更优,这使得算法非常容易停滞于局部最优解。

13.3.4　精华蚂蚁系统

精华蚂蚁系统（Elitist Strategy for Ant System,EAS）是对基本蚁群算法的第一次改进,它对得到至今最优解的人工蚂蚁赋予"精英"标志,设这条至今最优路径为 T^{bs},每轮迭代后对 T^{bs} 上的各边奖励额外的信息素。

解的构建与式(13.28)相同。在信息素更新时,信息素的蒸发公式和式(13.29)相同,由

于要对精英蚂蚁的路线进行信息素的额外奖励,因此信息素释放公式改为

$$\tau_{ij} \leftarrow \tau_{ij} + \sum_{k=1}^{m} \Delta\tau_{ij}^{k} + e * \Delta\tau_{ij}^{bs}, \quad \forall(i,j) \in L \tag{13.32}$$

其中 $\Delta\tau_{ij}^{bs}$ 的定义为

$$\Delta\tau_{ij}^{bs} = \begin{cases} 1/C^{bs}, & \text{若边}(i,j)\text{ 在 } T^{bs} \text{ 上} \\ 0, & \text{其他} \end{cases} \tag{13.33}$$

即对路径 T^{bs} 中的每一条边额外增加 e/C^{bs} 的信息素,其中,C^{bs} 是至今最优路径 T^{bs} 的长度,e 是额外信息素增益因子并决定对精英蚂蚁的奖励程度,$\Delta\tau_{ij}^{k}$ 的定义和式(13.31)相同。信息素更新中对精英蚂蚁的额外信息素奖励属于一种后台操作。

EAS 与 AS 相比增加了对至今最优解的看重程度,把搜索空间缩小集中到最可能产生更优解的空间中,增加了算法找到最优解概率的同时也加快了收敛速度。加入对精华蚂蚁的奖励机制使得优秀路径在信息素分布中有突出的地位,对于探索到全局最优解有很大帮助,但在初始解探索能力方面,并没有比 AS 增强。此外由于算法过于集中追求对至今最优路径的开发,最后的探索空间太过狭隘,缺乏对次优解邻域的搜索能力,容易陷入局部最优解。EAS 应用于 CTSP 时能以一定的概率寻找到全局最优解,相对于 AS 性能有较大提升。

13.3.5　基于排列的蚂蚁系统

基于排列的蚂蚁系统(Rank-Based Version AS,AS_{rank})在每轮迭代中根据蚂蚁构建解的质量做出排序,选出在解的质量排序中前 w 只的人工蚂蚁释放信息素,至今最优蚂蚁拥有最大的信息素释放量,其后的蚂蚁释放量随排名逐步减少。

解的构建与式(13.28)相同。信息素更新时,信息素的蒸发公式和式(13.29)相同,在进行信息素释放之前,对人工蚂蚁构建的解进行递增排序,得到至今最优解的蚂蚁和此次迭代排序在前 $w-1$ 只蚂蚁可以释放信息素,释放量由排序 r 决定,信息素释放公式为

$$\tau_{ij} \leftarrow \tau_{ij} + \sum_{r=1}^{w-1}(w-r)\Delta\tau_{ij}^{r} + w\Delta\tau_{ij}^{bs}, \quad \forall(i,j) \in L \tag{13.34}$$

其中,$\Delta\tau_{ij}^{r} = 1/C^{r}$,而 $\Delta\tau_{ij}^{bs} = 1/C^{bs}$,$C^{r}$ 是排序号为 r 的蚂蚁所构建的解的长度,C^{bs} 的含义和式(13.33)相同。可见至今最优解获得最大的信息素增益因子为 w,而排号 r 的蚂蚁的信息素增益因子为 $w-r$。算法对解好坏的排序和筛选出部分优秀的蚂蚁进行信息素释放,是每轮迭代中的一个宏观操作,实际上是一种后台操作。

相对于 AS,AS_{rank} 按解的质量排列筛选,固定释放信息素的蚂蚁数量,信息素释放大小与排列顺序挂钩,彻底取消了"全民释放信息素"的机制,只有特定够好的蚂蚁才能释放信息素,排列加权释放信息素的机制对比于 AS 中单纯根据路径反比的释放机制是一种群体性的精英奖励,收敛速度和性能效果自然要比 AS 好得多。

相对于 EAS:① AS_{rank} 摒弃了"全民释放信息素"机制,而合适的 w 是能够保证算法的探索能力的;② 精英蚂蚁的奖励策略不同,相对于 EAS 每轮迭代中只对唯一的至今最优蚂蚁给予额外奖励,AS_{rank} 是对一个有内部等级的小团体的精英们进行奖励,扩大了探索最优解的压缩空间,既考虑了在至今最优路径周围寻找全局最优解的主导地位,又考虑了对次优解周围路径的开发,有一定的后期探索能力,因而有更大的可能找到全局最优解,在应用于

CTSP 中时的性能也优于 EAS。

13.3.6　最大-最小蚂蚁系统

最大-最小蚂蚁系统(Max-Min Ant System,MMAS)在 AS 基础上做了以下四点修改:① 只有迭代最优或者至今最优的蚂蚁能够释放信息素;② 信息素大小取值范围限定在区间 $[\tau_{\min},\tau_{\max}]$ 内,区间边界由至今最优解决定和修改;③ 初始值设定为信息素区间的上限值,并配合一个较小的信息素蒸发率;④ 当算法停滞时,所有信息素值将会被重新初始化。

解的构建与式(13.28)相同。信息素更新时,信息素的蒸发公式和式(13.29)相同,并按照公式

$$\tau_{ij} \leftarrow \tau_{ij} + \Delta\tau_{ij}^{\text{best}}, \quad \forall(i,j) \in L \tag{13.35}$$

进行信息素释放,其中 $\tau_{ij}^{\text{best}} = 1/C^{\text{best}}$, C^{best} 是最优路径长度,可取为至今最优路径,也可取为迭代最优路径,视问题情况而定。算法对信息素的大小进行了显式的限制:算法中每条边上的信息素大小被限定在由上界 $\tau_{\max}$ 和下界 $\tau_{\min}$ 组成的区间上。$\tau_{\max}$ 由至今最优解得到,即 $1/(\rho C^{bs})$,下界则由 $\tau_{\min} = \tau_{\max}/a$ 决定,a 是信息素上下界比例因子。此外算法还采用了信息素重新初始化机制:当算法停滞或是在一定次数的迭代过程中至今最优解没发生改变时,所有边上的信息素值将会被重新初始化。

相对于 AS 和 EAS,MMAS 取消“全民释放信息素”,给予至今最优解(或迭代最优解)蚂蚁唯一的信息素释放权,这种凸显优秀解的能力比 AS 中单纯靠蚂蚁所走路径的倒数大小来区分的机制要好很多,而与 EAS 中额外奖励单独精英蚂蚁信息素释放权以及 AS_{rank} 中授予精英团体信息素释放权的机制有相当的效用。

MMAS 限制了信息素大小,保证了对未遍历路径的探测效果,能有效地解决凸显精英路线时带来的算法停滞问题。这种探测机制使得 MMAS 在后期探索能力上比 AS,EAS 中用无边界限制的信息素大小随机探测的效果好得多,同时也强于 AS_{rank} 中靠对次优解邻域开发维持的探索能力。

MMAS 的初始信息素为信息素区间的上界,配合一个较小的信息素蒸发率,使得初始解探索能力得到很大的加强,比 AS,EAS 和 AS_{rank} 的初始探索能力都要强,但和前面 3 种算法一样牺牲了收敛速度。此外信息素的重新初始化机制也是对 MMAS 探索能力的加强。总体来讲,MMAS 无论从机理上还是应用于 CTSP 的效果上都优于前面 3 种算法。

13.3.7　蚁群系统

蚁群系统采用了一种更为积极的概率选择规则,加强了对上代经验的利用,信息素的蒸发和释放都只在至今最优路径上,并且在解构建过程中加入了局部信息素更新。

在蚁群系统中,解的构建不同于前面 4 种 ACO 算法,它采用了一种伪随机比例规则公式:

$$j = \begin{cases} \arg\max\limits_{l \in N_i^k}\{\tau_{il}[\eta_{il}]^\beta\}, & \text{如果 } q \leqslant q_0 \\ J, & \text{否则} \end{cases} \tag{13.36}$$

其中,i 是现在位置城市,j 是下一个要访问的城市,q 是均匀分布在区间 $[0,1]$ 的随机变量,

J 是概率公式(13.28)产生的随机变量，q_0 是人工蚂蚁当前选择最优移动的概率，同时又有 $1-q_0$ 的概率带有偏向性地探索各个边。信息素更新有两种模式：

1. 全局信息素更新

更新的信息素蒸发和信息素释放公式为

$$\tau_{ij} \leftarrow (1-\rho)\tau_{ij} + \rho\Delta\tau_{ij}^{bs}, \quad \forall(i,j) \in T^{bs} \tag{13.37}$$

式(13.37)只在至今最优路径上进行，使得算法信息素更新部分的计算复杂度降低，其中，$\Delta\tau_{ij}^{bs} = 1/C^{bs}$，$C^{bs}$ 是至今最优路径 T^{bs} 的长度。

2. 局部信息素更新

人工蚂蚁在构建解的过程中，经过一条边 (i,j) 则会立刻启动局部信息素更新公式为

$$\tau_{ij} \leftarrow (1-\varepsilon)\tau_{ij} + \varepsilon\tau_0, \quad \forall(i,j) \in L \tag{13.38}$$

其中，ε 是局部信息素蒸发率，满足 $0 \leqslant \varepsilon \leqslant 1$，而 τ_0 是信息素初始值。

ACS 解的构建使用的伪随机比例规则可以设置参数 q_0 来指导算法的倾向性，q_0 较大则表达算法偏重于集中开发上代的经验累积，也就是在至今最优路径上探索最优解；q_0 较小则表达算法偏重于有偏向性地开发其他路径。ACS 在信息素的控制与 MMAS 相似，MMAS 显式地限制了信息素的上下界，而 ACS 的全局信息素更新公式则隐式地表达了算法过程对信息素的大小限制，即 $\tau_0 \leqslant \tau \leqslant 1/C^{bs}$，因而也具有较好的全局探索能力，优于 AS，EAS 和 AS_{rank}。ACS 具有较强的初始解探索能力，这种探索初始解能力的提高和前面 4 种算法 AS，EAS，AS_{rank} 和 MMAS 不同，前面 4 种提高初始解探索能力的方法都是依靠于较小的蒸发率结合一个较大的信息素初值，其中 MMAS 中的初始信息素更是直接设置成信息素的上界值，而 ACS 则采取了更加主动的局部信息素蒸发机制，前面人工蚂蚁走过的路径信息素挥发减少使得后来蚂蚁走重复路径的概率降低，从而提高了探索能力。ACS 机理上优于 AS，EAS 和 AS_{rank}，而和 MMAS 相当，但应用于 CTSP 时并不如 MMAS 等效果好。

13.3.8　5 种 ACO 算法的 CTSP 实验及其结果分析

我们采用上述 5 种蚁群算法对 CTSP 进行了实验对比研究，AS 算法中参数如下：n（城市数量规模），m（人工蚂蚁数量），α（信息素权重因子），β（启发值权重因子），ρ（信息素蒸发率），Q（信息素释放增益因子），τ_0（初始信息素值），NC（预置迭代次数）。在改进算法中增加的参数有：EAS 中的 e（额外信息素增益因子），AS_{rank} 中的 w（允许释放信息素的蚂蚁数量），MMAS 中的 $\tau\_proportion$（信息素上下界比例），τ_max（信息素上界），τ_min（信息素下界），nowbest_p（选择至今最优路径释放规则的频率），ACS 中的 pbest（做出当前选择最优路径的概率），local_p（局部信息素蒸发率）。

此外针对 TSP 可增加两个简单有效机制。

（1）候选列表机制：首先为每个城市配置一个最邻近列表和一个容量为 nn 的候选列表，然后将每个城市最邻近列表中排在前 nn 位的城市添加进自己的候选列表中。蚂蚁在构建解步骤中，优先考虑所处城市候选列表中的城市，直到候选列表中的城市都已访问完，才会考虑其他城市中拥有最大 $[\tau_{ij}]^{\alpha}[\eta_{ij}]^{\beta}$ 值的城市。当 nn 设置为一个适当的小于总城市数的常数值时，不仅会大幅度提高算法的运行速度，而且能稍微提高解的质量，使得算法性能得到提升。

（2）信息素重启：当蚁群优化运行达到了停滞状态，或者在一定数量的迭代过程中不再有更优的解出现时，则所有的信息素都会被重新初始化。这种机制增强了逃离局部最优的概率，加强了对全局最优解的路径探索能力，特别是对于限制了信息素上下界的蚁群算法有很好效果。

AS 算法步骤（未加入候选列表和信息素重启机制）如下。

step1：输入 CTSP 实例，提取出实例的规模 n，将实例转换成对称距离矩阵 dist（为防止距离倒数为不定数情况，对角线上元素也就是同城市距离设为一个小量）。

step2：初始化参数，包括人工蚂蚁数量 m、信息素权重因子 α、启发值权重因子 β、信息素蒸发率 ρ、信息素释放增益因子 Q、初始信息素值 τ_0、预置迭代次数 NC 以及设置迭代次数 $nc = 0$。

step3：初始化存储变量，至今最优解 nowbest_opt $= 2 * $ vicinity，其中 vicinity 是最邻近算法模块得出的解；至今最优路径 nowbest_path $=$ zeros$(1, n)$；信息素矩阵初始化 $\tau =$ ones$(n) * \tau_0$；启发值重要性矩阵 $\tau_\beta =$ dist. $\wedge(-\beta)$。

step4：循环开始，循环次数 $nc = nc + 1$。

step5：蚂蚁出发城市随机分布 begin_city $=$ randperm(n)；初始化禁忌表 tabu $=$ ones(m, n) 并将出发城市禁忌；初始化路径矩阵 path $=$ zeros(m, n) 并将出发城市加入第一列；构建信息素重要性矩阵 $\tau_\alpha = \tau. \wedge(-\alpha)$；构建综合权值矩阵 $\tau_d = \tau_a. * \tau_\beta$。

step6：蚂蚁行走步数 step $=$ step $+ 1$（初始 step $= 0$，且 step$\leqslant n - 1$）。

step7：人工蚂蚁标号 $k = k + 1$（初始 $k = 0$，且 $k \leqslant m$）。

step8：按照概率式（13.28）进行下一步城市选择，对选择的城市在该蚂蚁禁忌表 tabu$(k, :)$ 中禁忌，并将此城市添加进该蚂蚁的路径序列 path$(k, \text{step} + 1)$ 中。

step9：若 $k < m$，则转到算法步骤 step7；否则进入 step10。

step10：若 step$\leqslant n - 1$，则转到算法步骤 step6；否则进入 step11。

step11：根据 AS 中信息素更新式（13.29）、式（13.30）对信息素进行更新，对至今最优解 nowbest_opt 和至今最优路径 nowbest_path 更新。

step12：若算法结果未达到期望值并且循环次数 $nc < NC$，则转到算法 step4；否则结束运算，输出数据结果和图像结果。

如果要加入候选列表机制，首先需要在算法前两个步骤任一个中添加步骤：对每个城市与相邻城市的距离排序得出每个城市的最邻近列表，设定候选列表长度 Neighbor_num，然后从最邻近列表中截取每个城市的候选列表 Neighbor_list；其次对 step8 进行修改：首先针对选列表中的城市，从排在列表中未访问过的第一个城市开始考虑，采取概率规则选出下一步目标城市；当候选列表中城市已被访问完情况下比较其他剩余城市的 $\tau_d = \tau_a. * \tau_\beta$ 值大小，选取最大的为下一个目标城市；对选择的城市在该蚂蚁禁忌表 tabu$(k, :)$ 中禁忌，并将此城市添加进该蚂蚁的路径序列 path$(k, \text{step} + 1)$ 中。在改进算法中具体的步骤会有改变，主要在参数设置，解的构建和信息素更新步骤中，这里不再赘述。如果要采用信息素重新初始化机制，只需在算法循环中考察对至今最优解在迭代中保持不变的次数的判断来决定是否重启。

表 13.3 是这 5 种 ACO 算法（加上候选列表机制和重新初始化信息素机制实际上是 12

种算法）应用于 CTSP 的实验结果汇总。

表 13.3 ACO 算法应用于 CTSP 的测试结果汇总

算法 \ 性能指标	最好解	最差解	达优率	平均解	平均解与公认最优解绝对差率	平均收敛代数	设定迭代次数	平均运行时间（秒）
AS	15420	15669	0	15569.05	1.071%	1405.95	3000	12.2214
AS_N	15420	15620	0	15548.3	0.937%	1380.11	3000	6.0436
EAS	15404	15625	48%	15447.4	0.282%	1620.48	4000	16.4091
EAS_N	15404	15593	52%	15437.62	0.218%	1606.95	4000	7.9536
AS_{rank}	15404	15593	63%	15413.74	0.063%	1857.19	4000	16.6622
AS_{rank}_N	15404	15520	65%	15408.05	0.026%	1747.07	4000	8.3491
MMAS	15404	15593	55%	15428.54	0.159%	2371.96	5000	20.3856
MMAS_N	15404	15593	57%	15424.32	0.132%	2166.56	5000	10.3841
MMAS_R	15404	15593	68%	15418.48	0.094%	2984.5	8000	23.9508
MMAS_N_R	15404	15520	73%	15418.75	0.096%	2655.68	8000	10.7992
ACS	15404	15779	40%	15442.42	0.249%	2889.67	10000	5.5458
ACS_N	15404	15745	40%	15445.51	0.269%	2708.9	10000	4.8173

以实验中得到结果最好的参数配置各种算法，并使每一种算法运行 100 次，其中最好解、最差解和平均解是指 100 次运行结果中的最好值、最差值和平均值，达优率是指运行结果达到公认最优解 15404 的百分比，平均解与公认最优解绝对差率是指平均解与公认最优解的差值除以公认最优解，设定 NC 是指算法运行的迭代次数，而平均收敛代数和平均运行时间是这 100 次算法运行的收敛代数的平均值和运行时间的平均值。为方便表格的描述，现在将带候选列表机制的算法加上"_N"标记，而将带信息素重新初始化的算法加上"_R"标记，其余没加任何标记的说明算法不带这两种机制。

当蚁群优化算法具体应用于 CTSP 时，从表 13.3 中可以得出以下结果。

（1）在所有的 12 种算法测试中，从"最好解"一列中可看到除了 AS 及其加了候选列表机制的 AS_N 外，其余 10 种算法都能探测到全局最优解 15404。

（2）在所有的算法里面，从"达优率"一列中可以看到带了候选列表机制和信息素重新初始化机制的最大-最小蚂蚁系统（MMAS_N_R）拥有最高的达优率为 73%，其次是 MMAS_R；除了 AS 与 AS_N 外，ACS 及其带了候选列表机制的 ACS_N 效果较差，为 40%。

（3）比较不带任何机制的这 5 种算法，从达优率可以看出，基于排列的蚂蚁系统（AS_{rank}）拥有最高达优率为 63%，然后依次是 MMAS，EAS，ACS 和 AS。

（4）分别比较这 5 种不带任何机制的算法与其带候选列表机制的算法，即比较 XXX 与 XXX_N。从达优率和平均运行时间上可以看到，除了 ACS 与 ACS_N 不明显外，候选列表机制稍微提升了算法的性能，并大大减少了运行时间。

（5）比较 MMAS 的 4 种情况，即 MMAS，MMAS_N，MMAS_R 与 MMAS_N_R。从达

优率中可以看到,任一种单独的机制都能够改善算法的性能,其中只带信息素重新初始化机制的最大-最小蚂蚁系统性能要优于只带候选列表机制的最大-最小蚂蚁系统。当然同时带两种机制的最大-最小蚂蚁系统性能最好。

13.3.9　小结

蚁群优化算法善于解决较难的组合优化问题,在将基本算法及其改进算法应用于 CTSP 实例中时,都能体现出较好的寻优能力,尤其是这四种改进算法都能以一定的百分比找出全局最优解,并且在加上候选列表和重新初始化两种机制后所有算法的性能都有幅度不同的提升,最大-最小蚂蚁系统在 CTSP 实验中表现出了最好的性能。

13.4　基于进化策略与蚁群算法的融合算法求解旅行商问题

20 世纪 60 年代初,德国的 Rechenberg 等人提出了进化策略,其优点是:① 具有大范围全局搜索的能力;② 并行算法;③ 搜索使用适应度函数作为评价函数,过程简单。但它同时也有自身的缺点:对于系统中上一代解的信息利用不够,当求解到一定范围时往往做大量无用的冗余迭代,即容易陷入早熟收敛,求最优解效率较低。

蚁群算法是一种基于种群的模拟进化启发式算法。它是在对自然界中真实蚁群的集体行为研究的基础上,于 20 世纪 90 年代由意大利学者 Dorigo 等人首先提出。其优点是:① 蚁群算法作为对蚂蚁觅食行为的抽象,体现了群体行为的分布式特征;② 它是一种自组织算法;③ 它是一种正反馈的算法。蚁群算法在解决一些小规模的 TSP 时表现尚可令人满意。但随着问题规模的扩大,由于初期信息素的匮乏,很难在可接受的循环次数内找到最优解,收敛速度较慢。近年来不断有学者提出了许多改进算法,如带精英策略的蚂蚁系统（AS_{elite}）、蚁群系统（ACS）、最大-最小蚂蚁系统（MMAS）等。

针对进化策略和最大-最小蚂蚁系统各自的优缺点,本节将进化策略与最大-最小蚂蚁系统融合,利用 MMAS 生成迭代最优解,对迭代最优解采用进化策略中的变异操作,并将其应用到中国旅行商问题中。

13.4.1　进化策略求解 TSP

用进化策略求解 TSP 的步骤可以概括如下:

（1）编码与初始群体的生成。采用巡回旅行路线所经过的各个城市的顺序排列来表示每个个体的编码串。例如对于一个 10 个城市的 TSP:2-5-3-4-1-7-6-9-8,表示从城市 2 出发依次经过城市 5,3,4,1,7,6,9,8,然后返回城市 2 的一条路径。这种编码方式满足 TSP 的约束条件,保证了每个城市经过且只经过一次,在任何一个城市子集中不形成回路。

（2）城市位置及距离矩阵和适应度函数的确定。城市的位置用城市的坐标,一个 $N \times 2$

的矩阵 a 存储。城市之间的距离矩阵用一个 $N \times N$ 矩阵 D 存储，$D(i,j)$ 表示城市 i 和城市 j 的距离：

$$D(i,j) = \text{sqrt}((X_i - X_j)^2 + (Y_i - Y_j)^2) \tag{13.39}$$

使用的适应度函数 Fitness 为

$$\text{Fitness}(i,1) = \left(1 - \left(\text{len}(i,1) - \frac{\min \text{ len}}{\max \text{ len}} - \min \text{ len} + 0.01\right)\right)^m \tag{13.40}$$

其中，max len 和 min len 分别表示最大和最小路径长度。用距离总和 len$(i,1)$ 来衡量适应度，距离总和越大，适应度越小，进而探讨求解结果是否最优。

（3）通过选择和变异产生子代个体。进化策略的选择是一种确定性的选择，即完全根据个体适应度来选择。本书采用 $(\mu + \lambda) - \text{ES}$，即在 μ 个父代和 λ 个子代中选取适应度最高的 μ 个个体作为下一代的父代。对于 TSP，μ 一般取 1，λ 根据问题的规模适当选取。若 λ 过小，子代个体多样性少，容易陷入局部最优解；若 λ 过大，算法收敛较慢。

（4）算法终止条件。判断算法是否需要终止的准则一般有 3 种方法：规定迭代次数、规定最小偏差、观察适应度变化。本节采用规定迭代次数的终止方法。

13.4.2 蚁群算法求解 TSP 的基本描述

1. 蚁群算法求解 TSP 的模型

蚂蚁能在没有任何提示下找到从其巢穴到食物源的最短路径，根本原因是蚂蚁在寻找食物源时，能在其走过的路上释放一种特殊的分泌物：信息素，后来的蚂蚁选择该路径的概率与当时这条路径上信息素的强度成正比。当一定路径上通过的蚂蚁越来越多时，其留下的信息素轨迹也越来越多，后来蚂蚁选择该路径的概率也越高，从而增加了该路径的信息素强度，吸引更多的蚂蚁，形成一种正反馈。通过这种正反馈机制，蚂蚁最终可以发现最短路径。

以求解 n 个城市的 TSP 为例。初始时刻，各条路径上的信息素量相等，设初始信息素 $\tau_{ij}(0) = C(C$ 为常数$)$。蚂蚁 $k(k=1,2,\cdots,m)$ 在运动过程中根据各条路径上的信息素量决定转移方向。在 t 时刻，蚂蚁 k 在城市 i 选择城市 j 的转移概率 $P_{ij}^k(t)$ 为

$$P_{ij}^k(t) = \begin{cases} \dfrac{\tau_{ij}^\alpha(t)\eta_{ij}^\beta(t)}{\sum\limits_{s \in \text{allowed}_k} \tau_{is}^\alpha(t)\eta_{is}^\beta(t)}, & j \in \text{allowed}_k \\ 0 \end{cases} \tag{13.41}$$

其中，α 表示信息素在蚂蚁路径选择时所起的作用，β 表示启发信息在蚂蚁选择路径中的作用。

为了满足蚂蚁必须经过所有 n 个不同城市这个约束条件，为每只蚂蚁都设计了一个禁忌表（Tabu List）。禁忌表记录了在 t 时刻蚂蚁已经走过的城市，不允许该蚂蚁在本次循环中再经过这些城市。经过 n 个时刻，完成一次循环，各条路径上信息素量根据下式调整：

$$\tau_{ij}(t+1) = \rho \cdot \tau_{ij}(t) + \Delta\tau_{ij}(t, t+1) \tag{13.42}$$

$$\Delta\tau_{ij}(t, t+1) = \sum_{k=1}^n \Delta\tau_{ij}^k(t, t+1) \tag{13.43}$$

其中，$\Delta\tau_{ij}^{k}(t,t+1)$ 表示第 k 只蚂蚁在时刻 $(t,t+1)$ 留在路径 (i,j) 上的信息素量；$\Delta\tau_{ij}(t,t+1)$ 表示本次循环路径 (i,j) 的信息素量增量；$1-\rho$ 为信息素轨迹衰减系数。

2. 最大-最小蚂蚁系统

通过实验发现标准蚁群算法在求解过程中极易发生早熟收敛，为此，Stutzle 等人提出了最大-最小蚂蚁系统（MMAS），它与标准蚁群算法有 3 点不同。

（1）信息素更新方式不同。每次循环后只对本次循环最优解或到目前为止找出最优解的一只蚂蚁进行信息素更新，而在标准蚁群算法中，对所有蚂蚁走过路径都进行信息素更新，其信息素更新方式为

$$\tau_{ij}(t+1) = \rho\tau_{ij}(t) + \Delta\tau^{\text{best}}{}_{ij} \tag{13.44}$$

其中，$\Delta\tau^{\text{best}}{}_{ij} = 1/f(s^{\text{best}})$，$f(s^{\text{best}})$ 表示迭代最优解或者全局最优解，在 MMAS 中用迭代最优解。

（2）为避免搜索的停滞，在每个解的元素（在 TSP 中是每条边）上的信息素轨迹量的值域范围被限制在 $[\tau_{\min},\tau_{\max}]$ 内，其上下限更新方式为

$$\tau_{\max} = \frac{1}{(1-\rho)\cdot f(s_{\text{opt}})} \tag{13.45}$$

$$\tau_{\min} = \frac{2\tau_{\max}(1 - \sqrt[n]{P_{\text{best}}})}{(n-2)\cdot\sqrt[n]{P_{\text{best}}}} \tag{13.46}$$

（3）为了使蚂蚁在初始阶段能够更多地搜索新的解决方案，将信息素轨迹初始化为 $\tau_{\max}(0)$。

运用最大-最小蚂蚁算法求解 TSP 的算法流程如下：

（1）指定出发城市，并将 m 只蚂蚁平均分布在 n 个城市上，一般选取 $m=n$。

（2）各城市间的信息素初始化为 $\tau_{\max}$，$\tau_{\max}$ 按式（13.45）确定，其中，f_{best} 为任意一组蚂蚁按贪婪法（即蚂蚁总是访问下个离自己最近的城市）生成的一个解。

（3）置迭代次数 iteration＝1：NC_max。

（4）对于第 i 只蚂蚁，随机生成其访问的城市数，并将已访问城市的禁忌表清零，将指定出发城市加入已访问城市的禁忌表。

（5）若蚂蚁没有访问完指定城市数，则蚂蚁按照式（13.41）确定的概率选择访问的下一个城市，并将该城市加入已访问城市表，否则回到出发城市。

（6）若所有蚂蚁都完成访问，本次迭代完成，求取本次迭代的最优解，按式（13.45）、式（13.46）更新 $\tau_{\max}$，$\tau_{\min}$，否则返回步骤（4）。

（7）iteration＝iteration＋1，若迭代次数已满，结束本次实验，否则按照式（13.44）更新城市间的信息素 τ_{ij}，判断信息素是否在范围 $[\tau_{\min},\tau_{\max}]$ 内，若 $\tau_{ij}(t) > \tau_{\max}$，则设置 $\tau_{ij}(t) = \tau_{\max}$；若 $\tau_{ij}(t) < \tau_{\max}$，则设置 $\tau_{ij}(t) = \tau_{\min}$，返回步骤（3）。

13.4.3　进化策略与最大-最小蚂蚁算法的融合

最大-最小蚂蚁系统具有很强的发现较好解的能力，不容易陷入局部最优。由于蚁群中各个体的运动是随机的，虽然通过信息交换能够向着最优路径进化，但在进化的初级阶段，各个路径上信息量相差不明显，通过信息正反馈，使得较好路径上的信息量逐渐增大，需要

经过较长一段时间，才能使得较好路径上的信息量明显高于其他路径上的信息量，这就导致了该算法需要较长的收敛时间。

为了克服计算时间较长的缺陷，受进化策略中变异操作的启发，我们提出最大-最小蚂蚁算法与进化策略融合。具体做法为，每次循环中，利用最大-最小蚂蚁算法产生迭代最优路径后，对迭代最优路径进行变异操作。融合算法求解 TSP 的算法流程前六步与最大-最小蚂蚁系统完全一致，改进点如下。

（7）对于迭代最优解所对应的路径进行变异操作，产生 λ 个新的路径，若新路径中有路径长度小于迭代最优，则用新路径取代迭代最优路径；否则保持迭代最优路径不变。

（8）iteration＝iteration＋1，若迭代次数已满，结束本次实验，否则按照式（13.44）更新城市间的信息素 τ_{ij}，判断信息素是否在范围 $[\tau_{min}, \tau_{max}]$ 内，返回步骤（3）。

13.4.4　中国 31 个城市 TSP 的求解

目前解决 TSP 的方法主要分为两大类：精确算法和近似算法。常用的精确求解方法有分支定界法、线性规划、动态规划、穷举法等。这些算法都存在计算量大的缺点，难以应用到大规模问题中。近似算法又分为巡回路径构造算法、巡回路径优化算法和智能算法。其中智能算法的研究最为引人注目，如模拟退火、遗传算法、差分演化、蚁群算法等。目前对于CTSP，模拟退火算法、改进的遗传算法、差分演化算法求得的最优解均为 15404 km。模拟退火算法具有质量高、初值鲁棒性强、通用易实现的优点，但收敛速度较慢；遗传算法最显著的优点是隐并行性和全局搜索，但在实际应用中易出现早熟收敛，另外对初始种群很敏感，初始种群的选择常常直接影响解的质量和算法效率；差分演化算法收敛速度快，同时种群多样性大幅度减少，但存在早熟收敛，易陷入局部最优值等问题。

1. 进化策略求解 CTSP 实验及结果分析

本节测试采用 Matlab7.0 为编程工具，在 CPU 为 Intel Core2 Duo 2.10 GHz、内存为1.96 GB、操作系统为 Windows XP（SP2）的计算机上对 CTSP 求解。根据 13.4.1 小节中的进化策略求解 TSP 的步骤，首先初始化各个参数，父代个数取 $\mu = 1$；子代个数取 $\lambda = 30$；适应度函数系数取 $m = 2$；初始化路径数取 $n = 200$；最大迭代次数取 $C = 500$。使用函数：randperm(31)产生一个 1×31 的矩阵（31 为城市个数）为一个随机路径。利用 $n \times N$ 矩阵存储 n 个随机群体产生初始群体。根据式（13.39）计算出每条随机路径的长度，选取其中最短的一条路径作为初始路径，然后经过逆转变异操作产生 λ 个后代，根据式（13.40）计算出子代的适应度，并与父代个体比较，取适应度最高的一个作为下一迭代的父代个体，即完成了一次迭代，重复上述操作，直到达到最大迭代次数。

在上述参数条件下进行了 10 次寻优计算，实验结果如表 13.4 所示。

表 13.4　进化策略实验结果

实验次数	路径长度	收敛代数
1	15865	65
2	15415	72
3	16543	54

续表

实验次数	路径长度	收敛代数
4	16001	69
5	15774	80
6	15983	59
7	15404	85
8	16235	58
9	15825	71
10	15949	72
平均值	15899.4	68.5

从表 13.4 可以看出得到的最好解为 15404,收敛代数为 85 代,最差解为 16543,平均值为 15889.4。在迭代 500 次情况下,收敛代数都在 100 代以内,说明该算法收敛速度很快。但同时也看到 10 次实验中得到最优解的次数只有 1 次,成功率较低,且最好解与最差解相差比较大,表现出算法容易早熟收敛,所得解的质量不高。

2. 最大-最小蚂蚁系统求解 CTSP 实验及结果分析

基于 MMAS 解决 TSP 的具体步骤,首先初始化各个参数,我们取蚂蚁数 m 等于城市数 $n=31,\alpha=1,\beta=3,\rho=0.3$,信息素轨迹量上限初始值设为 $\tau_{\max}(0)=6.6\times10^{-4}$,下限初始值设为 $\tau_{\min}(0)=2.5\times10^{-6}$,$P_{\mathrm{best}}=0.05$,最大迭代次数为 2000。利用函数 randperm 将 31 只蚂蚁随机分布在 31 个城市上,31 只蚂蚁根据概率选择式(13.44)选择下一座城市,并将已经访问的城市添加到禁忌表中,当 31 只蚂蚁都完成各自选择后。计算出每条蚂蚁经过的路径长度,选择其中一条最短路径,即迭代最优解。根据式(13.44)更新信息素轨迹,根据式(13.41)更新概率选择公式。然后对更新后的信息素轨迹进行限界,清空禁忌表,本次迭代完成。重复上述操作,直到达到最大迭代次数。

为了同进化策略进行比较,同样进行了 10 次优化计算,实验结果如表 13.5 所示。

表 13.5　最大-最小蚂蚁系统实验结果

实验次数	路径长度	收敛代数
1	15404	987
2	15426	435
3	15404	1274
4	15593	482
5	15426	658
6	15409	693
7	15497	795
8	15404	1007

续表

实验次数	路径长度	收敛代数
9	15409	475
10	15456	785
平均值	15442.8	759.1

从表 13.5 可以看出在迭代次数为 2000 的情况下,10 次运算中有 3 次找到最优解 15404,找到最优解的概率为 30%,而且其余解大部分也在 15409~15593,从平均值也可以看出,最优解与平均值差异较小,且总能找到较好的解。但与进化策略相比,算法运行速度较慢,得到最优解时收敛代数都在 800 代以后,这说明算法需要较长的搜索时间,对于大规模优化问题,这将是一个很大的障碍。

3. 融合算法求解 CTSP 实验及结果分析

为了解决最大-最小蚂蚁系统计算时间较长的缺陷,同时利用其能够找到最优解的能力,受进化策略中变异操作的启发,我们将最大-最小蚂蚁算法与进化策略融合。首先利用最大-最小蚂蚁系统产生迭代最优解;然后对迭代最优路径进行 30 次逆转变异操作,将得到的 30 个子代路径与父代相比,取其中最短的一条作为新的迭代最优路径。根据式(13.44)更新信息素轨迹,根据式(13.41)更新概率选择公式。然后对更新后的信息素轨迹进行限界,清空禁忌表,本次迭代完成。重复上述操作,直到达到最大迭代次数。

同样进行了 10 次优化计算,结果如表 13.6 所示。

表 13.6　融合算法实验结果

实验次数	路径长度	收敛代数
1	15404	440
2	15404	304
3	15409	349
4	15404	493
5	15426	850
6	15426	91
7	15404	105
8	15593	264
9	15409	476
10	15404	249
平均值	15428.3	362.1

从表 13.6 可以看出改进算法在 10 次计算中有 5 次得到最优解 15404,成功率为 50%,且其他解也都在 15409~15593,平均值为 15428.3,与最优解很接近,且每次都能得到较好的解;算法的收敛速度也很快,基本上在 500 代之前都可以收敛到较好的解,这说明加入变异操作后,算法的搜索时间大大减少,是一种效率较高的改进算法。

13.5 粒子群与模拟退火的混合算法求解 TSP

启发式智能优化方法近年来愈来愈引起众多学者的关注和兴趣。如遗传算法、蚁群算法、粒子群算法、模拟退火等,它们都成为解决 TSP 等 NP 难组合优化问题的有效工具。

粒子群优化算法(PSO)是由 Kennedy 和 Eberhart 在 1995 年提出的一种基于群体的演化算法。该算法模拟鸟群飞行觅食的行为,通过鸟之间的集体协作使群体达到最优目的。设想一群鸟在随机搜寻食物,如果这个区域里只有一块食物,那么找到食物的最简单有效的策略就是搜寻目前离食物最近的鸟的周围区域。PSO 算法先随机产生一个初始种群,种群包含若干个粒子,每一个粒子代表了系统的一个潜在解,每个粒子用 3 个指标来表征:位置、速度、适应度。首先赋予每个粒子一个随机速度,在飞行过程中,通过自身以及同伴的飞行经验,即个体极值和全局极值来对粒子的速度和位置进行动态调整,粒子的进化具有明确的方向性,通过不断地学习更新整个群体将飞向适应度更高的搜索区域,这一过程将不断重复,直到预设的最大迭代次数或预定的最小适应度阈值。因此 PSO 算法本质上就是一种基于群体和适应度的全局优化算法,其优势在于算法的简洁性、易于实现、收敛速度快、需要调整的参数较少。目前 PSO 算法已广泛应用于函数优化、神经网络训练、模式分类、模糊系统控制以及其他的应用领域。然而,同其他智能优化算法一样,粒子群算法在解空间内搜索时可能出现粒子在最优解附近"振荡"的现象,因此,整个粒子群表现为强烈的"趋同性",容易陷入局部极小值点,在进化后期收敛慢,粒子趋于同一化,群体失去了多样性,因此对于复杂问题的求解能力较弱,在进化后期很难获得更精确的解。很多学者提出了一些改进算法,这些改进算法在不同方面改善了基本粒子群算法的搜索能力。

本节针对 PSO 算法易陷入局部极小值的缺点,分别将突变和模拟退火算法(Simulating Annealing,SA)引入 PSO。模拟退火算法是 1983 年 Kirkpatrick 等人提出的一种模拟金属退火机理而建立的随机优化方法。模拟退火在进行优化时先确定初始温度,随机选择一个初始状态并考察该状态的目标函数值;对当前状态附加小扰动,并计算新状态的目标函数值;以概率 1 接受较好点,以某种概率 P 接受较差点作为当前点,直到系统冷却。模拟退火法在初始温度足够高、温度下降足够慢的条件下,能以概率 1 收敛到全局最优值。它由于能够以某种概率接受较差点,从而有可能跳出局部最优解。模拟退火法是局部搜索算法的扩展,它不同于局部搜索之处是以一定的概率选择邻域中适应度较大的解。本节结合了粒子群算法全局搜索能力强和模拟退火法局部搜索能力强的优点,提出了一种两者结合的混合算法;将其应用于解决中国旅行商问题中,并将实验结果与基本模拟退火算法、基本粒子群算法以及带有突变的粒子群算法进行了对比研究。

13.5.1 基本粒子群算法

PSO 算法中每个粒子就是解空间中的一个解,它根据自己的飞行经验和同伴的飞行经验来调整自己的飞行。每个粒子在飞行过程中所经历过的最好位置就是粒子本身找到的最优解,整个群体所经历过的最好位置就是整个群体目前找到的最优解,前者叫作个体极值(p_{ib}),后者叫作全局极值(p_{gb})。实际操作中通过由优化问题所决定的适应度来评价粒子的"好坏"程度。每个粒子都通过上述两个极值不断更新自己,从而产生新一代群体。

设一个包含 M 个粒子的粒子群在 D 维空间飞行,粒子群可用如下参数来表示:$x_i = (x_{i1}, x_{i2}, \cdots, x_{iD})$ 为粒子 i 在 D 维空间中的当前位置,$v_i = (v_{i1}, v_{i2}, \cdots, v_{iD})$ 为粒子 i 在 D 维空间中的飞行速度,$p_i = (p_{i1}, p_{i2}, \cdots, p_{iD})$ 为粒子 i 迄今为止搜索到的最优位置,$p_g = (p_{g1}, p_{g2}, \cdots, p_{gD})$ 为整个粒子群迄今为止搜索到的最优位置。粒子 i 在 D 维子空间中的飞行速度和位置按下式调整:

$$v_{id}^{k+1} = \omega v_{id}^k + c_1 \text{rand}()(p_{ib} - x_{ib}^k) + c_2 \text{rand}()(p_{gb} - x_{ib}^k) \tag{13.47}$$

$$x_{ib}^{k+1} = x_{ib}^k + v_{ib}^{k+1} \tag{13.48}$$

其中,$i = 1, 2, \cdots, m$;$d = 1, 2, \cdots, D$;k 为迭代次数;c_1 和 c_2 是学习因子,分别调节向全局极值和个体极值飞行方向的最大步长,两个 rand() 是独立的介于 $[0,1]$ 之间的随机数;ω 为惯性因子,ω 的大小影响了粒子全局搜索能力和局部搜索能力的平衡。

大量实验证明,ω 随算法迭代的进行而线性减小,将显著改善算法的收敛性能,在此我们令 $\omega = \omega_{\max} - \dfrac{(\omega_{\max} - \omega_{\min}) \times k}{K}$,其中,$k$ 为当前的迭代数,K 为最大迭代数,$w_{\max}$ 和 $w_{\min}$ 分别为最大、最小惯性系数。

粒子群速度式(13.47)的基本原理是粒子速度分别从原有的速度、个体极值和全局极值中获得信息,只是获得 3 部分信息的多少不一样。式(13.47)的第一部分称为记忆项,表示上步迭代速度和方向的影响;第二部分(粒子 i 当前位置与自己最好位置之间的距离)称为自身认知项,表示粒子的动作来源于自己经验的部分;第三部分(粒子 i 当前位置与群体最佳位置之间的距离)称为群体认知项,表示粒子的动作来源于群体中其他粒子的经验部分,体现了知识的共享和合作。

PSO 算法的基本步骤描述如下:

(1) 初始化粒子群,即随机设定各粒子的初始位置 X 和初始速度 V;

(2) 计算每个粒子的适应度值;

(3) 对每个粒子,比较其适应度值和它经历过的最好位置 p_{ib} 的适应度值,如果更好,更新 p_{ib};

(4) 对每个粒子,比较其适应度值和群体所经历的最好位置 p_{gb} 的适应度值,如果更好,更新 p_{gb};

(5) 根据式(13.47)和式(13.48)调整粒子的速度和位置;

(6) 如果达到结束条件(足够好的位置或最大迭代次数)则结束;否则转到步骤(2)。

PSO 算法已经成功应用于许多连续优化问题。TSP 作为一种典型的离散组合问题,要想利用 PSO 算法进行求解,必须对基本 PSO 算法通过引入交换子和交换序等概念来加以改进:设 n 个节点的 TSP 的解序列为 $S = (a_i)$,$i = 1, \cdots, n$。定义交换子 $SO(i_1, i_2)$ 为解序列 S 中的点 a_{i_1} 和 a_{i_2}。交换序为一个或多个交换子的有序队列,其中交换子之间的顺序是有意义的。不同的交换序作用于同一解上可能产生相同的新解,所有相同效果的交换序的集合称为交换序的等价集。在交换序等价集中,拥有最少交换子的交换序称为该等价集的基本交换序。

用 N 个城市的一个排列来表示粒子的位置 X,所有可能的排列就构成了问题的状态空间。对基本 PSO 算法进行改造,并将其应用于求解 TSP 中,重新构造了速度算式:

$$v_{id}^{k+1} = \omega v_{id}^k \oplus \alpha(P_{id} - X_{id}) \oplus \beta(P_{gd} - X_{id}) \tag{13.49}$$

$$x_{ib}^{k+1} = x_{ib}^k + v_{ib}^{k+1} \tag{13.50}$$

其中,$\alpha,\beta \in [0,1]$ 为随机数;$\alpha(P_{id} - X_{id})$ 表示基本交换序 $P_{id} - X_{id}$ 中的所有交换子以概率 α 保留;同理,$\beta(P_{gd} - X_{id})$ 表示基本交换序 $P_{gd} - X_{id}$ 中的所有交换子以概率 β 保留。

由此可以看出,α 的值越大,$P_{id} - X_{id}$ 保留的交换子就越多,P_{id} 的影响就越大;同理,β 的值越大,$P_{gd} - X_{id}$ 保留的交换子就越多,P_{gd} 的影响就越大。定义操作符“$\oplus$”为两个交换序的合并算子。操作符“$+$”为执行交换操作,操作符“$-$”为求出两序列的基本交换序。例如:$A = (1\ 2\ 3\ 4\ 5)$,$B = (2\ 3\ 1\ 5\ 4)$,可以看出,$A(1) = B(3) = 1$,所以第一个交换子是 $SO(1,3)$,$B1 = B + SO(1,3)$,得到 $B1:(1\ 3\ 2\ 5\ 4)$,$A(2) = B1(3) = 1$,所以第二个交换子是 $SO(2,3)$,$B = B1 + SO(2,3)$,得到 $B2:(1\ 2\ 3\ 5\ 4)$。同理,第三个交换子是 $SO(4,5)$,$B3 = B2 + SO(4,5) = A$,这样,就得到一个基本交换序:$SS = A - B = (SO(1,3),SO(2,3),SO(4,5))$。

求解 TSP 的 PSO 算法步骤描述如下。

(1) 初始化粒子群,即给群体中的每个粒子赋一个随机的初始解和一个随机的交换序。

(2) 如果满足结束条件,转到步骤(5)。

(3) 根据粒子当前位置 X_{id}^k,计算其下一个位置 X_{id}^{k+1},即新解:

① 计算 P_{id} 和 X_{id} 之差 A,$A = P_{id} - X_{id}$,其中 A 是一个基本交换序,表示 A 作用于 X_{id} 得到 P_{id};

② 计算 $B = P_{gd} - X_{id}$,其中 B 也是一基本交换序;

③ 根据式(13.49)计算速度 v_{id}^{k+1},并将交换序 v_{id}^{k+1} 转换为一个基本交换序;

④ 根据式(13.50)计算搜索到的新解;

⑤ 如果找到一个更好的解,则更新 P_{id}。

(4) 如果整个群体找到一个更好的解,更新 P_{gd},转到步骤(2)。

(5) 显示求出的结果值。

13.5.2 带有突变的粒子群优化算法

基本粒子群在解决 TSP 时,通过式(13.49)和式(13.50)来产生新的个体,我们发现通过式(13.49)产生的一个基本交换序实际上就相当于对路径进行交换操作,但交换的两个城市之间的路径不发生变化,这样就很容易产生交叉的路径,即产生非法解。为了解决这一问题,受进化算法中突变操作的启发,我们将突变加入粒子群算法中。具体做法为,每次进化中,利用基本粒子群算法产生新路径后,对当代路径进行变异操作。算法流程从(1)至(3)中的步骤④都与求解 TSP 的基本 PSO 算法步骤相同,从(3)中⑤步骤起为:

⑤对新解进行突变操作,即随机产生两个变异点,颠倒这两个变异点之间所有城市的排列顺序。若变异产生的新路径的长度小于原来解,则取代原来解,若高于原来解,则保持原

来解不变。

⑥如果找到一个更好的解,则更新 P_{id}。

(4)如果整个群体找到一个更好的解,更新 P_{gd},转到步骤(2)。

(5)显示求出的结果值。

13.5.3 模拟退火算法

模拟退火算法来源于固体退火原理,先将固体加温至充分高,再让其慢慢冷却。加温时,固体内部粒子随温升变为无序状,内能增大,而慢慢冷却时粒子渐趋有序,在每个温度都达到平衡态,最后在常温时达到基态,内能减为最小。根据 Metropolis 准则,粒子在温度 T 时趋于平衡的概率为 $e^{-\Delta E/(kT)}$。其中,E 为温度 T 时的内能,ΔE 为其改变量,k 为波尔兹曼(Boltzmann)常数。用固体退火模拟组合优化问题,将内能 E 模拟为目标函数值,温度 T 演化成控制参数 t,即得到解组合优化问题的模拟退火算法:由初始解 i 和控制参数初值 t 开始对当前解重复"产生新解→计算目标函数差→接受或舍弃"的迭代,并逐步衰减 t 值,算法终止时的当前解即为所得近似最优解。这是基于蒙特卡罗迭代求解法的一种启发式随机搜索过程。退火过程由冷却进度表控制,包括控制参数的初值 t 及其衰减因子 Δt、每个 t 值时的迭代次数 L 和停止条件 S。

求解 TSP 的模拟退火算法模型可描述如下:

(1)解空间。解空间 S 是遍访每个城市恰好一次的所有路经,解可以表示为 $\{\omega_1, \omega_2, \cdots, \omega_n\}$。$\omega_1, \cdots, \omega_n$ 是 $1, 2, \cdots, n$ 的一个排列,表明从 ω_1 城市出发,依次经过 $\omega_2, \cdots, \omega_n$ 城市,再返回 ω_1 城市。

(2)目标函数。目标函数为访问所有城市的路径总长度。我们要求的最优路径是目标函数为最小值时对应的路径。此时的目标函数即为访问所有城市的路径总长度或称为适应度函数,目标函数的最优值为适应度函数的最小值。

(3)新解的产生和接受。此处产生新解所采用的方法为逆转方法,即随机产生 $1\sim n$ 之间的两相异数 k 和 m,且 $k<m$,将 $\{\omega_1, \omega_2, \cdots, \omega_k, \omega_{k+1}, \cdots, \omega_m, \cdots, \omega_n\}$ 变为 $\{\omega_1, \omega_2, \cdots, \omega_m, \omega_{m+1}, \cdots, \omega_{k+1}, \omega_k, \cdots, \omega_n\}$。新的路径产生之后,我们计算新路径与当前路径的路程长度差值:如果新的路径的路程短,即 $\Delta f = f(x_j) - f(x_i) \leqslant 0$,则用它替换当前路径;如果新路径长于当前路径,但 $\exp(-\Delta f/t) > \text{random}(0,1)$,则依然替换当前路径。

模拟退火算法分两步交替进行计算:第一,随机扰动产生新模型并计算目标函数的变化;第二,决定新模型是否被接受。由于算法是在高温条件下开始的,因此使目标函数值增大的模型有可能被接受,因而能舍去局部极小值,通过缓慢的降温,算法能收敛到全局最优点。

13.5.4 粒子群与模拟退火混合算法

基本粒子群算法的本质是利用个体信息和全局极值两个信息来指导粒子下,算法初期收敛速度非常快,经过若干次迭代后,当代解、个体极值和全局极值三者趋于同一化,导致种群失去了多样性,容易落入局部最优值。为了克服这一现象,本小节在模拟退火思想的启发下,重新设计了解决 TSP 的算法框架。

在理论上已经证明,基本微粒群算法并不能保证收敛于最优解,甚至是局部最优解。所以用所有微粒的当前位置与全体最好位置相同时算法停止作为收敛准则是有缺陷的。模拟退火算法在初始温度足够高、温度下降足够慢的条件下已经被证明能以概率 1 收敛于全局最优解集,因此可以使用模拟退火算法作为 PSO 算法的收敛依据。

当基本微粒群算法收敛到某一解 p_g 时,用 p_g 作为模拟退火算法的初始点进行搜索,根据 Metropolis 准则接受新解 y,如果存在这样的解 y,使得 $f(y) < f(p_g)$,说明基本微粒群算法得到的解不是最优的。这时可以用 y 来随机取代微粒群中的一个微粒,然后用粒子群算法继续进化,这样可以在增加群体多样性的同时保留算法先前的运行经验。如果不存在这样的一个解 y,也就是直至模拟退火算法收敛都没有找到优于 p_g 的解,则说明 p_g 就是全局最优解。

该算法可描述如下:

(1) 设置参数。设置模拟退火算法的参数,包括初始温度 t_0,马尔可夫(Markov)链长函数 L_k,温度衰减函数,邻域函数;设置微粒群算法的参数,包括群体规模 m,最大速度 V_{max},惯性权重上下限 w_{max},w_{min} 以及学习因子 c_1,c_2。

(2) 初始化群体。在 d 维搜索空间中随机产生 m 个微粒,包括初始位置和初始速度;计算每个微粒的适应值,将各个微粒的最好位置 p_i 设为当前位置 x_i,并将适应值最小的个体最好位置作为全局最好位置 g_{best}。

(3) 按照基本粒子群算法进行进化,得到一个全局最好的路径 g_{best}。

① 根据式(13.49)和式(13.50)对微粒的速度和位置进行进化;

② 计算每个微粒的适应值;

③ 对每个微粒,将其适应值与所经历的最好位置 p_{ib} 的适应值进行比较,若较好,则将其作为当前的最好位置;

④ 对每个微粒,将其适应值与群体所经历的最好位置 g_{best} 的适应值进行比较,若较好,则将其作为当前的全局最好位置。

(4) 判断群体是否发生早熟收敛现象。

① 对每个微粒,将其适应值与所经历的最好位置 p_{ib} 的适应值进行比较,若较好,则将其作为当前的最好位置;

② 若连续 n 次 g_{best} 无变化,则可认为群体发生早熟收敛,转到(5),否则转到(3)。

(5) 以粒子群算法得到的 g_{best} 为初始点,利用模拟退火算法进行搜索。如果得到一个优于 g_{best} 的解,则转到(6);否则转到(7)。具体操作如下。

① 设置初始位置 $y = p_{gb}$,$k' = 0$,初始温度为 t_0,马尔可夫链长为 L_k。

② 重复执行下列步骤 L_k 次:

(a) 在 y 的邻域产生一个新解 y'。

(b) 根据 Metropolis 准则接受新解 y',即如果 $f(y') \leqslant f(y)$,则 $y = y'$;否则,如果 $\exp((f(y) - f(y'))/t_k) > rand()$,则 $y = y'$。

(c) 如果 $f(y) < f(p_{gb})$,则转到(6)。

③ $k' = k + 1$;计算下一个温度 t'_k。

④ 如果不满足停止准则,则返回(2);否则转到(7)。

(6) 用 y 随机取代 m 个微粒中的一个微粒 i,令其当前位置 x_i 与当前最好位置 p_i 均为

y,且相应的适应值均为 $f(y)$,返回(3)。

(7) 算法结束 g_{best} 为所得解。

13.5.5　混合算法求解中国旅行商问题实验及其结果分析

为了检验所提混合算法的优越性,将其应用到中国旅行商问题的求解,并同时与基本粒子群算法、模拟退火算法以及带有突变的粒子群算法的应用结果进行了比较。粒子群算法的参数设置为:种群粒子数 $m=200$,最大惯性系数 $w_{max}=0.99$,最小惯性系数 $w_{min}=0.09$,学习因子 $c1=0.8,c2=0.4$,迭代次数为 2000。模拟退火算法参数设置为:初始温度 $T_0=5000$,结束温度 $T_f=1$,循环控制常数 $L=31000$,温度衰减系数 $\alpha=0.99$。混合算法参数为:种群粒子数 $m=200$,最大惯性系数 $w_{max}=0.99$,最小惯性系数 $w_{min}=0.09$,学习因子 $c1=0.8,c2=0.4$,初始温度 $T_0=5000$,结束温度 $T_f=1$,循环控制常数 $L=31000$,温度衰减系数 $\alpha=0.99$。3 种算法针对 CTSP 分别测试了 20 次,实验结果如表 13.7 所示。

表 13.7　4 种方法对比实验结果

算法	最差解	最好解	平均值	最优概率
基本粒子群算法	20152	16665	18035.3	0
带有突变的粒子群算法	16194	15404	15662.3	0.1
模拟退火算法	15606	15404	15467.8	0.15
混合算法	15587	15404	15453.4	0.2

从表 13.7 可以看出,基本粒子群算法求解中国旅行商问题解的质量较差,无法得到最优解 15404,且得到的解离最优解也较远。这主要是由于粒子群算法在算法进化到一定代数后,当代解 X_{id}、个体极值 p_{ib}、全局极值 p_{gb} 三者趋于同一化,粒子群失去了多样性,通过式(13.49)和式(13.50)很难得到新的有效边和有效路径,导致算法停止进化,陷入局部极值。模拟退火算法、带有突变的粒子群算法和混合算法均能得到 15404 的最优解,相比较而言混合算法的解的质量更高,且得到最优解 15404 的次数也较多。

图 13.7～图 13.9 给出了模拟退火算法、带有突变的粒子群算法和混合算法的进化曲线,

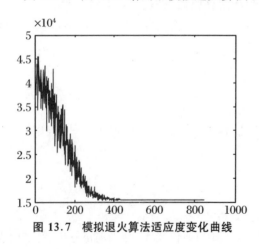

图 13.7　模拟退火算法适应度变化曲线

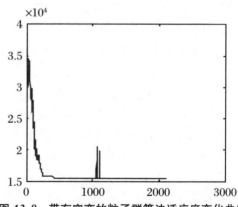

图 13.8　带有突变的粒子群算法适应度变化曲线

从中可以看出,模拟退火算法一般是在 500 代
左右算法开始收敛到最优解,且算法的初期解
的波动比较大,这主要是由于算法的初期,解
的质量较差,解很容易落入局部极值,算法要
通过 Metropolis 准则跳出局部极值,导致算法
的收敛速度较慢;带有突变的粒子群算法解在
初期也出现波动且一般在 1000 代以后才收敛;
而混合算法一般在 20 代左右算法就可以收敛,
这说明通过混合算法不仅解决了粒子群算法
易陷入局部极值的问题,而且大大提高了算法
在初期的收敛速度,是一种效率较高的改进
算法。

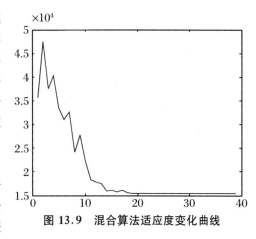

图 13.9　混合算法适应度变化曲线

13.5.6　小结

本节分析了模拟退火和粒子群算法在求解旅行商问题上的各自特点,结合粒子群算法
初期收敛快和模拟退火局部搜索能力强的特点,提出了一种混合算法。针对中国旅行商的
具体应用结果表明,混合后的算法比模拟退火和粒子群算法具有更强的全局最优解搜索能
力和较快的收敛速度,是一种行之有效的改进算法。

第 14 章　深度学习网络及其算法

　　术语"深度学习"源自于"机器学习"。换句话说,深度学习是机器学习的一个分支,不过准确地说,深度学习是基于人工神经网络的机器学习中的一个分支。术语"机器学习"是 20 世纪 50 年代末,在人工智能领域中提出来的,它是通过计算机编写算法,使计算机有能力从大量已有数据中学习出潜在的规律和特征,并用来对新的样本进行自动识别,或者预见未来某件事物的可能性。机器学习可以解决很多类型的任务。常见的机器学习解决的任务有:分类、回归、机器翻译、异常检测、去噪、密度估计或概率质量函数估计等。根据学习过程中的不同经验,机器学习算法可以分为无监督算法和监督算法。随着 20 世纪后期人工智能的不断发展,机器学习的内容中又增加了一些从数据中学习分类信息与规律的方法,成为一类通过机器编程,对大量的数据进行自动分析,获得某些规律,并利用这些规律,对未知数据进行预测的算法。总而言之,机器学习是对人的意识、思维和信息过程的模拟,属于人工智能的范畴。

　　术语"人工智能(Artificial Intelligence,AI)"是 1956 年提出的,当时其含义是以符号主义、知识工程等为核心的狭义的人工智能。同一时期出现的人工神经网络,则以连接主义为核心,是与人工智能完全不同的概念。随着人工神经网络热潮的出现,以及 20 世纪 90 年代神经网络逐渐降温,同时出现的是支持向量机(SVM)的热潮,以及一直持续到 2010 年前后,深度学习掀起的人工智能新热潮,带动了几乎所有机器学习相关的研究,加上人们开始把基于数据的机器学习纳入人工智能范畴,使得人们对人工智能的关注达到了前所未有的程度。从这个意义上看,今天所谓的人工智能研究,是符号主义与机器推理、人工神经网络、支持向量机、深度学习等多个研究领域的集合。随着深度学习网络的应用,"深度学习"成为机器学习中最新发展起来的一类方法的总称。人们也逐渐把人工神经网络及其应用当成了人工智能的一部分,使得人工智能成了当前所有智能系统的代名词。深度学习和机器学习与人工智能之间的关系如图 14.1 所示。

图 14.1　深度学习和机器学习与人工智能之间的关系

20 世纪 50 年代产生的人工神经网络（Artificial Neural Network，ANN）是通过构建"人造"的生物神经细胞（即神经元）和神经网络，在不同程度和不同层次上，实现人脑神经系统在信息处理、学习、记忆、知识的存储和检索方面的功能。人工神经网络是通过网络连接来模拟人类神经网络，以及人的脑神经和人的智能的。人们所提出的第一个人工神经网络就是感知器，通过计算误差的修正算法，实现了 0-1 线性模式分类的应用，随后发展出的反向传播网络（BP 网络），以及递归神经网络，也是通过对各种不同训练网络权值的学习算法，研究从数据中学习分类信息的各种规律。当然，人工神经网络的应用不仅仅是模式识别。

最近几年，采用深度人工神经网络与深度学习算法的阿尔法狗（AlphaGo）围棋机器人，打败了人类围棋世界顶尖高手，使得深度学习成为人工智能领域发展的一个重要的里程碑，也使得深度学习在许多领域，如图像识别、语音识别、自然语言处理等方面取得了新的突破；在传统算法不易解决的应用方面也取得了令人可喜的成就，包括自动无人驾驶汽车、自动模式识别、自动同声传译、商品图片检索、手写字符识别、车牌自动识别等。由此可以看出，深度学习算法主要应用于特征提取、模式和图像的识别，以及复杂分类，通过不同层的神经网络，逐层对不同特征的提取，将底层特征进行组合，形成多层（深层）网络的模式识别，进而形成抽象的高层属性类别或是高层特征，最终获得输入数据分布特征表示的结果。所以，深度学习是一系列复杂的机器学习算法，它不是一个算法，对于不同的特征提取或分类，有不同的算法，在前一层网络输出的特征识别的基础上，再进入另一个神经网络，进行另一个特征的提取；对于所期望的目标，往往需要通过很多个人工神经网络的级联后获得，所有的网络构成一个深层度的神经网络，不同层需要采用不同的深度学习算法，完成不同的功能。

深度学习网络及其算法在语音和图像识别方面的应用取得了显著的效果，它在搜索技术、数据挖掘、机器学习、机器翻译、自然语言处理、多媒体学习、语音、推荐和个性化技术，以及其他相关领域都取得了很多成果，在使机器模仿人类的视听、思考和鉴别等方面，解决了很多复杂的模式识别难题，促使人工智能相关技术取得了飞跃发展。

14.1　深度学习网络及其算法的发展历程

人工智能是通过符号和机器学习算法来进行模式识别的，其中的机器学习发展大致经历了两个阶段：浅层学习阶段和深度学习阶段。

1. 浅层学习

现在人们将含有一个隐含层的人工神经网络权值的训练算法统称为浅层学习算法，它的发展经历了两次大的起伏。1943 年受生物神经元工作模式的启发，心理学家麦卡洛克（McCulloch）和数学家皮茨（Pitts）发表了 MP 神经元的数学模型。1957 年罗森布拉特（Rosenblatt）提出感知器（Perceptron）的概念和模型，并提出采用样本数据训练网络参数的算法。当时的感知器模型只有一层，只能解决简单、线性的 0-1 分类。1969 年明斯基（Minsky）等人指出感知器模型无法学习像异或这样简单的非线性逻辑关系。虽然人们知道解决这一问题的办法是采用多层神经网络,但是在当时并没有解决训练多层感知器权值参数的收敛方法。而同一时期,1956年提出了以符号主义和知识推理为核心的经典人工智能(AI)研究,伴随着这一时期经典AI的快速发展,人工神经网络尚在萌芽阶段的研究进入了第一次低谷。20世纪80年代中期,误差反向传播(Back-Propagation,BP)算法被提出,并应用于训练多层神经网络,解决了多层感知器无法训练的问题,从而使神经网络具有了非线性的逼近能力,以BP算法训练的多层感知器(Multi-Layer Perceptron,MLP)成为最成功的神经网络模型。同期,科荷伦(Kohonen)发展了自组织映射(Self-Organizing Map,SOM)的竞争学习神经网络模型。1982年霍普菲尔德(Hopfield)提出了一个具有模式识别功能的全反馈递归神经网络,建立了动态神经网络模型。这些方法在很多模式识别问题上取得了很好的效果,掀起了神经网络研究的第二次高潮。这一时期同时被提出的还有限制性玻耳兹曼机(Restrictive Boltzman Machine,RBM)等非监督学习模型,推进了基于统计的机器学习模型的发展。误差反向传播算法使人工神经网络在权值的训练过程中,能够将网络输出层的误差数据,通过网络输出层的权值以及每一层网络的激活函数的一阶导数,计算出前一层网络的误差数据,然后以此来获得隐含层权值的自动修正训练的学习公式,使得整个网络能够实现对训练的样本数据进行逼近和拟合,并且用来泛化和预测相关的未知事件。人工神经网络这种自动学习和自适应地对复杂样本进行数据拟合的能力,在诸多方面显示出极大优越性。同一时期各种浅层机器学习模型陆续问世,比如逻辑回归、支持向量机(Support Vector Machine,SVM)等,成为机器学习研究的主流方向。这些机器学习模型架构大多可以看作只有一个隐含层的浅层神经网络,此类模型无论是在理论研究上,还是在实际应用中都取得很大成功。反向传播网络一般包含输入层、隐含层和输出层,现在人们通常把此类型的人工神经网络称为浅层网络,相应的学习算法被称为浅层学习,它实际上是相对于深层学习而言的,学习的网络模型的层次比较少而浅,非线性特征层只有一层或者两层。

由于浅层神经网络只有一个或两个隐含层,训练起来比较简单,被人们在理论上和应用上进行了大量研究,解决了不少简单的或有约束条件的非线性逼近或分类问题,不过在声音、自然语言和图像等复杂问题上,显示出能力和性能有限。首先,包括感知器在内的多层前向网络虽然具有很强的非线性表示与逼近数据的能力,由于所采用的训练网络权值的方法是梯度下降法,从本质上存在参数解空间的局部极值问题,在很多问题上的泛化能力较差。其次,虽然神经网络在理论上可以有很多层,但多层神经网络训练速度很慢,因为要想获得较高的逼近精度,在训练权值参数的过程中,就必然需要用极小的学习速率,因而导致对深层网络权值的修正速度非常缓慢,因此人们实际上一般只使用两层或三层的神经网络,加上在对网络模型内部物理性能分析的困难,以及网络模型在训练过程中,需要设计者具有一定的经验和先验知识,对输入数据需要人工进行预处理,这些都限制了神经网络的进一步发展,使神经网络的应用一直处于停滞状态。

2. 深度学习

进入21世纪后,随着互联网的快速发展,人们可以接触到越来越多的信息,大型互联网企业每天都会产生海量的数据,使得如何从海量数据中提取出高价值的信息,成为人们需要面对和解决的问题。这也使得对大量数据进行智能分析和预测成为一种迫切需求。而浅层人工网络及其学习算法无法解决这些问题,迫使人们开发出深度网络及其深度学习算法。

深度学习本质上是指一类对具有深层结构的神经网络的权值进行有效训练的方法。它是对含有多个隐含层的神经网络模型,通过大规模数据的训练,得到大量更具代表性的特征信息,再通过不同层的神经网络,逐层对不同特征的提取,并不断将底层特征进行组合,对多层(深层)网络的模式识别,形成抽象的高层属性类别或特征,最终获取数据的分布特征表示的结果。所以,深度学习是一系列复杂的机器学习算法,它不是一个算法,不同的特征提取或分类,采用不同的算法,完成不同的功能,并且在前一层网络输出的特征识别的基础上,再进入后一个神经网络,进行另一个特征的提取,所期望的目标,需要很多人工神经网络的级联来分别完成,所有的网络构成一个深度神经网络。深度学习不能简单地看作取代了以往的浅层学习,而是在原有各种方法基础上的集成和发展。

深度学习网络及其算法与传统浅层网络及其算法的区别在于:

(1) 深度学习网络结构含有更多的层次,包含隐含层节点的层数通常在 3 层以上,有时甚至包含多达 100 层以上的隐含层;

(2) 通过逐层特征提取,将数据样本在原空间的特征变换到一个新的特征空间来表示初始数据,这使得分类或预测更加容易实现;

(3) 深度学习网络直接把原始观测数据作为输入,通过多层网络进行逐级特征提取与变换,实现更有效的特征表示。

在此基础上,往往在最后一级连接一个浅层网络,如 softmax 分类器、MLP 神经网络、SVM 等,实现更好的分类性能。常用的深度学习网络为多层前向神经网络,神经网络的每一层都将输入进行非线性映射,通过多层非线性映射的堆叠,可以在深层神经网络中计算出非常抽象的特征来帮助分类。比如,在用于图像分析的卷积神经网络中,将原始图像的像素值直接输入给网络,第一层神经网络可以视作边缘的检测器;第二层神经网络则可以检测边缘的组合,得到一些基本模块;第三层之后的一些网络会将这些基本模块进行组合,最终检测出待识别目标。深度学习网络及其算法的出现使得人们在很多应用中不再需要单独对特征进行选择与变换,而是将原始数据直接输入到网络模型中,由网络模型通过学习,给出适合分类的特征表示。

深度学习的概念最早由加拿大多伦多大学的辛顿(Hinton)于 2006 年提出,它是指基于样本数据,通过一定的权值训练的学习方法,得到包含多个层级的深度网络结构模型的机器学习过程。深度学习又称深度学习神经网络(模型),它由多层的非线性运算单元组合而成,将较低层的输出作为更高一层的输入,以此方式,自动地从大量训练数据中学习出抽象的特征表示,以发现数据的分布式特征。辛顿教授及其学生 2006 年在《科学》上的一篇论文,提出了两个主要观点:① 多层人工神经网络模型有很强的特征学习能力,深度学习模型学习得到的特征数据对原数据有更本质的代表性,这将便于进行分类和可视化;② 对于深度神经网络很难训练达到最优的问题,可以采用逐层训练方法解决。他们提出了一种训练深层神经网络的基本原则:先用非监督学习对网络逐层进行贪婪的预训练,再用监督学习对整个网络进行微调。这种预训练的方式,为深度神经网络提供了较理想的初始参数,提高了深层结构的计算能力,而且对于深层的神经网络也进行了优化,让科研人员看到了深层网络结构发展的希望。之后的几年中,各种深度神经网络被提出来,包括:堆叠自动编码器(Stacked Auto-Encoder,SAE)、限制玻尔兹曼机(Restricted Boltzmann Machine,RBM)、深度信念网络(Deep Belief Network,DBN)、递归神经网络(Recurrent Neural Network,RNN)、卷积神经网络(Convolutional Neural Network,CNN)等,同一时期,许多深度学习的训练技巧被提出来,比如参数的初始化方法、新型激活函数、舍弃(Dropout)训练方法等,这些技巧较好地解决了当结构复杂时,传统神经网络存在的过拟合、训练难的问题。与此同时,计算机和互联网的发展,也使得在诸如图像识别这样的问题中可以积累前所未有的大量数据对神经网络进行训练。

随着训练数据的增长和计算能力的提升,卷积神经网络开始在各领域中得到广泛应用。2012 年,谷歌"Google X"实验室将 16000 台计算机连接,形成了一个巨大的神经网络,在观看一周各种猫的图片素材后,对网络系统进行充分的训练,成功地使网络学会了怎样自主地在图片中识别出一只猫。这是深度学习中的一大事件,此后引起了学术界广泛的关注。同年,克里兹夫斯基(Krizhevsky)等人提出了一种称为 AlexNet 的深度卷积神经网络,并在当年的 ImageNet 图像分类竞赛中,将准确率提升了 10%,第一次显著地超过了手工设计特征,采用浅层模型进行学习的分类性能,在业界掀起了深度学习的热潮。此后,卷积神经网络朝着以下 4 个方向迅速发展:

(1) 增加网络的层数:2014 年,西蒙尼扬(Simonyan)等人提出了 VGG-Net 模型,进一步降低了图像识别的错误率;

(2) 增加卷积模块的功能:塞盖迪(Szegedy)等人在现有网络模型中加入一种 Inception 结构,提出了 Google Net 模型,并在 2014 年图像网络大规模视觉识别挑战竞赛(Large Scale Visual Recognition Challenge,LSVRC)中取得了物体检测的冠军;

(3) 增加网络层数和卷积模块功能:何(He)等人提出了深度残差网络(Deep Residual Network,DRN),并将 Inception 结构与 DRN 相结合,提出了基于 Inception 结构的深度残差网络(Inception Residual Network,IRN),以及恒等映射的深度残差网络(Identified Mapping Residual Network,IMRN),进一步提升了物体检测和物体识别的准确率;

(4) 增加新的网络模块:向卷积神经网络中加入递归神经网络(Recurrent Neural Network,RNN)、注意力机制(Attention Machine,AM)等结构。

直至 2015 年和 2016 年,Google 旗下 Deep Mind 公司研发的阿尔法狗(AlphaGo)围棋机器人,采用深度人工神经网络,以及深度学习与强化学习结合的深度强化学习算法,解决了在高维空间下和状态空间下决策问题,打败了人类围棋世界顶尖高手,使得深度学习在许多领域,如图像识别、语音识别、自然语言处理等方面取得了新的突破;在传统算法不易解决的应用方面也取得了令人可喜的成就,包括自动无人驾驶汽车、自动模式识别、自动同声传译、商品图片检索、手写字符识别、车牌自动识别等。

目前随着深度学习研究的发展,一些机构和大学开发出了多种快速易用的基于深度学习的开源工具包以及深度学习框架。如基于 Matlab 的深度学习工具箱(Deep Learning Toolbox)、基于洛(Lua)的 Torch7、基于 Python 语言的 Theano 深度学习框架、基于 Theano 的拓展库 Pylearn2,以及 Caffe 等。

14.2　深度学习的特点

　　很多机器学习中有关模式识别方法和统计学习方法,如线性判别、近邻法、罗杰斯特回归、决策树、支持向量机等,已经在很多应用方面取得了成功。这些学习方法一般直接根据已知的特征对样本进行特征分类,不对数据进行特征变换,或根据需要,对数据进行一次特征变换或选择,这些方法包括人工神经网络中的各种用于模式识别或特征分类的学习算法,相对于深度学习方法,都属于"浅层网络模型"中的"浅层学习方法"。这些浅层网络模型在很多应用上取得了成功,但是也存在一定的局限:一方面,构造特征过程比较简单,需要对问题有先验知识,需要对原始数据比较了解;另一方面,在先验知识不充分的情况下,需要人为构建的特征数目庞大,因而存在对网络权值参数训练的困难。

　　深度学习是一种对深层网络模型中参数的训练迭代的算法,其"深度"体现在对样本数据特征的多次变换与分类上。自 2006 年起,深度学习成为机器学习研究的一个专门的新领域,它通过机器对网络权值的自动学习,对数以百万计的样本数据进行大规模学习,将这些数据进行相互对比,在相似性的基础上,对它们"聚类",来实现对样本数据的识别。深度学习的出现,使得人们在很多应用中不再需要对数据中的特征进行人工选择与变换,人们可以将原始数据直接输入到网络模型中,由网络通过多层神经网络的深度学习,自动给出适合分类的特征表示的结果。深度学习的出现,进一步推动了人工神经网络应用的发展,并产生了深度人工神经网络与深度学习技术,它通过模仿人脑的逐层抽象机制来解释数据,设计算法对事物进行多层级分布式表示,组合低层特征,自主发现有效特征,进行特征继承,形成抽象的高层级的表示,在更高水平上表达抽象概念,以建立、模拟人脑进行分析学习的神经网络。深度学习的"深度"思想可以理解为:假如定义一个输入为 I,输出为 O,具有 $S_1, S_2, S_3, \cdots,$ S_n 的 n 层系统,网络的输入到输出过程为 $I \Rightarrow S_1 \Rightarrow S_2 \Rightarrow S_3 \cdots \Rightarrow S_n \Rightarrow O$。假设人们希望 O 等于 I,即经过系统多层变换后,在没有信息丢失的理想情况下,任何一层 S_i 中,经过处理后的信息都可以作为输入 I 的另一种形式。简言之,深度模型中,输入 I 和输出 O 可以"等价",学习过程中可以自动学习目标的特征,不用人为控制,通过调整系统内部参数,让输出和输入相等,经过系统学习后,可以得到输入数据的每层的输出特征 $S_1, S_2, S_3, \cdots, S_n$。然而,在实际情况中,存在信息逐层丢失,因此 O 不可能等于 I。为了尽可能缩小输入 I 和输出 O 的差别,需要设计各种算法来达到希望的目标,不同的算法就产生不同的深度学习方法,这种思想的实现与应用就是深度学习。

　　为什么要采用深层神经网络? 这是机器学习的表示性问题。对于多层感知器神经网络的表示性,早已有理论研究结论:几乎任何函数都能够用适当规模的人工神经网络模型进行表示。换句话说,无论多么复杂的分类或者回归模型都能够被特定的神经网络所表示,只要所用的神经网络具备足够多的非线性节点,以及足够多的隐含层数。实际理论上已经证明:具有一个隐含层的非线性神经网络就能够用来表示任何有理函数。由此可见,深度更深的神经网络并不会比浅层的神经网络具有更强的函数表示性。换言之,多个隐含层神经网络所能表示的函数,单隐含层神经网络也能表示,只要单隐含层的节点数目足够多。不过,关于表示性的结论只是说明:存在一定的网络结构能够实现任意复杂的函数映射,但并不意味着这样的结构能够或者容易得到。有研究指出,浅层神经网络的表示能力和深层神经网络的表示能力依然有所不同,这种不同体现在表示性和参数数目的相对关系上。浅层神经网络规模的扩展主要是横向的,也就是增加网络每一层的节点数量;而深层神经网络的规模扩展主要是纵向的,也就是增加网络的层数。神经网络规模的增加必然会使网络的参数数量增加,而参数增加的同时,也会提高神经网络的表示能力。但是,纵向和横向分别增加相同数量的参数,对网络的表示性的提升是不同的,通常以纵向方式增加参数能够获得更多的表示性提升,对于深层神经网络,可以在提升表示性的同时,减少参数数目和增加参数的可学习性。这是深层神经网络在参数的表示效率上所具有的优势,同时也是深度网络在很多应用中取得比浅层模型更优效果的一个重要原因。

与传统的机器学习方法相比,深度学习方法面对海量数据时非常实用。深度学习方法可以通过采用更复杂的网络模型来减少性能偏差,以提高统计估计精度。此外,深度学习是一种端到端的模型,它放弃人为规则的中间步骤,并可以将学习到的先验知识应用于其他的模型中。深度学习的性能在很大程度上取决于网络的结构。对于不同类型的输入数据和所要解决的问题,人们发展了多种不同的神经网络结构的模型,主要有 5 种:堆叠自动编码器、限制性玻耳兹曼机、卷积神经网络、递归神经网络、深度信念网络。堆叠自动编码器与限制性玻耳兹曼机是深度学习中使用较多的两种非监督学习的神经网络模型,不过它们主要是通过非监督学习,找到更好体现数据内在规律的特征表示,然后再用到监督学习的深层神经网络模型中,常常被用于神经网络的初始化及学习,适用于下游分类的特征表示。限制性玻耳兹曼机是一种能量模型,通过建立概率分布与能量函数之间的关系,求解能量函数,刻画数据内在的规律。递归神经网络有别于前面所提到的前馈类型的神经网络,其主要目的是对序列型数据进行建模,例如语音识别、语言翻译、自然语言理解、音乐合成等序列数据。这类数据在推断过程中需要保留序列上下文的信息,所以其隐节点中存在反馈环,即当前时刻的隐含节点值不仅与当前节点的输入有关,也与前一时刻的隐含节点值有关。深度信念网络的非监督贪心逐层训练算法,不仅能够提高深层结构的计算能力,而且对于深层的神经网络也进行了优化,让科研人员看到了深层网络结构发展的希望。

卷积神经网络是一种深层前馈型神经网络,最常用于图像领域的监督学习问题,比如图像识别、计算机视觉等。早在 1989 年,乐春(LeCun)等人就提出了最初的 CNN 模型,自 2012 年 Alexnet 开始,各类卷积神经网络多次成为图像网络大规模视觉识别挑战竞赛的优胜算法,包括著名的 VGGNet、GoogleNet 和 ResNet 等。卷积神经网络基于生物视觉机制,结合仿生学原理克服了以往人工智能领域的一些难以解决的问题,网络所具有的局部连接、权值共享和池化操作等特性能有效地减少网络训练参数个数,在降低网络训练的计算复杂度的同时,具备较强的鲁棒性和抗干扰能力,便于性能的优化。卷积神经网络按结构也被分为不同模型,加深模型的代表是 VGGNet-16、VGGNet-19 和 GoogLeNet;跨连模型的代表是 HighwayNet、ResNet 和 DenseNet;应变模型的代表是 SPPNet;区域模型的代表是 R-CNN、Fast R-CNN、Faster R-CNN、YOLO 和 SSD;分割模型的代表是 FCN、PSPNet 和

Mask R-CNN；特殊模型的代表是 SiameseNet、SqueezeNet、DCGAN、NIN；强化模型的代表是 DQN 和 AlphaGo。

本章将以典型的深度卷积神经网络为例，来阐述深度学习网络的结构、权值训练以及设计过程。

14.3 卷积神经网络的结构设计和特点分析

14.3.1 卷积神经网络的结构设计

卷积神经网络是根据生物学上感受野（Receptive Field）的机制而提出的，它是人工神经网络的一种，属于前向神经网络。卷积神经网络在本质上是一种输入到输出的映射，它能够学习大量的输入与输出之间的映射关系，而不需要任何输入和输出之间的精确的数学表达式。

一般意义上来说，使用多层的反向传播网络来训练数据能够得到较好的效果。传统的多层反向传播网络需要通过手动输入来收集数据中的有效信息，需要经过复杂的预处理过程，得到特征变量，之后通过定义的可训练的分类器对上述处理过的特征变量进行分类、识别，这样传统的多层反向传播网络能够起到分类的作用。但是如果不使用手动的特征提取，当把原始数据作为输入时会出现较多的问题，当输入的数据包含大量的变量时，传统的多层网络使用的全连接结构会导致隐藏层包含过多的隐藏单元，那么整个网络就有可能包含了几万个权重。

对于图像识别来说，首先输入层将统一分辨率的图像作为输入，之后每一层的输出作为下一层的输入。每一层神经元的排列与传统的神经网络不同，卷积神经网络中的神经元只和相邻的上一层与下一层相连，从而形成局部感知，神经元在这样的结构中可以从原始图像中提取一些传统图像处理的特征，比如边角、结束点，然而这些特征又不仅仅包括类似于传统的手动特征，这些特征可以为更高层的神经元所用。局部特征提取器提取局部特征，提取的局部特征能够表征整体图像，这种特征提取的方法和位置无关。具有相同权值，但位置不同的小块组成了特征图（Feature Map）。卷积神经网络在网络的结构与算法上，具有权值共享、局部连接的特性，类似于生物神经网络，这种特性降低了网络模型的复杂度，减少了权值的数量，更有利于网络的训练和应用。此外，卷积神经网络具有一定程度上的平移、缩放和旋转不变性，这些性能使得卷积神经网络具有更强的泛化能力。图像可以直接作为卷积神经网络的输入，避免了传统识别算法中复杂的特征提取和数据重建过程。卷积神经网络的结构层次相比传统的浅层神经网络来说，要复杂得多，每两层的神经元使用了局部连接的方式进行连接、神经元共享连接权重以及时间或空间上使用降采样充分利用数据本身的特征，这些特点决定了卷积神经网络与传统神经网络相比维度大幅降低，从而降低了计算时的复杂度。卷积神经网络主要分为两个过程，分别为卷积（Convolution）和采样（Sampling）。卷积主要是对上层数据进行提取抽象,采样则是对数据进行降维。

卷积神经网络(简称 CNN 或 ConvNet)由一个输入层、多个卷积层、最大池化层或平均池化层组成的隐含层、全连接层和一个输出层组成,如图 14.2 所示。

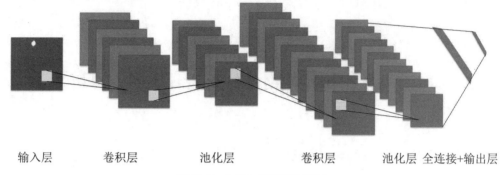

输入层　　　卷积层　　　池化层　　　卷积层　　池化层 全连接+输出层

图 14.2　LeNet-5 网络结构图

从功能上分类,CNN 可分为:特征检测层和分类层,各个层功能分别为:

(1) 特征检测层:对数据执行卷积、池化或修正线性单元(ReLU)操作。卷积将输入图像放进一组卷积过滤器,每个过滤器激活图像中的某些特征。池化通过执行非线性下采样,减少网络需要学习的参数个数,从而简化输出。人们常采用修正线性单元(ReLU)作为激活函数,它通过将负值映射到零和保持正数值,实现更快、更高效的训练。这三种操作在几十层或几百层上反复进行,每一层都学习检测不同的特征。

(2) 分类层:在特征检测之后,CNN 的架构转移到分类,由全连接层和输出层组成。倒数第二层是全连接层,输出 K 维的向量,其中 K 是网络能够预测的数量,此向量包含任何图像的每个类进行分类的概率。CNN 架构的最后一层使用 softmax 函数提供分类输出。

CNN 结构的设计过程为:每一层神经元都以三维方式排列,将三维输入转换为三维输出。例如,对于图像输入,第一层(输入层)将图像保存为三维输入,尺寸为图像的高度、宽度和颜色通道。第一卷积层中的神经元连接到这些图像的区域,并将它们转换为三维输出。每个层中的可调权值参数通过卷积运算或池化学习原始输入的非线性组合,进行特征提取,并通过一层输出成为下一层的输入。最后,学习到的特征,成为网络末端分类器或回归函数的输入。

没有用于选择层数的确切公式。LeNet 有 5 层,AlexNet 有 8 层,VGGNet 有 16 层,Google Net 的层数进一步加深,而 Res Net 更是超过了 1000 层。一般是通过尝试先设计一些层数的网络,检测工作效果,或者使用预先训练好的网络,然后在其上进行改进和优化。CNN 的体系结构可以根据包含的层的类型和数量而有所不同。包含的层的类型和数量取决于特定的应用程序、数据数量和复杂性。例如,如果是分类任务,则必须有 softmax 函数层和分类层,而如果样本是连续的,则在网络的末尾必须有一个回归层。一个只有一两个卷积层的较小的网络可能足以学习少量的灰度图像数据。对于具有数百万彩色图像的更复杂的数据,一般需要一个具有多个卷积层和完全连接层的更复杂的网络。CNN 中往往采用批处理规范化层,它通过一个小批处理将每个输入通道标准化。

为了加快卷积神经网络的训练,降低对网络初始化的敏感性,在卷积层和非线性(如

ReLU 层)之间使用批处理归一化层。该层首先通过减去小批量均值,并除以小批量标准差,来规范每个通道的激活。然后,该层通过一个可学习的偏移 β 移动输入,并通过一个可学习的比例因子 γ 对其进行缩放。β 和 γ 本身是在网络训练期间更新的可学习参数。批处理归一化层对通过神经网络传播的激活和梯度进行归一化,使网络训练成为一个更容易的优化问题。

卷积和批处理归一化层通常后面跟着一个非线性激活函数,例如由 ReLU 层指定的整流线性单元。ReLU 为深度神经网络中典型的激活函数,它对输入的每个元素执行阈值操作,其中小于零的任何值都设置为零。ReLU 层不改变其输入维数的大小。还有其他非线性激活层执行不同的操作,可以提高某些应用的网络精度。

卷积层后往往为一个最大或平均池化层,其中最大池化层通过将输入划分为矩形池区域并计算每个区域的最大值来执行下采样。平均池化层通过将输入划分为矩形池化区域并计算每个区域的平均值来执行下采样。池化层遵循卷积层进行下采样,因此减少了与以下层的连接数量。池化层本身不执行任何学习操作,而是减少在以下几层中要学习的参数的数量。最大池化层返回其输入的矩形区域的最大值。矩形区域的大小由最大池化层的池大小参数决定。例如,如果池大小等于 $[2,3]$,则该层返回高度 2 和宽度 3 区域的最大值。平均池化层输出其输入的矩形区域的平均值。矩形区域的大小由平均池化层的池大小参数决定。例如,如果池大小为 $[2,3]$,则该层返回高度 2 和宽度 3 区域的平均值。池化层扫描通过输入水平和垂直的步骤大小,如果池大小小于或等于步长,则池化区域不重叠。对于不重叠区域,如果对池化层的输入为 n-by-n,池化区域大小为 h-by-h,则池层向下按 h 采样区域。也就是说,卷积层的一个信道的最大或平均池化层的输出是 n/h-by-n/h。对于重叠区域,池化层的输出是(输入大小 $-$ 池大小 $2\times$ 添加)/跟踪 1。

在深度神经网络中,有时使用一个特殊的层——丢包层,它以给定的概率将输入元素随机设置为零。这种操作有效地改变了迭代之间的底层网络体系结构,并有助于防止网络过度拟合。更高的数量导致更多的元素在训练过程中被丢弃。在预测时,该层的输出等于输入。类似于最大或平均池层,在该层中不发生权值学习。

深度神经网络的卷积和下采样层后面一般都跟着一个或多个完全连接的层。完全连接的层将输入乘以权重矩阵,然后添加偏置向量。完全连接层中的所有神经元都连接到上一层中的所有神经元。这一层结合了前一层在图像上学习的所有特征(局部信息),以识别更大的模式。对于分类问题,最后一个完全连接的层结合特征对图像进行分类。这就是为什么网络的最后一个完全连接层的输出大小参数等于数据集的类数。对于回归问题,输出大小必须等于响应变量的数量。

深度神经网络的最后一层是输出层 softmax 和分类层。softmax 层将 softmax 函数应用于输入。分类层计算具有互斥类的多类分类问题的交叉熵损失。对于分类问题,softmax 层和分类层必须遵循最终的完全连接层。输出单元激活函数为 softmax 函数。

14.3.2　卷积神经网络的结构特点

卷积运算通过三个重要的思想来帮助改进机器学习系统:稀疏交互(Sparse Interactions)、参数共享(Parameter Sharing)、等变表示(Equivariant Representations)。另外,卷积提供了一种处理大小可变的输入的方法。

卷积网络具有稀疏交互(Sparse Interactions)(也叫作稀疏连接(Sparse Connectivity)或者稀疏权重(Sparse Weights))的特征,它是通过核的大小远小于输入的大小来达到的。在神经网络中,每一层的神经元节点是一个线性一维排列结构,层与层各神经元节点之间是全连接的。卷积神经网络中,层与层之间的神经元节点不再是全连接形式,利用层间局部空间相关性将相邻每一层的神经元节点只与和它相近的上层神经元节点连接,即局部连接的网络结构。举个例子,当处理一张图像时,输入的图像可能包含成千上万个像素点,但是我们可以通过只占用几十到上百个像素点的核来检测一些小的有意义的特征,例如图像的边缘。这意味着需要存储的参数更少,不仅减少了模型的存储需求,而且提高了它的统计效率。这也意味着为了得到输出,我们只需要更少的计算量。这些效率上的提高往往是很显著的。如果有 m 个输入和 n 个输出,那么矩阵乘法需要 $m \times n$ 个参数并且相应算法的时间复杂度为 $O(m \times n)$(对于每一个例子)。如果我们限制每一个输出拥有的连接数为 k,那么稀疏的连接方法只需要 $k \times n$ 个参数以及 $O(k \times n)$ 的运行时间。在很多实际应用中,只需保持 k 比 m 小几个数量级,就能在机器学习的任务中取得好的表现。

参数共享(Parameter Sharing),又称为权重共享,是指在一个模型的多个函数中使用相同的参数。在卷积神经网络中,卷积层的每一个卷积滤波器重复地作用于整个感受野中,对输入图像进行卷积,卷积结果构成了输入图像的特征图,提取出图像的局部特征。每一个卷积滤波器共享相同的参数,包括相同的权重矩阵和偏置项。在传统的神经网络中,当计算一层的输出时,权重矩阵的每一个元素只使用一次,当它乘以输入的一个元素后就再也不会用到了。卷积运算中的参数共享保证了我们只需要学习一个参数集合,而不是对于每一位置都需要学习一个单独的参数集合。这虽然没有改变前向传播的运行时间(仍然是 $O(k \times n)$),但它显著地把模型的存储需求降低至 k 个参数,并且 k 通常要比 m 小很多个数量级。因为 m 和 n 通常有着大致相同的大小,k 在实际中相对于 $m \times n$ 是很小的,因此卷积在存储需求和统计效率方面极大地优于稠密矩阵的乘法运算。对于卷积,参数共享的特殊形式使得神经网络层具有对平移等变的性质。如果一个函数满足输入改变,输出也以同样的方式改变这一性质,我们就说它是等变的。特别地,如果函数 $f(x)$ 与 $g(x)$ 满足 $f(g(x)) = g(f(x))$,我们就说 $f(x)$ 对于变换 g 具有等变性。对于卷积来说,如果令 g 是输入的任意平移函数,那么卷积函数对于 g 具有等变性。

对于卷积产生了一个二维映射来表明某些特征在输入中出现的位置,如果我们移动输入中的对象,它的表示也会在输出中移动同样的量。当处理多个输入位置时,一些作用在邻居像素的函数是很有用的。例如在处理图像时,在卷积网络的第一层进行图像的边缘检测是很有用的。相同的边缘或多或少地散落在图像的各处,所以应当对整个图像进行参数共享。卷积对其他的一些变换并不是天然等变的,例如对于图像的放缩或者旋转变换,需要其他的一些机制来处理这些变换。

人们仍然采用梯度下降法去学习共享权重参数,只需要对原有的梯度下降法做一个很小的改进,共享权重的梯度是共享连接参数梯度之和。共享权重的好处是在对图像进行特征提取时不用考虑局部特征的位置,而且权重共享提供了一种有效的方式,使要学习的卷积神经网络模型参数数量大大降低。

14.4　网络算法与功能

卷积神经网络的输入层可以处理多维数据，一般来说，一维卷积网络的输入层能够接收一维或二维数组，二维输入是包含多通道的情况；二维卷积网络接收二维或三维数组，三维输入是包含多通道的情况，以此类推。输入层的作用是对原始数据进行预处理，常见的预处理方法有去均值（将数据的各个维度上的数值均中心化为 0）：$\hat{x}_i = x_i - \dfrac{1}{N}\sum_{i=1}^{N} x_i$ 和归一化（将数据幅度处理成相同范围，从而降低数据间取值范围之间的差异）。常见的归一化方法有min-max 标准化：$\hat{x}_i = \dfrac{x_i - x_{\min}}{x_{\max} - x_{\min}}$ 和 0-1 标准化：$\hat{x}_i = \dfrac{x_i - \mu}{\sigma}$，其中 $x_{\max}$ 为样本最大值，$x_{\min}$为样本最小值，μ 为样本均值，σ 为样本标准差。这些预处理方法的主要目的是统一输入数据的特征，提升算法的效率。

14.4.1　卷积层

在卷积神经网络中，卷积层是卷积神经网络中不可缺少的重要部分，一个卷积层可以包含很多卷积面。卷积面又称为卷积特征图或卷积图，有时也称为特征图。每个卷积面都是根据输入、卷积核和激活函数来计算的。卷积面的输入，通常是一幅或多幅图像。卷积核是卷积层的权值，是一个矩阵（或张量），又称为卷积滤波器，简称滤波器。卷积核一般是需要训练的，但有时也可以是固定的，比如直接采用 Gabor 滤波器。激活函数有很多不同的选择，但一般选为 sigmoid 函数或校正线性单元（ReLU）。

卷积层内的各个神经元都与前一层中位置相近区域 M_j 的多个神经元相连，该区域被称为感受野，其大小取决于卷积核矩阵维度大小。卷积核在工作过程中，沿输入特征图的轴进行移动。卷积层的计算过程是：在感受野内对特征图上元素与矩阵元素对应相乘再求和，并将得到的结果与偏差量相加送入该层的激活函数，得到卷积层输出特征图对应元素的值。所以卷积核实际上是一个带有可调参数的卷积核函数，可调参数可以根据网络的学习算法（例如梯度下降法）进行更新。

卷积层的作用：卷积层的作用在于提取经预处理后数据的特征。卷积核作为卷积层的重要组成部分，本质上是一个特征提取器，对卷积层的输入数据的深层特征进行提取。由每一个卷积核生成的相应的输出特征图，通过卷积运算，获得多个特征图的值。当我们提到神经网络中的卷积时，通常是指由多个并行卷积组成的运算。这是因为具有单个核的卷积，只能提取一种类型的特征，尽管它作用在多个空间位置上。通常希望网络的每一层能够在多个位置提取多种类型的特征。卷积是为了通过一个卷积核，把数据变化成特征，便于后面的分离。卷积表示两信号的相似度，图像中表示卷积模板与图像中某一块区域的相似度，如果卷积结果大，说明图像中某位置和卷积模板的类似度大，如果卷积结果小，说明图像中某位置和卷积模板的相似度小。

卷积是对两个函数(k 和 b)的数学运算,它产生第三个函数,表示一个函数与核函数的相似度。用一个可以学习的卷积核对上一层卷积面进行卷积获得的结果,加上偏置量,再通过一个激活函数,得到的输出特征图就是卷积层的输出,卷积层主要的任务就是从不同的角度来获取前一层特征图中不同角度下的特征,使其具有位移不变性。这个过程的具体函数表达式为

$$\begin{cases} u_j^l = \sum_{i \in M_j} x_i^{l-1} * k_{pq}^l + b_j^l \\ x_j^l = f(u_j^l) \end{cases} \tag{14.1}$$

其中,u_j^l 称为卷积层 l 的第 j 个通道的净激活,它通过对前一层输出特征图 x_i^{l-1} 进行卷积求和与偏置后得到,x_i^{l-1} 是卷积层 l 前一层的第 i 个通道的输出,k_{ij}^l 是卷积核矩阵,b_j^l 是卷积层 l 的第 j 个通道的偏置,M_j 是用于计算 u_j^l 的输入卷积层 l 的第 j 个通道的特征图子集,x_j^l 是卷积层 l 的第 j 个通道的输出,$f(\cdot)$ 是 sigmoid、tanh 或 ReLU 等激活函数,$j = 1, 2, \cdots, n$,n 是卷积层 l 的特征图数量,$i = 1, 2, \cdots, m$,m 是卷积层 l 前一层的特征图数量,"$*$"表示卷积运算符号。$p = 1, 2, \cdots, u$,$q = 1, 2, \cdots, v$。

卷积层的计算过程如图 14.3 所示。

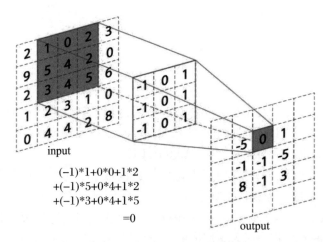

图 14.3 卷积层的计算过程

在卷积神经网络中,涉及两种卷积运算:内卷积运算和外卷积运算。卷积神经网络在前向计算时,用到内卷积运算;在采用反向传播算法,对网络的权值修正公式进行计算时,用到外卷积运算。

卷积是为了把网络的输入数据通过与一个卷积核的作用,转变成输入数据中的特征图,这个特征图表示的是两个相互作用信号的相似度。在图像处理中,通过卷积计算,能够获得卷积模板(核)与图像中某一块区域的相似度,如果卷积后的结果值越大,说明图像中的某位置与卷积模板越相似,如果卷积后的结果值很小,说明图像中某位置与卷积模板的相似度很小。

内卷积定义:假设 A 和 B 两个矩阵,它们的大小分别为 $M \times N$ 和 $m \times n$,且 $M \geqslant m$,

$N \geqslant n$，则它们的内卷积定义为 $C = A \overset{\smile}{*} B$：

$$C = A \overset{\smile}{*} B = \begin{bmatrix} c_{11} & \cdots & c_{1,N-n+1} \\ \vdots & \ddots & \vdots \\ c_{M-m+1,1} & \cdots & c_{M-m+1,N-n+1} \end{bmatrix}$$

C 的维数（卷积层输出）大小为 $(M-m+1) \times (N-n+1)$，C 中具体元素 c_{ij} 的计算公式为

$$c_{ij} = \sum_{s=1}^{m} \sum_{t=1}^{n} a_{i-1+s,j-1+t} \cdot b_{st}, \quad 1 \leqslant i \leqslant M-m+1, \ 1 \leqslant j \leqslant N-n+1 \quad (14.2)$$

【**例 14.1**】　假设矩阵 $A = \begin{bmatrix} 1 & 2 & 3 \\ 4 & 5 & 6 \\ 7 & 8 & 9 \end{bmatrix}$ 和矩阵 $B = \begin{bmatrix} 2 & 3 \\ 4 & 5 \end{bmatrix}$，求 A 和 B 的内卷积结果。

【**解**】　已知矩阵 A 和 B，则 $M=3, N=3, m=2, n=2$。内卷积 $C = A \overset{\smile}{*} B$ 是 $M-m+1$ 行、$N-n+1$ 列的矩阵，即大小为 2×2。定义内卷积 $C = \begin{bmatrix} c_{11} & c_{12} \\ c_{21} & c_{22} \end{bmatrix}$，分别求出 c_{11}, c_{12}，c_{21}, c_{22} 即可。

$$\begin{aligned} c_{11} &= \sum_{s=1}^{2} \sum_{t=1}^{2} a_{1-1+s,1-1+t} \cdot b_{st} \\ &= a_{11}b_{11} + a_{12}b_{12} + a_{21}b_{21} + a_{22}b_{22} \\ &= 2 + 6 + 16 + 25 = 49 \end{aligned}$$

其中，$A = \begin{bmatrix} 1 & 2 & 3 \\ 4 & 5 & 6 \\ 7 & 8 & 9 \end{bmatrix} = \begin{bmatrix} a_{11} & a_{12} & a_{13} \\ a_{21} & a_{22} & a_{23} \\ a_{31} & a_{32} & a_{33} \end{bmatrix}$，$B = \begin{bmatrix} 2 & 3 \\ 4 & 5 \end{bmatrix} = \begin{bmatrix} b_{11} & b_{12} \\ b_{21} & b_{22} \end{bmatrix}$。同理求出

$$c_{12} = \sum_{s=1}^{2} \sum_{t=1}^{2} a_{1-1+s,2-1+t} \cdot b_{st} = 63$$

$$c_{21} = \sum_{s=1}^{2} \sum_{t=1}^{2} a_{2-1+s,1-1+t} \cdot b_{st} = 91$$

$$c_{22} = \sum_{s=1}^{2} \sum_{t=1}^{2} a_{2-1+s,2-1+t} \cdot b_{st} = 105$$

内卷积的计算结果为

$$C = A \overset{\smile}{*} B = \begin{bmatrix} c_{11} & c_{12} \\ c_{21} & c_{22} \end{bmatrix} = \begin{bmatrix} 49 & 63 \\ 91 & 105 \end{bmatrix}$$

【**例 14.2**】　写出图 14.4 中 3×3 的卷积核与特征图像卷积得到最右边卷积结果的具体过程。

【**解**】　第一步：特征图前三行前三列组成的 3×3 矩阵与卷积核对应位置数值乘积的累和，即 $1 \times 1 + 1 \times 0 + 1 \times 1 + 0 \times 0 + 1 \times 1 + 1 \times 0 + 0 \times 1 + 0 \times 0 + 1 \times 1 = 4$，得出卷积结果中第 1 行第 1 列数值为 4。

第二步：卷积核在第一步基础上向右移动一个单位，则变为特征图第 2~4 行前三列组成的 3×3 矩阵与之对应，对应位置数值乘积的累和为 $1 \times 1 + 1 \times 0 + 0 \times 1 + 1 \times 0 + 1 \times 1 + 1$

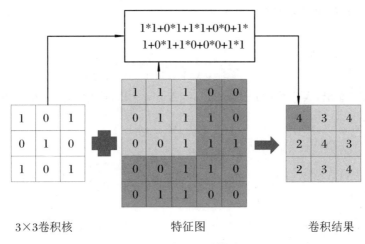

$$1*1+0*1+1*1+0*0+1*$$
$$1+0*1+1*0+0*0+1*1$$

1	0	1
0	1	0
1	0	1

1	1	1	0	0
0	1	1	1	0
0	0	1	1	1
0	0	1	1	0
0	1	1	0	0

4	3	4
2	4	3
2	3	4

3×3卷积核 　　　　 特征图 　　　　 卷积结果

图 14.4　卷积层计算过程

$\times 0+0\times 1+1\times 0+1\times 1=3$,得出卷积结果中第 1 行第 2 列数值为 3。

第三步:卷积核在第二步基础上再向右移动一个单位,则变为特征图第 3～5 行前三列组成的 3×3 矩阵与之对应,对应位置数值乘积的累和为 $1\times 1+0\times 0+0\times 1+1\times 0+1\times 1+0\times 0+1\times 1+1\times 0+1\times 1=4$,得出卷积结果中第 1 行第 3 列数值为 4。

第四步:卷积核在第一步基础上向下移动一个单位,则变为特征图第 2～4 行前三列组成的 3×3 矩阵与之对应,对应位置数值乘积的累和为 $0\times 1+1\times 0+1\times 1+0\times 0+0\times 1+1\times 0+0\times 1+0\times 0+1\times 1=2$,得出卷积结果中第 2 行第 1 列数值为 2。

第五步:卷积核在第四步基础上再向右移动一个单位,则变为特征图第 2～4 行第 2～4 列组成的 3×3 矩阵与之对应,对应位置数值乘积的累和为 $1\times 1+1\times 0+1\times 1+0\times 0+1\times 1+1\times 0+0\times 1+1\times 0+1\times 1=4$,得出卷积结果中第 2 行第 2 列数值为 4。

第六步:卷积核在第五步基础上再向右移动一个单位,则变为特征图第 2～4 行第 3～5 列组成的 3×3 矩阵与之对应,对应位置数值乘积的累和为 $1\times 1+1\times 0+0\times 1+1\times 0+1\times 1+1\times 0+1\times 1+1\times 0+0\times 1=3$,得出卷积结果中第 2 行第 3 列数值为 3。

第七步:卷积核在第四步基础上再向下移动一个单位,则变为特征图第 3～5 行前三列组成的 3×3 矩阵与之对应,对应位置数值乘积的累和为 $0\times 1+0\times 0+1\times 1+0\times 0+0\times 1+1\times 0+0\times 1+1\times 0+1\times 1=2$,得出卷积结果中第 3 行第 1 列数值为 2。

第八步:卷积核在第七步基础上向右移动一个单位,则变为特征图第 3～5 行第 2～4 列组成的 3×3 矩阵与之对应,对应位置数值乘积的累和为 $0\times 1+1\times 0+1\times 1+0\times 0+1\times 1+1\times 0+1\times 1+1\times 0+0\times 1=3$,得出卷积结果中第 3 行第 2 列数值为 3。

第九步:卷积核在第八步基础上再向右移动一个单位,则变为特征图第 3～5 行第 3～5 列组成的 3×3 矩阵与之对应,对应位置数值乘积的累和为 $1\times 1+1\times 0+1\times 1+1\times 0+1\times 1+0\times 0+1\times 1+0\times 0+0\times 1=4$,得出卷积结果中第 3 行第 3 列数值为 4。

综上,卷积核按照从左到右从上到下的顺序平移过整幅图像,以相同的计算方法与原始图像的剩余部分进行卷积,即可得到最右边卷积结果。

14.4.2　池化层

在卷积神经网络中,池化层,也叫下采样层,是由图像经过池化函数计算后而得到的结果,一般位于卷积层的下一层。池化函数使用某一位置的相邻输出的总体统计特征来代替网络在该位置的输出。池化就是计算特征图上一个区域内平均值或最大值,计算特征图上一个区域内的平均值叫作平均池化,计算特征图上一个区域内的最大值叫作最大池化。不管采用什么样的池化函数,当输入作出少量平移时,池化能够帮助输入的表示近似不变。对于平移的不变性是指当人们对输入进行少量平移时,经过池化函数后的大多数输出并不会发生改变。这一特性被称为局部平移不变性。局部平移不变性是一个很有用的性质,尤其是当人们关心某个特征是否出现而不关心它出现的具体位置时。例如,当判定一张图像中是否包含人脸时,人们并不需要知道眼睛的精确像素位置,只需要知道有一只眼睛在脸的左边,有一只在右边就行了。但在一些其他领域,保存特征的具体位置却很重要。例如当想要寻找一个由两条边相交而成的拐角时,就需要很好地保存边的位置来判定它们是否相交。在获取图像的卷积特征后,要通过池采样方法对卷积特征进行降维。此时需要将卷积特征划分为一些不相交区域,用这些区域的最大(或平均)特征来表示降维后的卷积特征。这些降维后的特征更容易进行分类。

1. 池化层的作用

池化层的作用是对经过特征提取的特征图实行降维采样,在减少数据量的同时,保留有用的信息,增强 CNN 具有抗畸变和干扰的能力。它通过降低特征面的分辨率,来获得具有空间不变性的特征。实际上,池化层起到了二次提取特征的作用,它对其局部接受域内的信号进行池化操作。常见的方法有最大值池化(将局部接受域中幅值最大的数值作为输出)、均值池化(将局部接受域的所有值求均值作为输出)以及随机池化(在局部接受域中随机选取一个值作为输出)。

在通过卷积获取图像特征之后是利用这些特征进行分类的。我们可以用所有提取到的特征数据进行分类器的训练,但这通常会产生极大的计算量。例如,对于一个 48×48 像素的图像,假设通过在卷积层定义 20 个 4×4 大小的卷积滤波器,每个卷积核与图像卷积都会得到一个 $(48 - 4 + 1) \times (48 - 4 + 1)$ 维的卷积特征,由于有 20 个特征,所以每个样例都会得到一个 $45 \times 45 \times 20$ 维的卷积特征向量。学习一个如此规模特征输入的分类器十分困难,很容易出现过拟合现象,得不到合理的结果。所以在获取图像的卷积特征后,可以通过最大或平均池采样方法对卷积特征进行降维,将卷积特征划分为 $n \times n$ 个不相交的区域,用这些区域的最大或平均特征来表示降维后的卷积特征。这些降维后的特征更容易进行分类。

最大或平均池采样在计算机视觉中的价值体现在两个方面:

(1) 它减小了来自上层隐藏层的计算复杂度;

(2) 这些池化单元具有平移不变性,即使图像有小的位移,提取到的特征依然会保持不变。

为了理解池化的不变性,我们假设有一个最大池层级联在卷积层之后。一个像素点可以在输入图像上的 8 个方向平移。如果最大池层的滤波窗口尺寸是 2×2 的,卷积层中一个像素往 8 个可能的方向平移,其中有 3 个方向会产生同样的输出。如果最大池层的滤波窗口增加到 3×3，平移不变的方向会增加到 5 个。由于增强了对位移的鲁棒性，池采样方法是一个高效的降低数据维度的采样方法。因为池化综合了全部邻居的反馈，使得池化单元少于探测单元成为可能，可以通过综合池化区域的 k 个像素的统计特征而不是单个像素来实现。这种方法提高了网络的计算效率，因为下一层少了约 k 倍的输入。

池化层参数基本配置为：接收数据维度大小、池化核参数的大小、池化核移动步长和输出数据维度大小。池化层没有需要学习的参数。池化核通过池化函数 pool($\cdot$) 计算来对上一卷积层输出 x_j^{l-1} 特征图进行特征提取，它将输入特征图 x_j^{l-1} 通过滑动窗口的方法划分为多个不重叠的 $n \times n$ 图像块，同时屏蔽外界干扰。池化层将每个从卷积层接收到的输入特征图 x_i^{l-1}，通过池化加权计算，输出新的特征图 x_j^l，池化过程的数学表达式为

$$\begin{cases} u_j^l = \beta_j^l \mathrm{pool}(x_j^{l-1}) + b_j^l \\ x_j^l = f(u_j^l) \end{cases} \tag{14.3}$$

其中，x_j^{l-1} 是池化层 l 上一层的第 j 张特征图，β_j^l 是池化层 l 的第 j 个通道的权重系数，b_j^l 是池化层 l 的第 j 个通道对应的偏置，pool($\cdot$) 是池化函数，它通过对输入特征图 x_j^{l-1} 滑动窗口方法划分为多个不重叠的 $n \times n$ 图像块，然后对每个图像块内的像素求均值、最大值或随机值作为池化操作的结果，输出图像在各个维度上都将减小为原来的 $1/n$。

池化函数 pool($\cdot$) 可以是平均池化 avgdown 或者最大池化 maxdown，x_j^l 是池化层 l 的第 j 个通道的输出，$f(\cdot)$ 是激活函数，$j = 1, 2, \cdots, n$，n 是池化层 l 的特征图数量。u_j^l 成为池化层 l 的第 j 个通道的净激活，它由前一个输出特征图 x_i^{l-1} 进行池化加权，再加上偏置项得到。

2. 上(升)下(降)采样运算

在卷积神经网络中，有两种采样运算：上采样和下采样(或称为升采样和降采样)。上采样和下采样之间存在着某种对应关系。不同的下采样运算，相应的上采样运算一般是不同的。常用的下采样有两种：平均下采样(Average Down Sampling 或 Mean Down Sampling)和最大下采样(Max Down Sampling)。这两种下采样又分别称为平均池化和最大池化。相应的上采样称为平均上采样和最大上采样。

对一个矩阵 A 进行下采样，首先要对它分块。标准的分块操作是不重叠的，理论上分块也可以是重叠的，但分块的数目相对较多。如果分块不重叠，且每块的大小为 $\lambda \times \tau$，则其中的第 ij 个块可以表示为

$$G_{\lambda\tau}^A(i, j) = (a_{st})_{\lambda \times \tau}$$

其中，$(i-1) \cdot \lambda + 1 \leqslant s \leqslant i \cdot \lambda$，$(j-1) \cdot \tau + 1 \leqslant t \leqslant j \cdot \tau$。

下采样的定义为：

(1) 对 $G_{\lambda\tau}^A(i, j)$ 的平均下采样定义为

$$\mathrm{avgdown}(G_{\lambda\tau}^A(i, j)) = \frac{1}{\lambda \times \tau} \sum_{s=(i-1)\times\lambda+1}^{i\times\lambda} \sum_{t=(j-1)\times\tau+1}^{j\times\tau} a_{st}$$

(2) 对 $G_{\lambda\tau}^A(i, j)$ 的最大下采样定义为

$$\mathrm{maxdown}(G_{\lambda\tau}^A(i, j)) = \max\{a_{st}, (i-1) \cdot \lambda + 1 \leqslant s \leqslant i \cdot \lambda, (j-1) \cdot \tau + 1 \leqslant t \leqslant j \cdot \tau\}$$

(3) 采用大小为 $\lambda \times \tau$ 的块，对矩阵 A 进行不重叠平均下采样的定义为

$$D_{\mathrm{avg}} = \mathrm{avgdown}_{\lambda, \tau}(A) = (\mathrm{avgdown}(G_{\lambda\tau}^A(i, j)))$$

（4）采用大小为 $\lambda \times \tau$ 的块，对矩阵 A 进行不重叠最大下采样的定义为

$$D_{\max} = \mathrm{maxdown}_{\lambda, \tau}(A) = (\mathrm{maxdown}(G_{\lambda \tau}^A(i, j)))$$

上采样的定义为：

（1）对矩阵 D_{avg} 进行倍数为 $\lambda \times \tau$ 的不重叠平均上采样的定义为

$$\mathrm{avgup}_{\lambda \times \tau}(D_{\mathrm{avg}}) = D_{\mathrm{avg}} \bigotimes 1_{\lambda \times \tau} \tag{14.4}$$

其中，$1_{\lambda \times \tau}$ 是一个元素全为 0 的矩阵，$\bigotimes$ 代表克罗内克积。

（2）对矩阵 $D_{\max} = (d_{ij})$ 进行倍数为 $\lambda \times \tau$ 的不重叠最大上采样的定义为

$$\mathrm{maxup}_{\lambda \times \tau}(D_{\max}) = (U_{ij})$$

其中，所有 $U_{ij} = (u_{kl})_{\lambda \times \tau}$ 都是大小为 $\lambda \times \tau$ 的矩阵，每个元素为

$$u_{kl} = \begin{cases} d_{ij}, & k = s^* \text{ 且 } l = t^*, \text{ 其中 } s^* t^* = \mathrm{argmax}\{a_{st} \in G_{\lambda \tau}^A(i, j)\} \\ 0, & \text{其他} \end{cases}$$

【例 14.3】　如果矩阵 $A = \begin{bmatrix} 3 & 6 & 8 & 4 \\ 4 & 7 & 7 & 1 \\ 2 & 2 & 4 & 2 \\ 2 & 4 & 3 & 1 \end{bmatrix}$，求对 A 进行 2×2 不重叠平均下采样和最大下采样的结果。

【解】　对一个矩阵 A 进行下采样，首先要对它分块。

已知矩阵 A 和 $\lambda = 2, \tau = 2$，分块后的第 ij 个块可以表示为

$$G_{22}^A(i, j) = (a_{st})_{2 \times 2}, \quad 2(i-1) + 1 \leqslant s \leqslant 2i, \ 2(j-1) + 1 \leqslant t \leqslant 2j$$

则

$$G_{22}^A(1, 1) = \begin{bmatrix} 3 & 6 \\ 4 & 7 \end{bmatrix}, \quad G_{22}^A(1, 2) = \begin{bmatrix} 8 & 4 \\ 7 & 1 \end{bmatrix}, \quad G_{22}^A(2, 1) = \begin{bmatrix} 2 & 2 \\ 2 & 4 \end{bmatrix}, \quad G_{22}^A(2, 2) = \begin{bmatrix} 4 & 2 \\ 3 & 1 \end{bmatrix}$$

对 $G_{\lambda \tau}^A(i, j)$ 的平均下采样：

$$\mathrm{avgdown}(G_{\lambda \tau}^A(1, 1)) = \frac{1}{4}(3 + 6 + 4 + 7) = 5$$

$$\mathrm{avgdown}(G_{\lambda \tau}^A(1, 2)) = \frac{1}{4}(8 + 4 + 7 + 1) = 5$$

$$\mathrm{avgdown}(G_{\lambda \tau}^A(2, 1)) = \frac{1}{4}(2 + 2 + 2 + 4) = 2.5$$

$$\mathrm{avgdown}(G_{\lambda \tau}^A(2, 2)) = \frac{1}{4}(4 + 3 + 2 + 1) = 2.5$$

即对 A 进行 2×2 不重叠平均下采样的结果为

$$D_{\mathrm{avg}} = \mathrm{avgdown}_{2, 2}(A) = \begin{bmatrix} 5 & 5 \\ 2.5 & 2.5 \end{bmatrix}$$

对 $G_{\lambda \tau}^A(i, j)$ 的最大下采样定义为

$$\mathrm{maxdown}(G_{\lambda \tau}^A(1, 1)) = \max\{3, 6, 4, 7\} = 7$$

$$\mathrm{maxdown}(G_{\lambda \tau}^A(1, 2)) = \max\{8, 4, 7, 1\} = 8$$

$$\mathrm{maxdown}(G_{\lambda \tau}^A(2, 1)) = \max\{2, 2, 2, 4\} = 4$$

$$\text{maxdown}(G^A_{\text{xr}}(2,2)) = \max\{4,2,3,1\} = 4$$

即对 A 进行 2×2 不重叠最大下采样的结果为

$$D_{\max} = \text{maxdown}_{2,2}(A) = \begin{bmatrix} 7 & 8 \\ 4 & 4 \end{bmatrix}$$

平均池化过程如图 14.5 所示。特征图为 4×4 的矩阵,当进行 2×2 不重叠平均池化时,特征图分为图中 4 个不同的 2×2 矩阵,对其中左上角的 2×2 矩阵取平均:$\frac{1}{2 \times 2}(0.3 + 0.2 + 0.5 + 0.6) = 0.4$,就得到 2×2 矩阵结果中所对应的左上角平均池化值为 0.4。同理对余下的右上角、左下角和右下角部分的 2×2 矩阵分别取平均,就可以得到其分布对应的平均池化结果,从而得到最终的平均池化结果。

若从卷积角度求解,则是求特征图通过一个参数都为 $\frac{1}{2 \times 2}$ 的卷积核的卷积结果。如左上角的 2×2 的矩阵求卷积为:$\frac{1}{2 \times 2} \times 0.3 + \frac{1}{2 \times 2} \times 0.2 + \frac{1}{2 \times 2} \times 0.5 + \frac{1}{2 \times 2} \times 0.6 = 0.4$,得到左上角部分对应卷积结果为 0.4,和平均池化过程相同。

池化过程也可以看作一种特殊的卷积过程,如图 14.5 所示就是平均池化过程。从图 14.5 可以看出,池化过程也是对特征图的缩小过程,当池化所用的卷积核大小为 $\lambda \times \tau$ 时,输出的特征图在平面上的两个维度分别缩小为原来的 $1/\lambda$ 和 $1/\tau$。

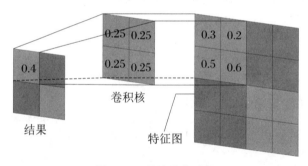

图 14.5　平均池化过程

3. 空间金字塔池化算法

在常规的卷积神经网络中,卷积和池化都对输入的特征图大小没有要求,但全连接的输入大小是固定的,从而导致对于结构已经确定的卷积神经网络,需要输入固定大小的图像,比如 32×32、64×64、480×640 等。因此,在利用卷积神经网络处理各种大小不同的图像时,需要对输入图像进行放缩或裁剪,使得输入图像达到卷积神经网络要求的输入的大小,但图像的放缩或裁剪会丢失图像原有的特征,从而导致卷积神经网络不能有效地获取图像的原有特征。

空间金字塔池化算法是一种能够解决卷积神经网络输入大小问题的算法。当卷积神经网络中加入了空间金字塔池化算法后,卷积神经网络的输入图像不需要进行放缩或裁剪,可以是任意大小的图像。空间金字塔池化算法可以通过一个具体的例子来说明,如图 14.6 所示,是一个简单的空间金字塔池化,输入一张任意大小的特征图,而要求输出 21 个特征。为了能够获得 21 个特征,可以使用 3 种不同的刻度对特征图进行划分,每一个小块提取一个特征,那么就会得到 21 个特征。这种提取特征的方法就是空间金字塔池化算法。

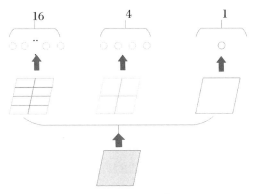

图 14.6　空间金字塔池化

空间金字塔池化算法本质上是改变池化所使用的卷积核大小,从而达到固定输出的目的。

14.4.3　全连接层

全连接层作为卷积神经网络的重要组成部分,一般情况下卷积神经网络的输出层就是一个全连接层。全连接层中各层输出由该层输入乘上权重矩阵和加上偏置项,并通过激活函数的响应得到。全连接层位于网络的尾端,其作用是对前面逐层变换和映射提取的特征进行回归分类等处理,它将所有的二维矩阵形式信号的特征图按行或按列拼接成一维特征,作为全连接网络的输入。全连接层 l 的输出可通过对输入加权求和并通过激活函数的响应得到,全连接层每个神经元的输出表达式为

$$\begin{cases} u_j^l = \sum_{i=1}^{m} w_{ij}^l x_i^{l-1} + b_j^l \\ x_j^l = f(u_j^l) \end{cases} \tag{14.5}$$

其中,x_i^l 是全连接层 l 前一层的神经元的第 i 个输出,w_{ij}^l 是 $l-1$ 层的第 i 个神经元的输出和全连接层 l 的第 j 个神经元之间对应的权重系数,b_j^l 是全连接层 l 的第 j 个神经元对应的偏置,x_j^l 是全连接层 l 的第 j 个通道的输出,$f(\cdot)$ 是激活函数,$j=1,2,\cdots,n$,n 是全连接层 l 的输出特征向量的大小,$i=1,2,\cdots,m$,m 是卷积层 l 前一层的输出特征向量的大小。u^l 称为全连接层 l 的净激活,它由前一个输出特征图 x^{l-1} 进行加权和偏置后得到。

为了提升 CNN 网络的性能,全连接层的每个神经元的激活函数一般采用 ReLU 函数。最后一层全连接层的输出值将被传递给一个输出层。

卷积网络到全连接层的过程如图 14.7 所示,经过多次的卷积和池化,最终得到 H_4。如图 14.7 所示,如果 H_4 层存在三个特征图,且大小为 2×2,那么将 H_4 展开以特征向量形式存在,再输入到传统的神经网络,这就是卷积网络到全连接层的过程。而全连接层可以看成传统的神经网络。

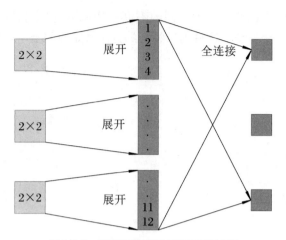

图 14.7　卷积网络到全连接层的过程

14.4.4　输出层

输出层通常跟随在全连接层之后,其设置跟具体的任务有关。当处理分类问题时,输出层的激活函数可以选择 softmax 函数,通过 softmax 函数可以得到当前样例属于不同种类的概率分布情况,此时输出层也叫 Softmax 层。

14.4.5　卷积神经网络各层节点数的计算

本小节我们以 LeNet 模型为例,根据各层的网络结构,来计算各层神经元节点数。LeNet 模型的结构由一个 7 层 CNN(不包含输入层)组成,如图 14.8 所示,我们将逐层介绍每一层中节点的计算过程。

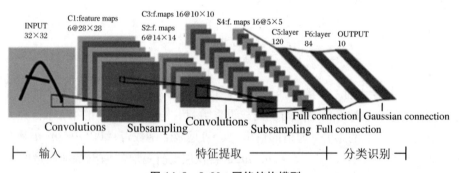

图 14.8　LeNet 网络结构模型

1. C1 层(卷积层)

C1 层使用了 6 个卷积核,每个卷积核大小为 5×5,每个卷积核与原始的输入图像(32×32)进行卷积,输出 6 个特征图,其中每一张特征图的维数大小为 $(32-5+1)\times(32-5+1)=28\times28$。由于卷积层的权值共享的特点,对同一卷积核的每个神经元使用相同的参数,因此,C1 层含有 $(5\times5+1)\times6=156$ 个可训练参数,其中,5×5 为每个卷积核的参数,1 为每个卷积核对应的偏执参数。卷积后得到的图像大小为 28×28,因此每张特征图含有 28×28 个神经元,每个卷积核参数为 156,该层的连接数为 $156 \times 28 \times 28 = 122304$。C1 层的输出节点数为 $6 \times 28 \times 28 = 4704$。

2. S2 层(池化层)

S2 层的池化单元大小为 2×2,因此从上层 C1 层输出的 6 个大小为 28×28 的特征图,经过池化后,变成维数为 14×14 的特征图输出。所以 S2 层每张特征图有 14×14 个神经元,每个池化单元的连接数为 $2 \times 2 + 1 = 5$,因此,该层的连接总数为 $5 \times 6 \times 14 \times 14 = 5880$。S2 层的输出节点数为 $6 \times 14 \times 14 = 1176$。通过 S2 层的池化,将 C1 卷积层输出的 4704 个节点数,减少为 1176 个。

3. C3 层(卷积层)

C3 层中的每个卷积核维数大小也是 5×5,所以每一个卷积输出特征图的大小为 $(14-5+1) \times (14-5+1) = 10 \times 10$,不过该卷积层将卷积核的数量增加到 16。需要注意的是,C3 与 S2 并不是全连接而是部分连接,有些是 C3 连接到 S2 三层,有些是四层,有些甚至达到六层,通过这种方式提取更多特征,C3 层中的每个特征图由 S2 层中所有六个或者几个特征图组合而成,由于不同的特征图具有不同的输入,所以迫使它们抽取不同的特征(希望是互补的),不完全的连接机制可以将连接的数量保持在一个合理的范围内。组合的规则由设计者来设计。假设组成 C3 层中的每个特征图的规则如图 14.9 所示,其中,第一列表示 C3 层的第 0 个特征图只跟 S2 层的第 0,1 和 2 这三个特征图相连接。计算过程为:用 3 个卷积模板分别与 S2 层的 3 个特征图进行卷积,然后将卷积的结果相加求和,再加上一个偏置,再通过激活函数计算得出卷积后对应的特征图。其他列也类似(有些是 3 个卷积模板,有些是 4 个,有些是 6 个),具体连接情况为:C3 层一共有 16 个特征图,其中与 S2 层 3 个特征图相连接的 C3 层特征图有 6 个,4 个特征图相连接的特征图有 9 个,6 个特征图相连接的特征图有 1 个。

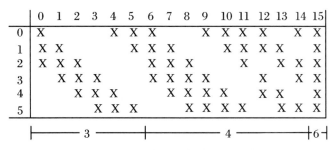

图 14.9　C3 层卷积层中的连接规则图

因此,C3 层的参数数目为 $(5 \times 5 \times 3 + 1) \times 6 + (5 \times 5 \times 4 + 1) \times 9 + 5 \times 5 \times 6 + 1 = 1516$。卷积后的特征图的大小为 10×10,参数数量为 1516,因此连接数为 $1516 \times 10 \times 10 = 151600$。C3 层的输出节点数为 $16 \times 10 \times 10 = 1600$,而 C3 层的输入节点数为 1176,这是为了获得更加细致的图形特征,将 S2 层的特征图进行更加多的组合,所提取组合后的特征图数目由 6 个增加到 16 个所致。

4. S4 层(池化层)

与 S2 层类似,S4 池化层维数大小为 2×2,该层与 C3 一样共有 16 个特征图,每个特征图的大小为 5×5,所需要训练的参数个数为 $16 \times 2 = 32$,连接数为 $(2 \times 2 + 1) \times 5 \times 5 \times 16 = $

2000。S4 层的输出节点数为 5×5×16＝400，通过 S4 层的池化，将 1600 个输入节点数减少为原来的 1/4。

5. C5 层(卷积层)

C5 层有 120 个卷积核，每个卷积核的大小仍为 5×5，因此有 120 个特征图。由于 S4 层的大小为 5×5，而该层的卷积核大小也是 5×5，因此特征图的大小为 $(5-5+1)×(5-5+1)$ ＝ 1×1。这样该层就刚好变成了全连接，这只是巧合，如果原始输入的图像比较大，则该层就不是全连接了。C5 层的参数数目为 $120×(5×5×16+1)=48120$。由于该层的特征图的大小刚好为 1×1，因此连接数为 $48120×1×1=48120$。

6. F6 层(全连接层)

F6 层与 C5 层是全连接层，该层有 120 个输入，84 个单元，之所以选 84 这个数字是因为输出层的设计，对应于一个 7×12 的比特图。该层有 84 个特征图，特征图的大小与 C5 一样都是 1×1，与 C5 层全连接。由于是全连接，参数数量为 $(120+1)×84=10164$，连接数与参数数量一致，也为 10164。和经典神经网络一样，F6 层计算输入向量和权重向量之间的点积，再加上一个偏置，然后将其传递给激活函数得出结果。

7. Output 层(输出层)

Output 层也是全连接层，共有 10 个节点，分别代表数字 0～9。如果第 i 个节点的值为 0，则表示网络识别的结果是数字 i。该层采用径向基函数的网络连接方式，假设 x 是上一层的输入，y 是 RBF 的输出，则 RBF 输出的计算方式是 $y_i = \sum_j (x_j - \omega_{ij})^2$，该式中的 ω_{ij} 的值由 i 的比特图编码确定，i 取值 0～9，j 取值 0～7×12−1。RBF 输出的值越接近于 0，表示当前网络输入的识别结果与字符 i 越接近。由于是全连接，参数个数和连接数相等，为 $84×10=840$。

表 14.1 总结了 LeNet 网络各层的特征图数目、特征图维数以及连接总数。

表 14.1　LeNet 网络结构特性一览表

网络层	特征图数目	特征图大小	连接总数
C1 卷积层	6	28×28	122304
S2 池化层	6	14×14	5880
C3 卷积层	16	10×10	151600
S4 池化层	16	5×5	2000
C5 卷积层	120	1×1	48120
F6 全连接层	—	—	10164
输出层	—	—	840

14.5　CNN 激活函数

本节以卷积神经网络为例，来介绍深度学习网络中的典型激活函数类型与功能。在深度学习神经网络中,激活函数的种类是比较多的,除了线性的激活函数 $f(x) = x$ 以外,常用的还有以下 11 种。

1. 硬限幅激活函数

硬限幅激活函数的表达式为

$$\text{hardlim}(x) = \begin{cases} 1, & x \geq 0 \\ 0, & x < 0 \end{cases} \tag{14.6}$$

硬限幅激活函数的图形如图 14.10 所示。

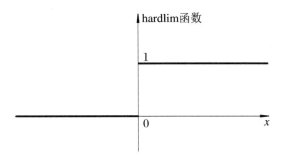

图 14.10 硬限幅激活函数的图形

2. 斜面函数

斜面函数的表达式为

$$\text{ramp}(x) = \begin{cases} 1, & x \geq 1 \\ x, & -1 < x < 1 \\ 0, & x \leq -1 \end{cases} \tag{14.7}$$

斜面函数的图形如图 14.11 所示。

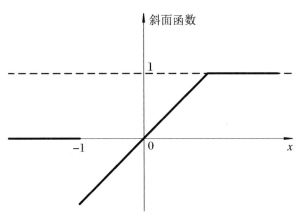

图 14.11 斜面函数的图形

3. 非线性的 sigmoid 函数

非线性的 sigmoid 函数的表达式为

$$\delta(x) = \text{sigm}(x) = \frac{1}{1 + e^{-x}} \tag{14.8}$$

非线性的 sigmoid 函数的图形如图 14.12 所示。

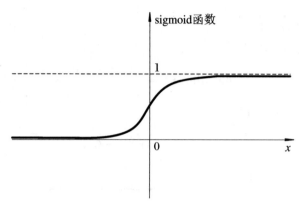

图 14.12　非线性的 sigmoid 函数的图形

　　sigmoid 函数是一个有界可微的实函数,它定义了所有实输入值,输出范围为(0,1),并在每个点上有一个非负导数。sigmoid 函数具有以下特点:

　　(1) 中间区域信号增益大,两侧区域信号增益小,应尽量将输入值控制在中间区域,在信号的特征空间映射上,有很好的效果;

　　(2) 输出范围有限,可以使数据在传递的过程中不发散;

　　(3) 由于输出范围为(0,1),可以用作输出层输出概率的分布。

　　sigmoid 函数有两个缺点。一个缺点是曲线饱和时梯度值非常小。当神经元的激活值在接近 0 或 1 时会出现饱和,该区域梯度几乎为 0。由于神经网络进行反向传播时,后一层的梯度是以乘的方式传递到前一层的,对于多层神经网络,传到前层的梯度会非常小,网络权值不能得到有效的更新,即梯度耗散。为了防止进入饱和区域,应对权值矩阵初始化进行适当调整,并规范权值的更新过程。如果初始化权值过大,可能会导致多数神经元饱和,使梯度几乎为 0,权值无法有效更新。另一个缺点是函数不以 0 为中心值,后一层的神经元将得到上一层输出的非零均值信号作为输入,当输入神经元的数据为正值时,权值在反向传播的过程中,变化值恒为正值或恒为负值,导致梯度下降时权值更新出现 z 字形下降。

　　4. 双曲正切函数

　　双曲正切函数(tanh 函数)的表达式为

$$\tanh(x) = \frac{e^x - e^{-x}}{e^x + e^{-x}} \tag{14.9}$$

双曲正切函数的图形如图 14.13 所示。

　　tanh 函数具有与 sigmoid 函数相似的特点,不同之处在于 tanh 函数的输出以零点为中心,输出范围为(-1,1),因此 tanh 函数解决了权值调整梯度始终为正的问题。因此,在实际应用中,tanh 函数比 sigmoid 函数应用更广。不过 tanh 函数依然存在饱和时梯度值非常小的缺点。

　　5. 校正线性单元(或修正线性单元)

　　校正线性单元(或修正线性单元)(Rectified Linear Unit,ReLU)的表达式为

$$\text{ReLU}(x) = \max(0, x) \tag{14.10}$$

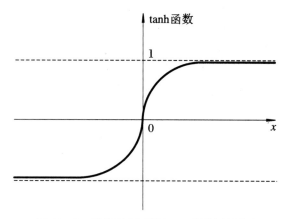

图 14.13　双曲正切函数(tanh 函数)的图形

ReLU 函数的图形如图 14.14 所示。

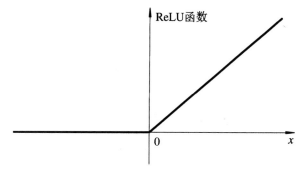

图 14.14　ReLU 函数的图形

ReLU 函数具有以下特点:

(1) 当 $x > 0$ 时,梯度始终为 1,无梯度耗散问题,收敛快。

(2) 当 $x < 0$ 时,该层的输出为 0,增加了网络的稀疏性。稀疏性越大,提取出来的特征就越具有代表性,网络泛化能力越强。

(3) 计算简单,运算量小。

(4) 没有梯度消失问题。

(5) 效率更高。

ReLU 激活函数能够最大限度地保留数据特征,而且大于 0 的保留,其他全部置为 0,这样数据就能表达为大部分元素为 0 的稀疏矩阵,提高了数据处理的效率。针对于使用梯度下降的方法,训练样本的时间上,使用不饱和非线性方法的 ReLU 能够比 tanh 与 sigmoid 饱和非线性方法要快得多。

校正线性单元(ReLU)当输入为正时,没有梯度饱和的问题,可以加速模型的收敛,提高训练效率;当输入为负时,输出为 0,即单侧抑制。另外,ReLU 的输出为非负数,即 ReLU 不是个零中心函数。不过增加稀疏性的同时也存在一定的风险,由于 $x < 0$ 时函数的梯度为 0,导致负的梯度通过 ReLU 被置零,这个神经元将不会再有更新,这种情况叫作神经元死

亡。当学习率设置得较大时,40%的神经元可能会在训练过程中死亡。针对这种情况,ReLU 函数出现很多改进形式,如 LReLU,PReLU,ELU。

6. 渗漏校正线性单元(或渗漏修正线性单元)

渗露校正线性单元(Leaky Rectified Linear Unit,LReLU)是在 ReLU 的基础上的变形。ReLU 使全部的负输入输出为 0,LReLU 为所有负值提供正斜率 a,并且该值是固定的,通常为 0.01,函数的表达式为

$$\text{LReLU}(x) = \begin{cases} x, & x \geqslant 0 \\ ax, & x < 0 \end{cases} \tag{14.11}$$

其中,$a \in (0, 1)$ 是一个固定值,如果按某个均匀分布取随机值,则称为 RReLU (Ramdomized LReLU)。LReLU 函数的图形如图 14.15 所示。

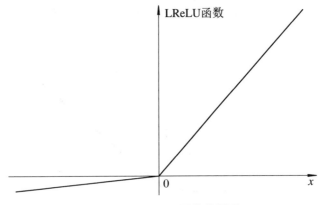

图 14.15 LReLU 函数的图形

LReLU 最初的目的是避免梯度消失。但在一些实验中,发现 LReLU 对准确率并没有太大的影响。很多时候当采用 LReLU 时,必须要非常小心谨慎地重复训练,选取出合适的 a,LReLU 表现出的结果才比 ReLU 好。因此有人提出了一种自适应的从数据中学习参数的 PReLU。

7. 参数校正线性单元(或参数修正线性单元)

参数校正线性单元(Parametric Leaky ReLU,PReLU)是 LReLU 的一个变体,在 PReLU 中,可以自适应地从数据中学习参数,这个值是根据数据变化的,能与权重一起参与后向传播的更新。PReLU 的表达式为

$$\text{PReLU}(x) = \begin{cases} x, & x > 0 \\ ax, & x \leqslant 0 \end{cases} \tag{14.12}$$

其中,$a \leqslant 1$ 是一个可调参数,具体数值需通过学习得到。

PReLU 函数的图形如图 14.16 所示。

当 $ax = 0$ 时,PReLU 就转化成 ReLU;当 x 是一个很小的正值时,则此时 PReLU 就转化成 LReLU。所以 PReLU 的实用性更强。虽然 PReLU 引入了额外的参数,但是归因于 PReLU 的输出更接近于零均值,使得梯度下降算法优化的结果更接近于自然梯度,收敛速度更快。PReLU 是 LReLU 的改进,可以自适应地从数据中学习参数。PReLU 具有收敛速度快、错误率低的特点。PReLU 可以用于反向传播的训练,可以与其他层同时进行优化。

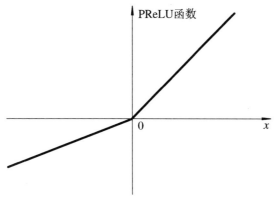

图 14.16　PReLU 函数的图形

8．指数线性单元

指数线性单元(Exponential Linear Unit,ELU)的表达式为

$$\mathrm{ELU}(x) = \begin{cases} x, & x > 0 \\ a(\mathrm{e}^x - 1), & x \leqslant 0 \end{cases} \tag{14.13}$$

其中,$a \geqslant 0$ 是一个可调参数,它控制着 ELU 负值部分在何时饱和。

ELU 函数的图形如图 14.17 所示。

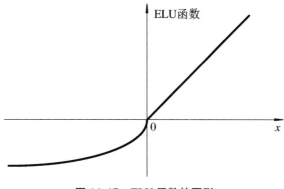

图 14.17　ELU 函数的图形

指数线性单元通过在正值区间进行恒等映射缓解了梯度消失问题。相比于 ReLU 是不以 0 值为中心的,而 ELU 因为在负值部分输出负值,导致输出能接近 0 均值,能够实现与 BN 同样的功能,收敛速度更快。与 LReLU 和 PReLU 相比,虽然它们具有负值输出,然而在没激活时对噪声不可能是鲁棒的,相反 ELU 的负值区域能够最终趋向饱和,使得对不同的输入变化或噪声具有更强的鲁棒性,避免出现像 ReLU 硬饱和区的"死亡"现象。

ELU 函数与 ReLU 函数的主要不同点在于:

(1) 它在 $x < 0$ 处的激活值为负值,且导数不为 0。因为 ReLU 在输入为负时导数会变成 0,这会引起神经元死亡的问题,ELU 改进了这一点,右侧线性部分使得 ELU 能够缓解梯度消失,而左侧软饱和能够让 ELU 对输入变化或噪声更鲁棒。

(2) ELU 的输出均值接近于零,所以收敛速度更快。ReLU 的所有输出都为非负数,所以它的输出均值必然非负,而这一性质会导致网络的均值偏移。所以 ReLU 在训练一些超深网络的时候,就会出现不收敛的问题。

9. 软加函数

软加函数(softplus 函数)的表达式为

$$f(x) = \log(1 + e^x) \tag{14.14}$$

softplus 函数的图形如图 14.18 所示。

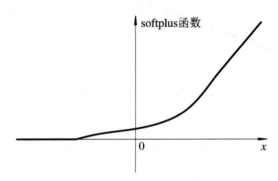

图 14.18　softplus 函数的图形

10. 最大输出函数

最大输出函数(maxout 函数)的表达式为

$$\text{maxout}(x) = \max(x_1, x_2, \cdots, x_n) \tag{14.15}$$

11. 软最大输出函数

软最大输出函数(softmax 函数)的表达式为

$$\text{softmax}(x_1, x_2, \cdots, x_n) = \frac{1}{\sum_{i=1}^{n} \exp(x_i)} (\exp(x_i))_{n \times 1} \tag{14.16}$$

softmax 函数是传统的线性逻辑回归的拓展形式,能够解决多分类问题。训练样本的种类一般在两个以上。回归在类似手写数字识别问题中可以取得很好的分类效果,这个问题是为了对这个手写数字进行区分。回归是有监督学习算法,它也可以与深度学习或无监督学习方法结合使用。softmax 回归可以被理解为一个多类分类器,既可以在有监督的机器学习中使用,也可以在无监督的机器学习中使用。在一般的逻辑回归中,是将训练样本分为两类,然而在 softmax 回归中,不是对样本进行两类的分类,而是对样本进行多类的分类。softmax 和一般的逻辑回归相似,不同的是 softmax 对类标签的似然概率进行求和。

14.6　深度学习网络的反向传播算法

当采用误差反向传播算法时,卷积神经网络也具有两种基本的运算模式:网络的前向输出计算和误差的反向传播。卷积神经网络的前向计算是数据输入卷积神经网络后,得到网络结果的过程,其本质上是一种从输入空间到输出空间的映射过程。卷积神经网络误差的反向传播是根据卷积神经网络输出层的已知误差,反向推导卷积神经网络中各层参数修正量的过程。卷积神经网络权值修正算法的目标是通过采用反向传播算法,来对整个 CNN 权值进行修正,其目的是减小训练时的损失函数值,来对网络模型的权值参数进行优化,使得网络输出更加接近样本标签。损失函数 E 的选择和定义需要根据具体的任务来决定,常见的损失函数有均方差损失函数(主要用于回归任务)和交叉熵损失函数(主要用于分类任务)。

为了使卷积神经网络能够进行反向传播,首先需要定义损失函数 E:

$$E = \frac{1}{2} \sum_{n=1}^{N} \parallel t_n - y_n \parallel^2 \tag{14.17}$$

其中,$n = 1, 2, \cdots, N$,N 是输入前向传播网络的样本数量,t_n 是训练样本集中第 n 个样本对应的标签真值,y_n 是第 n 个样本输入前向传播网络得到的网络输出的类别标签。

深度卷积神经网络的反向传播算法主要是基于梯度下降法,根据卷积神经网络的输出与期望输出之间的误差,来调整卷积神经网络中的参数:全连接层中的权重系数 w、卷积层中的卷积核 k,以及各层中的偏置 b 等。这些参数使得卷积神经网络的输出更加接近目标值。当网络训练完毕后,对网络给定一个输入,它就能得到一个相对应的目标输出,从而实现分类、预测或者识别的功能。

下面进行卷积神经网络的参数调整算法公式的推导。

14.6.1　全连接层权值参数调整学习算法

由式(14.5)可知,整个卷积神经网络全连接层(输出层 L)的神经元,以及其隐含层的输出表达式分别为

$$\begin{cases} u_j^l = \sum_{i=1}^{m} w_{ij}^l x_i^{l-1} + b_j^l \\ y_j = f(u_j^l) \end{cases} \tag{14.18}$$

其中,x_i^{l-1} 是全连接层 l 的前一层的神经元的第 i 个输出,w_{ij}^l 是 $l-1$ 层的第 i 个神经元的输出和全连接层 l 的第 j 个神经元之间对应的权重系数,b_j^l 是全连接层 l 的第 j 个神经元对应的偏置,$f(\cdot)$ 是激活函数,$j = 1, 2, \cdots, n$,n 是全连接层 l 的输出特征向量的大小,$i = 1, 2, \cdots, m$,m 是卷积层 l 前一层的输出特征向量的大小,$l = 1, 2, \cdots, L$,y_j 为整个网络的输出。

反向传播算法实际上通过所有网络层的 δ^l,$l = 1, 2, \cdots, L$ 误差,建立损失函数 E 对网络所有层中参数的偏导数,从而得到使得训练误差减小的方向。在全连接层中,输出层没有需要修正的权值,根据网络损失函数定义式(14.17),可以直接推导出全连接层中隐含层的权值 w_{ij} 的偏导为

$$\frac{\partial E}{\partial w_{ij}^l} = \frac{\partial E}{\partial y_j} \frac{\partial y_j}{\partial u_j^l} \frac{\partial u_j^l}{\partial w_{ij}^l} = (t_j - y_j) f'(u_j^l) x_i^{l-1}$$

通过将输出层 L 的误差定义为 $e_j = t_j - y_j$,也就是网络误差与期望值之间的误差;全连

接层中隐含层的误差定义为

$$\delta_j^L = e_j f'(u_j^l) = (t_j - y_j) f'(u_j^l) \tag{14.19}$$

也就是将网络输出层误差 $e_j = t_j - y_j$ 乘以输出层的激活函数的一阶导数得到全连接层中的隐含层的误差。由此可得全连接层中损失函数 E 对权值 w_{ij} 的偏导为

$$\frac{\partial E}{\partial w_{ij}^l} = \delta_j^L x_i^{l-1} \tag{14.20}$$

同理,可得损失函数 E 对偏置 b 的偏导为

$$\frac{\partial E}{\partial b_j^l} = \frac{\partial E}{\partial y_j} \frac{\partial y_j}{\partial u_j^l} \frac{\partial u_j^l}{\partial b_j^l} = (t_j - y_j) f'(u_j^l) = \delta_j^L \tag{14.21}$$

根据式(14.20)和式(14.21),就可以获得调整全连接层的权值参数公式为

$$\begin{cases} \Delta w_{ij}^l = -\eta \dfrac{\partial E}{\partial w_{ij}^l} = -\eta \delta_j^L x_i^{l-1} \\ \Delta b_j^l = -\eta \dfrac{\partial E}{\partial b_j^l} = -\eta \delta_j^L \end{cases} \tag{14.22}$$

其中,η 为整个卷积神经网络的学习率。

在训练卷积神经网络时,学习率不能够设置得过大,过大容易使网络发散或出现振荡;但也不能过小,过小会使卷积神经网络的学习速度过慢,很浪费时间。在实际操作中,可以通过预训练的方法找出一个相对较合适的学习率。

因为深度学习网络的全连接层是直接与网络的输出层相连的,所以在权值修正算法的计算上,同样满足与该层网络的误差成正比,以及与该层网络的输入向量成正比的梯度下降法的计算原则。在深度学习网络的误差反向传播过程中,需要特别注意以及推导的是中间各个卷积层以及与卷积层相连的池化层中的误差的计算与反向传播,因为任何一个卷积层至少是全连接层前一个隐含层。

14.6.2　卷积层的权值修正公式的推导

卷积层的函数表达式为

$$\begin{cases} u_j^l = \displaystyle\sum_{i \in M_j} x_{ij}^{l-1} * k_{pq}^l + b_j^l \\ x_j^l = f(u_j^l) \end{cases} \tag{14.23}$$

其中,x_i^{l-1} 是卷积层 l 上一层的第 i 张特征图,k_{ij}^l 是对应卷积层 l 上一层的第 i 张特征图和卷积层 l 的第 j 个通道的输出之间的卷积核矩阵,b_j^l 是卷积层 l 的第 j 个通道对应的偏置,M_j 是输入卷积层 l 的第 j 个通道的特征图子集,x_j^l 是卷积层 l 的第 j 个通道的输出,$f(\cdot)$ 是激活函数,$j = 1, 2, \cdots, n$,n 是卷积层 l 的本层的特征图数量,$i = 1, 2, \cdots, m$,m 是卷积层 l 前一层的特征图数量,"$*$"表示卷积运算符号,p, q 分别为卷积输出信号的行和列,$p = 1, 2, \cdots, u$,$q = 1, 2, \cdots, v$。输出信号的每一个元素都与卷积核的元素 k_{pq} 相关。

网络损失函数 E 对第 l 层的卷积核偏导数为

$$\frac{\partial E}{\partial k_{pq}^l} = \sum_i \sum_j \left(\frac{\partial E}{\partial x_j^l} \frac{\partial x_j^l}{\partial k_{pq}^l} \right) = \sum_i \sum_j \left(\frac{\partial E}{\partial x_j^l} \frac{\partial x_j^l}{\partial u_j^l} \frac{\partial u_j^l}{\partial k_{pq}^l} \right) \tag{14.24}$$

注意,卷积层权值修正式(14.24)中的偏导数一共有三项:$\dfrac{\partial E}{\partial x_j^l}$,$\dfrac{\partial x_j^l}{\partial u_j^l}$,$\dfrac{\partial u_j^l}{\partial k_{pq}^l}$。对于式(14.24)中最右边求和项括号中的第二个乘积子项,因为有 $x_j^l = f(u_j^l)$,所以我们可得

$$\frac{\partial x_j^l}{\partial u_j^l} = f'(u_j^l) \tag{14.25}$$

式(14.25)为激活函数对输入值的导数,激活函数作用于每一个元素,产生相同尺寸的输出信号,和全连接网络相同。

对于式(14.24)中最右边求和项括号中的第三个乘积子项,由于有 $u_j^l = \sum\limits_{i \in M_j} x_{ij}^{l-1} * k_{pq}^l + b_j^l$ 我们可得

$$\frac{\partial u_j^l}{\partial k_{pq}^l} = \frac{\partial \left(\sum\limits_{p-1}^{s} \sum\limits_{q-1}^{s} x_{i+p-1,j+q-1}^{l-1} * k_{pq}^l + b_j^l \right)}{\partial k_{pq}^l} = x_{i+p-1,j+q-1}^{l-1} \tag{14.26}$$

将式(14.25)和式(14.26)代入式(14.24),可得网络损失函数 E 对第 l 层的卷积核偏导数为

$$\frac{\partial E}{\partial k_{pq}^l} = \sum_i \sum_j \left(\frac{\partial E}{\partial x_j^l} f'(u_j^l) x_{i+p-1,j+q-1}^{l-1} \right) \tag{14.27}$$

该层偏置项的偏导数为

$$\frac{\partial E}{\partial b^l} = \sum_i \sum_j \left(\frac{\partial E}{\partial x_j^l} \frac{\partial x_j^l}{\partial b^l} \right) = \sum_i \sum_j \left(\frac{\partial E}{\partial x_j^l} \frac{\partial x_j^l}{\partial u_j^l} \frac{\partial u_j^l}{\partial b^l} \right) = \sum_i \sum_j \left(\frac{\partial E}{\partial x_j^l} f'(u_j^l) \right) \tag{14.28}$$

这里需要定义一个新的误差概念——网络第 l 层的 δ^l 误差(又称神经元灵敏度):

$$\delta_{ij}^l = \frac{\partial E}{\partial u_i^l} \tag{14.29}$$

其中,u_j^l 是当前层未激活的输出,δ_{ij}^l 描述了网络损失函数 E 随着 u_j^l 变化的程度,可以称为灵敏度,或误差的变化。

结合卷积层的输入/输出之间的函数关系式(14.23),可得

$$\delta_{ij}^l = \frac{\partial E}{\partial u_j^l} = \frac{\partial E}{\partial x_j^l} \frac{\partial x_j^l}{\partial u_j^l} = \frac{\partial E}{\partial x_j^l} f'(u_j^l) \tag{14.30}$$

这是损失函数对中间变量 u_j^l 的偏导数,它是一个矩阵:

$$\delta_{ij}^l = \frac{\partial E}{\partial u_j^l} = \begin{bmatrix} \delta_{11}^l & \cdots & \delta_{1m}^l \\ \vdots & \ddots & \vdots \\ \delta_{n1}^l & \cdots & \delta_{nm}^l \end{bmatrix} \tag{14.31}$$

$\dfrac{\partial E}{\partial u_j^l}$ 的维度和卷积层输出信号的维度相同,而全连接层的误差向量和该层的神经元个数保持一致。将式(14.30)代入式(14.27)和式(14.28),可得与全连接网络相连接的卷积层 l 的卷积核以及该层偏置项的偏导数分别为

$$\begin{cases} \dfrac{\partial E}{\partial k_{pq}^l} = \sum\limits_i \sum\limits_j \left(\delta_{ij}^l x_{i+p-1,j+q-1}^{l-1} \right) \\ \dfrac{\partial E}{\partial b^l} = \sum\limits_i \sum\limits_j \left(\delta_{ij}^l \right) \end{cases} \tag{14.32}$$

这也是一个卷积操作，δ_{ij}^l 相当于卷积核，x^{l-1} 则相当于输入信号。

由此我们根据标准的梯度下降法的推导过程，获得与全连接网络相连接的卷积层的权值修正公式，同样满足：与该层的神经元灵敏度误差 δ_{ij}^l 成正比，同时与该层的输入成正比。

$$\begin{cases} \Delta k_{pq}^l = -\eta \dfrac{\partial E}{\partial k_{ij}^l} = -\eta \sum_i \sum_j \left(\delta_{ij}^l x_{i+p-1,j+q-1}^{l-1} \right) \\ \Delta b_j^l = -\eta \dfrac{\partial E}{\partial b_j^l} = -\eta \sum_i \sum_j \left(\delta_{ij}^l \right) \end{cases} \tag{14.33}$$

【例 14.4】 假设卷积核矩阵的维数为 3×3：$k_{pq} = \begin{bmatrix} k_{11} & k_{12} & k_{13} \\ k_{21} & k_{22} & k_{23} \\ k_{31} & k_{32} & k_{33} \end{bmatrix}$，卷积层的输入信号

x 的维数为 4×4：$\begin{bmatrix} x_{11} & x_{12} & x_{13} & x_{14} \\ x_{21} & x_{22} & x_{23} & x_{24} \\ x_{31} & x_{32} & x_{33} & x_{34} \\ x_{41} & x_{42} & x_{43} & x_{44} \end{bmatrix}$，计算卷积输出信号对应的误差项矩阵 δ_{ij}^l，以及损

失函数 E 对卷积层参数的偏导数。

在进行卷积、加偏置的操作之后得到卷积层输出 u 的维数为 $4 - 3 + 1 = 2$，计算结果为

$$u = \begin{bmatrix} u_{11} & u_{12} \\ u_{21} & u_{22} \end{bmatrix} = \begin{bmatrix} x_{11} & x_{12} & x_{13} & x_{14} \\ x_{21} & x_{22} & x_{23} & x_{24} \\ x_{31} & x_{32} & x_{33} & x_{34} \\ x_{41} & x_{42} & x_{43} & x_{44} \end{bmatrix} * \begin{bmatrix} k_{11} & k_{12} & k_{13} \\ k_{21} & k_{22} & k_{23} \\ k_{31} & k_{32} & k_{33} \end{bmatrix} + \begin{bmatrix} b_{11} & b_{12} \\ b_{21} & b_{22} \end{bmatrix}$$

$$= \begin{bmatrix} \begin{matrix} x_{11}k_{11} + x_{12}k_{12} + x_{13}k_{13} + \\ x_{21}k_{21} + x_{22}k_{22} + x_{23}k_{23} + \\ x_{31}k_{31} + x_{32}k_{32} + x_{33}k_{33} + b_{11} \end{matrix} & \begin{matrix} x_{12}k_{11} + x_{13}k_{12} + x_{14}k_{13} + \\ x_{22}k_{21} + x_{23}k_{22} + x_{24}k_{23} + \\ x_{32}k_{31} + x_{33}k_{32} + x_{34}k_{33} + b_{12} \end{matrix} \\ \begin{matrix} x_{21}k_{11} + x_{22}k_{12} + x_{23}k_{13} + \\ x_{31}k_{21} + x_{32}k_{22} + x_{33}k_{23} + \\ x_{41}k_{31} + x_{42}k_{32} + x_{43}k_{33} + b_{21} \end{matrix} & \begin{matrix} x_{22}k_{11} + x_{23}k_{12} + x_{24}k_{13} + \\ x_{32}k_{21} + x_{33}k_{22} + x_{34}k_{23} + \\ x_{42}k_{31} + x_{43}k_{32} + x_{44}k_{33} + b_{22} \end{matrix} \end{bmatrix}$$

若该层的激活函数为 $f(\cdot)$，则卷积层输出为

$$x_j^l = f(u) = \begin{bmatrix} f(u_{11}) & f(u_{12}) \\ f(u_{21}) & f(u_{22}) \end{bmatrix}$$

反向传播过程中需要更新的参数有卷积核中的 k 值和偏置项 b，卷积核需要反复作用于同一信号的多个不同位置。根据式（14.29），可得卷积输出信号对应的误差项矩阵 δ_{ij}^l 为

$$\delta_{ij}^l = \begin{bmatrix} \delta_{11} & \delta_{12} \\ \delta_{21} & \delta_{22} \end{bmatrix}, \quad i, j = 1, 2$$

下面计算损失函数对卷积核各个元素的偏导数：

$$\frac{\partial E}{\partial k_{11}^l} = \delta_{11} \frac{\partial u_{11}}{\partial k_{11}^l} + \delta_{12} \frac{\partial u_{12}}{\partial k_{11}^l} + \delta_{21} \frac{\partial u_{21}}{\partial k_{11}^l} + \delta_{22} \frac{\partial u_{22}}{\partial k_{11}^l}$$

$$= x_{11}\delta_{11} + x_{12}\delta_{12} + x_{21}\delta_{21} + x_{22}\delta_{22}$$

这是因为产生输出 u_{11} 时卷积核元素 k_{11} 在输入信号中对应的元素是 x_{11}，产生输出 u_{12} 时卷积核元素 k_{11} 在输入信号中对应的元素是 x_{12}。其他的以此类推，同样有

$$\frac{\partial E}{\partial k_{12}^l} = x_{12}\delta_{11} + x_{13}\delta_{12} + x_{22}\delta_{21} + x_{23}\delta_{22}$$

$$\frac{\partial E}{\partial k_{13}^l} = x_{13}\delta_{11} + x_{14}\delta_{12} + x_{23}\delta_{21} + x_{24}\delta_{22}$$

$$\frac{\partial E}{\partial k_{21}^l} = x_{21}\delta_{11} + x_{22}\delta_{12} + x_{31}\delta_{21} + x_{32}\delta_{22}$$

$$\cdots\cdots$$

在此计算过程中，卷积核需要反复作用于同一信号的多个不同位置。从上面偏导数的计算过程我们可以总结出这样的规律：损失函数对卷积核的偏导数 $\frac{\partial E}{\partial k_{pq}^l}$ 实际上就是：前一层的输入信号与后一层 δ^l 误差的卷积：

$$\frac{\partial E}{\partial k_{pq}^l} = \begin{bmatrix} x_{11} & x_{12} & x_{13} & x_{14} \\ x_{21} & x_{22} & x_{23} & x_{24} \\ x_{31} & x_{32} & x_{33} & x_{34} \\ x_{41} & x_{42} & x_{43} & x_{44} \end{bmatrix} * \begin{bmatrix} \delta_{11} & \delta_{12} \\ \delta_{21} & \delta_{22} \end{bmatrix}$$

其中，$*$ 表示卷积运算，写成矩阵的形式为

$$\nabla_{k^l}E = \mathrm{conv}(X^{l-1}, \delta^l)$$

其中，conv 为卷积算符，卷积输出信号的尺寸与卷积核矩阵的尺寸相同。

14.6.3　误差 δ^l 的反向传播

通过卷积层的运算，网络的输入和输出层的维数降低了很多，当误差反向传播时，从后一层反向传播到前一层的过程中，需要将降低的位数补升到降维前的数量，这个升维的过程需要在误差 δ^l 反向传播到 δ^{l-1} 中体现出来。所以现在要解决的问题是如何将误差项传递到前一层。假设卷积层从后一层接收到的误差为 δ^l，信号维度与卷积层的输出信号维度大小一致，传播到前一层的误差为 δ^{l-1}，尺寸与卷积层的输入信号维度一致。同样以上面的例子，假设 δ^l 已知，问题是如何通过误差项 δ^l，找到计算公式，将其传递到前一层，获得 δ^{l-1}？

同样根据式（14.29）定义的神经元灵敏度误差 $\delta_{ij}^l = \frac{\partial E}{\partial u_j^l} = \frac{\partial E}{\partial x_j^l}\frac{\partial x_j^l}{\partial u_j^l}$，我们可得

$$\delta_{pq}^{l-1} = \frac{\partial E}{\partial u_{pq}^{l-1}} = \frac{\partial E}{\partial x_{pq}^{l-1}}\frac{\partial x_{pq}^{l-1}}{\partial u_{pq}^{l-1}} = \frac{\partial E}{\partial x_{pq}^{l-1}}f'(u_{pq}^{l-1}) = \left(\sum_i\sum_j\left(\frac{\partial E}{\partial u_j^l}\frac{\partial u_j^l}{\partial x_{pq}^{l-1}}\right)\right)f'(u_{pq}^{l-1})$$

$$(14.34)$$

其中，$\frac{\partial E}{\partial u_j^l}$ 是损失函数对中间变量的偏导数，它是一个 δ_{ij}^l 误差矩阵，也就式（14.31）：$\frac{\partial E}{\partial u_j^l}$

$$= \delta_{ij}^l = \begin{bmatrix} \delta_{11}^l & \cdots & \delta_{1m}^l \\ \vdots & \ddots & \vdots \\ \delta_{n1}^l & \cdots & \delta_{nm}^l \end{bmatrix}$$，它的维度和卷积层输出信号的维度相同。

为了计算出式(14.34)中的 $\dfrac{\partial u_j^l}{\partial x_{pq}^{l-1}}$，我们首先需要计算出卷积层输出 u 的计算公式。由正向传播时的卷积操作公式，可得

$$u = \begin{bmatrix} u_{11} & u_{12} \\ u_{21} & u_{22} \end{bmatrix} = \begin{bmatrix} x_{11} & x_{12} & x_{13} & x_{14} \\ x_{21} & x_{22} & x_{23} & x_{24} \\ x_{31} & x_{32} & x_{33} & x_{34} \\ x_{41} & x_{42} & x_{43} & x_{44} \end{bmatrix} * \begin{bmatrix} k_{11} & k_{12} & k_{13} \\ k_{21} & k_{22} & k_{23} \\ k_{31} & k_{32} & k_{33} \end{bmatrix} + \begin{bmatrix} b_{11} & b_{12} \\ b_{21} & b_{22} \end{bmatrix}$$

$$= \begin{bmatrix} \begin{matrix} x_{11}k_{11} + x_{12}k_{12} + x_{13}k_{13} + \\ x_{21}k_{21} + x_{22}k_{22} + x_{23}k_{23} + \\ x_{31}k_{31} + x_{32}k_{32} + x_{33}k_{33} + b_{11} \end{matrix} & \begin{matrix} x_{12}k_{11} + x_{13}k_{12} + x_{14}k_{13} + \\ x_{22}k_{21} + x_{23}k_{22} + x_{24}k_{23} + \\ x_{32}k_{31} + x_{33}k_{32} + x_{34}k_{33} + b_{12} \end{matrix} \\ \begin{matrix} x_{21}k_{11} + x_{22}k_{12} + x_{23}k_{13} + \\ x_{31}k_{21} + x_{32}k_{22} + x_{33}k_{23} + \\ x_{41}k_{31} + x_{42}k_{32} + x_{43}k_{33} + b_{21} \end{matrix} & \begin{matrix} x_{22}k_{11} + x_{23}k_{12} + x_{24}k_{13} + \\ x_{32}k_{21} + x_{33}k_{22} + x_{34}k_{23} + \\ x_{42}k_{31} + x_{43}k_{32} + x_{44}k_{33} + b_{22} \end{matrix} \end{bmatrix}$$

即

$$u_{11} = x_{11}k_{11} + x_{12}k_{12} + x_{13}k_{13} + x_{21}k_{21} + x_{22}k_{22} + x_{23}k_{23}$$
$$+ x_{31}k_{31} + x_{32}k_{32} + x_{33}k_{33} + b_{11}$$

由此可以计算出卷积层输出 u 对该层输入变量 x 的偏导数为

$$\frac{\partial u_{11}}{\partial x_{11}} = k_{11}$$

类似地可以得到

$$\frac{\partial u_{12}}{\partial x_{11}} = 0, \quad \frac{\partial u_{21}}{\partial x_{11}} = 0, \quad \frac{\partial u_{22}}{\partial x_{11}} = 0$$

从而根据式(14.34)可以计算出前一层神经元灵敏度误差 δ_{11}^{l-1} 为

$$\delta_{11}^{l-1} = (\delta_{11}^l k_{11}) f'(u_{11}^{l-1})$$

同理可得

$$\frac{\partial u_{11}}{\partial x_{12}} = k_{12}, \quad \frac{\partial u_{12}}{\partial x_{12}} = k_{11}, \quad \frac{\partial u_{21}}{\partial x_{12}} = 0, \quad \frac{\partial u_{22}}{\partial x_{12}} = 0$$

$$\frac{\partial u_{11}}{\partial x_{13}} = k_{13}, \quad \frac{\partial u_{12}}{\partial x_{13}} = k_{12}, \quad \frac{\partial u_{21}}{\partial x_{13}} = 0, \quad \frac{\partial u_{22}}{\partial x_{13}} = 0$$

$$\delta_{12}^{l-1} = (\delta_{11}^l k_{12} + \delta_{12}^l k_{11}) f'(u_{12}^{l-1})$$
$$\delta_{13}^{l-1} = (\delta_{11}^l k_{13} + \delta_{12}^l k_{12}) f'(u_{13}^{l-1})$$
$$\delta_{21}^{l-1} = (\delta_{11}^l k_{21} + \delta_{21}^l k_{11}) f'(u_{21}^{l-1})$$
$$\delta_{22}^{l-1} = (\delta_{11}^l k_{22} + \delta_{12}^l k_{21} + \delta_{21}^l k_{12} + \delta_{22}^l k_{11}) f'(u_{22}^{l-1})$$
$$\delta_{23}^{l-1} = (\delta_{11}^l k_{23} + \delta_{12}^l k_{22} + \delta_{21}^l k_{13} + \delta_{22}^l k_{12}) f'(u_{23}^{l-1})$$
$$\delta_{31}^{l-1} = (\delta_{11}^l k_{31} + \delta_{31}^l k_{11}) f'(u_{31}^{l-1})$$
$$\delta_{32}^{l-1} = (\delta_{11}^l k_{32} + \delta_{12}^l k_{31} + \delta_{31}^l k_{12} + \delta_{32}^l k_{11}) f'(u_{32}^{l-1})$$
$$\delta_{33}^{l-1} = (\delta_{11}^l k_{33} + \delta_{12}^l k_{32} + \delta_{31}^l k_{13} + \delta_{32}^l k_{12}) f'(u_{33}^{l-1})$$

从上面的过程我们可以看到,误差 δ^l 的反向传播实际上是将 δ^l 进行扩充(上下左右 4 个方向各扩充 2 个 0),之后的矩阵和卷积核矩阵 k_{qp} 进行顺时针 180 度旋转的矩阵进行卷积,即

$$\delta^{l-1} = \begin{bmatrix} 0 & 0 & 0 & 0 & 0 & 0 \\ 0 & 0 & 0 & 0 & 0 & 0 \\ 0 & 0 & \delta_{11} & \delta_{12} & 0 & 0 \\ 0 & 0 & \delta_{21} & \delta_{22} & 0 & 0 \\ 0 & 0 & 0 & 0 & 0 & 0 \\ 0 & 0 & 0 & 0 & 0 & 0 \end{bmatrix} * \begin{bmatrix} k_{33} & k_{32} & k_{31} \\ k_{23} & k_{22} & k_{21} \\ k_{13} & k_{12} & k_{11} \end{bmatrix} \begin{bmatrix} f'(u_{11}^{l-1}) & f'(u_{12}^{l-1}) & f'(u_{13}^{l-1}) \\ f'(u_{21}^{l-1}) & f'(u_{22}^{l-1}) & f'(u_{23}^{l-1}) \\ f'(u_{31}^{l-1}) & f'(u_{32}^{l-1}) & f'(u_{33}^{l-1}) \end{bmatrix}$$

将上述结论推广到一般形式,可以得到深度学习网络卷积层误差项反向传播的递推公式的卷积计算公式形式为

$$\delta^{l-1} = \delta^l * \mathrm{rot}180(K) f'(u^{l-1}) \tag{14.35}$$

其中,$\mathrm{rot}180(K)$ 表示将卷积核矩阵 K 顺时针旋转 180 度,$*$ 为卷积运算。

式(14.35)是卷积层反向传播算法计算公式的矩阵计算公式,这种做法更容易让人理解。

根据误差项可以求出卷积层的权重和偏置项的偏导数,并可以将误差项通过卷积层传递到前一层。

图 14.19 给出了卷积层误差 δ^l 反向传播的计算过程,其中 A 矩阵为扩充前的误差 δ^l,A' 矩阵为扩充后的误差 δ^l,在将卷积核矩阵 K 先顺时针旋转 180 度后,与 A' 矩阵进行卷积,最后得到前一层的误差 δ^{l-1} 矩阵 B。

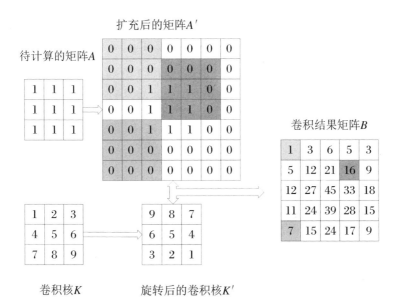

图 14.19　卷积层误差 δ^l 反向传播的计算过程

前面我们说过,卷积层从输入到输出的计算过程称为内卷积,当网络训练时,由网络输出到输入的卷积运算,称为外卷积。在对网络进行误差的反向传播过程中,需要用到外卷积运算。这里我们介绍外卷积运算公式。

外卷积 $A \overset{\frown}{*} B$ 定义为

$$A \overset{\frown}{*} B = \overset{\frown}{A}_B \overset{\smile}{*} B \tag{14.36}$$

其中,$\overset{\frown}{A}_B = (\overset{\frown}{a}_{ij})$ 是一个利用 0 对 A 进行扩充得到的矩阵,大小为 $(M+2m-2) \times (N+2n-2)$,且

$$\overset{\frown}{a}_{ij} = \begin{cases} a_{i-m+1,j-n+1}, & m \leqslant i \leqslant M+m-1 \text{ 且 } n \leqslant j \leqslant N+n-1 \\ 0, & \text{其他} \end{cases}$$

【例 14.5】 已知例 14.1 中的矩阵 $A = \begin{bmatrix} 1 & 2 & 3 \\ 4 & 5 & 6 \\ 7 & 8 & 9 \end{bmatrix}$ 和矩阵 $B = \begin{bmatrix} 2 & 3 \\ 4 & 5 \end{bmatrix}$,求对 A 和 B 进行外卷积的结果。

【解】 已知矩阵 A 和 B,则 $M=3, N=3, m=2, n=2$。

根据式(14.36),外卷积 $D = A \overset{\frown}{*} B = \overset{\frown}{A}_B \overset{\smile}{*} B$,其中 $\overset{\frown}{A}_B = (\overset{\frown}{a}_{ij})$ 是一个利用 0 对 A 进行扩充得到的矩阵,大小为 $(M+2m-2) \times (N+2n-2) = (3+2 \times 2 - 2) \times (3+2 \times 2 - 2) = 5 \times 5 (L \times L)$,其中各个元素的计算公式为 $\overset{\frown}{a}_{ij} = \begin{cases} a_{i-2+1,j-2+1}, & 2 \leqslant i \leqslant 4 \text{ 且 } 2 \leqslant j \leqslant 4 \\ 0, & \text{其他} \end{cases}$。通过计算,可得

$$\overset{\frown}{A}_B = \begin{bmatrix} 0 & 0 & 0 & 0 & 0 \\ 0 & 1 & 2 & 3 & 0 \\ 0 & 4 & 5 & 6 & 0 \\ 0 & 7 & 8 & 9 & 0 \\ 0 & 0 & 0 & 0 & 0 \end{bmatrix}$$

外卷积 D 是 $\overset{\frown}{A}_B$ 和 B 的内卷积,它是一个 $L-m+1$ 行、$L-n+1$ 列的矩阵,即维数大小为 $(L-m+1) \times (L-n+1) = (5-2+1) \times (5-2+1) = 4 \times 4$。

所以内卷积 $D = \begin{bmatrix} d_{11} & d_{12} & d_{13} & d_{14} \\ d_{21} & d_{22} & d_{23} & d_{24} \\ d_{31} & d_{32} & d_{33} & d_{34} \\ d_{41} & d_{42} & d_{43} & d_{44} \end{bmatrix}$,求出 d_{11} 为

$$\begin{aligned} d_{11} &= \sum_{s=1}^{2} \sum_{t=1}^{2} \overset{\frown}{a}_{1-1+s,1-1+t} \cdot b_{st} \\ &= \overset{\frown}{a}_{11} b_{11} + \overset{\frown}{a}_{12} b_{12} + \overset{\frown}{a}_{21} b_{21} + \overset{\frown}{a}_{22} b_{22} \\ &= 0 + 0 + 0 + 5 \\ &= 5 \end{aligned}$$

同理求出

$$d_{12} = \sum_{s=1}^{2} \sum_{t=1}^{2} \overset{\frown}{a}_{1-1+s,2-1+t} \cdot b_{st} = 14, \quad d_{13} = \sum_{s=1}^{2} \sum_{t=1}^{2} \overset{\frown}{a}_{1-1+s,3-1+t} \cdot b_{st} = 23$$

$$d_{14} = \sum_{s=1}^{2} \sum_{t=1}^{2} \overset{\frown}{a}_{1-1+s,4-1+t} \cdot b_{st} = 12, \quad d_{21} = \sum_{s=1}^{2} \sum_{t=1}^{2} \overset{\frown}{a}_{2-1+s,1-1+t} \cdot b_{st} = 23$$

$$d_{22} = \sum_{s=1}^{2} \sum_{t=1}^{2} \hat{a}_{2-1+s,2-1+t} \cdot b_{st} = 49, \quad d_{23} = \sum_{s=1}^{2} \sum_{t=1}^{2} \hat{a}_{2-1+s,3-1+t} \cdot b_{st} = 63$$

$$d_{24} = \sum_{s=1}^{2} \sum_{t=1}^{2} \hat{a}_{2-1+s,4-1+t} \cdot b_{st} = 30, \quad d_{31} = \sum_{s=1}^{2} \sum_{t=1}^{2} \hat{a}_{3-1+s,1-1+t} \cdot b_{st} = 47$$

$$d_{32} = \sum_{s=1}^{2} \sum_{t=1}^{2} \hat{a}_{3-1+s,2-1+t} \cdot b_{st} = 91, \quad d_{33} = \sum_{s=1}^{2} \sum_{t=1}^{2} \hat{a}_{3-1+s,3-1+t} \cdot b_{st} = 105$$

$$d_{34} = \sum_{s=1}^{2} \sum_{t=1}^{2} \hat{a}_{3-1+s,4-1+t} \cdot b_{st} = 48, \quad d_{41} = \sum_{s=1}^{2} \sum_{t=1}^{2} \hat{a}_{4-1+s,1-1+t} \cdot b_{st} = 21$$

$$d_{42} = \sum_{s=1}^{2} \sum_{t=1}^{2} \hat{a}_{4-1+s,2-1+t} \cdot b_{st} = 38, \quad d_{43} = \sum_{s=1}^{2} \sum_{t=1}^{2} \hat{a}_{4-1+s,3-1+t} \cdot b_{st} = 43$$

$$d_{44} = \sum_{s=1}^{2} \sum_{t=1}^{2} \hat{a}_{4-1+s,4-1+t} \cdot b_{st} = 18$$

外卷积 $A \hat{*} B = \begin{bmatrix} 5 & 14 & 23 & 12 \\ 23 & 49 & 63 & 30 \\ 47 & 91 & 105 & 48 \\ 21 & 38 & 43 & 18 \end{bmatrix}$。

14.6.4　池化层误差反向传播算法的推导

池化层没有需要更新的权重和偏置项,因此无须对本层进行参数求导以及梯度下降的求解,所要做的是将误差项传播到前一层。池化层的函数表达式为

$$\begin{cases} u_j^l = \beta_j^l \mathrm{pool}(x_j^{l-1}) + b_j^l \\ x_j^l = f(u_j^l) \end{cases} \tag{14.37}$$

其中,x_j^{l-1} 是卷积层 l 上一层的第 j 张特征图,β_j^l 是池化层 l 的第 j 个通道对应的权重系数,它实际上是将最大池化或平均池化计算转化为权重系数形式,一旦选定后,不再需要训练修正,b_j^l 是池化层 l 的第 j 个通道对应的偏置项,$\mathrm{pool}(\cdot)$ 表示池化层的池化函数,一般为最大池化或平均池化函数。

平均下采样定义为 $\mathrm{avgdown}(G_{\lambda\tau}^A(i,j)) = \dfrac{1}{\lambda \times \tau} \sum_{s=(i-1)\times\lambda+1}^{i\times\lambda} \sum_{t=(j-1)\times\tau+1}^{j\times\tau} x_{st}$;最大下采样定义为 $\mathrm{maxdown}(G_{\lambda\tau}^A(i,j)) = \max\{x_{st}, (i-1)\cdot\lambda+1 \leqslant s \leqslant i\cdot\lambda, (j-1)\cdot\tau+1 \leqslant t \leqslant j\cdot\tau\}$,其中 $\lambda \times \tau$ 为所分块的维数大小,一般情况下 $\lambda = \tau$。

池化层没有激活函数,令池化层的激活函数为 $f(u^l) = u^l$,即激活后就是本身,这样池化层激活函数的导数为 1。

在已知卷积层 l 的灵敏度 δ_j^l 情况下,池化层 $l-1$ 第 j 个通道的灵敏度 δ_j^{l-1} 误差为

$$\delta_j^{l-1} = \frac{\partial E}{\partial u_j^{l-1}} = \frac{\partial E}{\partial u_j^l} \frac{\partial u_j^l}{\partial x_j^{l-1}} \frac{\partial x_j^{l-1}}{\partial u_j^{l-1}} = \frac{\partial E}{\partial u_j^l} \frac{\partial u_j^l}{\partial x_j^{l-1}} * 1 = \delta_j^l * \frac{\partial u_j^l}{\partial x_j^{l-1}} \tag{14.38}$$

下面我们推导 $\dfrac{\partial u_j^l}{\partial x_j^{l-1}}$。因为池化层的输入与输出层的维数是不一致的,假设池化层的输入图像是 X^{l-1},输出图像是 X^l,我们把它们维数之间的变换定义为 $X^l = \mathrm{down}(X^{l-1})$,其

中,down(·)为下采样操作,在正向传播时,对输入数据进行了压缩,在反向传播时,接受的是后一层误差 δ^l,维度和 X^l 相同,向前一层传递出去的误差是 δ^{l-1},维度和 X^{l-1} 相同。与下采样相反,此时需要使用上采样来计算误差项:

$$\delta^{l-1} = \mathrm{up}(\delta^l) \qquad (14.39)$$

其中,up(·)为上采样操作。

池化层输出特征图的维数是其输入,同时也是前一卷积层输出特征图维数的 $1/(\lambda \times \tau)$,这两层的特征图个数是一样的,例如卷积层 C1 和采样层 S2 的维数如下:C1 为 24×24,卷积核大小为 2×2,S2 为 12×12,层数都是 20。因此,当池化层的误差信号 δ^l 的维数为 12×12 时,卷积层的输出维数为 24×24,如果要把池化层的 δ^l 误差信号传给卷积层,则需要用克罗内克积 $\otimes$ 对池化层的 δ^l 误差信号进行扩充(上采样),使其和卷积层的输出维数一致,根据上采样定义式(14.39)有:$\mathrm{up}(\delta^l) = \delta^l \otimes 1_{\lambda \times \tau}$,其中,$n$ 为采样因子。

如果是对一个 $\lambda \times \tau$ 的块进行池化,在反向传播时,要将 δ^l 的误差项扩展成 δ^{l-1} 对应位置的 $\lambda \times \tau$ 个误差项的值。我们以均值池化为例进行讨论,均值池化的变换函数为 $u_j^l = \beta_j^l \mathrm{pool}(x_j^{l-1}) = \dfrac{1}{\lambda \times \tau} \sum_{j=1}^{k} x_j^{l-1}$,其中,$x_j$ 为池化的 $\lambda \times \tau$ 子图像块的像素,u 是池化输出像素值。此时 $\dfrac{\partial u_j^l}{\partial x_j^{l-1}}$ 为 $\dfrac{1}{\lambda \times \tau}$。由此将 δ^l 得到 δ^{l-1} 的方法为,将 δ^l 的每一个元素都扩充为放大倍数为 $\dfrac{1}{\lambda \times \tau}$ 的 $\lambda \times \tau$ 个元素:

$$\delta^{l-1} = \mathrm{up}(\delta^l) = \begin{bmatrix} \dfrac{\delta^l}{\lambda \times \tau} & \cdots & \dfrac{\delta^l}{\lambda \times \tau} \\ \vdots & \ddots & \vdots \\ \dfrac{\delta^l}{\lambda \times \tau} & \cdots & \dfrac{\delta^l}{\lambda \times \tau} \end{bmatrix} \qquad (14.40)$$

小结:当一个卷积层的下一层为池化层,并假设已知池化层输出的神经元灵敏度误差为 δ_j^l,卷积层第 j 个通道的神经元灵敏度误差 δ_j^{l-1} 的计算公式为

$$\delta_j^{l-1} = \frac{\partial E}{\partial u_j^{l-1}} = \frac{\partial E}{\partial u_j^l} \frac{\partial u_j^l}{\partial x_j^{l-1}} \frac{\partial x_j^{l-1}}{\partial u_j^{l-1}} = \beta_j^l (f'(u_j^{l-1}) \circ \mathrm{up}(\delta_j^l)) \qquad (14.41)$$

其中,β_j^l 是池化层由最大池化或平均池化转化成的权重系数,up(·)是池化层误差矩阵放大的函数,它完成池化层误差矩阵放大与误差重新分配的逻辑,"∘"表示每个元素对应位相乘的运算符号。

【例 14.6】 根据式(14.40)进行池化层的上采样计算,其中 $x = \begin{bmatrix} 1 & 2 \\ 3 & 4 \end{bmatrix}$。

【解】 由 $\mathrm{up}(\delta^l) = \delta^l \otimes 1_{n \times n}$,$x = \begin{bmatrix} 1 & 2 \\ 3 & 4 \end{bmatrix}$,可得 $n = 2$,那么有

$$\mathrm{up}\left(\begin{bmatrix} 1 & 2 \\ 3 & 4 \end{bmatrix}\right) = \begin{bmatrix} 1 & 2 \\ 3 & 4 \end{bmatrix} \otimes \begin{bmatrix} 1 & 1 \\ 1 & 1 \end{bmatrix} = \begin{bmatrix} 1 & 1 & 2 & 2 \\ 1 & 1 & 2 & 2 \\ 3 & 3 & 4 & 4 \\ 3 & 3 & 4 & 4 \end{bmatrix}$$

当 $\delta^l = \begin{bmatrix} 0.1 & 0.2 \\ 0.4 & 0.5 \end{bmatrix}$ 时,根据 $\mathrm{up}(\delta^l) = \delta^l \otimes 1_{n \times n}$,有

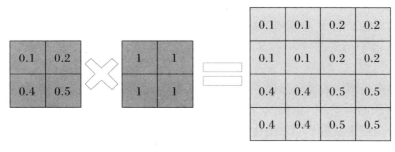

池化层误差δ^l　　　　单位矩阵I　　　　扩展后的前一层误差δ^{l-1}

下采样过程把维数降低了,反向过程就是增加维数,进行上采样计算使其与卷积层的维数一致。

14.7　CNN 网络权值的训练过程

深度神经网络如何学习？首先要有训练数据。现有一组图像,每个图像包含四种不同类别对象的一种,我们想让深度学习网络自动识别每个图像中有哪个对象。我们给图像加标签,这样就有了网络的训练数据。使用此训练数据,网络随后能开始理解对象的具体特征,并与相应的类别建立关联。网络中的每一层从前面一层吸取数据,进行变换,然后往下传递。网络增加了复杂度和逐层学习的详细内容。注意,网络直接从数据中学习。训练深度学习模型可能需要几小时、几天甚至几星期,具体取决于数据量大小以及可投入使用的处理能力。选择计算资源是建立工作流程时的重要考虑因素。

ConvNet 由多个层组成,如卷积层、最大池层或平均池层和完全连接层。ConvNet 的每一层神经元都以三维方式排列,将三维输入转换为三维输出。例如,对于图像输入,第一层(输入层)将图像保存为三维输入,尺寸为图像的高度、宽度和颜色通道。第一卷积层中的神经元连接到这些图像的区域,并将它们转换为三维输出。每个层中的隐藏单元(神经元)学习原始输入的非线性组合,称为特征提取。这些学习的特性,也称为激活,从一层输出成为下一层的输入。最后,学习到的特征,成为网络末端分类器或回归函数的输入。ConvNet 的体系结构可以根据包含的层的类型和数量而有所不同。包含的层的类型和数量取决于特定的应用程序或数据。例如,如果有分类响应,则必须有 softmax 函数层和分类层,而如果响应是连续的,则必须在网络的末尾有一个回归层。一个只有一两个卷积层的较小的网络可能足以学习少量的灰度图像数据。对于具有数百万彩色图像的更复杂的数据,可能需要一个具有多个卷积层和完全连接层的更复杂的网络。

在训练卷积神经网络时,最常用的方法是采用反向传播法则以及有监督的训练方式,算法流程如图 14.20 所示。深度学习网络的权值训练过程为:

（1）网络所有权值参数的初始化或赋值。

（2）深度学习网络信号的前向传播：从输入特征向输出特征的方向传播计算，第 1 层的输入 X，经过多个卷积神经网络层，直到最后一层输出的特征图 Y。

（3）将输出特征图 Y 与期望的标签 T 进行比较，生成输出层的误差项 E。

（4）将 E 与期望值进行对比，是否满足性能指标？是则收敛，训练结束，否则进行网络权值的修正。

（5）通过遍历网络的反向路径，将误差 E 逐层传递到每个节点，根据式（14.19）计算全连接层中隐含层的误差 δ^L；根据式（14.22）更新全连接层中相应的权重系数 w_{ij} 和偏置 b_j。

（6）对于全连接层前一层为池化层，可根据式（14.41）将与池化层维数相同的 δ^L 进行反向传递，得到池化层前一个卷积层的误差 δ^{l-1}，然后根据式（14.33），更新卷积层中相应的卷积核权值 k_{ij} 和偏置 b_j。

（7）检查如果没有到输入层，则通过式（14.34），将卷积层的误差 δ^{l-1} 继续进行反向传递到前一层网络，进行权值修正。

（8）如果到输入层，则转到（2），重新进行性能计算，直至误差满足性能指标，则为收敛，训练结束。

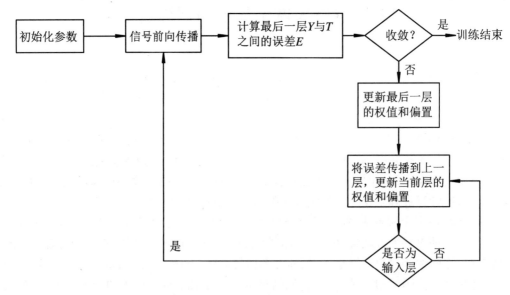

图 14.20　CNN 网络权值的训练过程

在训练过程中，网络中权值的初值通常随机初始化（也可通过无监督的方式进行预训练），网络误差随迭代次数的增加而减少，并且这一过程收敛于一定的权值集合，额外的训练次数呈现出较小的影响。

卷积神经网络是一种多层的监督学习神经网络，隐含层的卷积层和池采样层是实现卷积神经网络特征提取功能的核心模块。该网络模型通过采用梯度下降法最小化损失函数对网络中的权重参数逐层反向调节，通过频繁的迭代训练提高网络的精度。卷积神经网络的低隐层是由卷积层和最大池采样层交替组成的，高层是全连接层对应传统多层感知器的隐含层和逻辑回归分类器。第一个全连接层的输入是由卷积层和子采样层进行特征提取得到的特征图像。最后一层输出层是一个分类器,可以采用逻辑回归,回归甚至是支持向量机对输入图像进行分类。

14.7.1　卷积神经网络训练后的验证过程与数据处理策略

经过训练后得到的卷积神经网络的分类工作过程为:将待识别的图像作为输入样本,通过逐层前向传播一直到输出层输出最后的分类结果。神经网络的输入层在接收到一幅图像作为输入数据后,由第一个卷积层的滤波器卷积产生一幅特征图像,这幅特征图像包含了输入图像经过不同滤波器卷积后获得的特征信息。接着通过一个维数的滤波器对特征图像进行降采样得到第一个采样层的特征图像,层特征图的维数是层的一半,由于降采样层采用最大池采样方法,提取出的特征信息更有代表性,而且增强了神经网络对于噪声和其他干扰的鲁棒性。即使图像存在噪声或者遮挡和残缺,在连续的特征提取和采样过程中这些干扰会逐渐降低。卷积神经网络一直重复卷积和降采样操作,一直到获取层,输入图像被降解为单像素大小的特征图像,将单像素大小特征图像与输出层的各个节点以全连接方式到输出层。

2015 年,人们提出了批量归一化算法,使用该方法可以选择较大的初始学习率使网络快速收敛,并且可以提高网络的推广性能。机器学习的本质是学习数据的分布特性,归一化处理能够使训练数据与测试数据的分布相同,从而可以提升泛化性能,而且在批量梯度下降中,输入数据的归一化能够使得模型不必去适应学习每一次不同的输入数据的分布,从而提升训练速度。不过在训练一般的深度神经网络时,只有输入层能满足相同分布的条件,经过非线性变换之后,每层隐含层的输入分布受到之前数层的参数影响,可能就不满足相同分布。为了解决这一问题,使神经网络的每一层输入都拥有相同的分布,可以在不同的层中都引入批处理标准化算法,对每一层的输入数据进行处理:

$$\widehat{x_i} = \frac{x_i - \mu_x}{\sqrt{\sigma_x^2}} \tag{14.42}$$

其中,$\widehat{x_i}$ 为第 i 个数据,μ_x 为数据 x_i 的均值,σ_x^2 为数据 x_i 的方差。每一个数据均值和方差由批量梯度下降中所选取的一小部分样本进行估计。

归一化可能会使得特征的表达能力减弱,比如,原本数据分布在 sigmoid 函数的两端,有着较强的判别能力,经过归一化之后分布在 0 附近,相当于前一层的学习结构被抹消了。为了弥补这个缺点,常常还需要经过一次变换:

$$y_i = \gamma \widehat{x_i} + \beta \tag{14.43}$$

一般将从 x_i 到 y_i 的变换称为一次批量归一化,可以将其添加于网络模型的激活函数之前,用以解决神经网络训练速度慢、梯度爆炸等问题。类似的这些优化策略与技巧,都是研究者针对不同的数据和实验情况提出的。一般面对一个特定的实际问题,还没有办法事先确定哪种策略是最优的。不过了解这些策略和技巧的思路与原理,将有利于我们在面对实际问题时更快找到合适的处理办法策略,研究出对应的策略。

14.7.2　深度学习算法的分析与讨论

各种深度神经网络已经在大量应用中展现出了出色的效果,一些典型的模型和算法已经成型,并且有一些公开的框架与软件可以使用,这给网络的设计带来方便,同时也加快了各种深度学习方法的应用。不过针对一个实际的问题,深度学习的求解过程存在着许多需要掌握和研究的设计技巧,有效地使用一些技巧,能够较快地改善网络的收敛性以及网络的泛化能力。

深度学习的参数求解本质上是一个参数优化问题,不同的优化方法各有优劣。常用的优化方法大体上可以按照其收敛性分为一阶优化算法与二阶优化算法。一阶优化算法是以目标函数相对于待优化参数的一阶导数(梯度)作为优化的依据,二阶优化算法则同时考虑了二阶导数信息。一阶优化算法中最常用的当属以 BP 算法为代表的梯度下降法及其改进算法。梯度下降法每轮迭代中都计算参数的梯度,并将参数向负梯度方向移动一段距离来更新参数值。根据每次计算梯度时取用的样本数不同分为梯度下降、随机梯度下降、批量梯度下降等。梯度下降每轮迭代计算所有样本的梯度平均,这样可以保证每次移动都必定能优化目标函数,但梯度计算耗时长。相对地,随机梯度下降每次只选取一个样本计算梯度,速度快而且有一定的跳出局部最优的能力,但目标函数波动剧烈。为了缓解随机梯度下降梯度变化剧烈的问题,人们引入了动量机制。动量的引入使得计算得到的梯度起到微调参数更新方向的作用,减少了振荡,有利于目标函数的收敛。批量梯度下降法综合了随机梯度下降法与梯度下降法的优点,选取训练集中的一部分计算梯度和,以此平衡计算速度与算法稳定性。

在梯度下降类算法中,学习率(亦称步长)即每一轮学习时参数更新幅度的选择是很关键的一点,学习率过低算法收敛过慢,而学习率过高则容易不收敛。因此,人们对深度学习网络的优化算法,也类似于浅层网络优化算法,研究出一些自适应的梯度下降法,以及考虑目标函数二阶导数信息的二阶优化算法,另外由于训练深度学习网络比较复杂和费时,目前已经出现了很多已经应用比较成熟的深度学习网络的框架与设计软件,初学者可以借助于计算机辅助软件,进行深度学习网络设计的学习与应用,这样可以比较快速地入门,达到学习与应用的目的。

14.8 小　　结

深度学习算法应当是解决各种监督模式识别问题,比如图像识别、自然语言识别等问题,获得期望目标下的各种模型参数的学习算法。最常用的典型模型就是人工神经网络。当采用人工神经网络来解决上述问题时,一般情况下,首先是设计或构造深度神经网络,它一般包含输入层、多个隐含层以及输出层。传统多层神经网络训练的反向传播(BP)算法仍然是深度学习神经网络训练的核心算法,它包括信息的前向传播过程,以及误差梯度的反向传播过程。多层的 BP 神经网络的应用很广泛,当将其用来作为特征提取器应用时,一般是将其最后一层的输出特征输入到如支持向量机等其他分类器中,以便获得更好的分类效果。网络输出的分类结果,可以采用网络的输出值与真实标签之间的误差或损失函数值来作为性能指标。当网络的输出结果与真实标签接近时,损失函数值趋于零,二者相差越大,损失函数值越大,常见的损失函数有二次损失、对数损失等。在训练样本上的总损失是监督学习中的优化目标,通常采用误差的反向传播的梯度下降法,也就是 BP 算法,来优化这个目标,直到达到期望性能,或达到最大训练次数后,整个训练过程结束,这就是采用样本对深度网络权值进行深度学习和训练的过程。

第 15 章　卷积神经网络的应用

15.1　Matlab 环境下 CNN 的设计

Matlab 环境下的软件从 2019a 版本开始，添加了深度神经网络工具箱（Deep Learning Toolbox），可以直接进行各种深度学习网络的设计，包括 Alexnet，googlenet，inceptionv3，resnet50，resnet101，vgg16 和 vgg19。不过这些专门网络由于层数较多，训练网络比较费时，工具箱中已经存有训练好的网络，用户需要从 Matlab 网站上专门下载后才能使用，并且用户需要安装网络摄像头来获取图像。本节我们仅以一般卷积神经网络各层的设计为例，来介绍 Matlab 环境下的深度神经网络箱中的典型设计语句的调用。该工具箱所提供的应用程序可直接使用图像文件，工具箱中也提供图像文件。

本节我们通过设计一个卷积神经网络，对 0～9 共 10 个数字进行分类，来了解深度神经网络工具箱的使用。卷积神经网络各层的设计过程为：

(1) 设计网络的体系结构；

(2) 构建由数字产生的训练用数据组；

(3) 训练新的卷积神经网络；

(4) 训练后网络图像分类和性能验证。

15.1.1　设计网络的体系结构

创建和训练新的卷积神经网络的第一步是定义网络体系结构。首先需要设定所有网络层顺序连接的体系结构，在工具箱中是可以通过直接创建层数组来建立网络体系结构的。要创建一个深度网络，需要定义网络图像的维数大小、分类层前面的全连接层中类的数量，以及卷积、池化等各个层中的参数，比如，所要完成的任务为将 28×28 灰度图像分为 10 类，那么首先设计深度网络各个层的结构如下：

```
inputSize = [28  28  1];
numClasses = 10;

layers = [
imageInputLayer(inputSize);                    %输入图像数组维数 28×28,1 表示灰色
convolution2dLayer(3,8,'Padding', 'same');     %滤波器维数为 3×3,通道数为 8,特征图维数为
                                               28−3+1=26
```

```
batchNormalizationLayer;                    %批处理
reluLayer;                                  %激活函数 ReLU 层

maxPooling2dLayer(2,'Stride',2);            %最大池化操作:维数为 2×2,得到的输出维数是
                                              26/2 = 13
convolution2dLayer(3,16,'Padding', 'same');
batchNormalizationLayer;                    %批处理
reluLayer;                                  %激活函数 ReLU 层
maxPooling2dLayer(2,'Stride',2);            %最大池化操作:维数为 2×2
convolution2dLayer(3,32,'Padding', 'same');
batchNormalizationLayer;                    %批处理
reluLayer;                                  %激活函数 ReLU 层

fullyConnectedLayer(numClasses);
softmaxLayer;
classificationLayer];
```

在所创建的一个深度网络中,图像输入层(imageInputLayer)指定图像大小的维数,在本例中,图像维数为 $28\times28\times1$。这些数字对应于高度、宽度和通道大小。数字数据由灰度图像组成,因此通道大小(颜色通道)为 1。对于彩色图像,通道大小为 3,与三原色(Red 红,Green 绿,Blue 蓝)红、绿、蓝彩色值——RGB 值相对应。

在工具箱中,输入通常不仅仅是实值的网格,也可以是由一系列观测数据的向量构成的网格。例如,一幅彩色图像在每一个像素点都会有红、绿、蓝三种颜色的亮度。在多层的卷积网络中,第二层的输入是第一层的输出,通常在每个位置包含多个不同卷积的输出。当处理图像时,通常把卷积的输入输出都看作 3 维的张量,其中一个索引用于标明不同的通道(例如红、绿、蓝),另外两个索引标明在每个通道上的空间坐标。软件实现通常使用批处理模式,所以实际上会使用 4 维的张量,第四维索引用于标明批处理中不同的实例,但为简明起见,这里忽略批处理索引。

在卷积层(convolution2dLayer)中,第一个参数是滤波器维数(filterSize),它是训练函数在沿着图像扫描时所选用的滤波器高度和宽度。在本例中,数字 3 表示过滤器大小为 3×3。可以为过滤器的高度和宽度指定不同的大小。第二个参数是滤波器的数量(numFilters),它是连接到输入相同区域的神经元的数量。Padding 是指对特征图进行填充。缺省的移动的步幅为 1。

批量归一化层(batchNormalizationLayer)可以放在卷积层和非线性层(如 ReLU 层)之间,它能够使网络训练成为更简单的优化问题,加快网络训练速度,同时降低对网络初始化的敏感性。

ReLU 层(reluLayer)可以放在批处理规范化层、卷积层或池化层后,它是一个非线性激活函数。最常见的激活函数是整流线性单元(ReLU)。一个 ReLU 层对每个元素执行阈值操作,其中小于零的任何输入值都被设置为零。

最大池化层(maxPooling2dLayer)常常放在卷积层之后进行下采样操作,以减小特征映

射的空间大小,并删除冗余的空间信息。通过下采样可以增加更深卷积层中的滤波器数量,而不增加每层所需的计算量。向下采样的一种方法是使用最大池化,通过使用 maxPooling2dLayer 来创建。最大池化层返回由第一个参数池大小(poolSize)指定的输入矩形区域的最大值。在本例中,矩形区域的大小为[2,2]。"Stride"为在扫描输入时采用的步长。

一般可以根据需要重复多次使用卷积层、批量归一化层、ReLU 层以及最大池化层,包括它们不同的组合。

完全连接层(fullyConnectedLayer)卷积和下采样层后面是一个或多个完全连接的层,顾名思义,完全连接层中的神经元与前一层中的所有神经元相连。该层将先前层在图像中学习的所有特征组合在一起,以识别较大的模式。最后一个完全连通的层结合特征对图像进行分类。因此,最后一个完全连接层中的输出大小(OutputSize)参数等于目标数据中的分类数。在本例中,输出大小为 10,对应于 10 个类。

softmax 层是通过采用 softmax 激活函数对全连接层的输出进行归一化。softmax 层的输出由总和为 1 的多个正数组成,这些数字随后可被分类层用作分类概率。在最后一个完全连接的层之后,使用 softmaxLayer 函数创建一个 softmax 层。

网络的最后一层是分类层(classificationLayer),该层使用 softmax 激活函数针对每个输入返回的概率,将输入分配给互斥类之一并计算损失。

掌握深度卷积神经网络体系结构设计的关键有如下三点:

(1) 可以将卷积层、池化层、归一化层、ReLU 层进行不同的组合,以及不同组合的相互级联,来实现卷积神经网络的不同结构。

(2) 可以将图像直接输入到网络,或应用数据归一化处理,使用输入大小参数指定图像维数大小。图像的大小对应于该图像的高度、宽度和颜色通道数。对于灰度图像,通道数为 1,对于彩色图像,通道数为 3。

(3) 在网络设计中的具体参数设置方面:二维卷积层的作用是将滑动卷积滤波器应用于输入,所以采用滤波器维数输入参数指定这些区域的大小,使得该层在扫描图像时学习这些区域定位的特征。对于每个区域,训练网络函数计算权重和输入的点积,然后添加一个偏置项。滤波器移动的步长称为步幅(Stride)。通过使用 Stride 名称对参数指定步骤大小。神经元连接到的局部区域可以重叠。滤波器中权值的个数是 $h \times w \times c$,其中 h 是高度,w 是宽度,c 是滤波器的数目,它决定了卷积层输出中的通道数。

15.1.2　构建由数字产生训练用数据组

实际上,在训练所设计的网络之前,必须要有训练数组,也就是待辨识分类的图像数据。可以通过摄像头不断改变数据的角度等来获得不同数字的不同图像后,储存为训练辨识数据。作为仿真练习,我们也可以自己产生不同图像数组,供网络训练用数据。在给出的例子中,我们首先给出构建由数字产生的数据组的命令,然后将所生成的数据进行存储,最后将数据显示成图像作为深度学习神经网络训练用输入图像。

1. 构建由数字产生的数据组并存储

使用 imageDatastore 函数来对文件夹名称中的图像加标签:

```
digitDatasetPath = fullfile(matlabroot,'toolbox','nnet','nndemos',⋯      %选定路径
    'nndatasets','DigitDataset');
imds = imageDatastore(digitDatasetPath,⋯                %对文件夹名称中的图像加标签
    'IncludeSubfolders',true,'LabelSource','foldernames');
```

2. 在数据存储中显示图像

```
figure;

perm = randperm(10000,20);   %从 10000 个 0～9 数字中,随机选取 20 个数字;
for i = 1:20
    subplot(4,5,i);    %以 4×5 的方式排列;
    imshow(imds.Files{perm(i)});
end
```

　　这里,采用 imshow,画出 20 个随机挑选出的数字的图形。因为是随机选取的,所以每运行一次所画出的图形是不一样的,一组 20 个随机选出的数字图形如图 15.1 所示。

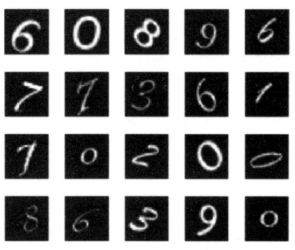

图 15.1　一组 20 个随机选出的数字图形

　　可以采用 labelCount 标签计数来生成一个表,它包含标签以及每个标签所对应的图像数量。数据存储包含 0～9 每个数字的 1000 个图像,总共 10000 个图像。可以指定网络最后一个完全连接的层中的类数作为输出大小参数。

```
labelCount = countEachLabel(imds)

labelCount =
10×2 table
        Label    Count
       ───────   ─────
      992184747   1000
```

1	1000
2	1000
3	1000
4	1000
5	1000
6	1000
7	1000
8	1000
9	1000

从标签计数的现实中可以看出：在 10000 个数据中，0～9 这 10 个数字各生成 1000 个图像。可以检查数字数据（digitData）中第一幅图像的大小：

```
img = readimage(imds,1);
size(img)


ans =
    28    28
```

可以得到每个图像的像素是 $28 \times 28 \times 1$。

在训练网络前，还需要将所产生的数据划分为训练数据集（imdsTrain）和验证数据集（imdsValidation），使训练集中的每个类别包含 750 幅图像，0～9 这 10 个类别总共在训练集中有 7500 幅图像。验证集包含剩余的 2500 幅图像。拆分每个标签（splitEachLabel）将数字数据（digitData）拆分为两个新的数据存储集：训练数字数据（trainDigitData）和 Val 数字数据（valDigitData）。

```
numTrainFiles = 750；
[imdsTrain,imdsValidation] = splitEachLabel (imds,numTrainFiles,'randomize')；
```

15.1.3　训练新的卷积神经网络

定义网络结构以及选好训练用数据组后，在对网络进行训练之前，还需要指定训练中网络所需参数的选项，包括：训练用的优化算法、初始学习率、最大训练轮数等。比如可以选用随机动量梯度下降法（sgdm）训练网络，初始学习率为 0.01。将最大训练轮数 epoch 设置为 4。epoch 是对整个训练数据集的一个完整的训练周期。通过指定验证数据和验证频率，监控训练过程中的网络准确度。每轮训练都会打乱数据。没有选择的其他参数都自动采用缺省值。

软件基于训练用图像数据训练网络，并在训练过程中按固定时间间隔计算基于验证数据的准确度。验证数据不用于更新网络权重。可以通过打开训练进度图，来显示小批量损失和准确度以及验证损失和精度。具体的设置命令为：

```
options = trainingOptions('sgdm', …
'InitialLearnRate',0.01, …
'MaxEpochs',4, …
```

'Shuffle', 'every − epoch', …
'ValidationData', imdsValidation, …
'ValidationFrequency', 30, …   % 每训练 30 次进行一次验证
'Verbose', false, …
'Plots', 'training − progress');

为了最小化损失函数,还可以选用不同的算法,包括:① "adam"(自适应矩估计)求解器,它通常是一个很好的优化器,可以先尝试;② "rmsprop"(均方根传播);③ "sgdm"(具有动量的随机梯度下降)优化器。不同的求解器对不同的问题会有不同的优化效果,需要通过尝试来得到结果进行判断。这些算法都是通过在损失函数的负梯度方向上采取小步长的移动来更新网络参数的。

指定网络结构后,可以使用训练数据对网络进行训练。数据、层和训练选项都是训练网络函数的输入参数,训练网络的程序命令为:

    net = trainNetwork(imdsTrain, layers, options);

其中,imdsTrain 是训练用的数据集;layers 是事先设计好的卷积神经网络;options 是所有参数设置。

使用由层、训练数据和训练选项定义的体系结构训练网络。默认情况下,函数 trainNetwork 采用给定的数据集 imdsTrain,对事先设计好的卷积神经网络 layers 进行参数训练,计算每一次网络输出标签与给定的真实标签之间的均方根误差,并将其作为网络的损失函数,每 50 次迭代后验证一次网络的准确性。

在网络的训练过程中,Matlab 工作间会动态展现训练网络的结果记录过程,可以看到每一轮参数调整后网络的性能指标:精度(Acuuracy)和损失(Loss),其中,精度是指网络正确分类图像的百分比,损失是指交叉熵损失。

在训练期间定期进行验证有助于确定所训练的网络是否与培训数据过度匹配。一个常见的问题是,网络只是"记住"训练数据,而不是学习使网络能够对新数据进行准确预测的一般特征。如果训练损失显著低于验证损失,或者训练精度显著高于验证精度,那么所训练的网络是过度拟合的。若要检查网络是否过度拟合,需要将训练损失和精度与相应的验证度量进行比较。网络的一次完整训练与验证的过程结果如图 15.2 所示。

15.1.4 训练后网络图像分类和性能验证

利用训练好的网络预测验证数据的标签,并计算最终的性能验证。精度是网络正确预测的标签的分数。

    YPred = classify(net, imdsValidation);   %将验证集 imdsValidation 中的 2500 幅图像送入训
                                         练好的网络中,并进行分类,输出分类后的网络预
                                         测标签;
    YValidation = imdsValidation.Labels;   %将验证集转变成验证集真实标签;
    accuracy = sum(YPred = = YValidation)/numel(YValidation)   %计算网络的预测精度;
    accuracy = 0.9968

其中,YPred 为预测标签;YValidation 为验证集真实标签。

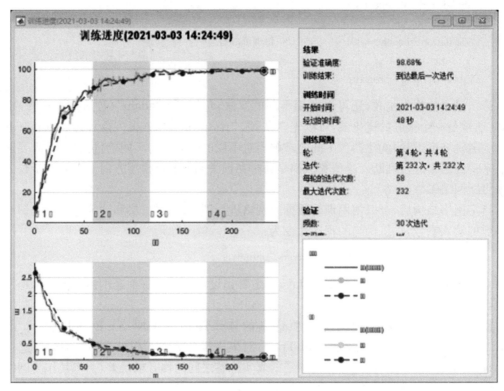

图 15.2　网络训练的一次进度过程结果

从最后一行精度的值中可以看出,预测标签与验证集真实标签的匹配度超过 99%。

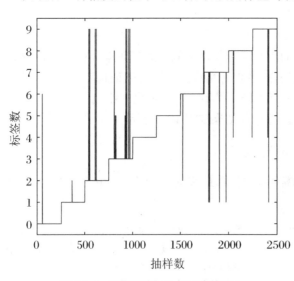

图 15.3　预测标签 YPred 中的数值

预测标签 YPred 中的数值如图 15.3 所示,验证集真实标签 YValidation 中的数值如图 15.4 所示,从中可以看出,0～9 这 10 个数字,各有 250 个,一共有 2500 个数字。从训练好的卷积神经网络中对 2500 个数字进行辨识与分类,结果如图 15.3 所示,从中可以看出存在分类错误的情况。分类的精度性能 0.9968 告诉我们,预测标签与验证集真实标签的匹配度超过 99%,也就是说,在 2500 个数字分类中,有不到 25 个数字分类错误,网络预测标签偏离了正确的平坦台阶。

从深度卷积网络在对 10 个阿拉伯数字图形分类应用的设计中,我们可以清楚地看出:深度卷积神经网络的输入直接是数字图形,网络的输出是该图形所对应的数字标签,也就是图形都对应 0～9 中的一个数字。网络的最终输出节点数极其简单，就是分类的数目，而网络的输入节点是二维的一幅图像。整个网络就是依靠深层次的各层网络来对输入图像不断地进行特征提取，以及特征的组合，最终根据组合的特征，归纳分类出输入图像所属于的 0～9 标签中的一个值。

　　由于深度神经网络的设计比较复杂，而所有命令语句都是设计者人为设定的，所以初学者使用起来是比较麻烦的，比较快速的做法就是阅读给出的例题，分步运行例子中的每一部分，弄清楚每一个过程是如何实现的，并通过自己修改参数，从得到不同的结果中，来了解网络的不同特性。

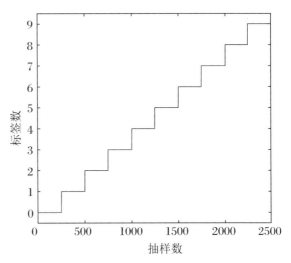

图 15.4　验证集真实标签 YValidation 中的数值

15.2　Matlab 环境下 LeNet 网络的手写数字识别

　　LeNet 是最早应用于图像识别的深度学习网络，不过在 Matlab 环境下的深度学习工具箱中，并不包含 LeNet 模型。所以有人专门基于 Matlab 环境，编写了实现 LeNet 网络的深度卷积神经网络工具箱——MatConvNet。我们可以利用已经搭建好的 LeNet 网络结构，采用 minist 数据集，进行手写数字 0～9 识别的网络设计与训练，得到训练好的网络结构；再测试训练好的网络结构的识别精度；最后利用训练好的网络结构，识别指定的手写数字，以此掌握卷积神经网络中的 LeNet 网络结构和训练过程。本节我们专门针对实现 LeNet 网络的深度卷积神经网络工具箱——MatConvNet，通过设计一个标准的 LeNet 网络，看看如何利用深度卷积神经网络工具箱，来实现 0～9 这 10 个手写数字的识别。

15.2.1　LeNet 神经网络的结构与程序

　　卷积神经网络相比于普通的 BP 网络，多了卷积层和池化层的操作，多个卷积池化层的级联能够进行逐级特征提取与变换，组合低层特征，自主发现有效特征，进行特征集成，从而形成抽象的高层级的表示，最后再添加一个 softmax 分类器来达到更好的分类效果。实验中我们发现：只需要训练一个 epoch 就可达到 90% 以上的准确率，可见卷积神经网络对识别数字非常有用，性能很高。

　　MatConvNet 工具箱中所设计的 LeNet 网络各层的结构如图 15.5 所示。

　　网络的结构顺序依次为：输入—卷积 C1—Pool1—卷积 C2—Pool2—卷积 C3—ReLU—

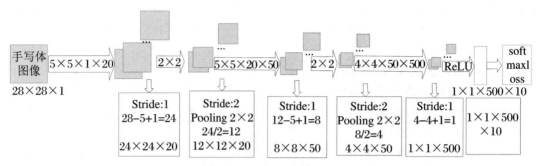

图 15.5　LeNet 的模型结构

卷积 C4—softmax 分类输出层。

这里需要注意的是,网络各层输入和输出节点数的设计维数(大小)一定要吻合,例如,经过一系列的卷积 pool 后,到全连接层时,输入一定是 $1 \times 1 \times X \times X$,且上一层的特征图的数目,与下一层的卷积特征图的数目一定相等。例如输入图像的维数为 $28 \times 28 \times 1$,那么第一个卷积核必须为 $5 \times 5 \times 1 \times 20$,其中 1 表示上一层中只输入一个图。再往下走卷积为 $5 \times 5 \times 20 \times 50$,其中 20 代表上一层的特征图的个数为 20。以此类推,计算到最后正好为 $1 \times 1 \times 500$。

在 MatConvNet 工具箱中,已经设计好一个 LeNet 网络,实际上我们只要直接运行设计好的程序,就可以对设计好的 LeNet 网络进行训练以及验证。不过为了让大家能够了解更多关于该网络的设计,我们逐层分解说明网络结构的详细情况。这样,当我们希望自己重新改变参数时,可以设计不同参数下的 LeNet 网络。

首先是定义各层参数,type 是网络的层属性,stride 为步长,pad 为填充,method 中 max 为最大池化。net.meta.inputSize = [28　28　1],表示输入为大小[28　28]的灰度图片,单通道为 1。

1. C1 层(卷积层)的设计

```
net.layers{end + 1} = struct('type', 'conv', …
                    'weights', {{f * randn(5,5,1,20,'single'), zeros(1,20,'sing}},
                    'stride', 1,
                    'pad', 0);
```

该层使用了 20 个卷积核,每个卷积核大小为 5×5,每个卷积核与原始的输入图像(28×28)进行卷积,输出 20 个特征图,每张特征图的大小为 $(28 - 5 + 1) \times (28 - 5 + 1) = 24 \times 24$。由于卷积层的权值共享的特点,对同一卷积核的每个神经元使用相同的参数,因此,网络含有 $(5 \times 5 + 1) \times 20 = 520$ 个可训练参数,其中,5×5 为每个卷积核的参数,1 为每个卷积核对应的偏执参数。卷积后得到的图像大小为 24×24,因此每张特征图含有 24×24 个神经元,每个卷积核参数为 520,该层的连接数为 $520 \times 24 \times 24 = 299520$。

2. Pool1 层(池化层)的设计

```
net.layers{end + 1} = struct('type', 'pool', …
                    'method', 'max', …
```

```
                    'pool', [2 2], …
                    'stride', 2, …
                    'pad', 0) ;
```

该层池化单元大小为 2×2,因此上层输出的 20 个大小为 24×24 的特征图,经池化后输出变为 20 个特征图,经过池化操作后的图像大小减少为 24/2×24/2＝12×12,所以 S2 层每张特征图有 12×12 个神经元,每个池化单元的连接数为 2×2＋1＝5,因此,该层的连接总数为 5×20×12×12＝14400。

3. C2 层(卷积层)的设计

```
net.layers{end+1} = struct('type', 'conv', …
            'weights',{{f * randn(5,5,20,50,'single'),zeros(1,50,'single')}}, …
            'stride', 1, …
            'pad', 0) ;
```

该层含有 50 个卷积核,每个卷积核大小为 5×5,所以输出 50 个特征图,每个输出特征图的大小为(12－5＋1)×(12－5＋1)＝8×8。需要注意的是,C3 与 S2 并不是全连接而是部分连接,有些是 C3 连接到 S2 三层,有些是四层,有些甚至达到六层,通过这种方式提取更多特征,假设连接的规则如图 15.6 所示。

	0	1	2	3	4	5	6	7	8	9	10	11	12	13	14	15
0	X				X	X	X			X	X	X	X		X	X
1	X	X				X	X	X			X	X	X	X		X
2	X	X	X				X	X	X			X		X	X	X
3		X	X	X			X	X	X	X			X		X	X
4			X	X	X			X	X	X	X		X	X		X
5				X	X	X			X	X	X	X		X	X	X
	3						4									6

图 15.6　C3 层的连接规则

例如,第一列表示 C3 层的第 0 个特征图(Feature Map)只跟 S2 层的第 0,1 和 2 这三个特征图相连接,计算过程为:用 3 个卷积模板分别与 S2 层的 3 个特征图进行卷积,然后将卷积的结果相加求和,再加上一个偏置,最后取 sigmoid 就得出卷积后对应的特征图了。其他列与此类似(有些是 3 个卷积模板,有些是 4 个,有些是 6 个)。

4. Pool2(池化层)的设计

```
net.layers{end+1} = struct('type', 'pool', …
                    'method', 'max', …
                    'pool', [2 2], …
                    'stride', 2, …
                    'pad', 0) ;
```

与 S2 层类似,池化单元大小为 2×2,该层与 C2 一样共有 50 个特征图,每个特征图的大小为 4×4,连接数为(2×2＋1)×50×4×4＝4000。

5. C3 层(卷积层)的设计

net. layers{end + 1} = struct('type', 'conv', …
'weights', {{f * randn(4,4,50,500,'single'), zeros(1,500,'single')}}, …
'stride', 1, …
'pad', 0);

C3 层有 500 个卷积核,每个卷积核的大小为 4×4,因此有 500 个特征图。由于 S4 层的大小为 4×4,而该层的卷积核大小也是 4×4,因此特征图的大小为 $(4 - 4 + 1) \times (4 - 4 + 1) = 1 \times 1$。这样该层就刚好变成了全连接,这只是巧合,如果原始输入的图像比较大,则该层就不是全连接了。该层激活函数采用的是全连接层中的 ReLU。

6. 全连接层的设计

net. layers{end + 1} = struct('type', 'relu');
net. layers{end + 1} = struct('type', 'conv', …
'weights', {{f * randn(1,1,500,10,'single'), zeros(1,10,'single')}}, …
'stride', 1, …
'pad', 0);

ReLU 是激活函数,实现 $x = \max[0, x]$。全连接层功能和 C3 卷积层类似,该层共有 10 个神经元,包含 $500 \times 10 = 5000$ 个参数。

7. 分类输出层的设计

net. layers{end + 1} = struct('type', 'softmaxloss');

输出层可以是全连接层的一部分,实现分类和归一化。共有 10 个节点,分别代表数字 $0 \sim 9$。如果第 i 个节点的值最接近 1,则表示网络识别的结果是数字 i。

softmax 算法是一个分类模型。在 $0 \sim 9$ 这 10 个种类中选一张图片进行预测,softmax regression 对每一个种类估算一个概率,比如预测数字 4 的概率为 90%,数字 1 的概率为 0.5%,最后取概率最大的那个数字作为模型的输出结果。softmax 工作原理是将可以判定为某类的特征相加,然后将这些特征转化为判定是这一类的概率。分析一张图片的标签到底是数字几,需要看图片中的每个像素点像数字几,将每个像素点像某个标签的概率进行加权计算。w 表示 784 个像素点中每个像素点更像数字几的加权,然后再加上最终计算出的数字的干扰偏置量 b 即可。大致理解和最终推导式为 $y = \text{softmax}(wx + b)$,其中权重 w 和干扰偏置量 b 是模型根据数据自动学习、训练而得的。

在 MatConvNet 工具箱中提供了 MNIST 数据库识别的例子,相关的文件主要在框架工程目录->examples ->mnist 文件夹下,主要代码文件有:

.cnn_mnist. m:主要训练网络准备数据等;

.cnn_mnist_init. m:主要搭建网络的函数,初始化网络,设置网络参数;

.cnn_mnist_experiments. m。

文件路径截图如图 15.7 所示。

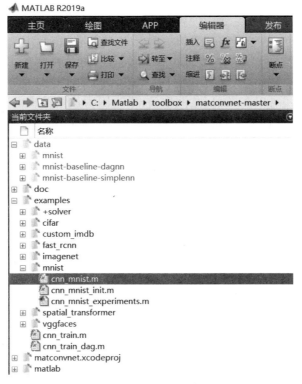

图 15.7　文件路径截图

15.2.2　MatConvNet 工具箱安装

因为 MatConvNet 工具箱是基于 Matlab 语言写的,本身是独立的,并不在 Matlab 自身的工具箱中,所以要想使用 MatConvNet 工具箱,必须要先安装此工具箱,然后才能够在 Matlab 环境下运行相关程序。在完成 MatConvNet 安装后,还需要将 Matlab 和 VS 编译器进行连接,进行一些编译操作,并且在 Matlab 中运行 mex-setup 和 vl_compilenn 等指令。MatConvNet 工具箱中自带安装教程,可以根据教程的指导步骤进行工具箱的安装。

15.2.3　MNIST 数据集的产生与获取

MatConvNet 工具箱中的 MNIST 数据集来自美国国家标准与技术研究所(National Institute of Standards and Technology,NIST)。训练集(Training Set)由来自 250 个不同人手写的数字构成,其中 50%是高中学生,50%来自人口普查局(the Census Bureau)的工作人员。测试集(Test Set)也由同样比例的手写数字数据构成。在 MatConvNet 工具箱内的 MNIST 数据集中,包含四个 IDX 格式部分,IDX 格式是一种用来存储向量与多维度矩阵的文件格式:

(1) train-images-idx3-ubyte.gz 为 60000 个训练用图片集,其中,前 55000 个为训练样本,后 5000 个为验证样本;

(2) train-labels-idx1-ubyte.gz 为 60000 个训练图片集所对应的数字标签;

（3）t10k-images-idx3-ubyte.gz 为 10000 个测试用图片集；

（4）t10k-labels-idx1-ubyte.gz 为 10000 个测试用图片集所对应的数字标签。

每个集合包含图片和标签两部分内容，图片为 28×28 点阵图；标签为 0～9 之间的数字。这些文件本身并没有使用标准的图片格式储存，使用时需要进行解压和重构。每个样本图片是 28 像素×28 像素大小的灰度图片，如图 15.8 所示；图中的空白部分全部为 0，有笔迹部分根据颜色深浅可以在(0,1]之间取值，不过因为这里给出的是一个简单的黑白图形，所以有笔迹部分全部点为 1。图片是二维图片，把它转变成一维向量；28×28＝784，图片有 784 个位置，每个位置或是 0 或是 1；这里我们不考虑数据上下左右等二维空间结构信息，从最左上角开始到最右下角逐行排列，这就把一张图片转换成了一个一串由 0,1 组成的一维向量(x)。所有图片都由这种方式转换展开。

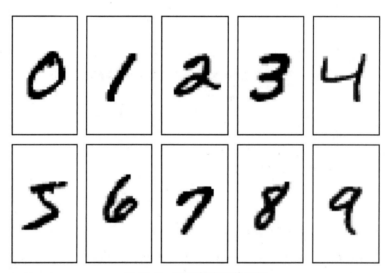

图 15.8　手写数字图片示例

训练集数据的特征是一个 60000×784 的张积(tensor)形式，第一个维度是图片的编号(0～60000)，第二个维度是图片中像素点的编号(0 或 1)。

这里对数字进行分类，阿拉伯数字只有 10 个类别(0,1,2,3,4,5,6,7,8,9)。训练集数据的 label 是一个 60000×10 的 tensor。对 10 个种类进行唯一(one-hot)的编码，label 是一个 10 维的向量，只有一个值为 1，其他为 0，比如数字 0 的 label 为[1,0,0,0,0,0,0,0,0,0]。

15.2.4　LeNet 网络的训练

通过运行已经设计好的程序 cnn_mnist.m，来进行 LeNet 网络的训练，运行过程的实现分为四个部分。

1. 网络参数的设置

首先需要设置网络的参数，以及权值存储的位置，网络训练结束后，根据传入的参数确定部分网络参数，在 mnist 文件夹下可以看到创建了 data 文件夹，其中存储了网络训练后的权重，以及样本矩阵。

2．下载数据

训练网络前需要确定已经下载训练 mnist 网络所要使用的数据集，如果没有，则可以通过调用 getMnistImdb 这个子函数下载，并生成样本矩阵 imdb．mat。

通过打开 data 文件夹下的 mnist-baseline-simplenn 文件夹，可以看到一个含有 70000 张书写数字图片的数据集合 imdb．mat 文件，这就是手写数字图片的数据集合。通过双击原始数据集合 imdb．mat，在 Matlab 工作区会出现两个变量 images 和 meta，通过双击 images，再选中 images 下的 data，然后点击 Matlab 软件上面第一行的第二个"绘图"，出现 implay，再点击 implay，可得到一个图片集合，看到数据集里的手写数字图片，再点击绿色按钮右侧那个按钮，就可以看下一张图片。

imdb．images．data 的大小为 $[28\ \ 28\ \ 1\ \ 70000]$（70000 是 60000 和 10000 的叠加）。

imdb．images．data_mean 的大小为 $[28\ \ 28]$。

imdb．images．labels $= \mathrm{cat}(2, y1, y2)$，拼接训练数据集和测试数据集的标签，拼接后的大小为 $[1\ \ 70000]$。

imdb．images．set 的大小为 $[1\ \ 70000]$，unique(set) $= [1\ \ 3]$，前 60000 张数值为 1，代表训练数据；后 10000 张数值为 3，代表测试数据。

imdb．meta．sets $= \{'train','val','test'\}$，imdb．meta．sets $= 1$ 用于训练，imdb．meta．sets $= 2$ 用于验证，imdb．meta．sets $= 3$ 用于测试。当 imdb．meta．sets $= 1$ 时，训练数据集采用前 55000 个数据；当 imdb．meta．sets $= 2$ 时，数据集采用前 60000 个数据中的后 5000 个数据，当 imdb．meta．sets $= 3$ 时，数据集采用测试所用的前 10000 个数据。

选用 imdb．mat 中的前 60000 张图片对搭建好的 LeNet 模型网络进行参数训练，选用 imdb．mat 中的后 10000 张图片进行验证测试。

3．初始化神经网络

初始化操作是在 cnn_mnist_init 中进行的，如果要修改网络参数可以对这个函数进行修改。

4．训练神经网络

前三个步骤完成后，就可以进行 LeNet 网络的训练，并将每次迭代的权值进行保存。命令为：cnn_mnist．m。

运行过程中可以看到每一次迭代过程变化的训练指标，随着训练次数的增加，形成训练过程曲线，训练结束后的结果如图 15.9 所示。

当 cnn_mnist．m 运行结束后，再打开 data 文件夹里的 mnist-baseline-simplenn 文件夹，会发现里面增加了一个 net-train．pdf 文件和 20 个 net-epoch-(1-20)．mat，如图 15.10 所示，20 个 net-epoch-(1-20)．mat 就是经过每一代训练后，获得的训练好的分类器。这里，一共获得 20 个训练好的分类器。有了这些分类器，就可以用这些分类器来进行分类测试。

15.2.5　测试训练好的网络

采用若干带标签的手写数字作为测试集，来对第一步训练出的分类器进行测试，观察训练器的识别精度等性能。在此我们挑选了第 10 个、第 15 个和第 20 个分类器分别进行测试。

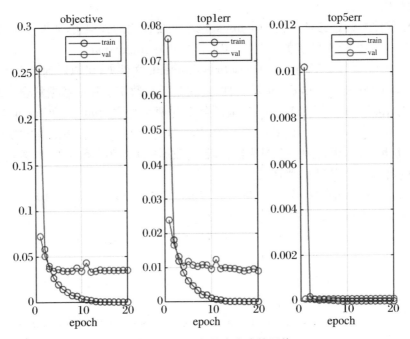

图 15.9　运行结束生成的图片

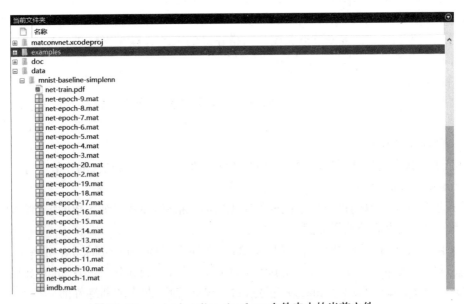

图 15.10　mnist-baseline-simplenn 文件夹中的当前文件

　　创建一个 task1.m 文件,其主要内容是将测试集的一些相关数据导入训练得到的模型中,并将卷积网络最后一层激活函数换为 softmax,采用一个 for 循环遍历测试集来进行测试,记录测试精度(匹配的测试集数量除以总的测试集数量)大小。测试程序 task1.m 为:

　　% test1.m 程序

```
% 导入全体数据
load('D:\MATLAB\R2018a\matconvnet-1.0-beta25\data\mnist-baseline-simplenn\imdb.mat');
% 挑选出测试集
test_index = find(images.set==3);
% 挑选出样本以及真实类别
test_data = images.data(:,:,:,test_index);
test_label = images.labels(test_index);
%导入模型文件
load('D:\MATLAB\R2018a\matconvnet-1.0-beta25\data\mnist-baseline-simplenn\net-epoch-20.mat');
% 将最后一层改为 softmax(原始为 softmaxloss,训练使用)
net.layers{1,end}.type = 'softmax';
% net = vl_simplenn_tidy(net);
for i = 1:length(test_label)
    i
    im_ = test_data(:,:,:,i);
    im_ = im_ - images.data_mean;
    res = vl_simplenn(net,im_);
    scores = squeeze(gather(res(end).x));
    [bestScore,best] = max(scores);
    pre(i) = best;
end
% 计算准确率
accurcy = length(find(pre==test_label))/length(test_label);
disp(['accurcy = ',num2str(accurcy*100),'%']);
```

利用 test1.m 文件,可以选择训练得到 20 个训练好的分类器,分别采用不同训练次数的分类器,进行测试精度大小的比较。

(1) 对迭代 15 次的训练器进行性能测试,测试结果如图 15.11 所示,其测试准确度为 96.83%。

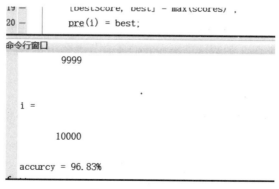

图 15.11 测试结果

（2）为了研究不同训练次数对所获得的网络性能优劣的影响，我们通过对 20 个不同训练次数分类器的测试结果都测试一遍，得到 20 个分类器的测试结果如图 15.12 所示。表 15.1 列出四个不同分类器的测试精度。

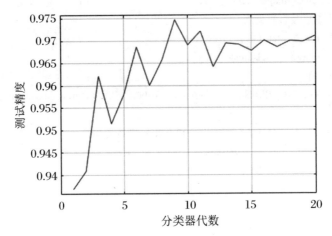

图 15.12　20 个分类器的测试结果

表 15.1　四个不同分类器的测试精度

分类器代数	测试精度
1	93.66%
3	96.7%
15	96.83%
20	97.05%

从实验结果可以看出：在测试训练好的网络时，采用不同训练次数的分类器，比较测试精度大小，由表 15.1 可以看出，训练 1 次所获得的分类器的测试精度为 93.66%，而第 3 个分类器测的测试精度增大到了 96.7%，之后随着代数的增加测试精度也会增加，但增加速度很缓慢，当训练到第 20 代时，测试精度也只是增加到 97.05%。相比于训练第 3 个分类器的测试精度仅仅增加了 0.35%。从图 15.12 的结果还可以看出：不同训练次数获得的识别网络的性能并不像我们所预想的那样，按照分类器训练次数从 1 到 20 顺序递增，识别率稳定地逐渐上升。相反，分类器 9 的测试结果在我们所有分类器中是最高的，而且只有 1 次训练的分类器也能达到 93.66% 的高识别率。

通过对图 15.12 进行分析，我们发现对于 LeNet 卷积网络而言，总的来说生成分类器的性能随着该分类器的训练时间变长有一个逐步提高的正相关关系，但是这种性能的提升并不绝对，其中存在一定的波动性。

（3）选取 0~9 中的任意一个手写数字的识别。

我们选用第 20 代训练出的分类器，创建运行一个 test2.m 文件；对某一个指定的手写数字图片进行测试，目的是识别具体手写数字是几，并同时显示其识别结果。测试前，需要先把被测试的具体数字图像求出来，存储为.bmp 图形文件，比如我们分别对数字 2.bmp，

4.bmp,6.bmp 进行识别:

```
% test2.m 程序
clear all
% Setup MatConvNet.
addpath '../../matlab/';
vl_compilenn ;
vl_setupnn ;
% 加载数据集
load('D:\MATLAB\R2018a\matconvnet-1.0-beta25\data\mnist-baseline-simplenn\imdb.mat');
% 加载预训练模型(就是我们刚刚训练的结果)
load('D:\MATLAB\R2018a\matconvnet-1.0-beta25\data\mnist-baseline-simplenn\net-epoch-20.mat');
% 将最后一层改为 softmax (原始为 softmaxloss,训练使用)
net.layers{1, end}.type = 'softmax';
% 设置默认参数
% net = vl_simplenn_tidy(net) ;
% 获取指定的图像,0~9 手写数字的图片文件中已经给出,也可自行在 MNIST 数据集中获取
im = imread('D:\MATLAB\R2018a\matconvnet-1.0-beta25\examples\mnist\2.bmp');
% 灰度化
im = rgb2gray(im);
% 反转图像,训练图像为黑底白字,测试图像为白底黑字,所以需要反转一下
% im = 255-im;
im_ = single(im) ; % note:255 range
% 输入默认大小为 28×28
im_ = imresize(im_,[28  28]);
% 减去均值
im_ = im_ - images.data_mean;
% Run the CNN
%返回一个 res 结构的输出网络层
res = vl_simplenn(net, im_);
%vl_simplenn 函数返回的是一个多维的数组,最后一个维度保存的分别是识别为 0~9 的概率值,
最大概率值就是最后的结果
%展示分类结果
scores = squeeze(gather(res(end).x)); %得到图像属于各个分类的概率
[bestScore, best] = max(scores); %得到最大概率值,以及索引值
figure(1) ; clf ;
imagesc(im) ;
imshow(im,[]);%显示图像
title(sprintf('the identified result:%d, score:%.3f',…
    best-1, bestScore)) ;
```

运行 test2.m 对训练获得的网络经过测试,获得的结果如图 15.13 所示,其中,黑底白

字是指定要识别的手写数字,最上方是训练出的网络识别出的数字的结果,score 是识别结果的得分,1 表示 100%正确。

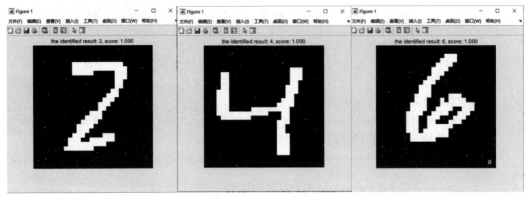

选择测试2.bmp实验结果图　　　选择测试4.bmp实验结果图　　　选择测试6.bmp实验结果图

图 15.13　test2. m 测试结果

从图 15.13 的实验结果可以看出:选择第 20 代训练出的分类器,在选取 0～9 中的任意 3 个手写数字作为输入时,通过对应识别图都可以正确地识别输入的手写数字,且得分为 1。

15.3　多指灵巧机械手对不同物体的自动识别

本节将给出卷积神经网络的应用。我们将基于卷积神经网络的设计,来实现基于一个多指灵巧机械手,对不同物体进行正确位置的自动识别规划与抓取。

卷积神经网络与强化学习结合,获得了深度强化学习(Deep Reinforcement Learning)算法,能够用于机器人控制,使得卷积神经网络拓展到了控制领域;人们将卷积神经网络与迁移学习相结合,使得通过迁移学习的卷积神经网络在小样本图像识别上的准确度有了较大幅度的提升,使得这种具有权值共享功能的卷积神经网络也应用到了物体抓取当中,不断涌现出利用卷积神经网络进行物体检测、物体识别与定位、机械手抓取姿态的判断等应用。

人类在进行物体抓取时,首先判断物体的位置,然后才会判断抓取物体的哪个部位,比如螺丝刀的柄、碗的边沿、扫帚的把等,最后才是以一定角度进行抓取。本节将这个思想与卷积神经网络相结合,设计出三级卷积神经网络,充分利用卷积神经网络在图像理解中的优良性能,快速准确地获得了图像的特征,使得物体抓取不再需要手工设计特征或建立物体的三维模型,来获取未知物体的最佳抓取框,并通过实际的机械手来实现基于卷积神经网络的不同物体的自动识别与抓取实验。

机器人在抓取物体之前,必须知道物体被抓取部位的坐标和姿态,从而将末端执行器控制到相应位置,并以一定角度完成抓取。我们采用 Jiang 等人的方法定义抓取框来获取被抓取物体的位置和姿态,使用 5 维向量表示被抓取物体的位置和姿态。抓取框在图像中的定义如图 15.14 所示。

若将抓取框表示为 G，那么抓取框可以定义为

$$G = \{x, y, h, w, \theta\} \qquad (15.1)$$

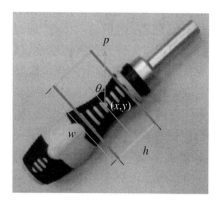

其中，x, y 是抓取框的中心位置；h, w 表示抓取框在图像中的长和宽，决定矩形框的大小；θ 是 w 与向量 p 的夹角，取值范围是 $0°\sim180°$，表示被抓取位置的姿态。对于机械手而言，w 对应的是机械手在抓取物体时夹子张开的大小，h 对应的是夹子的宽度。通过结合深度相机的点云数据，可以计算出 h, w 在现实中对应的实际值 h', w'，当 w' 大于机器人夹子能张开的最大值或 h' 小于夹子宽度时，该抓取框在物体抓取时将被判定为无效。

图 15.14　抓取框在图像中的定义

15.3.1　深度卷积网络结构设计与分析

深度卷积网络的结构和大小影响网络的整体性能，网络的层数、每层的大小都会影响网络的性能。网络结构过于复杂，可能会增加网络的运行时间，增加计算成本；而网络结构过于简单，又可能会使网络的性能下降。我们在进行网络结构设计和代码的编写时，参考 LeNet-5 和 AlexNet 的网络结构，结合了空间金字塔池化方法，设计出不受输入图像大小限制的卷积神经网络，并且为了提高网络性能，做了大量的实验。考虑到计算成本和正确率，在提高正确率的前提下，尽量精简网络，设计出三级用于检测抓取框的整个卷积神经网络结构。由三级卷积神经网络组成的检测抓取物体的完整的网络结构图如图 15.15 所示，其中第一级用于对物体所在几何位置的初步定位，为下一级卷积神经网络搜索抓取框确定位置区域，也就是图 15.15 中的从最初输入的梳子图像，到网络输出的标有大致轮廓的梳子；第二级用于获取预选抓取框，以较小的网络获取较少的特征，从而快速地找出物体本身轮廓的

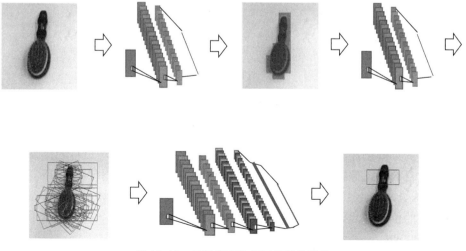

图 15.15　三级卷积神经网络整体结构

可用抓取框,同时剔除不可用的抓取框,对应于图 15.15 中的将第一级输出的标有大致轮廓的梳子作为第二级的输入图像,通过网络训练,获得梳子的各种不同抓取框的位置的输出;第三级用于重新评判预选抓取框,以较大的网络获取较多的特征,从而准确地评估每个预选抓取框,获取最佳抓取框。该过程对应于图 15.15 中的第二行。

在卷积神经网络训练之前,需要将数据集的输入部分进行归一化处理:将卷积神经网络输入图像的像素大小范围规定为 0~1,并且将数据集随机分为两个部分,其中五分之四用于卷积神经网络训练,五分之一用于卷积神经网络测试。在训练网络时,为了确保卷积神经网络不受输入数据顺序的影响,每次输入的数据顺序随机产生。另外,为了不使卷积神经网络在训练过程中出现发散或振荡,在训练网络时,将学习率 η 设置为 1;为了使每次网络参数更新方向更为准确,每输入 10 组数据,更新一次网络参数。更新网络参数使用的损失函数表达式为

$$L(\theta) = \frac{1}{2N} \sum_{i}^{N} (F(x_i, \theta) - y_i)^2 \tag{15.2}$$

其中,θ 是卷积神经网络的参数,$F(x_i, \theta)$ 是网络的目标输出标签,x_i 是数据集中任意一张小图片,y_i 是小图片 x_i 所对应的标签,$i = 1, 2, \cdots, N$,N 是输入卷积神经网络的样本数量。

为了不使网络训练过度而导致过拟合,在每完成一次整个数据集训练后,使用测试数据集对卷积神经网络进行一次测试,当测试获得的正确率多次不变或出现连续下降时,立即停止训练,并保存卷积神经网络参数。

下面将详细介绍每一级卷积神经网络的结构设计。

15.3.2 第一级卷积神经网络的设计

第一级卷积神经网络及其对图像的处理结果如图 15.16 所示。

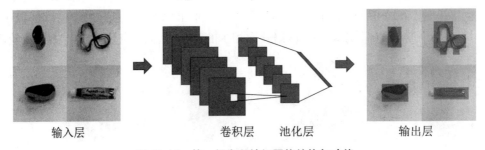

输入层   卷积层   池化层   输出层

图 15.16   第一级卷积神经网络结构与功能

第一级卷积神经网络通过滑动窗的方式对整个图像空间中的各个图像进行搜索,寻找出被抓取物体的大概位置,滑动窗口的大小是根据图像大小变化而改变的,也就是说将图像分成固定的数目的小图像,分别对小图像进行判断。一个图像的划分如图 15.17 所示,其中,将一个图像分成 $16 \times 12 = 192$ 个小图像,然后,通过对 192 个小图像的判断,识别出图像中被抓取物体的位置,为第二级网络搜索抓取框提供了大致的范围。实验中,小图像的像素尺寸设定为 28×28。

第一级卷积神经网络加上输入和输出层一共四层:

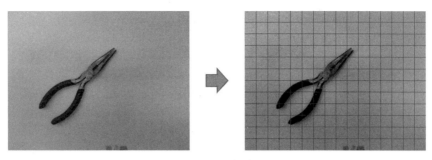

图 15.17　图像的划分

（1）第一层为输入层，输入为一张小图像，图像的灰度值范围为 0～1，输入小图像的像素尺寸选为（28×28）×1，也就是输入层的输入节点数为（28×28）×1；

（2）第二层为卷积层，其输入节点数是（28×28）×1，卷积核大小和数量分别选为 3×3 和 6，输出是 6 张特征图，每一张特征图的尺寸是 26×26，也就是卷积层的输出节点数为（26×26）×6；

（3）第三层为空间金字塔池化层，其输入节点数是（26×26）×6，输出选为 2×2 的 6 张特征图，也就是池化层的输出节点数为（2×2）×6，即第三层输出的特征向量大小为 2×2×6 ＝24；

（4）第四层为具有激活函数的输出层，该层输入和输出节点均为 24，输出为 0 与 1 之间的值，输出用于判断输入层输入的小图像中是否有物体存在，设定阈值为 0.5，输出的值大于阈值则代表输入的小图像中有物体存在，反之则无物体存在。

第一级网络结构的设计与权值训练过程为：

首先，通过赋值设置 CNN 的基本参数：输入层尺寸为 28×28；接着是卷积层，卷积核大小和数量分别为 3×3 和 6；再接着是池化层，设置为空间金字塔池化层，要求输出为 2×2 的 6 张特征图；最后是输出层。

然后，初始化 CNN，初始化卷积层的卷积核权值 k_{ij} 和偏置 b_j，k_{ij} 设置为[−1，1]区间内的随机数，b_j 统一设置为 0；初始化空间金字塔池化层的偏置 b_j，b_j 统一设置为 0；初始化输出层的权重系数 w_{ij} 和偏置 b_j，w_{ij} 设置为[−1，1]区间内的随机数，b_j 统一设置为 0。

接着，进行权值训练，训练 CNN 过程中，每一个样本都是一张小图像，将所有样本组合先后串联在一起，生成随机序列并分组，一组含有 10 个样本，每次随机选取其中一组样本进行批训练。训练过程中，先进行前向传播直至得到输出层，需要训练的参数如下：

（1）卷积权值 k_{ij} 和偏置 b_j，通过公式：

$$\begin{cases} u_j^l = \sum_{i \in M_j} x_i^{l-1} * k_{ij}^l + b_j^l \\ x_j^l = f(u_j^l) \end{cases} \tag{15.3}$$

其中，$f(x) = \text{sigm}(x) = \dfrac{1}{1 + e^{-x}}$，计算出卷积层的输出。

（2）输出层权重系数 w_{ij} 和偏置 b_j，通过公式：

$$\begin{cases} u_j^l = \sum_{i=1}^{m} w_{ij}^l x_i^l + b_j^l \\ x_j^l = f(u_j^l) \end{cases} \tag{15.4}$$

其中，$f(x) = \text{sigm}(x) = \dfrac{1}{1 + e^{-x}}$，计算出输出层的输出。

根据公式 $E_n = t_n - y_n$ 计算出误差，再根据公式 $MSE = \dfrac{1}{2N} \sum_{n=1}^{N} \| t_n - y_n \|^2$ 计算出均方误差，进行反向传播从而完成误差传导和梯度计算，更新各层的参数。重复以上训练过程 2000 次，将最后得到的 CNN 作为测试样本，再验证测试样本的准确率。

15.3.3　第二级卷积神经网络的设计

在第一级网络输出的物体可能存在的区域的基础上，对第二级网络输入一个初始抓取框，抓取框的角度 θ 初始值设置为 0°，在 0°～180°，每次改变大小定为 15°，并不断改变抓取框的位置 (x, y)、长宽 (h, w) 和角度 θ，以获取多个不同的抓取框。然后，对于每一个抓取框，截取抓取框内的图像，并将其旋转回到水平方向，此时的这块图像作为第二级和第三级网络的输入。第二级网络设计得较小，可以减少程序的运行时间，通过提取图像的部分特征，粗略地对抓取框进行判断，初步获得物体的可用抓取框，为第三级卷积神经网络提供预选抓取框。

第二级卷积神经网络以及从输入图像中获得的预选抓取框如图 15.18 所示。

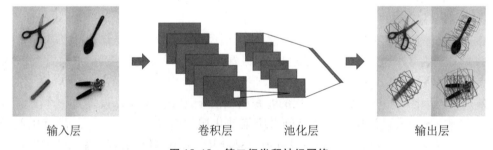

输入层　　　　　卷积层　　　池化层　　　　　输出层

图 15.18　第二级卷积神经网络

第二级卷积神经网络与第一级卷积神经网络层数相同，加上输入和输出层同样是四层。

(1) 第一层为输入层，使用第一级网络得出的结果，在物体可能存在的位置进行搜索抓取矩形框，截取抓取框内的图像作为输入图像。每次输入的数据大小并不一定相同，实验中，所选取的另外一组物体可能存在的位置的输入图像的尺寸为 $(32 \times 16) \times 1$，也就是输入层的输入节点数为 $(32 \times 16) \times 1$。

(2) 第二层为卷积层，其输入节点数是 $(32 \times 16) \times 1$，卷积核大小和数量分别为 3×3 和 6，输出是 6 张特征图，每一张特征图的尺寸是 30×14，也就是卷积层的输出节点数为 $(30 \times 14) \times 6$。

(3) 第三层为空间金字塔池化层，其输入节点数为 $(30 \times 14) \times 6$，输出为 2×3 的 6 张特征图，也就是池化层的输出节点数为 $(2 \times 3) \times 6$，即第三层输出的特征向量大小为 $2 \times 3 \times 6 =$

36。

（4）第四层为输出层，该层输入和输出节点数均为 36，输出为 0～1 的值，输出用于判断该抓取框是否可用，设定阈值为 0.5，输出的值大于阈值则代表该抓取框可用，反之则该抓取框不可用。

第二级卷积神经网络结构的设计与权值训练过程为：

首先，通过赋值设置 CNN 的基本参数：输入层尺寸根据第一级网络得出的物体可能存在的位置而定，本节选取的输入层尺寸为 32×16；接着是卷积层，卷积核大小和数量分别为 3×3 和 6；再接着是池化层，设置为空间金字塔池化层，要求输出为 2×3 的 6 张特征图；最后是输出层。初始化 CNN 和进行权值训练 CNN 过程，与第一级卷积神经网络相同。

15.3.4 第三级卷积神经网络的设计

第三级卷积神经网络比第二级卷积神经网络更大，提取的特征量更多，可以对第二级卷积神经网络选出的预选抓取框进行精确评判，从而使得对抓取框的评判更为准确。

第三级卷积神经网络结构如图 15.19 所示。

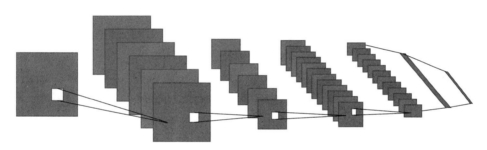

图 15.19　第三级卷积神经网络结构

第三级卷积神经网络一共七层，具体介绍如下。

（1）第一层为输入层，将第二级网络获得的可用抓取框所包含的图像作为输入，本节选取的输入图像尺寸为（32×16）×1，也就是输入层的输入节点数为（32×16）×1。

（2）第二层为卷积层，其输入节点数为（32×16）×1，卷积核大小和数量分别为 5×5 和 6，输出是 6 张特征图，每一张特征图的尺寸为 28×12，也就是卷积层的输出节点数为（28×12）×6。

（3）第三层为池化层，其输入节点数为（28×12）×6，池化层步进大小为 2×2，输出是 6 张特征图，其输出节点数为（14×6）×6。

（4）第四层为卷积层，其输入节点数为（14×6）×6，卷积核大小和数量分别为 3×3 和 12，输出是 12 张特征图，每一张特征图的尺寸为 12×4，也就是卷积层的输出节点数为（12×4）×12。

（5）第五层为空间金字塔池化层，其输入节点数为（12×4）×12，输出选为 4×6 的 12 张特征图，也就是池化层的输出节点数为（4×6）×12，即第五层输出的特征向量大小为 4×6×12 ＝288。

（6）第六层为全连接层，共有 24 个神经元，输出特征向量大小为 24。

（7）第七层为整个网络的输出层，输出为 0～1 的值。输出用于精确判断该抓取框是否可用,设定阈值为0.5,输出的值大于阈值则代表该抓取框可用,反之则该抓取框不可用。输出的可用抓取框的值取平均,选取输出的值离平均值最近的可用抓取框为最优抓取框。

第三级卷积神经网络结构的设计与权值训练过程为:

首先,通过赋值设置CNN的基本参数:输入层尺寸根据第二级网络获得的可用抓取框决定,本节选取的输入层尺寸为32×16;接着是卷积层,卷积核大小和数量分别为5×5和6;再接着是池化层,步进大小为2×2;再接着是卷积层,卷积核大小和数量分别为3×3和12;再接着是空间金字塔池化层,要求输出为4×6的12张特征图;再接着是全连接层;最后是输出层。初始化CNN和进行权值训练CNN过程,与第一级卷积神经网络相同。

因此,将用于检测图像空间中最佳抓取框的卷积神经网络设计成为三级网络,不仅可以将任务细分化,而且可以大大减少卷积神经网络的搜索时间,提高工作效率。此外,在整个网络的设计中都使用了空间金字塔池化的方法。这个空间金字塔池化层加在卷积网络层和全连接层之间,使得卷积神经网络可以输入不同大小的图像,并且在一定程度上提高网络的正确率。

15.3.5 数据集选择与网络训练

对于卷积神经网络而言,训练网络使用的数据集十分重要,数据集的好坏直接影响网络的性能的高低,一个完善的数据集能够使卷积神经网络学习到更充分的知识,从而使网络的泛化能力更强。本小节设计的三级卷积神经网络,一共有三个卷积神经网络,从网络数量上考虑,我们需要三个数据集分别对三个卷积神经网络进行训练。然而,第二级和第三级两个卷积神经网络的基本功能相同,都是对抓取框的一个判断,因而第二级和第三级两个卷积神经网络可以使用同一个数据集。因此,对三级卷积神经网络的训练,需要两个不同的数据集。

1. 数据集的选择

本小节训练网络使用的数据集是美国康奈尔大学提供的数据集,数据集包含两个部分,一个部分是图像中没有抓取物的背景图像,总共有11张,另一个部分是图像中拥有抓取物的图像,总共有885张。图15.20是数据集中的部分被抓取物体,并且在这885张图片中,一共包含了240种不同的物体,标记有8019个抓取框,这些标记框中共有5110个框是可用于抓取的抓取框,如图15.21(a)所示,还有2909个不可用于抓取的抓取框,如图15.21(b)所示。可以看出,这个数据集包含的物体种类较多,且在物体上的抓取框的标记较全面,有利于卷积神经网络的训练,提高网络性能。另外,这个数据集被广泛应用在物体抓取的研究上,有利于网络与其他算法比较。

在训练卷积神经网络之前,将可用于抓取的抓取框中心点取出,并以取框中心点为中心,在拥有抓取物的885张图像中随机截取大小为28×28的小图片,获取5110张小图片,并将每张小图片标记为1;另外,在没有抓取物的11张背景图像中随机截取大小为28×28的小图片4890张,并将每一张小图片标记为0,与前面的5110张小图片标记组成共10000张的第一个数据集,用于训练三级卷积神经网络中的第一级卷积神经网络。

以同样的方式,利用原始数据集提供的抓取框截取小图片,并将可用于抓取的抓取框截取的5110张32×16小图片标记为1,而不能用于抓取的抓取框截取的2909张32×16小图

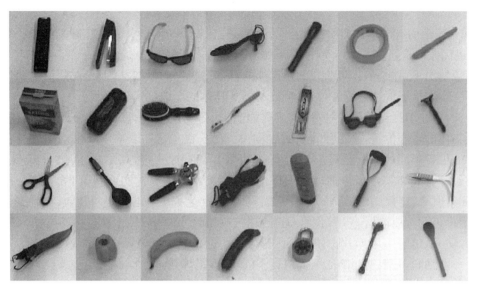

图 15.20　数据集中的部分被抓取物体

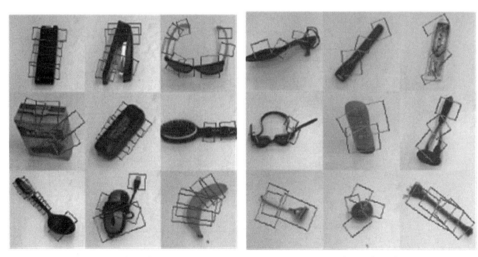

(a) 可用抓取框　　　　　　　　　　(b) 不可用抓取框

图 15.21　物体上的抓取框标记

片标记为 0。另外,在背景图像中随机截取 1981 张大小为 32×16 的小图片,并将每张小图片标记为 0,与抓取框截取的 8019 张小图片和标记共同组成共 10000 张的第二个数据集,用于训练三级卷积神经网络中的第二级和第三级卷积神经网络。

2. 选择最佳抓取框的算法

第三级卷积神经网络对每个预选的抓取框进行评判后,将得到每个预选抓取框的评判值;再通过一定的算法就能获得最佳的抓取框,本小节使用了两种算法,第一种是一个简单而直接的算法,在所有的预选抓取框中选择评判值最大的抓取框,算法可以写为

$$R_G = \arg\max_{A_G} J \tag{15.5}$$

其中,A_G 表示所有的预选抓取框集合,J 表示第三级卷积神经网络对预选抓取框的评判值,R_G 为最优抓取框,包含 x,y,h,w,θ 五个元素。

一般情况下,评判值排名前几的预选抓取框都是较好的抓取框,但是评判值为第一的抓取框不一定在被抓取物体重心位置,可能不利于物体的抓取操作。

为此,本小节提出了第二种算法,流程如图 15.22 所示,目的是为了使抓取框的中心尽量接近物体的重心位置,第二种算法的过程为:首先,在预选抓取框中找出评判值排在前三并且中心位置不同的抓取框 G_{t1},G_{t2},G_{t3},如图 15.22 中的虚框所示,初始化 G_{t1},G_{t2},G_{t3} 后,输入预选抓取框 G_i 及该抓取框的评判值 J_i,接着将抓取框的评判值 J_i 与第一抓取框 G_{t1} 的评判值 J_{t1} 进行比较,如果 J_i 大于 J_{t1},那么再将它们的中心值进行比较,如果中心值相等,直接将该预选抓取框 G_i 赋值给 G_{t1},如果中心值不相等,就依次执行下面操作,G_{t2} 赋值给 G_{t3},G_{t1} 赋值给 G_{t2},G_i 赋值给 G_{t1},执行完后进入下一个循环;如果 J_i 不大于 J_{t1},那么进行下一个判断,并根据判断的结果执行不同步骤,最终通过虚框中循环步骤获得评判值排在前三并且中心位置不同的抓取框 G_{t1},G_{t2},G_{t3}。然后,取出抓取框 G_{t1},G_{t2},G_{t3},求取中心平均值(x,y),并对每个抓取框求取均方差。最后,选取均方差最小的值作为最佳抓取框。

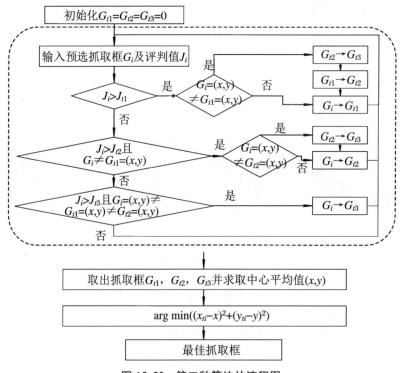

图 15.22　第二种算法的流程图

3. 物体位置与姿态的确定

本小节在采集数据并进行抓取实验时,使用的深度摄像头是 Intel© RealSense® Camera

F200,将摄像头安装在机器人腕部,如图 15.23 所示。当机器人保持不动时,摄像头可以直接获得视角内的彩色图像及点云数据,将彩色图像与点云数据进行匹配,就可知道每个彩色图像像素在实际环境中的 3D 值。在知道抓取框中心点的情况下,就会轻易地获得被抓取物体的抓取框中心点相对于摄像头的实际位置。为了更加准确地获得抓取框中心点的实际位置,本小节对获取的数据进行进一步处理,将抓取框的中心点周围的点进行统计求平均,从而获得一个新的位置值作为被抓取物体抓取中心:

$$O_{(x',y',z')} = \frac{1}{9} \sum_{i=x-1}^{x+1} \sum_{j=y-1}^{y+1} Z(i,j) \tag{15.6}$$

其中,$O_{(x',y',z')}$ 表示被抓取物体抓取点在相机坐标系下的位置,x,y 是抓取框的中心所对应的像素点位置,$Z(i,j)$ 表示像素点 (i,j) 对应的相机坐标系下的 3D 值。

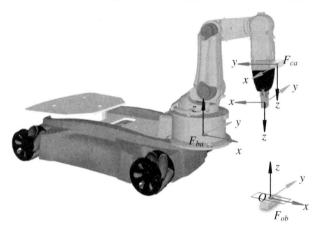

图 15.23　机器人与物体的坐标系

对于物体的姿态问题,我们以物体的具体位置 O 为原点,w 方向为 x 轴,x 轴方向与图 15.14 中向量 p 的夹角为 θ,x 轴以抓取框的垂直方向的轴为旋转轴逆时针旋转 $90°$ 为 y 轴,再根据笛卡儿坐标系右手法则确定 z 轴,这样就确定了物体在相机坐标系下的姿态。

由于物体坐标系 F_{ob} 的 z 轴与相机坐标系 F_{ca} 的 z 轴平行且方向相反,所以物体在相机坐标系 F_{ca} 下的姿态可以表示为

$$
\begin{aligned}
{}^{ca}_{ob}R &= R_z(3\pi/2 - \theta) R_y(0) R_x(\pi) \\
&= \begin{bmatrix} -\sin\theta & \cos\theta & 0 \\ -\cos\theta & -\sin\theta & 0 \\ 0 & 0 & 1 \end{bmatrix} \begin{bmatrix} 1 & 0 & 0 \\ 0 & 1 & 0 \\ 0 & 0 & 1 \end{bmatrix} \begin{bmatrix} 1 & 0 & 0 \\ 0 & -1 & 0 \\ 0 & 0 & -1 \end{bmatrix} \\
&= \begin{bmatrix} -\sin\theta & -\cos\theta & 0 \\ -\cos\theta & \sin\theta & 0 \\ 0 & 0 & -1 \end{bmatrix}
\end{aligned}
\tag{15.7}
$$

结合式(15.6)得到的位置,可以得到物体的位姿矩阵 ${}^{ca}_{ob}T$:

$$
{}^{ca}_{ob}T = \begin{bmatrix} {}^{ca}_{ob}R & O^{\mathrm{T}}_{(x',y',z')} \\ 0 & 1 \end{bmatrix} = \begin{bmatrix} -\sin\theta & -\cos\theta & 0 & x' \\ -\cos\theta & \sin\theta & 0 & y' \\ 0 & 0 & -1 & z' \\ 0 & 0 & 0 & 1 \end{bmatrix}
\tag{15.8}
$$

在进行物体抓取之前,由于相机坐标系 F_{ca} 与末端执行器坐标系 F_{cl} 相对位姿固定,所以可以得到相机坐标系 F_{ca} 在末端执行器坐标系 F_{cl} 中的位姿矩阵 $_{ob}^{cl}T$。通过正运动学求解可以得到末端执行器坐标系 F_{cl} 在机器人坐标系 F_{ba} 中的位姿矩阵 $_{cl}^{ba}T$。因此,可以求得被抓取物体在机器人坐标系 F_{ba} 中的位姿矩阵 $_{ob}^{ba}T$:

$$_{ob}^{ba}T = {}_{cl}^{ba}T \, {}_{ca}^{cl}T \, {}_{ob}^{ca}T \tag{15.9}$$

获得被抓取物体在机器人坐标系 F_{ba} 中的位姿后,就可以通过运动学知识反解出计算机器人每个关节的旋转值,从而使末端执行器到达物体的所在位置,完成抓取任务。

15.3.6　实际实验及其结果分析

为了验证所设计的三级卷积神经网络的性能,本小节将分别对三级卷积神经网络进行三方面的测试:第一,分别测试三级卷积神经网络中的第二级和第三级卷积神经网络,并对比它们的性能;第二,使用数据集对三级卷积神经网络进行测试,并与其他结果进行比较;第三,将三级卷积神经网络应用到机器人的物体抓取操作中,以此来验证网络的可用性。

1. 第二级和第三级卷积神经网络的比较

对第二级和第三级卷积神经网络进行的测试,即在数据集中取 1800 对抓取框标签对两个网络分别进行测试,测试结果如表 15.2 所示,首先从正确率来看,很明显第三级网络高于第二级网络,然后从时间来看,第二级网络判断一个抓取框的时间为 0.8179 ms,而第三级网络判断一个抓取框的时间为 1.5727 ms,是第二级网络所用时间的 1.9 倍。

可以看出,第二级卷积神经网络处理抓取框的时间较短,但由于网络较小,获取的特征较少,不能准确地评价每个抓取框,所以正确率比第三级网络低,而第三级网络恰恰相反,网络较大,能够准确地评价每个抓取框,正确率较高,两个网络各有长处。

所以,将两个网络结合起来,先用第二级网络从图像中初步获得大量评价不够准确的预选抓取框,再用第三级网络对预选的抓取框进行进一步精确评价,既可以提高搜索最佳抓取框的整体速度,又可以提高正确率,从而得出一个最优抓取框。

表 15.2　第二级与第三级卷积神经网络的性能测试结果

网络	正确率(%)	时间(ms)
第二级网络	92.1	0.8179
第三级网络	93.7	1.5727

2. 网络测试及其性能结果对比与分析

我们使用美国康奈尔大学提供的抓取数据集对整个三级网络进行测试。将测试所得的抓取框打印到测试的图像中,可以直观地看到如图 15.24 和图 15.25 所示的结果,其中,图 15.24 展示了测试中正确的抓取框,这些可以直接用来进行抓取操作;图 15.25 为测试结果中出现的抓取框不令人满意的错误抓取框。

将所设计的三级卷积神经网络测试结果与其他算法进行比较。这个测试主要从两个方面进行,一方面是从数据集中随机抽取图像进行测试,每次抽取 100 个样本,抽取 10 次后,求取正确率平均值为最终正确率;另一方面是从数据集的 240 类物体中随机抽取不同类的图像进行测试,每次抽取 30 类样本,抽取 10 次后,求取正确率平均值为最终正确率。测试

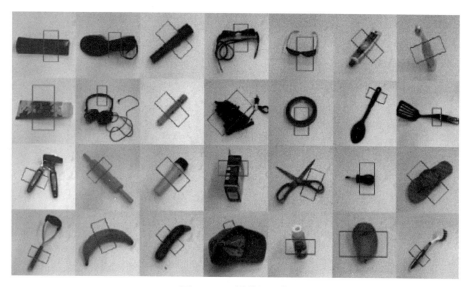

图 15.24　最优抓取框

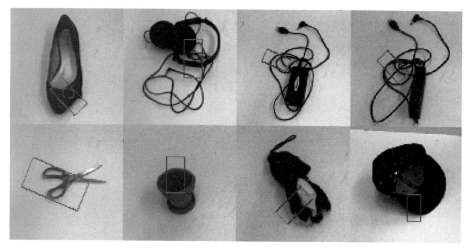

图 15.25　错误的抓取框

结果表明,使用三级卷积神经网络并结合式(15.5)设计的第一种算法以及本节中图 15.22 所提出的第二种算法,可以使得抓取框正确率提高到 90% 以上。

3. 实际装置的抓取实验及其结果

将三级卷积神经网络应用在 Youbot 机器人上进行物体抓取实验,如图 15.26 所示。

抓取实验一共选取了 8 种物体,这 8 种物体都不在训练集中,将每个物体进行 10 次抓取,且在 10 次抓取中物体的位置和姿态都不相同,抓取实验结果如表 15.3 所示。结果表明,三级卷积神经网络很够成功地与机器人结合完成物体抓取,抓取成功率很高,同时验证了三级卷积神经网络的泛化能力,能够找出未知物体的最优抓取框,从而实现对未知物体进行抓取。

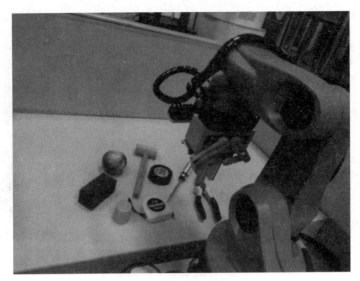

图 15.26 物体抓取实验

表 15.3 抓取实验结果

物体	成功率(%)	物体	成功率(%)
圆柱体	100	木槌	90
长方体	100	卷尺	100
桃子	100	螺丝刀	100
胶布	100	钳子	80

15.4 基于深度学习的虚拟仿真教学实验平台

15.3 节介绍了采用两级深度神经网络实现多指灵巧机械手对不同物体的自动识别的应用,所有的实验都是在真实的多指灵巧机械手装置上实现的。要想设计和实现相应的实验,既要懂得深度学习网络的设计与训练,又要了解和掌握运动控制的相关知识,还要同时学习多指灵巧机械手装置的操作与实验。这些对学生以及实验室的设备等都要求极高,由于相关装置的数量有限,不可能允许很多人同时进行实验,必然限制了深度学习及其应用的展开。

为了能够让更多的人进行深度神经网络应用的实验,中国科学技术大学基于 15.3 节中有关采用深度神经网络实现多指灵巧机械手对不同物体的自动识别与抓取的应用,开发出基于深度学习的虚拟仿真教学实验平台,可以进行教学实验。本节就介绍虚拟仿真教学实验平台中的内容。

虚拟仿真教学实验平台涉及虚拟硬件与软件两部分,软件为自主开发的深度学习及机器人仿真软件,虚拟硬件为由 Universal Robot(UR5)机器人和二指或三指的夹持器组成的仿真实验平台,提供机器人和人工智能学科知识交叉融合的实验教学。虚拟仿真实验教学划分为两个模块:深度学习模块和机器人抓取模块。深度学习模块中,学生完成数据集的生成、设计卷积神经网络的结构、设计训练超参数以及网络输出到世界坐标系中实际位姿的映射;机器人抓取模块包括仿真环境搭建与实验部分。实验以机器人自主抓取物体为目标,具体实施过程根据顺序可以分为数据集的创建与扩增、卷积神经网络的设计与训练、仿真环境的搭建、仿真抓取实验的验证等四个模块,四个模块依次进行。

15.4.1　虚拟仿真平台实验内容

机器人在抓取物体之前必须知道物体被抓取部位的坐标和姿态,从而将末端执行器控制到相应位置,并以一定角度完成抓取。

选取抓取框表示末端夹持器的抓取手势,抓取框的图像定义如图 15.14 所示,使用五维向量表示被抓取物体的位置和姿态。将抓取框表示为 G,抓取框定义为:$G = \{x, y, h, w, \theta\}$。其中,$x, y$ 是抓取框的中心位置;h, w 表示抓取框在图像中的长和宽,决定了矩形框的大小,w 对应的是机器人在抓取物体时夹子张开的大小,h 对应的是夹子的宽度;θ 是 w 与向量 p 的夹角,取值范围是 $0° \sim 180°$,表示被抓取位置的姿态。

操作者通过输入一个未知物体的初始抓取框,改变抓取框的参数大小,可以获得同一物体的多个不同抓取框,扩增训练所需的数据集,图 15.27 所示的就是对同一物体的 4 种不同的抓取框。转动不同的坐标,可以得到不同的抓取框,其中有些抓取框是可以被用来正确抓到物体的,有些是不可用的。将可以用于抓取物体的抓取框标记为 1,视为正样本,不可用于抓取物体的抓取框标记为 0,视为负样本。所以在所存储的样本中,有正、负样本两种分类。

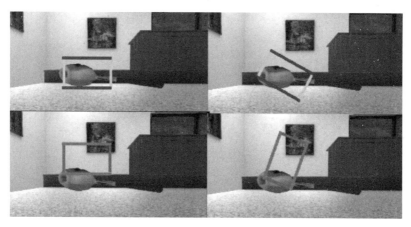

图 15.27　同一物体的多个不同抓取框

所要完成的实验任务为:基于深度学习的智能机器人抓取,先获得未知物体的可能的抓取框,然后通过改变抓取框的参数大小,对抓取框的数据集进行扩增。每次将一个抓取框内的图像,输入到设计好结构的卷积神经网络,对网络的权值参数进行训练,每一个输入对应着一个 0~1 的输出值。输出值的大小用来判断该抓取框是否可用。通常设定阈值为 0.5,

当输出的值大于阈值,则代表该抓取框可用,反之,该抓取框不可用。选取输出的值最高的可用抓取框为最优抓取框。最终获得的最优抓取框就为机械手末端夹持器对该未知物体的最佳抓取手势,以此方式来实现对未知物体的抓取。

在训练网络参数之前,需要对未知物体抓取框的数据集进行扩增,之后的实验分为四步,分别为:抓取框检测深度卷积网络的设计、抓取框检测网络的训练、网络性能的验证和执行抓取虚拟仿真实验。

15.4.2 抓取框检测深度卷积网络的设计

深度学习网络中的卷积神经网络一般由输入层、交替的卷积层和池化层、全连接层和输出层构成。在虚拟仿真平台中,为了简单起见,有关深度卷积网络结构设计是已经固定了几种可以选择的情况,卷积层层数、卷积核大小、每层通道数和全连接层神经元数都分别有不同的参数可供使用者选择:卷积层层数有 3,5 或 7 共三种选择,卷积核大小有 3×3 或 5×5 共两种选择,每层通道数有 6,6,6 或 6,12,24 共两种选择,全连接层神经元数有 1 或 24 共两种选择,因此可以组成 24 种不同的网络结构。不同的参数选择,可以设计出不同的网络结构,可以获得不同的训练结果。学生可以对不同的训练结果进行对比,得出在什么参数下,可以获得最好的训练结果。

图 15.28 给出了在虚拟仿真平台中所选取的一种深度卷积网络的结构,其中,卷积层层数选为 3,卷积核大小选为 3×3,每层通道数选为 6,12,24 和全连接层神经元数选为 24 时,卷积神经网络的层数为 9。

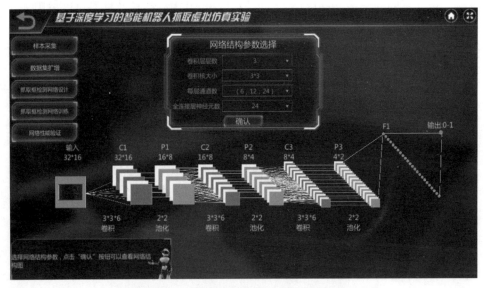

图 15.28　一种所设计的深度神经网络的结构

对于每一个抓取框,截取抓取框内的图像,并将其旋转回到水平方向,此时的这块图像作为卷积神经网络输入层的输入。

卷积层是卷积神经网络中不可缺少的部分,一个卷积层可以包含多个卷积面。卷积面,也称为特征图。每个卷积面都是根据输入、卷积核和激活函数来计算的。卷积面的输入,通常是一幅或多幅图像。卷积核是卷积层的权值,卷积核是一个矩阵,卷积核的参数都是通过反向传播算法最优化得到的。当前网络的激活函数选为校正线性单元(ReLU)。图 15.28 中所示的 C1,C2,C3 即是卷积层。

卷积运算的目的是提取输入的不同特征,第一层卷积层可能只能提取一些低级的特征如边缘、线条和角等层级,更多层的网络能从低级特征中迭代提取更复杂的特征。

池化层是由图像经过池化后而得来的结果,一般位于卷积层的下一层。池化计算特征图上一个区域内平均值或最大值,计算特征图上一个区域内的平均值叫做平均池化,计算特征图上一个区域内的最大值叫做最大池化。池化层的作用主要用于特征降维,压缩数据和参数的数量,减小过拟合,同时提高模型的容错性。图 15.28 中所示的 P1,P2,P3 就是池化层。

全连接层作为卷积神经网络的重要组成部分,将上一层以特征向量形式展开,再输入到全连接层,在整个卷积神经网络中起到"分类器"的作用。图 15.28 中所示的 F1 即是全连接层。

输出层,输出为 0～1 的值。全连接层的输出特征向量的值取平均,即为输出层的值。输出用于精确判断该抓取框是否可用,设定阈值为 0.5,输出的值大于阈值则代表该抓取框可用,反之则该抓取框不可用。选取输出的值最高的可用抓取框为最优抓取框。

15.4.3 抓取框检测网络的训练

网络训练的超参数,包括:损失函数(交叉熵或 L2 损失函数),batch_size(10 或 100),epoches(1000),学习率(0.001 或 0.1),训练集与验证集比例(4:1 或 1:1)。点击训练,输出当前参数设置下验证集的损失函数图像及 loss 值。当损失函数选为 L2 损失函数,batch_size 选为 100,学习率选为 0.001,训练集与验证集比例选为 4:1,得到图 15.29 所示的网络训练结果图。

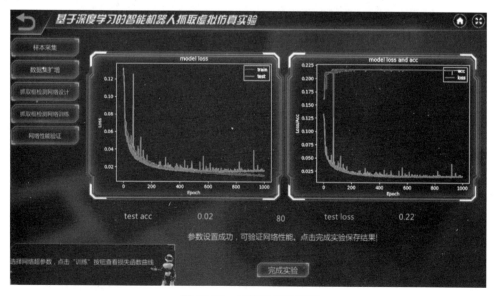

图 15.29　网络训练结果图

若当前网络在测试集上的损失函数大于0.45,则回到"抓取框检测网络设计",调整网络结构并重新选择训练超参数,直到测试集的结果符合以下的要求:CROSSENTROPY Loss<0.45 或 L2 loss<0.05。

15.4.4 深度神经网络的自动抓取虚拟仿真实验

1. 深度神经网络的性能验证

通过设置网络结构参数,对网络进行训练,获得满意的网络训练结果后,就可以保存当前所训练好的网络的参数结果,进行下一步网络性能的验证。

在"卷积神经网络设计"中选择"网络性能验证"。然后选择一张包含物体的图像,以及训练好的网络;点击"搜索抓取框",在该图像上生成多个抓取框,各个抓取框的右上角显示网络输出的评估值;点击"筛选",则图像中只剩下评估值最高的最优抓取框,如图15.30所示。

抓取框对于3D仿真环境中的位置,就是机械手末端夹持器的目标位姿。

图15.30 最优抓取框示意图

2. 虚拟仿真实验

物体抓取实验的具体过程为:先选择夹持器类型。虚拟仿真平台中可选的类型有:二指夹持器、三指夹持器、柔性三指夹持器。然后选择物体类型:单个物体或物体堆,这样就完成了仿真实验环境的搭建,一种仿真实验环境搭建的结果如图15.31所示,其中机械手选择的是二指夹持器,在辨识白虚线上放置的是包含几个物品的物体堆,最左边是摄像镜头。

仿真实验环境搭建完成后,需要选择已经训练好的网络,然后点击"开始实验",即可以观察到:训练好的网络通过对准的摄像头,获取其中一个物体,输出其最优抓取框的位置,然后将其作为末端夹持器的目标位置,控制机械手去最优抓取框的位置抓取该物体,并将物体放置到置物箱中,此时视为抓取该物体成功。实验中的图像如图15.32所示。

本节的虚拟仿真实验采用线上、线下相结合的模式,坚持"虚实结合、能实不虚"的实验原则,学生可使用虚拟的机器人抓取规划平台,自主设计卷积神经网络,操作虚拟机器人UR5和二指夹持器进行仿真抓取实验,从而有效解决了单个物理实验平台无法满足众多学生的教学需求,以及物理实验所需场地、成本和操作风险的问题。

图 15.31　一种仿真实验环境搭建

图 15.32　抓取过程

15.5　小　　结

本章基于深度学习神经网络的设计理论,选取了四个典型的深度学习神经网络的应用,通过具体的实例,结合 Matlab 环境下的深度学习神经网络工具箱,以及所设计装置的实验结果和虚拟环境仿真平台,展现了深度学习神经网络在手写数字识别和机械手自动抓取物品方面的应用,以及深度学习神经网络所具有的优越性。

参 考 文 献

[1] Aartts E H L, Korst J H M. Simulated annealing and Oltzmann machines[M]. New York: John Wiley and Sons, 1989.

[2] Alessandro De C, Cong S. Intelligent neural network controller for a position control system[C]. Proceedings of the IFAC-Workshop "Motion Control", Munich: German, 1995: 189-196.

[3] Alisantoso D, Khoo L P, Jiang P Y. An immune algorithm approach to the scheduling of a flexible PCB flow shop[J]. Advanced Manufuring Technology, 2003, 22: 819-827.

[4] Astrom K J, Hang C C, Persson P. Towards intelligent PID control[J]. Automatica, 1992, 28(1): 1-9.

[5] Astrom K J, Wittenmark B. A survey of adaptive control applications, decision and control[C]. The 34th IEEE Conference, 1995: 649-654.

[6] Astrom K J. Toward intelligent control[J]. IEEE Control System Magazine, 1989(2): 60-64.

[7] Astrom K J, Wittenmark B. Adaptive control[M]. Boston: Addison-Wesley, 1995.

[8] Beyer H G, Schwefel H P. Evolution strategies: A comprehensive introduction[J]. Natural Computing, 2002, 1: 3-52.

[9] Bianchini M, Scarselli F. On the complexity of neural network classifiers: A comparison between shallow and deep architectures[J]. IEEE Transactions on Neural Networks and Learning Systems, 2014, 25(8): 1553-1565.

[10] Blum C, Dorigo M. The hyper-cube framework for ant colony optimization[J]. IEEE Transactions on Systems Man and Cybernetics Part B-Cybernetics, 2004, 1(34): 1161-1172.

[11] Brown M, Harris C J. Neurofuzzy adaptive modeling and control[M]. Inc. Upper Saddle River: Prentice Hall, 1997.

[12] Burke E K, Gustafson S, Kendall G. Diversity in genetic programming: An analysis of measure and correlation with fitness[J]. IEEE Transaction on Evolutionary Computation, 2004, 8(1): 47-61.

[13] Burke E K, Gustafson S, Kendall G, et al. Is increased diversity in genetic programming beneficial? An analysis of lineage selection[C]. Evolutionary Computation, CEC, 2003, 2: 8-12.

[14] Cameron F, Seborg D E. A self-tuning controller with a PID structure[J]. International Journal of Control, 1983, 38(2): 401-417.

[15] Cao C Z, Zhang K, Zheng H Y, et al. BP neural network speed identifier based on artificial fish algorithm[J]. System Simulation, 2009, 21(4): 1047-1050.

[16] Coello C A C, Veldhuizen D A V, Lamont G B. Evolutionary algorithms for solving multi-objective problems[M]. 2nd ed. New York: Springer-Verlag, 2007.

[17] Cong S. Strategie evolute di controllo digitale per la movimentazione Automatica, Tesi di Dottorato di Ricerca[D]. Roma: Universitàdi Roma, 1995.

[18] Cong S, Li G D. The decrease of fuzzy label number using self-organization competition network [C]. International ICSC/IFAC Symposium on Neural Computation, 1998: 23-25.

[19] Cornell grasping dataset [DB/OL]. http://pr. cs. cornell. edu/grasping/ rect data/data. php,

accessed,2016-09-01.

[20] Couzin L,Krause J. Collective memory and spatial sorting in animal groups[J].Journal of Theoretical Biology,2002,218:1-11.

[21] Couzin L,Krause J. Effective leadership and decision-making in animal groups on the move[J]. Nature,2005,433(2):513-516.

[22] Cui X,Li M,Fang T. Study of population diversity of muti-objective evolutionary algorithm based on immune and entropy principles [C]. Proceedings of the IEEE Conference on Evolutionary Computation,IEEE Computer Society,2001:1316-1321.

[23] Demuth H,Beale M. Neural network toolbox for use with matlab (Version 3.0)[S]. The MathWorks, Inc.,1998.

[24] Deneubourg J L,Aron S,Goss S,et al. The self-organizing exploratory pattern of the argentine ant [J].Journal of Insect Behavior,1990,3:159-168.

[25] Dorigo M. Optimization,learning and natural algorithms[D]. Milano:Politecnico di Milano,1992.

[26] Dorigo M,Gambardella L M. Ant colony system:a cooperative learning approach to the traveling salesman problem[J]. IEEE Transactions on Evolutionary Computation,1997,1:53-66.

[27] Dorigo M,Maniezzo V,Colorni A. Ant system:Optimization by a colony of cooperating agents[J]. IEEE Transactions on Systems Man and Cybernetics Part B-Cybernetics,1996,26:29-41.

[28] Dorigo M,Stutzle T. Ant colony optimization[M]. Cambridge:MIT Press,2004.

[29] Dou Y, Ze Z. Design and realization of fuzzy self-tuning PID speed controller based on TMS320F2812 DSPs[C]. Mechatronics and Automation International Conference,2007:3316-3320.

[30] Eberhart R C,Kennedy J. A new optimizer using particles swarm theory[C]. Proceedings of the 6th Int'1 Symposium of Micro Machine and Human Science,1995:39-43.

[31] Fogel D B. Evolutionary computation:Toward a new philosophy of machine intelligence[M]. New York:IEEE Press,1995.

[32] Gao X Z,Wang C H,Gao X M,et al. A new CMAC neural network model with adaptive quantization input laye[C]. The 3rd International Conference on Signal Processing,1996,2:1417-1420.

[33] Giryes R, Sapiro G, Bronstein A M. Deep neural networks with random Gaussian weights: A universal classification strategy [J]. IEEE Transactions on Signal Processing, 2016, 64 (13): 3444-3457.

[34] Greff K,Srivastava R K,Koutnik J,et al. LSTM:A search space odyssey[J]. IEEE Transactions on Neural Networks and Learning Systems,2017,28(10):2222-2232.

[35] Gulcehre C,Moczulski M,Denil M,et al. Noisy activation functions[C]. Proceedings of the 33rd International Conference on International Conference on Machine Learning,2016:3059-3068.

[36] Hao Y,Ding Y S,Li S K,et al. Comparison of necessary conditions for typical Takagi-Sugeno and Mamdani fuzzy systems as universal approximators [J]. IEEE Transactions on System, Man & Cybernetics,1999,29(5):508-514.

[37] Harris C J. Wu Z Q,Feng M. Aspects of the theory and application of intelligent modelling,control and estimation[C]. Proceedings of the 2nd Asian Control Conference,1997.

[38] Holland J H. Adaptation in natural and artificial systems[M]. Ann Arbor:University of Michigan Press,1975.

[39] Hopfield J J,Tank D W. Computing with neural circuits:A model[J]. Science,1986,233:625-633.

[40] Hopfield J J, Tank D W. Neural computation of decisions in optimization problems[J]. Biological

Cybernetics,1985,52:141-152.

[41] Hölldobler B,Wilson E O. The ants[M]. Cambridge:Belknap Press of Harvard University Press,1990.

[42] Hunt K J,Sbarbaro D,Zbikowski R,et al. Gauthrop,neural networks for control system:A survey [J]. Automatica,1992,28(6):1083-1112.

[43] Huth A,Wissel C. The simulation of movement of fish schools[J]. Journal of Theoretical Biology, 1992,156:365-385.

[44] Isermann R. Adaptive control systems[M]. Inc. Upper Saddle River:Prentice Hall,1992.

[45] James A,Freeman,David M,et al. Neural network:Algorithms, applications and programming techniques[M]. Boston:Addison-Wesley,1992.

[46] Jang R J-S. ANFIS:Adaptive-network-based fuzzy inference system[J]. IEEE Transactions on System, Man & Cybernetics,1993,23(3):665-685.

[47] Jang R J-S,Sun C-T. Functional equivalence between radial basis function networks and fuzzy inference system[C]. IEEE Transactions on Neural Networks,1993,4(1):156-159.

[48] Jantzen J. Tuning-rules for fuzzy controllers[C]. IEEE International Workshop on Intelligent Motion Control,1990:83-86.

[49] Jiang Y,Moseson S,Saxena A. Efficient grasping from rgbd images:Learning using a new rectangle representation[C]. IEEE International Conference on Robotics and Automation,Piscataway,2011: 3304-3311.

[50] Johns E,Leutenegger S,Davison A J. Deep learning a grasp function for grasping under gripper pose uncertainty[C]. IEEE/RSJ International Conference on Intelligent Robots and Systems,2016:4461-4468.

[51] Kennedy J,Eberhart R. Particle swarm optimization [C]. Proceedings of IEEE International Conference of Neural Networks,1995:1942-1948.

[52] Kha N B,Ahn K. Position control of shape memory alloy actuators by using self tuning fuzzy PID controller,Industrial electronics and applications[C]. The 1st IEEE Conference,2006:1-5.

[53] Kim S M,Han W Y. Induction motor servo drive using robust PID-like neuro-fuzzy controller[J]. Control Engineering Practice,2006,14(5):481-487.

[54] Koo K-M,Kim J-H. CMAC based control of nonlinear mechanical system[C]. Proceedings of the 1996 IEEE 22nd International Conference on Industrial Electronics,Control and Instrumentation, 1996:1954-1959.

[55] Koza J R. Genetic Programming:On the programming of computers by natural selection[M]. Cambridge:MIT Press,1992.

[56] Krizhevsky A,Sutskever I,Hinton G E. ImageNet classification with deep convolutional neural networks[J]. Communications of the ACM,2017,60(6):84-90.

[57] Lenz I,Lee H,Saxena A. Deep learning for detecting robotic grasps[J]. International Journal of Robotics Research,2015,34(4-5):705-724.

[58] Leung H,Varadan V. System modeling and design using genetic programming[C]. Proceedings of First IEEE International Conference on Cognitive Informatics,2002:88-97.

[59] Li X L,Shao Z J,Qian J X. An optimizing method based on autonomous animats:Fish-swarm algorithm[J]. Systems Engineering-Theory & Practice,2002,22(11):32-38.

[60] Li Y,Fan C,Li Y,et al. Improving deep neural network with multiple parametric exponential linear units[J]. Neurocomputing,2018,301:11-24.

［61］ Ljung L. System identification toolbox,User's guide［S］. Natick,The MathWorks,Inc. ,1993.

［62］ Lovbjerg M,Rasmussen T K,Krink T. Hybrid particle swarm optimization with breeding and subpopulations［C］. Proceedings of the Third Genetic and Evolutionary Computation Conference, 2001.

［63］ Low T S,Lee T H,Lock K S,et al. DSP-based instantaneous torque control in perment magnet brushless D. C. drives［J］. Mechtronics,1991,1(2):203-229.

［64］ McPhee N F,Hopper N J. Analysis of genetic diversity through population history［C］. Genetic Evolutionary Computation Conference,1999:1112-1120.

［65］ Muni D P,Pal N R,Das J. A novel approach to design classifiers using genetic programming, evolutionary computation［C］. IEEE Transactions,2004,8(2):183-196.

［66］ Narendra K S,Parthasarathy K. Identification and control of dynamical systems using neural networks［J］. IEEE Transactions on Neural Networks,1990,1(1):4-26.

［67］ Narihisa H,Taniguchi T,Thuda M,et al. Efficiency of parallel exponential evolutionary programming［C］. The 2005 International Conference on Parallel Processing Workshops,2005:585-595.

［68］ Nguyen A,Kanoulas D,Caldwell D G,et al. Detecting object affordances with convolutional neural networks［C］. IEEE/RSJ International Conference on Intelligent Robots and Systems, 2016: 2765-2770.

［69］ Peter J D. Control:The integrating factor in mechatronics［J］. Mechatronic Systems Engineering, 1990,1:11-17.

［70］ Pham D T,Sukkar M F. Supervised adaptive resonance theory neural network for modeling dynamic system,Intelligent systems for the 21st century［C］. IEEE International Conference, 1995, 3: 2500-2505.

［71］ Pirabakaran K,Becerra V M. Automatic tuning of PID controllers using model reference adaptive control techniques,industrial electronics society［C］. The 27th Annual Conference of the IEEE, 2001:736-740.

［72］ Redmon J,Angelova A. Real-time grasp detection using convolutional neural networks［C］. IEEE International Conference on Robotics and Automation,2015:1316-1322.

［73］ Ren T J,Chen T C. Motion control for a two-wheeled vehicle using a self-tuning PID controller［J］. Control Engineering Practice,2008,16(3):365-375.

［74］ Rosca J P. Entropy-driven adaptive representation［C］. Workshop Genetic Programming:From Theory to Real-World Applications,1995,9:23-32.

［75］ Silver C,Huang A,Maddison C J,et al. Mastering the game of go with deep neural networks and tree search［J］. Nature,2016,529(7587):484-489.

［76］ Spear W M. Crossover or mutation［C］. Foundations of Genetic Algorithms,1993,2:221-237.

［77］ Sugeno M. Industrial applications of fuzzy control［S］. Elsevier Science Pub Co. ,1985.

［78］ Tank D W,Hopfield J J. Collective computation in neuronlike circuits［J］. Scientific American,1987, 257(6):104-114.

［79］ Tien J,Levin S,Rubenstein D. Dynamics of fish shoals:Identifying key decision rules［J］. Evolutionary Ecology Research,2004,16:555-565.

［80］ Tsai P Y,Huang H C. The model reference control by adaptive PID-like fuzzy-neural controller, systems,man and cybernetics［C］. 2005 IEEE International Conference,2005:239-244.

［81］ Wan C D. A comparative Study of self-organizing clustering algorithms dignet and art［J］. Neural

Networks,1997,10(4):737-754.

[82] Wang F,Xu X H,Zhang J. Single airport ground-holding problem optimizing strategy based on artificial fish school algorithm[J]. Journal of Nanjing University of Aeronautics & Astronautics, 2009,41(1):116-120.

[83] Wang Y P,Han L X,Li Y H. A new encoding based genetic algorithm for the traveling salesman problem[J]. Engineering Optimization,2006,38(1):1-13.

[84] Wasserman P D. Advanced methods in neural computing[M]. New York:Van Norstrand Reinhold,1993.

[85] Wolpert D H,Macready W G. No free lunch theorems for optimization[J]. IEEE Transaction On Evolutionary Computation,1997(1):67-82.

[86] Xu Y H,Wang Q W,Hu J L. An improved discrete particle swarm optimization based on cooperative swarms[C]. International Conference on Web Intelligence and Intelligent Agent Technology,2008: 79-82.

[87] Yao X,Liu Y,Lin G. Evolutionary programming made faster[J]. IEEE Transactions on Evolutionary Computation,1999,3(2):82-102.

[88] Yuan Z L,Yang L L,Liao L. Chaotic particle swarm optimization algorithm for traveling salesman problem[J]. Proceedings of the IEEE International Conference on Automation and Logistics,2007: 1121-1124.

[89] Zeiler M D,Fergus R. Visualizing and understanding convolutional networks[C]. European Conference on Computer Vision,2014:818-833.

[90] Zhang Y,Sohn K,Villegas R,et al. Improving object detection with deep convolutional networks via bayesian optimization and structured prediction [C]. Proceedings of the IEEE Conference on Computer Vision and Pattern Recognition,2015:249-258.

[91] Zhong W L,Zhang J,Chen W N. A novel discrete particle swarm optimization to solve traveling salesman problem[C]. IEEE Congress on Evolutionary Computation,2007:3283-3287.

[92] Zhuang M,Atherton D P. Automatic tuning of optimum PID controllers,control theory and applications[J]. IEEE Proceedings,1993,140(3):216-224.

[93] 曹承志,张坤,郑海英,等.基于人工鱼群算法的 BP 神经网络速度辨识器[J].系统仿真学报,2009, 21(4):1047-1050.

[94] 陈先昌.基于卷积神经网络的深度学习算法与应用研究[D].杭州:浙江工商大学,2013.

[95] 丛爽.采用遗传算法提高神经网络模型辨识的精度[J].电气自动化,1999,21(1):22-23.

[96] 丛爽.典型人工神经网络的结构、功能及其在智能系统中的应用[J].信息与控制,2001(2).

[97] 丛爽.感知器网络的解析、局限性与拓展[J].自动化博览,2000(3):34-36.

[98] 丛爽.机电系统中模糊与模糊神经元网络控制策略的研究[J].中国电机工程学报,1999,19(7): 30-32,37.

[99] 丛爽.径向基网络函数的功能分析与应用的研究[J].计算机工程与应用,2002,38(3):85-87,200.

[100] 丛爽.面向 MATLAB 工具箱的神经网络理论与应用[M].合肥:中国科学技术大学出版社,1998.

[101] 丛爽.面向 MATLAB 工具箱的神经网络理论与应用[M].3 版.合肥:中国科学技术大学出版社,2009.

[102] 丛爽.模糊神经网络和遗传算法相结合的控制策略[M]//李仁发.自动化理论、技术与应用:第 5 卷. 长沙:中南工业大学出版社,1998:133-137.

[103] 丛爽.位置跟踪系统中三种控制器的设计与性能比较[J].微特电机,1998,26(6):21-23.

[104] 丛爽.一种直流伺服驱动器的模糊逻辑控制[J].控制理论与应用,1996,13:176-177.

［105］丛爽,戴谊.递归神经网络逼近性能的研究［M］//陈宗海.系统仿真技术及其应用:第8卷.合肥:中国科学技术大学出版社,2006:751-754.

［106］丛爽,戴谊.递归神经网络的结构研究［J］.计算机应用,2004,24(8):18-20,27.

［107］丛爽,冯先勇.基于GA和单纯形法的直流电机参数辨识［J］.控制工程,2009,16(1):109-112.

［108］丛爽,高雪鹏.基于ANFIS的非线性电机系统的建模［J］.基础自动化,2002,9(1):6-8.

［109］丛爽,高雪鹏.几种递归神经网络及其在系统辨识中的应用［J］.系统工程与电子技术,2003,25(2):194-197.

［110］丛爽,贾亚军.进化策略与蚁群算法融合的求解旅行商问题［J］.控制工程,2011,18(1):83-86.

［111］丛爽,李国栋.并联双模糊控制器在摩擦力补偿中的应用［J］.微特电机,2000,28(3):3-5.

［112］丛爽,李国栋.自适应B样条模糊神经网络控制器的设计［J］.计算机工程与应用,1999,9:66-68.

［113］丛爽,梁艳阳,李国栋.多变量自适应PID型神经网络控制器及其设计方法［J］.信息与控制,2006,35(5):568-573.

［114］丛爽,钱镇.采用神经网络和遗传算法优化模糊逻辑控制［J］.中国科学技术大学学报,1998,28:1-5.

［115］丛爽,全钟华.电机中摩擦力补偿技术的仿真平台［J］.微特电机,2002,30(2):3-5,8.

［116］丛爽,赵何.反向传播网络的不足与改进［J］.自动化博览,1999,92(1):25-26,47.

［117］戴谊,丛爽.递归神经网络稳定性分析［M］//2004中国控制与决策学术年会论文集.沈阳:东北大学出版社,2004:443-447.

［118］戴谊,丛爽.递归神经网络学习速率研究［J］.系统工程与电子技术,2005,27(5):942-947.

［119］邓科,丛爽.不同蚁群优化算法在CTSP中的性能对比研究［M］//陈宗海.系统仿真技术及其应用:第12卷.合肥:中国科学技术大学出版社,2010:521-527.

［120］丁建立,陈增强,袁著祉.遗传算法与蚂蚁算法的融合［J］.计算机研究与发展,2003,40(9):1531-1536.

［121］窦振中.模糊逻辑控制技术及其应用［M］.北京:航空航天大学出版社,1995.

［122］段海滨.蚁群算法原理及其应用［M］.北京:科学出版社,2005.

［123］方崇智,萧德云.过程辨识［M］.北京:清华大学出版社,1998.

［124］冯春时,丛爽.基于空间感知范围的鱼群优化算法［J］.中国科学院研究生院学报,2010,27(1):83-89.

［125］高雪鹏,丛爽.BP网络改进算法的性能对比研究［J］.控制与决策,2001(2).

［126］胡越,罗东阳,花奎,等.关于深度学习的综述与讨论［J］.智能系统学报,2019,14(1):1-10.

［127］胡中波,熊盛武.差分演化算法求解旅行商问题［J］.计算机应用与软件,2008,25(7):257 -258.

［128］黄岚,王康平,周春光.粒子群优化算法求解旅行商问题［J］.吉林大学学报:理学版,2003,41(10):477-480.

［129］姬北辰,丛爽,吴汉生.局部递归神经网络控制器及其应用［J］.计算机工程与设计,2004,25(12):2170-2172.

［130］贾亚军,丛爽.基于相似性矢量距选择的改进人工免疫算法［J］.计算机工程与应用,2011,47(6):26-29.

［131］贾亚军,丛爽.进化算法的分析及对比研究［M］//陈宗海.系统仿真技术及其应用:第11卷.合肥:中国科学技术大学出版社,2009:855-861.

［132］贾亚军,丛爽.粒子群与模拟退火的混合算法求解旅行商问题［M］//陈宗海.系统仿真技术及其应用:第12卷.合肥:中国科学技术大学出版社,2010:508-513.

［133］康立山,谢云,尤矢勇,等.非数值并行算法:模拟退火算法［M］.北京:科学出版社,1998.

［134］李敏,吴浪,张开碧.求解旅行商问题的几种算法的比较研究［J］.重庆邮电大学学报,2008,20(5):

525-528.

[135] 李敏强.遗传算法的基本理论与应用[M].北京:科学出版社,2002.

[136] 李士勇.蚁群算法及其应用[M].哈尔滨:哈尔滨工业大学出版社,2004.

[137] 李晓磊,邵之江,钱积新.一种基于动物自治体的寻优模式:鱼群算法[J].系统工程理论与实践,2002,22(11):32-38.

[138] 李玉鉴,张婷,单传辉,等.深度学习:卷积神经网络从入门到精通[M].北京:机械工业出版社,2018.

[139] 梁艳阳,丛爽,尚伟伟.具有PID特性的神经网络非线性自适应控制[M]// 陈宗海.系统仿真技术及其应用:第10卷.合肥:中国科学技术大学出版社,2008:822-828.

[140] 林丹,李敏强,寇纪松.进化规划中防止早熟收敛的方法[J].系统工程学报,2001,16(3):211-216.

[141] 罗中良,易明珠,刘小勇.最优化问题的蚁群混合差分进化算法研究[J].中山大学学报:自然科学版,2008,47(3):33-35.

[142] 潘正君,康立山.演化算法[M].北京:清华大学出版社,2000.

[143] 帅黎,陈铁军,李晓媛,等.智能控制及应用[M].北京:清华大学出版社,2009.

[144] 孙德敏.工程最优化方法及应用[M].合肥:中国科学技术大学出版社,1997.

[145] 孙增圻,张再兴,邓志东.智能控制理论与技术[M].北京:清华大学出版社;南宁:广西科学技术出版社,1997.

[146] 谭皓,王金岩,何亦征.一种基于子群杂交机制的粒子群算法求解旅行商问题[J].系统工程,2005,23(4):83-87.

[147] 王飞,徐肖豪,张静.基于人工鱼群算法的单机场地面等待优化策略[J].南京航空航天大学学报,2009,41(1):116-120.

[148] 王攀,商海燕.基于混合遗传算法的中国旅行商问题满意解[J].航空计算技术,2000,30(1):19-21.

[149] 王省富.样条函数及应用[M].西安:西北工业大学出版社,1993.

[150] 王小平,曹立明.遗传算法:理论、应用与软件实现[M].西安:西安交通大学出版社,2002.

[151] 王正志,薄涛.进化计算[M].长沙:国防科技大学出版社,2000.

[152] 韦巍,何衍.智能控制基础[M].北京:清华大学出版社,2008.

[153] 吴庆洪,张纪会,徐心和.具有变异特性的蚁群算法[J].计算机研究与发展,1999,36(10):1240-1245.

[154] 肖健梅,李军军,王锡淮.改进微粒群优化算法求解旅行商问题[J].计算机工程与应用,2004,40(35):50-52.

[155] 杨开宇,陆闽宁.模糊控制算法的研究[J].东南大学学报.1995,25(5a):254-258.

[156] 杨楠.基于Caffe深度学习框架的卷积神经网络研究[D].石家庄:河北师范大学,2016.

[157] 应行仁,曾南.采用BP神经网络记忆模糊规则的控制[J].自动化学报,1991,17(1):63-67.

[158] 虞和济,陈长征,张省,等.基于神经网络的智能诊断[M].北京:冶金工业出版社,2000.

[159] 喻群超,尚伟伟,张驰.基于三级卷积神经网络的物体抓取检测[J].机器人,2018,5:762-768.

[160] 云庆夏.进化算法[M].北京:冶金工业出版社,2000.

[161] 张梅凤,邵诚.多峰函数优化的生境人工鱼群算法[J].控制理论与应用,2008,25(4):773-776.

[162] 张乃饶.用遗传算法优化模糊器的隶属函数[J].电气自动化,1996(1):4-6.

[163] 张智星,孙春在,水谷英二.神经-模糊和软计算[M].西安:西安交通大学出版社,2000.

[164] 赵云涛,王京,刘金珠.一类用于连续域寻优的蚁群算法[J].控制工程,2008,15(3):242-244.

[165] 赵振宇,徐用懋.模糊理论和神经网络的基础与应用[M].北京:清华大学出版社,1996.

[166] 郑日荣.基于欧式距离和精英交叉的免疫算法研究[J].控制与决策,2005(2):161-169.

[167] 郑日荣,毛宗源,罗欣贤.改进人工免疫算法的分析研究[J].计算机工程与应用,2003:39(34):35-37.